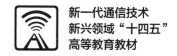

新一代通信技术
新兴领域"十四五"
高等教育教材

U0392606

通信电子电路

微课版

邓钢 刘宝玲 / 主编

崔琪楣 李立华 张轶凡 姚远 / 副主编

Communication
Electronic
Circuits

人民邮电出版社
北京

图书在版编目（CIP）数据

通信电子电路：微课版 / 邓钢，刘宝玲主编.
北京：人民邮电出版社，2024. --（高等学校电子信息
类专业应用创新型人才培养精品系列）. -- ISBN 978-7
-115-64912-6

Ⅰ. TN91

中国国家版本馆 CIP 数据核字第 20249CD082 号

内 容 提 要

本书主要介绍应用于各种无线电设备和系统中的通信电子电路。本书从通信系统的构成开始，依次介绍了高频电路中的基础概念、高频电路中的基本单元电路、高频放大电路、正弦波振荡电路、混频与调制解调电路、反馈控制电路及射频收发信机设计基础等内容。编者在内容选择与论述方面注重基本原理的阐述和基本分析方法的介绍，并且根据教学与科研成果，将现代移动通信系统的相关知识巧妙融入本书。此外，为了便于初学者学习，本书每章均配有重点内容的教学视频，各章后面均总结了该章的要点，并编写了大量难度适当的习题，以解决初学者入门难的问题。

本书可作为高等学校通信工程、电子信息工程等专业的教材，也可供相关专业的工程技术人员参考使用。

◆ 主　编　邓　钢　刘宝玲

副主编　崔琪楣　李立华　张轶凡　姚　远

责任编辑　王　宣

责任印制　胡　南

◆ 人民邮电出版社出版发行　　北京市丰台区成寿寺路 11 号

邮编　100164　电子邮件　315@ptpress.com.cn

网址　https://www.ptpress.com.cn

三河市君旺印务有限公司印刷

◆ 开本：787×1092　1/16

印张：18.75　　　　　　2024 年 8 月第 1 版

字数：494 千字　　　　2024 年 8 月河北第 1 次印刷

定价：79.80 元

读者服务热线：(010)81055256　印装质量热线：(010)81055316
反盗版热线：(010)81055315
广告经营许可证：京东市监广登字 20170147 号

前　言

写作初衷

本书是一本面向高等学校通信工程、电子信息工程等电子信息类专业的基础课教材。本书在内容的安排上重点涵盖了无线通信系统所涉及的各种通信电子电路的功能、工作原理、性能特点和分析方法。在编写本书的过程中，编者总结了多年的教学实践经验，汲取了国内外同类教材之长，考虑了新工科教学改革的需要，并结合了多年的教学成果。

为了压缩授课学时，适应当前无线通信系统高频化、宽带化、集成化、数字化对电路所提出的要求，兼顾本课程作为专业技术入门课程的特点，编者通过精选教学内容和拓宽知识面，增强了本书的通用性和针对性。

本书内容

本书主要内容包括高频电路中的基础概念（如分贝、带宽、非线性元器件的频率变换作用、噪声系数等）、高频电路中的基本单元电路（如简单谐振回路、传输线、阻抗变换电路、滤波器、天线等）、高频放大电路、正弦波振荡电路、混频与调制解调电路、反馈控制电路及射频收发信机设计基础等。

本书以无线通信系统为主线，在介绍无线通信系统原理的基础上，展开了对各种基本功能电路的讨论，加强了各部分内容的相互联系，并对集成电路在各功能电路中的应用进行了分析介绍。在对各种基本功能电路的介绍中，本书着重介绍了典型电路及其工作原理和分析方法，注重新理论、新器件的应用；对于类似的电路，则寻其特点，找出共性，用以指导对各种具体电路的分析。

本书特色

与同类教材相比，本书具有以下特色。

1 侧重讲解理论基础，避免介绍繁杂推导

本书突出对通信电路中基本理论和基本分析方法的介绍，力求避免介绍繁杂的数学推导；同时，对重要的公式和结论会给出必要的分析思路，注重加强内容的系统性。

2 编排丰富例题习题，助力读者学练结合

本书中编排的大量例题均具有代表性，不但可以帮助学生提高解题能力，还有助于学生理解和掌握一些重要的结论和分析方法；在每章最后（第1章除外）对该章要点进行了总结，并配有大量难度适当的习题，适合学生自学。

3 紧跟前沿技术发展，拓展读者认知边界

为了适应新形势的发展，书中增加了较多与最新移动通信系统相关的内容。其中，射频收发信机设计基础一章结合了编者多年教学与科研的成果，使学生在学习各种单元电路的基础上进一步了解这些单元电路在实际射频收发信机中的应用，并对移动通信系统的整体设计有更加完整的认识，从而为后续专业课程的学习打下一定的基础。

4 提供丰富教辅资源，助力高校人才培养

本书配有重点内容的教学视频，如知识点讲解、仿真软件的使用方法介绍、电路实测及结果展示等。此外，编者还提供了与本书配套的 PPT 课件、教学大纲、习题答案等教辅资源，助力高校人才培养。在舍去某些章节后，本书也可以作为相关专业夜大、函授、自学考试等大专班的教材。本书的参考学时为 48 学时左右。

特别说明

本书各章最后一节为该章的习题，习题采用形如 $x.y.z$ 的三级编号形式，其中 x 对应于章号，y 对应于节号，z 表示具体的题号。例如习题 2.1.x 表示第 2.1 节的第 x 道习题。

编者团队

本书由邓钢、刘宝玲担任主编，崔琪楣、李立华、张轶凡、姚远担任副主编。本书第 1 章、第 2 章、第 4 章由邓钢编写，第 3 章由姚远编写，第 5 章由崔琪楣编写，第 6 章由李立华编写，第 7 章由刘宝玲编写，第 8 章由张轶凡编写。王志军教授、刘开华教授、蒋挺教授对本书全文进行了认真审阅，并提出了许多宝贵的修改意见，在此表示衷心的感谢。

由于编者学术水平有限，书中难免存在表达欠妥之处，因此，编者由衷希望广大读者朋友和专家学者能够拨冗提出宝贵的修改建议，修改建议可直接发送至编者的电子邮箱：denggang@bupt.edu.cn。

编 者
2024 年 4 月于北京邮电大学

目　录

第 **1** 章

概述

通信，就是要准确而迅速地传输信息。19世纪以前，远距离传输信息很困难。在古代，人们曾经使用烽火来报告敌情，以快马来传递书信，这些都是远距离传输信息的例子。采用纸质方式传输信息时，在传输过程中需要使用各种物理传输方式，如装箱、运输、分拣等，因此效率低、时间长、成本高。直到19世纪人类掌握电磁波理论之后，信息的传输才有了新的进展：有线电话和电报将声音和文字变成电信号进行传输，能够迅速准确地远距离传输信息；而应用电磁波理论发展起来的无线电通信，由于无线电波能够方便快捷地向空间传播，远距离传输信息不再需要导线，所受限制少，因此被广泛应用于通信、雷达、广播、电视、导航等领域。

自从无线电技术诞生以来，信息处理和信息传输一直是人们研究的主要内容。通信电子电路所涉及的正是用于信息处理和信息传输的基本电路。本书主要结合无线通信这一方式，讨论通信设备和通信系统中通信电子电路的组成、工作原理及工程计算等。本章对通信系统的基本组成及主要电路的结构做简要介绍，以便读者了解本书后续各章所介绍的单元电路在整个通信系统中的地位和作用。

通信电子电路
常用器材与
设备简介

本章学习目标

① 掌握通信系统的基本组成及各个模块的功能。

② 掌握无线电波的传播方式，以及调制与解调的定义和作用。

③ 了解射频电路的含义、构成及发展趋势。

1.1 通信系统的构成

1. 通信系统模型

一切能完成信息传输任务的系统都可以称为通信系统。通信系统的种类很多，但系统的基本组成部分是相同的[①]。一个完整的通信系统模型如图1.1.1所示。

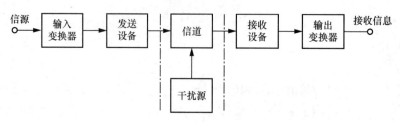

图 1.1.1　通信系统模型

信源是指需要传送的原始信息源，如语言、音乐、图像、文字等，一般是非电物理量。

输入变换器将信源提供的非电物理量变换成电信号。由于这类信号的频率一般相对较低，因此称其为"基带信号"，其形式不一定适合在信道上传输。此时可以把基带信号送入发送设备，将其变换成适合信道传输的信号后送入信道。若信源提供的信息本身就是电信号（如计算机输出的二进制信号），可以不使用输入变换器，信号直接进入发送设备。

发送设备主要有两大任务：调制与放大。

所谓调制，就是将输入变换器输出的低频基带信号变换成适合信道传输特性的高频信号，具体的做法是使用基带信号来改变高频载波的某些参数。

发送设备的另一个任务是放大，即对已调波信号的电压或功率进行放大、滤波等处理，使已调波信号具有足够大的功率后再进入信道，从而应对信号在信道中传输时所产生的衰减。

信道是指信号传输的通道，包括有线信道和无线信道。信道不同，信号的传输特性也不一样，这将影响通信系统的设计复杂度和成本，并进而影响用户使用该类通信系统的价格。

有线信道包括架空明线、同轴电缆、双绞线、波导管和光缆等；在无线通信系统中，信道主要指大气层、海水或外层空间。

信号在信道中传输时将会收到各种**干扰**信号。有时这些信号会远大于所需信号，给接收端的处理带来极大挑战。

接收设备的任务是将信道传送过来的已调波信号从众多信号和噪声中选取出来，并对其进行处理，以恢复出与发送端一致的基带信号。

输出变换器的作用是将接收设备输出的基带信号恢复成信源提供的原始信息，供收信者使用。

2. 收发设备的构成

在通信系统中，发送设备一般包括正弦波振荡、信号功率放大、调制与DAC（Digital-to-Analog Convert，数模转换）等电路，接收设备通常包括正弦波振荡、信号放大、滤波、混频、解调、取样与ADC（Analog-to-Digital Convert，模数转换）等电路，现代通信系统中的这些设备还包含具有自动增益控制、自动频率控制和自动相位控制（锁相环路）功能的反馈控制电路。

在发送设备和接收设备的各项功能中，除了信号功率放大、正弦波振荡电路只能用模拟电

[①] 广义地讲，广播、电视、雷达、导航系统以及6G时代的空天地一体化信息网络、通感一体化网络等都属于通信系统。

路实现外，原则上来讲，其他的功能都可以通过ADC/DAC来进行模拟信号和数字信号之间的转换，并采用数字信号处理技术来完成各类调制/解调、编码/解码等功能。

3．模拟通信系统和数字通信系统

按照通信系统中信道传输的基带信号是模拟信号还是数字信号，可以把通信系统分为模拟通信系统和数字通信系统。早期的通信系统以模拟通信系统为主，这类系统设备简单，容易实现，但通信质量、抗干扰能力、保密性能、集成度等均不及数字通信系统。

随着电路技术和计算机通信技术的飞速发展，目前绝大部分通信系统都是数字通信系统。图1.1.2所示是数字通信系统模型的基本组成方框图。对于数字通信系统来说，除了包含图中的各个功能模块以外，还要有同步系统，用于建立系统收、发两端相对一致的时间对应关系，即通过在接收端确立每一位码的起止时刻，确定接收码组与发送码组之间的对应关系，从而正确恢复发送端的信息。

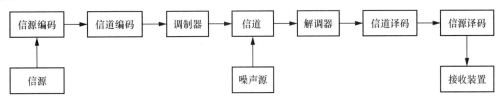

图 1.1.2　数字通信系统模型

1.2　无线/移动通信系统简介

无线通信系统使用无线电波进行通信，其信道主要指大气层、海水或外层空间。这类信道具有开放性，因而通信时具有较强的灵活性。进一步来讲，当允许参与通信的终端设备动态移动时，这种系统就变成了移动通信系统。由于本书主要涉及这些系统中的射频电路部分，故对移动通信和无线通信不做特别区分。

当前，从珠穆朗玛峰到东非大裂谷，移动通信无所不在，是通信领域中最有活力、最有发展前途的一种通信方式。本节简单介绍蜂窝移动通信的发展历程及无线通信系统中的一些概念。

1.2.1　蜂窝移动通信的发展历程

19世纪，由法拉第开创、麦克斯韦总结、赫兹首次验证的电磁波理论为应用无线电波进行通信奠定了基础。

1901年，经过多次实验，马可尼成功实现了跨越大西洋的首次无线电通信。这是通信史上的一次飞跃，它使通信摆脱了依赖导线等封闭式传输线路的方式。马可尼在1909年获得诺贝尔物理学奖。

20世纪20年代，美国出现了可应用于语音通话的超外差式无线电接收机。第二次世界大战后，美国和欧洲一些国家先后出现了移动电话系统，这些系统被称为第0代移动通信系统（0G），其容量较小，语音质量差，使用起来很不方便。

1947年，美国电报电话公司贝尔实验室的工程师提出了蜂窝式移动通信的概念。在20世纪70年代末80年代初，基于这一概念的移动通信系统分别在美国和欧洲一些国家开始商业运营，这类系统也被称为1G，均为模拟通信系统。此后，移动通信系统以大约每十年更新一代的速度飞速发展，目前5G已经在全球商用，6G也正在研究中。

我国在20世纪80年代引入1G，在90年代引入2G，经过多年发展，目前已实现了"3G突破、4G同步、5G引领"的历史成就，在6G研发过程中我国也处于全球领先位置。

1.2.2 无线电波的传播方式与波段划分

1. 无线电波的3种传播方式

由于无线电波在空间中传播的性能和大气结构、高空电离层结构、大地的衰减以及无线电波的频率、传播路径等因素密切相关，因此，不同频段无线电波的传播路径及其受上述各种因素的影响程度也不同。

无线电波在空间中的传播速率与光速相同，约为3×10^8m/s。无线电波的波长、频率和传播速率的关系为

$$\lambda = \frac{c}{f} \qquad (1.2.1)$$

式中，λ是波长，c是传播速率，f是频率。

由于无线电波的传播速率固定不变，所以信号频率越高，波长越短。

在自由空间中，电磁能量是以无线电波的形式传播的，不同频率的无线电波传播方式也不同。如图1.2.1所示，无线电波在空间中的传播方式有3种。

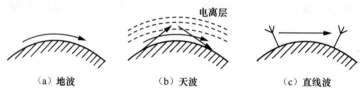

|（a）地波|（b）天波|（c）直线波|

图 1.2.1　无线电波的传播方式

第1种沿地面传播，称为地波，见图1.2.1（a）。例如长波和中波的频率在1.5MHz以下，波长较长，遇障碍物绕射能力强，地面对其的吸收损耗较少，可以沿地面远距离传播，主要以地波方式传播。

第2种依靠电离层的反射传播，称为天波，见图1.2.1（b）。由于大地不是理想的导体，当无线电波沿其传播时，有一部分能量会被损耗掉，频率越高，损耗越大，因此频率较高的无线电波不宜采用地波方式传播。例如频率范围在1.5～30MHz之间的短波，波长较短，地面绕射能力弱，且地面吸收损耗较大，不宜地面传播。但短波能被电离层反射到远处，主要靠天空中电离层的折射和反射传播。电离层是太阳和星际空间的辐射引起大气上层电离而形成的，无线电波到达电离层后，一部分被吸收，另一部分被反射和折射到地面。频率越高，被吸收的能量越少，无线电波穿入电离层也越深。当频率超过一定值后，无线电波就会穿过电离层而不再返回地面。

第3种在空间中沿直线传播，称为直线波或者空间波，见图1.2.1（c）。对于频率在30MHz以上的超短波，由于其波长往往小于地面障碍物（如山峰、建筑物等），不能绕过，并且地面吸收损耗很大，不能用地波方式传播；同时由于超短波能穿透电离层，也不能以天波方式传播，所以只能在空间中以直线方式传播。因为地球表面是球形的，它的传播距离有限，故而与发射和接

收天线的高度有关，如移动通信、电视和调频广播等均采用直线波传播方式。

无线电波的传播情况[①]比较复杂，也并非本课程范围，这里只对其做极为简略的介绍，以便建立初步概念，作为学习本课程后续内容的预备知识。

2．无线电波波段（频段）的划分

由于不同波长的无线电波传播规律不同，应用范围也不同，通常把无线电波划分为不同的波段，各类无线通信系统都在相应的波段内占据一定的频率范围。无线电波波段（频段）的划分见表1.2.1。

表1.2.1　无线电波波段（频段）的划分 [②]

波段名称		波长范围	频率范围	频段名称	主要传播方式和用途
特长波		1 000 ～ 100 km	0.3 ～ 3kHz	特低频 （Ultra Low Frequency，ULF）	
甚长波		100 ～ 10 km	3 ～ 30kHz	甚低频 （Very Low Frequency，VLF）	
长波		10 ～ 1 km	30 ～ 300kHz	低频 （Low Frequency，LF）	地波，远距离通信
中波		1 000 ～ 100 m	0.3 ～ 3MHz	中频 （Medium Frequency，MF）	地波、天波，广播、通信、导航
短波		100 ～ 10 m	3 ～ 30MHz	高频 （High Frequency，HF）	天波、地波，广播、通信
超短波/米波		10 ～ 1 m	30 ～ 300MHz	甚高频 （Very High Frequency，VHF）	直线传播、对流层散射，通信、电视广播、调频广播、雷达
微波	分米波	100 ～ 10 cm	0.3 ～ 3GHz	特高频（Ultral High Frequency，UHF）	直线传播、散射传播，通信、中继与卫星通信、雷达、电视广播
	厘米波	10 ～ 1 cm	3 ～ 30GHz	超高频 （Super High Frequency，SHF）	直线传播，中继和卫星通信、雷达
	毫米波	10 ～ 1 mm	30 ～ 300GHz	极高频 （Extremely High Frequency，EHF）	直线传播，微波通信、雷达
	亚毫米波/丝米波	1 ～ 0.1 mm	300 ～ 3 000GHz	至高频 （Tremendously High Frequency，THF）	

从1G到5G，移动通信系统主要使用分米波进行通信，其频率在0.3 ～ 3GHz范围内。随着移动通信技术的不断发展，载波频率不断升高。在6G系统中，太赫兹（THz）通信及可见光通信也将被纳入其中，作为提高通信速率的手段，相应电路已经超出了本书的范围，感兴趣的读者可自行翻阅相关文献。

---

① 除了以上 3 种传播方式，近年来还使用各种散射通信的方式，如对流层散射、电离层散射和流星余迹散射。

② 为充分、合理、有效地使用频率资源，保证各行各业使用的频谱资源互不干扰，国际电信联盟无线电通信委员会（International Telecommunication Union Radiocommunication Sector，ITU-R）对各种业务和通信系统使用的无线频段进行了统一规定。在我国，由工业和信息化部无线电管理局负责该项工作，表 1.2.1 所注频段和波段的名称及划分参考了相关文件规定。此外，美国电气和电子工程师学会（Institute of Electrical and Electronics Engineers，IEEE）也对无线电波的波段进行了划分，如 L、S、C、X、Ku、K 等，感兴趣的读者可以翻阅相关文献。

1.2.3 无线通信中的调制与解调

调制和解调在无线通信中至关重要，部分原因如下。

① 由天线理论可知，要将无线电信号有效地发射出去，天线的长度必须和电信号的波长为同一数量级。由输入变换器输出的基带信号一般是低频信号，波长很长。例如，音频信号转换成的电信号频率一般在20kHz以下，对应的波长在15km以上，制造出相应的巨大天线是不可能的。

② 若各个发射台均发射基带信号的话，这些信号在无线信道中会互相重叠、干扰，导致接收设备无法选择出所要接收的信号。

因此，为了有效地进行传输，必须采用高频信号作为载体，将携带信息的低频信号"装载"到高频载波信号上（该操作即调制），然后经天线发射出去。这个携带了信息的高频信号经过信道传输到接收端后，再经过接收设备把低频信号从高频信号上"卸取"下来（即解调）。其中，未经调制的高频信号称为载波信号，低频信号称为调制信号，经过调制的高频信号称为已调波信号。

采用调制以后，由于传送信号的频率升高，所需天线尺寸大大减少。同时，不同的发射台可以采用不同频率的载波信号，这样在频谱上就可以互相区分开了。此外，采用调制、解调技术还可提高通信时的性能，如增强抗干扰能力、抗衰落能力等。这部分知识在相关的通信原理课程中会进行介绍，本书不再赘述。

1.2.4 其他无线通信系统

除了蜂窝移动通信系统以外，还有许多其他类型的无线通信系统也在日常生活中发挥着重要作用。

例如，无线局域网（Wireless Local Area Network，WLAN）常用来连接有线网络与便携式计算机或通信设备，在公司、校园、家庭范围内得到了广泛的应用；IEEE制定了无线局域网标准IEEE 802.11系列；Wi-Fi是由Wi-Fi联盟（Wi-Fi Alliance）所持有的技术，其目的是改善基于IEEE 802.11标准的无线网络产品之间的互通性。

蓝牙是一种无线个域网技术（Wireless Personal Area Network，WPAN），该技术可支持短距离内的无线通信，在小区域办公室或家庭范围内得到了广泛应用。IEEE所制定的蓝牙标准为IEEE 802.15.1系列。

卫星通信也是当前移动通信中的一个热点，从上世纪的铱星系统（iridium satellite）到本世纪的星链项目（starlink），这类系统的目标是在卫星的帮助下，使全球任何区域（包括陆地和海洋）都能够进行通信。空天地一体网络是6G系统中的一个重要研究方向。

在日常生活中，交通出行时常常需要导航系统，全球导航卫星系统（Global Navigation Satellite System，GNSS）可以借助卫星信号来确定用户接收机的位置。目前的全球导航卫星系统主要有我国的北斗、美国的全球定位系统（Global Positioning System，GPS）、俄罗斯的格洛纳斯导航卫星系统（Globalnaya Navigatsionnaya Sputnikovaya Sistema，GLONASS）和欧盟的伽利略导航卫星系统（Galileo Satellite Navigation System，Galileo），其中我国北斗系统可以实现双向通信，另外几种系统则只能实现由卫星到用户的单向通信。

1.3 无线通信设备中的射频电路

从电路结构角度来划分，可将无线通信系统中的接收和发送设备分为如图 1.3.1 所示的射频电路和基带电路，其中基带电路用于处理基带信号；射频电路在处理射频信号的同时完成基带信号与射频信号之间的变换，一般包括调制与解调、低噪声放大、功率放大、载波/本地振荡的产生、频率变换等功能。射频电路通常也称为射频前端电路，是系统设计的重要内容，决定了系统的性能和实现代价。

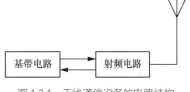

图 1.3.1　无线通信设备的电路结构

需要注意的是，由于经过了调制，一个系统中射频电路所处理信号的频率范围要高于基带电路的信号频率，但具体频率值为多少则与基带信号的频率范围及系统设计有关。本书认为，只要电路尺寸比工作波长小得多，仍可用集总参数来分析实现，就仍属于射频范围。在当前的技术水平下，其上限可达 3 ~ 5GHz。

1.3.1　典型的射频电路框图

图 1.3.2 所示为典型射频电路的框图。

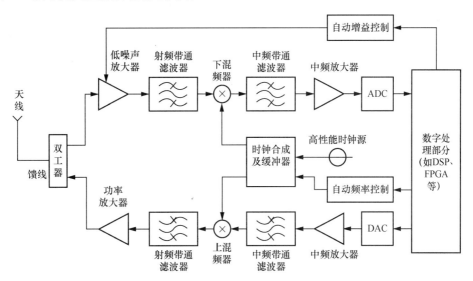

图 1.3.2　典型射频电路的框图

图中从天线经过双工器到数字处理部分的链路为**接收机**。在无线通信系统中，接收机的任务主要是从空间中众多的微弱无线电波中选出有用信号（并排除非所需信号和噪声），将其放大到一定功率后进行解调（图中的解调工作由数字处理部分完成），以恢复出基带信号。[1]

从数字处理部分经过双工器到天线的链路为**发射机**。发射机的主要任务是完成基带信号的调

---

[1] 由于无线信道本身的特性，接收机所收到的信号一般比较微弱且功率、频率等参数在时刻变化，这就给接收机的设计带来了许多难题。早期的射频收发信机使用了许多不同的核心器件及结构。1918 年，美国工程师埃德温·阿姆斯特朗（Edwin Armstrong）发明了超外差结构，该方案在此后多年中占据了主流。

制（图中的调制工作由数字处理部分完成），经过上变频和功率放大之后，交由天线变成无线电波送至空间中。

随着射频电路自身以及ADC、DAC、数字信号处理器（Digital Signal Processor，DSP）、现场可编程门阵列（Field-Programmable Gate Array，FPGA）等芯片性能的不断提高，射频电路的架构也在不断演进（如增加了直接变频、低中频、数字中频等技术），在本书第8章将对此做进一步介绍。

1.3.2 射频电路的发展趋势

随着无线通信的不断发展和普及，对射频电路的频段和带宽要求也在不断提高，如工作频率从几十或几百兆赫兹变成几吉赫兹，信号带宽从几千赫兹扩展到几兆赫兹甚至上百兆赫兹。随着电子技术和集成电路制造技术的发展，移动通信的射频电路正朝着集成化、高频化、宽带化、数字化和软件化的方向飞速发展。

1．射频电路的集成化

一方面，对设备便携性、低功耗、低成本、高性能的追求使得射频电路的集成化程度不断提高，芯片生产工艺的升级和新制造方法的引入为此提供了支撑。另一方面，集成度的提高也支撑了射频电路的单片化。近年来已经出现了许多将低噪放、混频、滤波、ADC、DAC等集成在一起的高性能可配置芯片[1]，极大降低了开发周期和开发成本。对于某些特定的移动通信标准，也出现了将处理器、射频电路集成在一起的单个芯片[2]。

2．射频电路的高频化和宽带化

如今，芯片的上限工作频率越来越高，单个芯片能够处理的信号带宽也越来越大。这有利于芯片支持多种通信标准和多个频段，从而提高了通信系统的灵活性；同时，高带宽也能支持更高的传输速率，从而提高了系统的性能。但高频化和宽带化对芯片的线性度、噪声性能、功耗等指标提出了更高的要求。

3．射频电路的数字化和软件化

随着数字电路和数字信号处理技术的发展，越来越多的信号处理电路可以用数字系统以及数字信号处理技术来实现，如数字上变频/下变频（Digital Up/Down Converter，DUC/DDC）、数字调制/解调、数字锁相环路等。引入这些技术后，能够借助数字域的算法消除各种不需要的效应和考虑事项（如混频器、振荡器的非线性校准、温度漂移校准等），从而提高系统性能，并使得射频前端电路的集成化越来越向天线端靠近。

同时，数字化也支持软件无线电的实现，也就是通过软件来控制无线通信系统各个模块的参数，从而能动态支持不同频段、不同波段、不同制式，甚至实现不同的功能，极大提高了系统的灵活性。

1.4 本书内容及课程特点

本书首先介绍射频前端电路的一些基本概念、基本元件和基本电路，然后讲解射频电路中若

---

[1] 如亚德诺半导体公司（Analog Devices Inc.，ADI）的AD9361、ADRV900x系列，以及德州仪器公司（Texas Instruments，TI）的AFE79xx系列。

[2] 如德州仪器公司的SimpleLink MCU（Micro Control Unit，微控制单元）平台。

干主要模块的结构、工作原理和主要参数，主要包括如下内容。

① 高频载波信号的产生：通过正弦波振荡电路。

② 高频信号的放大：需借助高频小信号谐振放大电路、高频功率放大电路和宽带高频功率放大电路等。

③ 信号的频率变换：包括倍频、变频、调制、解调等。

④ 反馈控制电路：包括自动增益控制电路、自动频率控制电路、锁相环路、时钟合成电路等。

⑤ 射频收发信机基础：包括接收机的基本构造与参数、发射机的基本构造与参数、若干实例。

本书涉及内容广泛，电路较复杂，学习时应注意以下方面。

第一，在通信电子电路中，为实现同一功能，当指标要求不同时，可以采用形式各异的电路，但是它们都是基于各类晶体管等非线性元器件实现的，是在为数不多的基本电路的基础上发展而来的。此外，同一形式的电路，也可因其工作状态、输入信号的性质、电平的高低、输出滤波特性的不同，而完成不同的功能。因此在学习时，应注意掌握实现各种功能电路的基本工作原理、不同电路的优缺点及其适用场合；要抓住各种电路之间的共性，以及各种功能之间的内在联系，而不要局限于某个具体的电路及其工作原理。虽然随着集成电路和数字信号处理技术的迅速发展，各种通信电路甚至系统都可以集成在一个芯片内，但是所有这些电路都是以分立元器件为基础的，所以对于集成器件，还要弄清楚其内部结构、工作原理及性能指标，这样才能灵活应用，充分发挥器件的功能，出现故障也能找到原因及时解决。

第二，在通信电子电路中，有源元件工作在特性曲线的非线性区，一般很难对这种电路进行严格的定量分析，工程上大多采用近似方法，即根据实际情况，忽略一些次要因素，对器件的模型和电路工作条件进行合理的近似，以便用简单的分析方法求得具有实用意义的结果。因此在学习时，应注意各种电路在不同工作条件下进行的简化，掌握各种电路在工程设计时的步骤和计算方法，也可以利用计算机通用电路分析程序，对电路进行较严格的定量分析。

第三，通信电子电路是在科学技术和生产实践相结合的过程中发展起来的。学习本课程时，应高度重视实验环节，将理论和实际紧密结合，运用所学理论去分析和解决实践环节中遇到的问题，并通过实践加深对理论的理解。随着计算机技术和电子设计自动化（Electronic Design Automation, EDA）技术的发展，越来越多的通信电子电路可以采用EDA软件进行设计、仿真分析和电路板制作等，因此，掌握先进的通信电路EDA技术，也是学习本课程的一个重要内容。

📝 1.5　习题

1.1.1　通信系统一般由几部分构成？各部分起什么作用？

1.1.2　基带信号有何特点？为什么需要载波才能发射？

1.2.1　请查找并完整列出你的手机所支持的无线网络制式及频段。

1.2.2　无线电波主要有哪几种传播方式？你的手机在进行通信时使用的是哪种传播方式？

1.2.3　无线通信系统需要有天线才能完成电信号与无线电波的转换，为什么现在一般在手机外看不到天线？请查阅资料回答这个问题。

1.3.1　请查阅资料，了解射频收发信机几种结构的优缺点。

第 **2** 章

高频电路中的基础概念

在通信电路设计与工程应用中，经常会涉及分贝（dB）、带宽（Band Width，BW）、非线性、噪声、噪声系数等基础概念，掌握它们对理解系统和各个单元的功能、原理及指标非常重要。例如，提到信号时常常使用dB来描述两个信号的倍数关系，使用分贝毫瓦（dBm）、分贝瓦（dBW）、分贝微伏（dBμV）作为功率单位或电压单位。带宽用于描述信号在传输过程中所占用的频率范围或电路能够有效处理信号的频率范围。在通信电路中常常需要使用倍频、混频、调制、解调等技术，这离不开非线性元器件带来的频率变换作用；但在大信号输入时，电路输出的有用信号容易失真，也会产生许多其他不需要的频率。电子的无规则热运动使得实际的电路元器件都会产生噪声，这会影响微弱信号的处理；为了衡量噪声以及电路产生噪声的情况，需要对噪声做一些定量分析，进而引入了噪声系数、等效噪声温度等概念。

本章学习目标

① 熟练应用dB、dBm、dBW、dBμV来描述信号的大小及其相互关系。
② 了解带宽的计算方法，以及宽带和窄带的区别。
③ 了解非线性元器件的频率变换作用及其所产生的失真和干扰。
④ 了解电阻热噪声的特点，并能定量计算电阻的热噪声和额定噪声功率。
⑤ 了解噪声系数的含义及特点，并能定量计算多级放大电路的噪声系数和等效噪声温度。

2.1 分贝表示法

在电子、通信等系统中，常常使用 dB 作为通用的参考单位，并在此基础上衍生了一系列被广泛使用的其他概念，如 dBm、dBW、dBμV 等。

分贝表示法

2.1.1 dB

在电子、通信等系统中，分贝是一个无量纲的比值，用来表示物理量之间的相对大小。若设图 2.1.1 所示放大电路的输入电压、电流、功率分别为 $\dot{V}_i$、$\dot{I}_i$ 和 P_i，输出电压、电流、功率分别为 $\dot{V}_o$、$\dot{I}_o$ 和 P_o，则其电压增益 $\dot{A}_V$、电流增益 $\dot{A}_I$ 和功率增益 G_P 分别为

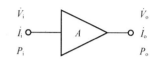

图 2.1.1 放大电路的输入 / 输出信号

$$\begin{cases} \dot{A}_V = \dfrac{\dot{V}_o}{\dot{V}_i} \\[2mm] \dot{A}_I = \dfrac{\dot{I}_o}{\dot{I}_i} \\[2mm] G_P = \dfrac{P_o}{P_i} \end{cases} \qquad (2.1.1)$$

若采用分贝表示，则有

$$\begin{cases} A_V(\mathrm{dB}) = 20\lg|\dot{A}_V| \\[1mm] A_I(\mathrm{dB}) = 20\lg|\dot{A}_I| \\[1mm] G_P(\mathrm{dB}) = 10\lg|G_P| \end{cases} \qquad (2.1.2)$$

式中，lg 代表取以 10 为底的对数。

使用对数表示的好处在于可以处理变化范围很大的数值，同时也能够将乘除法运算变换成加减法运算，从而简化运算复杂度。需要注意的是，式（2.1.2）中功率增益和电压（电流）增益使用了不同的比例系数，其原因在于功率与电压（电流）的平方成正比，这种定义方式可以让同一个电路的电压（电流）增益与功率增益具有相同的分贝值。

2.1.2 dBm、dBW、dBμV

根据定义，dB 只能用来表示两个相同量纲物理量的相对大小。如果将其中一个量选取为固定参考值，则可以使用分贝表示方法来表述物理量的绝对取值。

例如，若选择 1mW 作为功率的参考值，则将其他功率 P 与该参考功率比较，可以得到功率 P 的分贝表示为

$$P(\mathrm{dBm}) = 10\lg\left(\frac{P}{1\mathrm{mW}}\right) \qquad (2.1.3)$$

类似地，若分别选择 1W、1μV 作为参考值，可以得到 P（dBW）、V（dBμV）的表示方式。由于 1W = 1 000mW，因此同一功率如果用 dBm 表示，其值将比用 dBW 表示大 30dB。表 2.1.1 所

示为使用dBm、dBW表示的一些典型功率值。

表 2.1.1　使用 dBm、dBW 表示的一些典型功率值

P/mW	0.01	0.1	1	10	100
P/dBm	−20	−10	0	10	20
P/dBW	−50	−40	−30	−20	−10

根据定义，可以很方便地在这些分贝表示方法之间进行简单换算。例如，若某系统的输入功率为−20dBm，增益为30dB，则输出功率为10dBm；若某系统的输入功率为−40dBm，输出功率为10dBm，则该系统的功率增益为50dB。

若系统阻抗已经确定，还可以在dBm和dBμV间进行换算。例如，若系统阻抗$Z_0 = 50\Omega$，则当电压为1μV（即0dBμV）时，所对应的功率P为

$$P(\text{dBm}) = 10\lg\left(\frac{1\mu V \times 1\mu V / 50\Omega}{1mW}\right) = -107\text{dBm} \tag{2.1.4}$$

需要注意的是，当系统阻抗变换时，电压dBμV和功率dBm之间的对应关系也会发生变化。

除了本小节所讲的定义外，在工程中还常常使用dBFS、dBc等概念，其定义方式基本类似，但所使用的固定参考值不同，读者可自行查阅相关资料。

2.2　带宽表示法

1．绝对带宽

各类电路设计中经常涉及频带宽度的问题。可以根据电路的上截止频率f_H和下截止频率f_L[①]来计算电路的带宽BW，即

$$\text{BW(Hz)} = f_H - f_L \tag{2.2.1}$$

例如，某射频放大器的工作频率范围为14 ～ 24GHz，则该放大器的带宽是10GHz。

对于信号来说，也可以根据其在频率域上的频率范围来计算其带宽。例如，通信领域中通常认为语音信号的频率范围为300 ～ 3 400Hz，即其带宽为3 100Hz；而Wi-Fi6的信道带宽可以为20MHz、40MHz、80MHz、80MHz+80MHz、160MHz中的一个。

一般来说，以频率作为单位表示的带宽是绝对带宽。

2．相对带宽

当绝对带宽相同时，不同的中心频率（即上下截止频率的算数平均值）会给电路设计带来不同的难度。因此，在通信电路设计中，还常常使用相对带宽的概念。

有两种常用的相对带宽表达方式，分别为百分比法和倍数法。

百分比法的定义为绝对带宽占中心频率的百分数，用RBW表示，即

$$\text{RBW} = \frac{f_H - f_L}{f_0} \times 100\% = \frac{\text{BW}}{f_0} \times 100\% \tag{2.2.2}$$

倍数法的定义为上截止频率与下截止频率的比值，用K表示，即

---

① 截止频率通常是指电压增益下降为最大增益某一倍数时所对应的频率，当倍数为$1/\sqrt{2}$时得到的是 3dB 截止频率，这也是当前用得最为广泛的定义。在本书后面，还会用到倍数为 1/10 时的截止频率，此时所得为 20dB 带宽。

$$K = \frac{f_H}{f_L} \tag{2.2.3}$$

有时也用倍频程的概念描述相对带宽，例如2.2.1小节所描述的射频放大器具有约1.71个倍频程的带宽。

3．宽带和窄带

在设计电路时，经常根据相对带宽的大小来定义宽带和窄带。通常认为当相对带宽达到两个倍频程以上时属于宽带电路，否则为窄带电路。

根据这一定义，2.2.1小节所描述的射频放大器为窄带电路。

2.3　非线性元器件的频率变换作用

在此前的电路类课程中我们已经学习过二极管、双极型晶体管、场效应晶体管等半导体器件，并利用这些器件来构成各种线性放大电路。严格来说，这些器件都是非线性的，若不考虑器件参数在时间上的非线性，这种器件称为时不变非线性元器件[①]。

严格来说，器件的非线性特性是绝对的，但在一定的条件下可以忽略其非线性，将其看作线性器件。例如，当输入信号非常小时，器件可以看作线性器件，这是建立低频模拟电子电路晶体管网络参数等效模型的前提，也是此前实现各类线性放大电路的前提。如果信号幅度过大，使器件所产生的非线性失真超过一定范围，就无法实现线性放大。

在线性电路中，输出永远是与输入同频率的信号，不可能产生新的频率成分。但在非线性电路中，输出波形的非线性失真中包含许多高次谐波，即新的频率分量，这些成分是实现倍频、混频、调制、解调等电路所必需的。

本节以双极型晶体管为例介绍器件非线性特性的描述方法及其对线性电路的影响。

2.3.1　非线性元器件的线性化方法

1．非线性特性的幂级数展开

如图 2.3.1 所示，双极型晶体管集电极电流与输入电压间的关系（即转移特性）可以用指数函数 $i_C \approx I_s e^{\frac{v_{BE}}{V_T}}$ 来近似。其中 $V_T = kT/q$，又称温度的电压当量，常温下约为 26mV。

在进行线性分析时，通常将该转移特性在工作点处进行泰勒展开[②]。以图 2.3.2 所示的晶体三极管放大电路为例，若其发射结静态工作点电压为 V_{BEQ}，则可在工作点处将转移特性进行泰勒展开，得到如下幂级数

$$i_C = a_0 + a_1(v_{BE} - V_{BEQ}) + a_2(v_{BE} - V_{BEQ})^2 + a_3(v_{BE} - V_{BEQ})^3 + \cdots \tag{2.3.1}$$

由于晶体管的发射结压降 $v_{BE} = v_i + V_{BEQ}$，将其代入式（2.3.1）中并整理，可得

$$i_C = a_0 + a_1 v_i + a_2 v_i^2 + a_3 v_i^3 + \cdots \tag{2.3.2}$$

---

① 本书讨论的非线性元器件均属于时不变非线性元器件。
② 在输入大信号时也可采用折线法（即分段线性）或开关函数来描述器件的非线性，在后续第 4 章的谐振功率放大电路及第 6 章的二极管混频器中将分别用到这些方法。

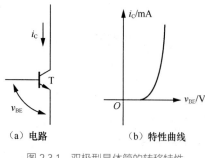

（a）电路 （b）特性曲线

图 2.3.1 双极型晶体管的转移特性

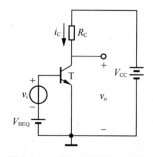

图 2.3.2 晶体三极管放大电路

式中，系数 $a_n = \dfrac{1}{n!} \times \dfrac{\mathrm{d}^n i_C}{\mathrm{d} v_{BE}^n}\bigg|_{v_{BE} = V_{BEQ}}$，$n = 0, 1, \cdots$，其取值与工作点电压相关，且一般来说 n 越大，a_n 越小。显然，所取的项数越多，展开式的精度就越高。

2．非线性元器件的线性化参数

设图 2.3.2 中的静态工作点使晶体管处于放大区，且输入信号 v_i 是幅度很小的余弦波，即

$$v_i(t) = V_{im} \cos \omega_t t, \quad V_{im} \ll V_T \tag{2.3.3}$$

式中，V_{im} 是信号振幅。

则可以忽略式（2.3.2）中二次以上的各项，并将该式简化为

$$i_C = a_0 + a_1 v_i = I_{CQ} + g_m v_i \tag{2.3.4}$$

其中，$I_{CQ} = a_0$ 为静态工作点电流；$g_m = a_1 = \dfrac{\mathrm{d} i_C}{\mathrm{d} v_{BE}}\bigg|_{v_{BE} = V_{BEQ}}$ 为器件的跨导。

当器件线性工作时，跨导是一个常数，受到工作点的控制，与输入信号无关。由此可进一步推导得到电路的输出电压及增益，易知此时输出信号的频率与输入信号相同，且增益也与工作点有关，而与输入信号的大小无关。

2.3.2 输入端仅有一个有用信号时器件非线性特性的影响

1．高次谐波

设放大器的输入信号为单频余弦波，即 $v_i(t) = V_{im} \cos \omega_t t$。当信号振幅 V_{im} 大到一定程度时，需要考虑式（2.3.2）中高次谐波（即高次项）的影响。为简明起见，分析时保留式（2.3.2）中的三次方项并忽略更高幂次项，可得集电极电流 i_C 为

$$
\begin{aligned}
i_C &= a_0 + a_1 v_i + a_2 v_i^2 + a_3 v_i^3 \\
&= a_0 + a_1 V_{im} \cos \omega_t t + a_2 (V_{im} \cos \omega_t t)^2 + a_3 (V_{im} \cos \omega_t t)^3 \\
&= \left(a_0 + \frac{1}{2} a_2 V_{im}^2\right) + \left(a_1 V_{im} + \frac{3}{4} a_3 V_{im}^3\right) \cos \omega_t t + \frac{1}{2} a_2 V_{im}^2 \cos 2\omega_t t + \frac{1}{4} a_3 V_{im}^3 \cos 3\omega_t t
\end{aligned} \tag{2.3.5}
$$

分析式（2.3.5）各项可知，虽然输入是单频波，但考虑器件的非线性特性后，输出信号中除了含有与输入信号频率相同的分量（通常称之为基波），还出现了基波的 2 次和 3 次倍频分量（称为谐波）。图 2.3.3 为式（2.3.5）的输入/输出波形。

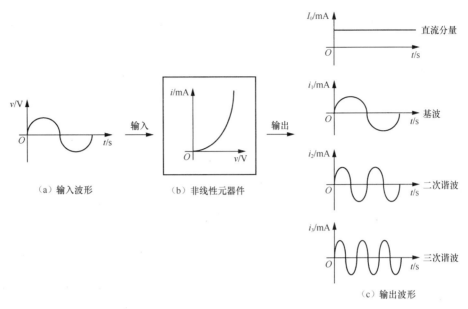

图 2.3.3　非线性元器件的输入和输出波形

显然，如果保留式（2.3.2）中的更高幂次项，还会产生更高次谐波。但由于a_n将随着n的升高而减小，因此通常可以忽略输出信号中的高次谐波，必要时还可以使用窄带滤波器滤除这些谐波分量。在谐振功率放大电路和LC振荡电路中就常常利用这种方法。在倍频电路中，可以选择合适的高次谐波分量并使用滤波器滤除其他分量。

2．增益压缩

式（2.3.5）中，基波分量i_1为

$$i_1 = \left(a_1 V_{\text{im}} + \frac{3}{4} a_3 V_{\text{im}}^3\right)\cos\omega_i t = \left(a_1 + \frac{3}{4} a_3 V_{\text{im}}^2\right) v_i \qquad (2.3.6)$$

1dB压缩点测试

根据跨导的定义，可得大信号下的平均跨导为

$$\overline{g}_{\text{m}} = \frac{i_1}{v_i} = a_1 + \frac{3}{4} a_3 V_{\text{im}}^2 \qquad (2.3.7)$$

作为对比，在2.3.1小节中提到小信号情况下线性放大电路的跨导为a_1，显然在大信号输入时情况出现了变化。

① 大信号时的平均跨导与输入信号的振幅V_{im}有关，这与线性放大电路不同。也就是说，电路非线性效应的影响不仅在于出现了高次谐波，更重要的是其基波的增益中也出现了与输入信号振幅有关的失真项$\frac{3}{4} a_3 V_{\text{im}}^2$。

② 当$a_3 > 0$时，$\overline{g}_{\text{m}} = a_1 + \frac{3}{4} a_3 V_{\text{im}}^2 > a_1$，这一现象被称为增益扩张。

③ 通常情况下，$a_3 < 0$，此时$\overline{g}_{\text{m}} = a_1 + \frac{3}{4} a_3 V_{\text{im}}^2 < a_1$，这一现象被称为增益压缩（gain compression）。

也就是说，当输入信号振幅较大时，即使忽略输出信号中的高次谐波分量，相对于小信号时的线性增益，基波的增益也会减小。在射频线性放大电路中，常用1dB压缩点来衡量放大器的线性，其定义为使增益比线性放大器增益下降1dB时所对应的点。若输入/输出信号均用对数坐标表示，

则 1dB 压缩点如图 2.3.4 所示。

设 1dB 压缩点的输入信号振幅为 $V_{\mathrm{im-1dB}}$，则根据 1dB 压缩点的定义以及式（2.3.7）可得

$$20\lg\left|a_1 + \frac{3}{4}a_3 V_{\mathrm{im-1dB}}^2\right| = 20\lg|a_1| - 1\mathrm{dB} \quad (2.3.8)$$

故

$$V_{\mathrm{im-1dB}} = \sqrt{0.145\frac{a_1}{|a_3|}} \quad (2.3.9)$$

由于 a_1、a_3 均与器件的类型及工作点有关，故 $V_{\mathrm{im-1dB}}$ 也与器件的类型及工作点有关。

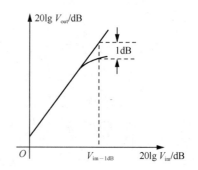

图 2.3.4　放大电路的 1dB 压缩点示意图

2.3.3　输入端有两个以上信号时器件非线性特性的影响

实际电路的输入信号可能包括有用信号和无用信号，在电路线性工作时，这些信号相对易于处理。当考虑到电路非线性特性之后，输出信号将会变得非常复杂。

假设两个输入信号均为单频余弦波，即

$$v_{\mathrm{i}}(t) = V_{1m}\cos\omega_1 t + V_{2m}\cos\omega_2 t \quad (2.3.10)$$

若将 $v_{\mathrm{i}}(t)$ 代入式（2.3.2），输出信号将包括基波、形如 $p\omega_1$ 和 $q\omega_2$ 的高次谐波以及形如 $|\pm p\omega_1 \pm q\omega_2|$ 的组合频率分量，其中 p 和 q 均为包括 0 在内的正整数。为简明起见，在做进一步分析时同样忽略 4 次及以上高次项，整理后可得由 1 次方项和 3 次方项所产生的两个输入频率的基波分量为

$$\left(a_1 V_{1m} + \frac{3}{4}a_3 V_{1m}^3 + \frac{3}{2}a_3 V_{1m}V_{2m}^2\right)\cos\omega_1 t + \left(a_1 V_{2m} + \frac{3}{4}a_3 V_{2m}^3 + \frac{3}{2}a_3 V_{2m}V_{1m}^2\right)\cos\omega_2 t \quad (2.3.11)$$

由 2 次方项所产生的组合频率分量为

$$a_2 V_{1m}V_{2m}\cos(\omega_1 + \omega_2)t + a_2 V_{1m}V_{2m}\cos(\omega_1 - \omega_2)t \quad (2.3.12)$$

由 3 次方项所产生的组合频率分量分别为

$$\frac{3}{4}a_3 V_{1m}^2 V_{2m}\cos(2\omega_1 - \omega_2)t + \frac{3}{4}a_3 V_{1m}V_{2m}^2\cos(2\omega_2 - \omega_1)t \quad (2.3.13)$$

和

$$\frac{3}{4}a_3 V_{1m}^2 V_{2m}\cos(2\omega_1 + \omega_2)t + \frac{3}{4}a_3 V_{1m}V_{2m}^2\cos(2\omega_2 + \omega_1)t \quad (2.3.14)$$

1．线性频率变换

式（2.3.12）表明，输入信号中存在两个输入信号的和频分量和差频分量。利用这种特性，配合适合的滤波器，可以实现混频、幅度调制与解调等线性频率搬移功能，具体内容将在第 6 章的相应小节中详述。

2．干扰信号对有用信号的阻塞

若设 $V_{1m}\cos\omega_1 t$ 为有用信号但幅度较小，而 $V_{2m}\cos\omega_2 t$ 为干扰信号但幅度较大（即强干扰信号），则由式（2.3.11）可知输出信号中有用信号的基波电流分量为

$$i_1 = \left(a_1 V_{1m} + \frac{3}{4}a_3 V_{1m}^3 + \frac{3}{2}a_3 V_{1m}V_{2m}^2\right)\cos\omega_1 t \quad (2.3.15)$$

由于干扰信号较强，故有 $V_{1m} \ll V_{2m}$，从而可将式（2.3.15）化简为

$$i_1 \approx \left(a_1 + \frac{3}{2}a_3 V_{2m}^2\right)V_{1m}\cos\omega_1 t$$

故对于有用信号来说，其基波分量的平均跨导为

$$\overline{g}_{1m} = a_1 + \frac{3}{2}a_3 V_{2m}^2 \tag{2.3.16}$$

由于 a_3 小于 0，因而干扰信号的增大将会使跨导变小，从而使输出信号也变小，甚至趋于 0，这就是阻塞。在射频收发信机中，若接收机在地理位置上处于使用相邻频带的发射机附近，则由于接收机的天线滤波器无法滤除所接收到的干扰信号，就可能出现阻塞，导致无法正常通信。在设计射频前端电路时，抗阻塞能力是一个很重要的指标。

3. 干扰信号对有用信号的交叉调制

若有用信号 $V_{1m}\cos\omega_1 t$ 为弱信号，而干扰信号为具有较强振幅的调幅波[①] $V_{2m}(1 + m_a\cos\Omega t)\cos\omega_2 t$，则可得输出信号中有用信号的基波电流分量为

$$i_1 \approx \left[a_1 V_{1m} + \frac{3}{2}a_3 V_{1m} V_{2m}^2 (1 + m_a\cos\Omega t)^2\right]\cos\omega_1 t \tag{2.3.17}$$

易知其振幅为 $a_1 V_{1m} + \frac{3}{2}a_3 V_{1m} V_{2m}^2 (1 + m_a\cos\Omega t)^2$，包含干扰信号中的调幅信息。也就是说，干扰信号的调制信号转移到了有用信号的振幅上。若有用信号也是调幅信号，则在检波之后将会听到串音，这就是所谓的交叉调制（cross modulation）失真，它是由非线性元器件的 3 次方项产生的。

4. 信号间的互相调制

当两个频率接近的信号输入非线性元器件时，将产生许多频率分量。其中需要重点考虑的非线性分量为 $2\omega_1 - \omega_2$ 和 $2\omega_2 - \omega_1$，原因在于它们比较靠近基波分量，从而落在滤波器的通频带内。由于这两个非线性分量是由非线性元器件的 3 次方项产生的，又被称为双音三阶互调（intermodulation，IM），如图 2.3.5 所示。

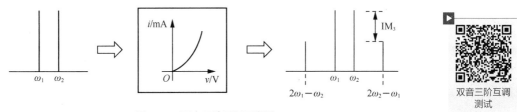

双音三阶互调测试

图 2.3.5　双音三阶互调示意图

设两个输入信号的振幅相同，即 $V_{1m} = V_{2m} = V_m$，则能通过滤波器的基波和双音三阶互调分量的输出电流为

$$\begin{aligned}
i_o \approx & \left(a_1 + \frac{9}{4}a_3 V_m^2\right)V_m\cos\omega_1 t + \left(a_1 + \frac{9}{4}a_3 V_m^2\right)V_m\cos\omega_2 t \\
& + \frac{3}{4}a_3 V_m^3\cos(2\omega_1 - \omega_2)t + \frac{3}{4}a_3 V_m^3\cos(2\omega_2 - \omega_1)t
\end{aligned} \tag{2.3.18}$$

---

① 关于调幅的进一步说明详见第 6 章的相应小节。

可见，当输入信号的功率很小（即V_m很小）时，基波功率与输入信号的功率成正比；当输入功率增大时，基波的输出功率被压缩，这一点已经在1dB压缩点的介绍中提到过。但输出的三阶互调信号（其振幅为$\frac{3}{4}a_3V_m^3$，频率为$(2\omega_1-\omega_2)$或$(2\omega_2-\omega_1)$）的功率与输入信号功率的立方成正比，故将迅速增大，直至达到甚至超过基波的输出功率。

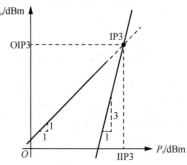

通常使用三阶截点（Third-order Intercept Point，IP3）来说明三阶互调失真的程度，该点定义为三阶互调信号的输出功率达到和基波功率相等的点，如图2.3.6所示。需要注意的是，图2.3.6中已忽略1dB压缩点，而将输出基波功率与输入信号功率的关系进行了线性外推。

图2.3.6　三阶互调截点示意图

图2.3.6中三阶截点所对应的输入功率表示为IIP3，所对应的输出功率表示为OIP3（在电路设计过程中，混频器常用IIP3作为参考，而放大器常用OIP3作为参考）。

推导可得

$$V_{\text{IIP3}} \approx \sqrt{\frac{4}{3}\frac{a_1}{|a_3|}} \tag{2.3.19}$$

由式（2.3.9）和式（2.3.19）可知

$$\frac{V_{\text{im-1dB}}}{V_{\text{IIP3}}} = \sqrt{\frac{0.145}{4/3}} \approx -10\text{dB} \tag{2.3.20}$$

可知1dB压缩点的输入（或输出）电平要比三阶互调截点的电平低约10dB。这只是一个估算关系，在实际应用时可以从芯片手册中查到这两个参数的值。

图2.3.5中还标出了另一个重要指标IM3，称之为三阶交调产物，其表示方法是用三阶产物与载波进行比较，单位是dBc。

2.4 噪声

噪声和干扰泛指除有用信号以外的其他一切无用信号。这些无用信号轻则影响接收有用信号的清晰度，重则淹没有用信号。电子设备的性能指标在很大程度上与噪声和干扰有关。如果没有噪声，无论接收信号多么弱，只要对信号进行足够的放大即可。

一般来说，噪声是指电路内部产生的无用信号，干扰则指来自电路外部的无用信号。噪声和干扰通常都具有随机性，有时会通用。电路内部噪声分为自然噪声和人为噪声，自然噪声有热噪声、散粒噪声、闪烁噪声等，人为噪声有交流噪声、感应噪声、接触不良噪声等。干扰也可分为自然干扰和人为干扰，自然干扰有天电干扰、宇宙干扰等，人为干扰主要有工业干扰和无线电台的干扰。

本节主要对自然噪声问题进行简要介绍和分析，包括其原因、表现形式及减小或消除噪声的一些方法。对一些推导较烦琐的公式，本书会直接给出结果以便于应用。

2.4.1　电阻热噪声的来源和特点

系统噪声主要来源于构成系统的电路元器件，如电阻、晶体管、场效应管等。

电阻的热噪声

1．热噪声

（1）热噪声的数学特征

热噪声（起伏噪声）主要由导体内部自由电子无规则的热运动所产生。自由电子在一定温度下的热运动类似分子的布朗运动，杂乱无章，温度越高越剧烈。这种无规则在导体内部形成许多小的电流波动，虽然其长时总平均电流为零，但在每一瞬间都会在导电体（例如电阻）两端引出一个小的波动电势。一个导体接入电路后，其内部波动电势便成为电路的热噪声源，故热噪声常称为电阻热噪声。

理论和实践证明，电阻热噪声电压的均方值为

$$\overline{e_n^2} = 4kTR\Delta f \tag{2.4.1}$$

式中，下标 n 为噪声英文单词 noise 的首字母；$k = 1.38 \times 10^{-23}$ J/K，为玻尔兹曼常数；T 为以热力学温度表示的电阻工作温度，单位为 K；R 为电阻的阻值，单位为 Ω；Δf 为系统工作频带（或测量此噪声功率时的频带宽度）。

易知电阻热噪声电压的有效值（均方根值）$E_n = \sqrt{\overline{e_n^2}} = \sqrt{4kTR\Delta f}$。

式（2.4.1）适用于铜线绕电阻，其他类型的电阻噪声电压稍大一点，但通常可用式（2.4.1）作近似计算。此外，一个实际电阻，除了热噪声之外还存在闪烁噪声，故它的总噪声值要比用热噪声公式（2.4.1）计算的数值高，有时要高出数倍以上。一般说来，在各类电阻中，碳质电阻的热噪声最大，碳膜电阻次之，线绕电阻的热噪声最小。

由于热噪声电压是大量电子运动所产生的感应电动势之和，总的热噪声电压 e_n 服从正态分布（高斯分布），其概率密度为

$$p(e_n) = \frac{1}{\sqrt{2\pi \overline{e_n^2}}} \exp\left(-\frac{1}{2}\frac{e_n^2}{\overline{e_n^2}}\right) \tag{2.4.2}$$

为便于进行电路的分析和计算，可以把实际电阻 R 看作一个噪声电压源和一个理想无噪声的电阻串联，得到如图 2.4.1（b）所示的电阻热噪声等效电路。根据诺顿定理，也可以化为图 2.4.1（c）所示的噪声电流源和理想无噪声电阻并联的形式，图中 $G = 1/R$。

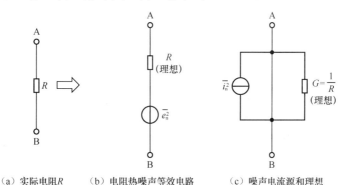

（a）实际电阻 R　　（b）电阻热噪声等效电路　　（c）噪声电流源和理想
无噪声电阻的并联电路

图 2.4.1　电阻的噪声等效电路

例 2.4.1 ▶ 计算温度为 17℃ 时，1MHz 带宽下 1MΩ 电阻产生的热噪声电压有效值。

解　$E_n = \sqrt{4kTR\Delta f} = \sqrt{4 \times 1.38 \times 10^{-23} \times 290 \times 10^6 \times 10^6}$ V $\approx 126\mu$V

因此，若某交流电压表具有1MΩ输入电阻和1MHz带宽，它会产生约126 μV的噪声。不管使用什么样的精度，都无法测量500μV以下的信号。同样条件下，50Ω电阻只产生0.9μV的噪声。因此，在低噪声电路中常常使用阻值较低的电阻。

例2.4.2 放大器的工作带宽为2MHz，信号源电阻为200Ω。当工作温度为27℃时，电压增益为200。输入信号有效值为5 μV时，试计算输出的信号有效值（包括有用信号和噪声），假定放大器的噪声及其他噪声可以忽略。

解 信号源电阻产生的热噪声电压为

$$E_n = \sqrt{4kTR\Delta f} = \sqrt{4\times1.38\times10^{-23}\times300\times200\times2\times10^6}\,\text{V} \approx 2.57\mu\text{V}$$

由于有用信号和噪声都很小，故放大器对两者的电压增益都为200，因此输出信号将包含1mV的有用信号和0.514mV的噪声，有可能根本无法表达有用信息。但通过现代通信所使用的高级调制解调技术，仍然能实现有效通信。

（2）电阻的额定噪声功率

如图2.4.2所示，虚线框中为具有热噪声的电阻R，根据最大功率传输定理可知，当负载电阻 $R_L = R$ 时，可实现噪声源的最大功率传输，由此可得负载上的额定噪声功率为

$$P_n = \frac{1}{2}\frac{\overline{e_n^2}}{R+R_L} = \frac{1}{2}\frac{4kTR\Delta f}{2R} = kT\Delta f \qquad (2.4.3)$$

可见，电阻的额定噪声功率与频带 Δf 成正比，而与电阻的阻值无关，带宽越宽，噪声越大。

（3）热噪声的功率谱密度

为方便起见，还常常使用功率谱密度来计算电路的噪声。

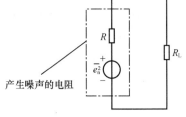

图2.4.2 电阻热噪声功率的传输

电阻热噪声是大量运动电子产生的电压脉冲之和，对于单个电子来说，其两次碰撞之间的时间间隔极短（为$10^{-13} \sim 10^{-14}$s），由傅里叶分析可知这种窄脉冲具有很宽的频谱和平坦的频谱分布。由于电阻热噪声的功率谱是所有电子产生的功率谱相加之和，因此同样具有很宽的频谱和平坦的频谱分布。事实上，电阻热噪声的均匀频谱大致为$10^{13} \sim 10^{14}$Hz，远高于通信系统的工作频率，因此对于无线通信系统来说完全可以当作白噪声对待，其功率谱密度为

$$S(f) = 4kTR \qquad (2.4.4)$$

式中，$S(f)$ 为功率谱密度，其单位为W/Hz。

所谓"白噪声"，是指光学中白色光的功率谱密度在可见光频段内是均匀分布的。与之相对应，在所讨论频带内，功率谱分布不均匀的噪声被称为"有色噪声"。

当频带宽度 Δf 确定后，将式（2.4.4）所示功率谱密度乘以带宽即可得到电阻热噪声的功率。

2.线性电路中的热噪声

（1）多个噪声源作用于电路时

一个电路中可能存在多个噪声源，这些噪声源同时作用于负载时，其总效果随这些噪声源之间的相互关系而异。若各噪声源是互不相关的，即各噪声源中任一噪声源在某特定时间的噪声电压的瞬时值与其他噪声源在该时间的电压数值大小无关，则总输出噪声功率等于各自输出功率之

和。所以，总的噪声均方电压等于各噪声源均方电压之和。对于k个噪声源，有

$$\overline{e_n^2} = \overline{e_{n1}^2} + \overline{e_{n2}^2} + \cdots + \overline{e_{nk}^2}$$（2.4.5）

互不相关的噪声源的均方相加性质是计算噪声电路的基本法则。由式（2.4.5）可得，多个电阻混联（温度相同）时的热噪声等于混联后的总电阻R产生的热噪声。

（2）等效噪声带宽

当功率谱密度为$S_i(f)$的噪声通过电压传递函数为$H(f)$的线性网络后，输出噪声的功率谱密度为

$$S_o(f) = S_i(f)|H(f)|^2$$

其中，$|H(f)|^2$是线性网络的功率传递函数。

当白噪声通过线性系统后，输出噪声的均方电压可表示为

$$\overline{V_n^2} = \int_0^{+\infty} S_i(f)|H(f)|^2 \, \mathrm{d}f = S_i \int_0^{+\infty} |H(f)|^2 \, \mathrm{d}f$$

定义

$$\mathrm{BW}_n = \frac{\int_0^{+\infty} |H(f)|^2 \, \mathrm{d}f}{H_0^2}$$（2.4.6）

为线性系统的等效噪声带宽，其含义如图2.4.3所示。

式（2.4.6）中，分子为曲线$|H(f)|^2$下面的面积。因此，等效噪声带宽的意义是使以H_0^2和BW_n为两边的矩形面积与曲线$|H(f)|^2$下面的面积相等。BW_n的大小由实际特性$|H(f)|^2$决定，而与输入噪声无关。

从物理意义上来讲，白噪声通过有频率响应的线性网络后变成了有色噪声，但可以用等效噪声带宽BW_n内具有恒定噪声谱密度、BW_n以外的噪声谱密度为零来等效。在计算和测量噪声时，知道系统的等效噪声带宽是很方便的。

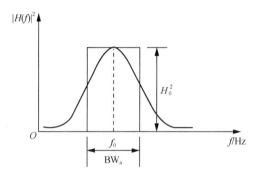

图 2.4.3　线性系统的等效噪声带宽

2.4.2　其他电路元器件的噪声

1．电抗元件的噪声

理想的纯电抗元件不会产生噪声，因为纯电抗元件不含损耗电阻，它不存在自由电子的不规则热运动。但实际中不可能获得理想的器件，它们的损耗电阻会产生噪声。在实际电路中，电感的损耗电阻一般不能忽略，而电容的损耗电阻通常可以忽略。

2．晶体管的噪声

晶体管的噪声通常比电阻的热噪声大得多，其来源一般有下列4种。

（1）热噪声

晶体管3个区的体电阻和引线电阻都会产生热噪声，其中基区体电阻r_{bb}是主要的热噪声源。

（2）散粒噪声

散粒噪声（散弹噪声）是由于载流子随机地通过PN结，使得不同的瞬间发射极或集电极电流在平均值上下作不规则的起伏变化而形成的。散粒噪声也是白噪声，其电流功率谱密度为

$$S_1(f) = 2qI_0 \qquad\qquad (2.4.7)$$

式中，$q = 1.6 \times 10^{-19}\text{C}$，为电子电量；$I_0$ 为通过 PN 结的平均电流值。

由式（2.4.7）可见，$S_1(f)$ 与 I_0 成正比，当 $I_0 = 0$ 时 $S_1(f)$ 等于 0。与之相对照，当电流为 0 时，电阻热噪声的功率谱密度不变。所以在低噪声放大器中，第一级的工作电流设计得较小。

（3）分配噪声

在晶体管中，载流子从发射区进入基区后，大部分到达集电区形成集电极电流，只有少量在基区复合形成基极电流。载流子在基区复合的随机性造成集电极和基极电流的随机波动，从而引起噪声，这种噪声称为分配噪声，它也是电流噪声。由于基区的复合状态与工作频率有关，工作频率越高，分配噪声就越大，因而分配噪声不是白噪声。

（4）低频噪声

现已发现的晶体管低频噪声有闪烁噪声（$1/f$ 噪声）及爆裂噪声。这些噪声通常与晶体管表面状态或内部缺陷有关，其产生机理还处于研究阶段。闪烁噪声的特点是在低频（几千赫兹以下）区域时，其噪声强度显著增加，并且随频率的降低而升高，大体上与频率成反比，故又称为 $1/f$ 噪声。

$1/f$ 噪声是低频电子线路的主要噪声源，一般认为它是由于晶体管表面清洁处理不好或有缺陷造成的。实际上这种噪声不仅存在于晶体管中，也存在于其他元器件中，如电阻、电子管、场效应管等。

3．场效应管的噪声

由于场效应管主要依靠多子运动而导电，因而其散弹噪声的影响很小。场效应管的噪声主要包括以下几个方面。

（1）沟道热噪声

沟道热噪声由导电沟道中多子不规则的热运动产生，它是场效应管的主要噪声源。沟道电阻的大小不是固定的，它受栅极电压的控制，所以此噪声电流的均方值与场效应管的跨导 g_m 成正比，即

$$\overline{i_{nd}^2} = 4kTg_m\Delta f \qquad\qquad (2.4.8)$$

（2）栅极感应噪声

通常把沟道热噪声通过栅极电容 C_{gs} 耦合在栅极上感应而产生的噪声称为场效应管的栅极感应噪声，其值随工作频率及 C_{gs} 的增高而变大。

（3）闪烁噪声

场效应管闪烁噪声（$1/f$ 噪声）的产生原因与晶体管大致相同。

（4）栅极散粒噪声

栅极散粒噪声是由栅极内电荷的不规则起伏引起的。对于结型场效应管，其噪声电流的均方值与栅极漏电流（反向饱和电流）成正比，其值比双极晶体管的散粒噪声小得多。对于 MOS 型场效应管，由于泄漏电流很小，一般其栅极散粒噪声可忽略。

一般来说，在频率不是很高时，场效应管的噪声比双极晶体管的噪声低。

4．二极管的噪声

二极管有正偏和反偏两种工作状态。

正偏时，二极管中流过电流的性质与晶体管发射极电流类似，也会引起散粒噪声电流。当

然，在低频范围内还要考虑闪烁噪声。

反偏时，二极管的反向饱和电流较小，故其产生的散粒噪声也较小。反偏工作状态主要针对稳压二极管。稳压二极管有两种不同的击穿机理，即齐纳击穿和雪崩击穿。齐纳击穿型稳压二极管主要呈现的是散粒噪声，在频率较低时也有$1/f$噪声。雪崩击穿型稳压二极管的噪声较大，除散粒噪声外，还有多态噪声。所谓多态噪声，就是其电压在两个或多个不同电平上进行随机转换，这些电平可能相差毫伏数量级，且转换的时间极快。这种多态噪声是由于PN结内的缺陷和不均匀性造成的。

5．天线的噪声

接收天线端口的噪声有两个来源，其一是天线本身的导体电阻产生的噪声（通常可以忽略）；其二是外来噪声，主要包括周围介质辐射的噪声和各种外界环境噪声。因此，天线噪声是与其周围的介质温度、天线的指向及频率有关的物理量。为了方便起见，工程上统一规定用天线的辐射电阻R_A（是计算天线辐射功率的一个重要参量，不是天线的导体电阻）在温度T_a下产生的热噪声来表示天线的噪声性能。天线的热噪声均方电压为

$$\overline{e_n^2} = 4kT_a R_A \mathrm{BW}_n$$

式中，R_A为天线的辐射电阻；T_a为天线的等效噪声温度；BW_n为接收机等效噪声带宽。

当天线与接收机输入端匹配时，输入接收机的天线噪声功率为额定噪声功率，即

$$P_{ni} = P_{nim} = \frac{\overline{e_n^2}}{4R_A} = kT_a \mathrm{BW}_n$$

这里需要指出的是，T_a不一定等于天线周围的温度，它与周围介质的温度、天线的指向等有关。

天线的环境噪声是指由大气电离层的衰落和天气的变化等因素引起的自然噪声，以及来自银河系、太阳和月球的无线电辐射产生的宇宙噪声。环境噪声是不稳定的，在空间的分布也是不均匀的。例如，自然噪声随季节、昼夜时间以及频率的变化而变化；通常，银河系的辐射较强，其主要影响在米波段以下，长期观测表明，这种影响是稳定的；太阳的影响最大又极不稳定，它与太阳的黑子变化等有关。

2.5 噪声系数和等效噪声温度

在实际电路中，噪声的危害在于它可能淹没有用信号，研究噪声的目的在于减小它对信号的影响。从噪声对信号影响的效果来看，不在于噪声电平绝对值的大小，而在于信号功率与噪声功率的相对大小。所以在电路的某一点上，常用信噪比（即信号功率与噪声功率的比值，Signal-to-Noise Ratio，有时也用S/N或SNR表示）来表示噪声对有用信号的影响。虽然信噪比能够表示某一点上的噪声水平，但它不能表示从输入到输出过程中，电路在信号中注入了多少噪声。

2.5.1 噪声系数

1．噪声系数的定义

对于一个线性（或准线性）双端口电路，其噪声系数定义为电路输入端信噪比和输出端信噪

噪声系数的定义

比的比值，即

$$F = \frac{\text{SNR}_i}{\text{SNR}_o} = \frac{P_{si} / P_{ni}}{P_{so} / P_{no}} \qquad (2.5.1)$$

式中，SNR_i 和 SNR_o 分别为电路输入端信噪比和输出端信噪比；P_{si}、P_{so} 分别为输入和输出信号功率；P_{ni} 为输入噪声功率；P_{no} 为总的输出噪声功率，包括输入噪声和电路内增加的噪声。

如果用dB表示，则为

$$\text{NF} = 10\lg F \text{(dB)} \qquad (2.5.2)$$

可以把式（2.5.1）改写为

$$F = \frac{P_{si} / P_{ni}}{P_{so} / P_{no}} = \frac{P_{no}}{\dfrac{P_{so}}{P_{si}} \times P_{ni}} = \frac{P_{no}}{A_P \times P_{ni}} = \frac{P_{no}}{P_{nio}} \qquad (2.5.3)$$

式中，$A_P = P_{so} / P_{si}$ 表示电路对信号的功率增益；$P_{nio} = A_P \times P_{ni}$ 表示输入噪声经过电路后在电路输出端产生的噪声功率。

P_{nio} 与总的输出噪声功率 P_{no} 不相等的原因就在于电路内部噪声也会在输出端产生影响。若设电路内部噪声在输出端产生的固有噪声功率为 P_{nao}，则

$$P_{no} = P_{nao} + A_P \times P_{ni} = P_{nao} + P_{nio} \qquad (2.5.4)$$

将式（2.5.4）代入式（2.5.3），可得

$$F = \frac{P_{nao} + P_{nio}}{P_{nio}} = 1 + \frac{P_{nao}}{P_{nio}} = 1 + \frac{P_{nao}}{A_P \times P_{ni}} \qquad (2.5.5)$$

由式（2.3.3）及式（2.3.5）可见。

① 理想无噪声电路的 $F = 1$（即 $\text{NF} = 0\text{dB}$）。

② 通常情况下，$F > 1$（即 $\text{NF} > 0\text{dB}$），而且 P_{nao} 越大，噪声系数越大。

③ 放大器的功率增益 A_P 越大，噪声系数越小。

④ 放大器的输入端噪声 P_{ni} 越大，噪声系数越小。

例2.5.1 设某放大器的功率增益 $10\lg A_P = 13\text{dB}$，其固有噪声功率 $P_{nao} = 10\mu\text{W}$，分别计算当 $P_{ni1} = 1\mu\text{W}$ 和 $P_{ni2} = 10\mu\text{W}$ 时的噪声系数。

解 由于 $10\lg A_P = 13\text{dB}$，故 $A_P = 20$。

由式（2.5.5）可知，当 $P_{ni1} = 1\mu\text{W}$ 时，F 为 $F_1 = 1 + \dfrac{P_{nao}}{A_P \times P_{ni1}} = 1 + \dfrac{10}{20 \times 1} = 1.5$。

当 $P_{ni2} = 10\mu\text{W}$ 时，F 为 $F_2 = 1 + \dfrac{P_{nao}}{A_P \times P_{ni2}} = 1 + \dfrac{10}{20 \times 10} = 1.05$。

由例2.5.1可以看出，当放大器自身的参数不变而输入噪声功率不同时，所得到的噪声系数也不同。为使噪声系数有一个确切的定义，输入噪声功率一般规定为信号源内阻产生的热噪声功率，此时噪声系数完全是一个代表电路内部噪声特性的指标，与外界噪声无关。工程上在测量噪声系数时，规定信号源内阻取标准噪声温度，即 $T_0 = 290\text{K}$[①]。

---

① 其原因可参见 2.5.3 小节。

在理解噪声系数的概念时，还有两点需要注意。

① 当信号源内阻为纯电抗（如光电传感器、压电传感器）时，放大器的输入噪声为0。由式（2.5.3）或式（2.5.5）可知此时噪声系数趋于无穷，噪声系数已经失去意义，此时可以采用等效输入噪声电压来衡量放大器的噪声性能。

② 噪声系数概念仅适用于线性电路。对于非线性电路来说，噪声系数概念不再适用。其原因在于信号与噪声之间会相互作用，此时即使电路本身不产生噪声，输出端的信噪比也和输入端不同。

2．无源有耗网络的噪声系数

无源有耗网络是指由无源元件（如电阻、电容、电感等）构成的网络，如无源滤波器、衰减器、LC谐振回路等，这种网络常用于射频系统各个模块之间，完成滤波或阻抗变换功能。

无源有耗网络的输出信号功率通常要小于输入信号功率，即其功率增益 A_p 小于1。有时也使用插入损耗（Insert Loss，Insert Loss $= 1 / A_p$）来描述信号的损失程度。

推导可得，输入、输出端均匹配的无源有耗网络的噪声系数为

$$F = \frac{1}{A_{Pm}} = \text{Insert Loss} \qquad (2.5.6)$$

式中，A_{Pm} 为匹配条件下的功率增益。

级联网络的噪声系数

3．级联电路的噪声系数

设级联电路各子模块的功率增益分别为 A_{P1}，A_{P2}，$\cdots$，A_{Pn}，噪声系数分别为 F_1，F_2，$\cdots$，F_n，若各级之间相互匹配，则可证明此多级放大器的总噪声系数为

$$F = F_1 + \frac{F_2 - 1}{A_{P1}} + \frac{F_3 - 1}{A_{P1} \times A_{P2}} + \cdots + \frac{F_n - 1}{A_{P1} \times A_{P2} \times \cdots \times A_{P(n-1)}} \qquad (2.5.7)$$

由式（2.5.7）可以看出，在将级联电路中后面各级所产生的噪声折合成前一级所产生的噪声时，需要除以该级的功率增益。因此，影响级联电路噪声性能的主要因素是前几级（特别是第一级）的噪声系数和功率增益。为降低级联电路的总噪声系数，可适当降低第一、二级的噪声系数并提高其功率增益。

4．晶体管噪声系数示例

低噪声器件的制造商通常会提供噪声系数等值线图，以显示器件的噪声特性。图2.5.1所示为厂家提供的2N4957晶体管的NF频率特性曲线，由图可见，噪声系数和工作频率有关。

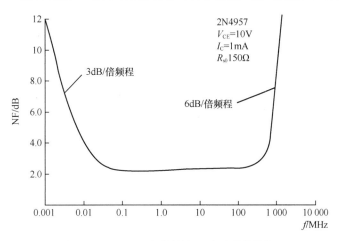

图 2.5.1　2N4957 晶体管的 NF 频率特性曲线

图 2.5.2 所示为 2N4957 的噪声系数等值曲线。可见，噪声系数还和放大器的工作条件有关。当工作频率、集电极电流及信号源内阻选择在合适的范围内时，能有效降低放大器的噪声系数。

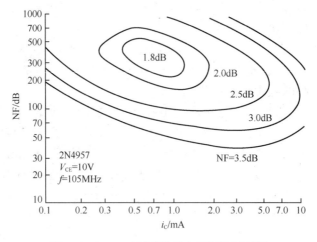

图 2.5.2　2N4957 晶体管的噪声系数等值曲线图

2.5.2　等效噪声温度

除了噪声系数外，也可以使用等效噪声温度来表示电路的噪声特性。其定义为：将有噪声线性网络的内部噪声折算到电路输入端时，此内部噪声可以用提高信号源内阻上的温度来等效，即将其视为信号源内阻 R_{s0} 处于温度 T_e 时产生的噪声，而将原网络看作理想无噪声网络，这个 T_e 就称为等效噪声温度，如图 2.5.3 所示。当系统与前端匹配时，输入噪声的额定功率为 $kT\Delta f$，与电阻大小无关，所以可将等效噪声温度视为由信号源内阻 R_{s0}（而不是其他电阻）产生的，这样可以与信号源内阻 R_{s0} 的噪声温度叠加，实际处理时比较方便。

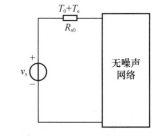

图 2.5.3　网络的等效噪声温度

设有噪线性网络的噪声系数为 F，信号源内阻的温度为 T_0，根据式（2.5.5），折算到其输入端的噪声功率为

$$P_{nai} = \frac{P_{nao}}{A_P} = (F-1)P_{ni} \qquad (2.5.8)$$

即 $kT_e\Delta f = (F-1)kT_0\Delta f$，则有

$$T_e = (F-1)T_0 \qquad (2.5.9)$$

或

$$F = 1 + \frac{T_e}{T_0} \qquad (2.5.10)$$

故多级级联网络的等效噪声温度为

$$T_e = T_{e1} + \frac{T_{e2}}{A_{P1}} + \frac{T_{e3}}{A_{P1} \times A_{P2}} + \cdots + \frac{T_{en}}{A_{P1} \times A_{P2} \times \cdots \times A_{P(n-1)}} \qquad (2.5.11)$$

同一网络的等效噪声温度和噪声系数是用两种不同的方法来描述系统噪声的。引入等效噪

温度来描述网络噪声的好处在于：可以将网络噪声与等效噪声温度为T_a的天线噪声（即信号源噪声）相加，作为总的输入噪声，而把网络看作是无噪声的。当信号源与网络输入端匹配时，总的输入噪声功率为

$$P_{ni} = P_{nim} = k(T_a + T_e)\Delta f \tag{2.5.12}$$

在低噪声系统（如空间通信系统）中，用等效噪声温度来衡量系统噪声性能更方便些。在应用时，放大器和混频器多用噪声系数来描述，而天线和接收机前端常用等效噪声温度来描述。等效噪声温度比较适合描述那些噪声系数接近于1的部件，因为它对这些部件的噪声性能提供了比较高的分辨率，见表2.5.1。

表 2.5.1　噪声系数与等效噪声温度的数值对照（$T_0 = 290$K）

NF/dB	0.5	0.6	0.7	0.8	0.9	1.0
F	1.12	1.15	1.17	1.20	1.23	1.26
T_e/K	35	43	51	59	67	75

2.5.3　放大器的通用噪声等效电路

从前面对器件噪声的分析可以看出，无论是双极晶体管还是场效应管，它们的噪声等效电路都比较复杂，特别是各种噪声频谱不同，有些噪声之间还有相关性，而这些相关性又不易确定，因此要构造一个既准确又便于分析计算的放大器噪声等效电路是很困难的。图2.5.4给出了一个简化的放大器通用噪声等效电路，此电路假定所有噪声具有相同的频谱，而且无相关性。

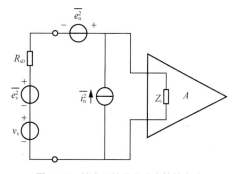

图中，$\overline{e_s^2}$为信号源内阻R_{s0}的热噪声电压均方值；$\overline{e_n^2}$和$\overline{i_n^2}$为放大器噪声等效到输入端的噪声电压、电流均方值；Z_i为放大器的输入阻抗；A为无噪声放大器。利用图2.5.4所示的噪声等效电路，在放大器输入端短路和开路情况下，分别测量输出端的噪声均方根值，

图 2.5.4　放大器的通用噪声等效电路

通过折算便可求出$\overline{e_n^2}$和$\overline{i_n^2}$的值，并进而计算该电路的噪声系数。

由于图2.5.4中的A为无噪声放大器，故其输入端和输出端的噪声系数相同，只要计算出信号源到Z_i两端的噪声系数即可。

在放大器输入端，因为信号和噪声的负载都是Z_i，所以由叠加定理可得Z_i上的总噪声电压均方值为

$$\overline{e_{ni}^2} = (\overline{e_s^2} + \overline{e_n^2})\left(\frac{Z_i}{Z_i + R_{s0}}\right)^2 + \overline{i_n^2}\left(\frac{Z_i R_{s0}}{Z_i + R_{s0}}\right)^2 \tag{2.5.13}$$

其中输入噪声$\overline{e_s^2}$在Z_i上产生的噪声电压均方值为

$$\overline{e_{ns}^2} = \overline{e_s^2}\left(\frac{Z_i}{Z_i + R_{s0}}\right)^2 \tag{2.5.14}$$

则由式（2.5.3）可得噪声系数为

$$F = \frac{\overline{e_{ni}^2}}{\overline{e_{ns}^2}} = 1 + \frac{\overline{e_n^2} + \overline{i_n^2} R_{s0}^2}{\overline{e_s^2}} \quad (2.5.15)$$

将 $\overline{e_s^2} = 4kTR_{s0}\Delta f$ 代入式（2.5.15），可得

$$F = \frac{\overline{e_{ni}^2}}{\overline{e_{ns}^2}} = 1 + \frac{\overline{e_n^2} + \overline{i_n^2} R_{s0}^2}{4kTR_{s0}\Delta f} \quad (2.5.16)$$

可见噪声系数不仅与其内部噪声有关，也与由信号源内阻和信号源噪声温度一起决定的外部输入噪声有关。因此，工程上在测量噪声系数时，规定信号源内阻取标准噪声温度，即 $T_0 = 290K$。

由式（2.5.16）可知，当信号源内阻 R_{s0} 较高时，$\overline{i_n^2}$ 是主要的噪声源；反之，$\overline{e_n^2}$ 是主要的噪声源。此外，使用一元函数求极值的方法可求得使噪声系数最小的最佳信号源内阻为

$$R_{s0} = R_{sopt} = \sqrt{\overline{e_n^2} / \overline{i_n^2}} \quad (2.5.17)$$

此时对应的噪声系数极小值为

$$F_{min} = 1 + \frac{\overline{e_n^2}}{2kT\Delta f} \sqrt{\overline{i_n^2} / \overline{e_n^2}} \quad (2.5.18)$$

式（2.5.17）表示的 R_{s0} 称为使噪声系数最小的最佳信号源内阻。当信号源内阻满足此关系式时，电路本身产生的噪声功率相对于信号源内阻产生的噪声功率，其影响达到最小，但是并不说明输出端的信噪比一定最大。若 R_{s0} 满足式（2.5.17），但并不能提高电路输出端的信噪比，则改变 R_{s0} 就没有意义。

2.5.4 降低噪声系数的措施

根据前面对噪声的讨论结果，下面简要介绍几种常用的减小内部噪声的方法。

1．选用低噪声元器件

对电阻而言，结构精细的金属膜电阻比碳膜、碳质电阻噪声小；齐纳击穿型稳压二极管比雪崩击穿型稳压二极管噪声小。

在低频与中频区，结型场效应管比双极晶体管的电流噪声小，所以应用在这一区域时，适宜采用 g_m 大、I_g 小的结型场效应管；而在高频区工作时，则适宜采用 f_T 及 β 大、$r_{bb'}$ 小的低噪声晶体管。不过，即使在高频段，目前用砷化镓（GaAs）、碳化硅（SiC）、氮化镓（GaN）等新型半导体材料制成的半导体器件也有较小的噪声系数。

2．正确选择晶体管的直流工作点

分析表明，适当选择晶体管的直流工作点电流，可使其噪声系数达到最小。

3．选择合适的信号源内阻

由前面的分析可知，当选择最佳信号源内阻 R_{sopt} 时，放大器的噪声系数最小。

4．选择合适的工作频带

根据前面的讨论，噪声电压大多数与通频带宽度有关，带宽增大时，内部噪声也增大。因此，必须严格选择接收机或放大器的带宽，使之满足信号通过时对失真的要求，而不应过宽，以免信噪比下降。

5．选用合适的放大电路

3种基本组态连接的放大器的噪声系数相差不大，尤其是低频工作时差别更小。具体选择时，可由其他因素决定。如共射组态有较大的功率增益，可减小后级噪声的影响；共集和共基组态有较好的频率响应。另外，共射-共基级联放大器、共源-共栅级联放大器都是稳定性较高、噪声较低的电路。

6．降低热噪声

热噪声是内部噪声的主要来源之一，所以降低放大器（特别是接收机前端主要器件）的工作温度可减小噪声系数。对灵敏度要求特别高的设备来说，降低噪声温度是一个重要措施。

2.6　本章小结

本章要点如下。

① 分贝表示法是电子、通信领域常常使用的表示方法，主要原因在于使用对数之后易于表达非常大范围的信号强度变化，而将乘除运算变换成加减运算后也能减少运算的复杂度。需要注意的是，dB 代表了两个量之间的相对关系，将其中一个量设置为固定的参考值之后就可以表示绝对量，如 dBm、dBW、dBµV 所使用的参考值分别为 1mW、1W 和 1µV。

② 所有电路系统都会存在频率特性，带宽是其重要参数之一。可以用绝对带宽和相对带宽来描述一个电路，并在此基础上定义宽带电路和窄带电路，两者在电路实现上的难度不一样。

③ 为了有效实现信息传输及信号的功率、频率变换等功能，不可避免地需要各种频率变换电路。这些电路的共同特征是输出信号中出现了不同于输入信号频率的其他频率分量，因而需要用到元器件的非线性特性。但由于非线性特性的复杂性和输入信号的复杂性，输出信号中将会出现输入信号的基波、高次谐波、各种组合频率等信号，也会出现增益压缩、阻塞、交叉调制、互相调制等现象，在应用时需要有充分的考虑。

④ 电路内部噪声对信号的接收和处理会产生严重的干扰作用。除纯电抗元件以外，各类元器件都会产生一定的噪声，并有着不同的机理和分类。本章主要介绍电阻白噪声的相关概念、原理、特点以及性能指标的简单计算，对其他元器件（如二极管、晶体管、场效应管、天线等）的噪声则仅做简单介绍。如电路中有多个互不相关的噪声源，相加时可以按简化方式处理。

⑤ 噪声系数代表电路本身噪声相对于信号源噪声的增加值，并不真正代表电路输出的信噪比。影响级联电路噪声性能的主要因素是前几级（特别是第一级）的噪声系数和功率增益，故降低前级放大电路的噪声系数、提高前级放大电路的功率增益是减小多级放大电路总噪声系数的重要措施。噪声温度代表电路本身噪声折合成信号源内阻热噪声后，信号源内阻升高的温度。

2.7　习题

2.1.1 某射频信号源的输出功率为 13dBm，请问该信号源的实际输出功率为多少毫瓦？

2.1.2 国内品牌普源精电某型号频谱分析仪所能承受的射频输入信号的最大功率为 +30dBm，请问对应多少瓦的功率？

2.1.3 某射频功率放大电路的功率增益 $A_p = 17$dB，若要求输出射频信号功率为 25dBm，则放大电路的输入功率为多少？

2.1.4 某无线路由器的输出功率为10dBm，如果信号传输损耗为50dB，接收端收到的信号功率为多少 dBm？

2.1.5 在阻抗$Z_0 = 50\Omega$的系统中，功率为10dBm的正弦波信号所对应的电压振幅是多少？

2.2.1 我国某移动运营商在部署5G系统时使用的一个频段范围为4800～4900MHz，该频段的绝对带宽和相对带宽分别是多少？若欲设计电路来处理该频段信号，该电路属于宽带电路还是窄带电路？

2.3.1 若某非线性元器件的伏安特性为$i = a_0 + a_1 v + a_2 v^2$，其中$a_0$、$a_1$、$a_2$是不为0的常数，输入信号是频率为150kHz和200kHz的两个正弦波。请列出输出电流中的所有频率分量。

2.3.2 若某非线性元器件的伏安特性为$i = a_0 + a_1 v + a_3 v^3$，其中$a_0$、$a_1$、$a_3$是不为0的常数，输入信号是两个不同频率的正弦波。输出电流中能否出现两个输入信号的和频或差频信号，为什么？

2.3.3 可以利用器件的非线性特性实现频谱搬移（即需要两个输入信号的和频或差频）。为了减少不需要的其他组合频率分量，可以尽量选择具有平方律特性的器件或者选择合适的器件工作点，使其工作在接近平方律特性的区域内，请解释这样做的原因。

2.4.1 电阻热噪声有何特性，如何描述？

2.4.2 一个1kΩ的电阻，其工作温度为17℃，工作带宽为10MHz，试计算它两端产生的噪声电压和噪声电流的均方值。

2.4.3 雪崩击穿型稳压二极管与齐纳击穿型稳压二极管哪个的内部噪声更大些？

2.4.4 试述双极晶体管和场效应管噪声的主要来源，并比较两者的噪声大小。

2.5.1 某接收机线性部分由3个匹配放大器组成，其功率增益分别为$A_{P1} = 10$dB、$A_{P2} = 13$dB、$A_{P3} = 17$dB，噪声系数分别为$NF_1 = 3$dB、$NF_2 = 7$dB、$NF_3 = 10$dB，试求级联后电路的总增益和总噪声系数。

2.5.2 为了降低多级放大器的噪声系数，一般对第一级放大器有何要求？

2.5.3 一根辐射电阻为300Ω的天线，接到输入阻抗为300Ω的接收机上，天线的等效噪声温度为1000K，接收机线性部分的噪声系数为4dB，等效噪声带宽为5MHz。

（1）求接收机输入端外部噪声电压的有效值。

（2）为保证输入信噪比为30dB，信号电压有效值应为多少？

（3）当输入信噪比为30dB时，接收机线性部分输出端的实际信噪比是多少？

2.5.4 某卫星通信接收机的线性部分如图2.7.1所示，为满足输出端信噪比为20dB的要求，试计算天线所需获得的信号功率。

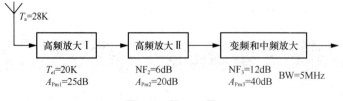

图2.7.1 题2.5.4图

第 **3** 章

高频电路中的基本单元电路

本章主要介绍组成高频电路的基本元器件和部分基本单元电路，是后续章节的基础部分。高频电路中使用的元器件在本质上与低频电路的没有区别，但需要考虑其分布参数的影响。本章首先就这一点进行简单介绍。

在高频电路中，各种形式的选频网络得到了广泛应用，掌握各种选频网络的特性和分析方法是很重要的。本章重点分析由LC回路构成的简单谐振回路，它能够实现滤波、移相、阻抗变换等功能。

由于分布参数的存在，高频电路中的传输线已经不是简单的信号通路。本章还将介绍传输线的模型、分析方法和特性参数。

通常情况下，高频电路需要匹配网络来完成阻抗变换，从而将实际负载值变换为电压源、电流源或功率源所需的负载值。本章将讨论使用电抗元件来实现阻抗变换的方法，使用这种方法可以尽可能地降低电路的损耗。

本章最后将简单介绍构成射频通信设备所需的一些其他模块，包括滤波器和天线。

⚙ 本章学习目标

① 了解高频电路中基本元器件的高频特性和等效电路。

② 熟练掌握选频网络的特性和分析方法。

③ 了解传输线的模型及阻抗特性。

④ 掌握阻抗变换电路的计算方法。

⑤ 了解滤波器和天线的基本原理。

3.1 高频电路中的元器件

与低频电路类似，各种高频电路仍然主要由无源元件、有源元件和无源网络所组成。虽然高频电路中使用的元器件与在低频电路中使用的基本相同，但应注意这些元器件在高频电路中使用时所呈现出的高频特性，而这些特性在分析与设计低频电路时常常被忽略掉。本节对高频电路中一些常见的元器件特点进行简单介绍。

3.1.1 高频电路中的无源元件

高频电路中的无源元件主要包括电阻、电容和电感，它们都属于无源线性元件。

1. 电阻的高频等效电路

电阻在低频电路中使用时主要表现为电阻特性，但在高频电路中使用时还要进一步考虑其电抗特性。一个电阻 R 的高频等效电路如图 3.1.1 所示，其中 R 为电阻，C_R 为分布电容，L_R 为引线电感。可以看出，在高频电路中，电阻将可能呈现出电容或电感等电抗的性质；且频率越高，这一高频特性表现得越明显。分布电容和引线电感越小，表明电阻的高频特性越好。在实际使用时，要尽量减小电阻高频特性的影响，使之表现为纯电阻。

电阻的高频特性与制作电阻的材料、电阻的封装形式和尺寸大小有密切关系。一般来说，金属膜电阻比碳膜电阻的高频特性要好，而碳膜电阻比线绕电阻的高频特性要好，表面贴装电阻比引线电阻的高频特性要好，小尺寸电阻比大尺寸电阻的高频特性要好。

2. 电容的高频等效电路

一个实际的电容，除了表现出电容特性外，两个极板之间的介质还会产生介质损耗。这种损耗可用与电容相并联的电导 G 表示，其值与电容的容量和介质材料有关。此外，电流流过实际的电容时会产生磁场，因而有电感效应。在等效电路中，电感和电容相串联，如图 3.1.2 所示。

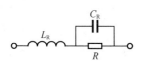

图 3.1.1 电阻的高频等效电路

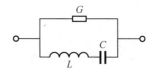

图 3.1.2 电容的高频等效电路

分析可知，当工作频率很高时，感抗可能超过容抗，此时的电容将等效为一个电感。容量越大的电容，这种情况越明显。在实际电路中设计去耦滤波电路时，可将一个大容量的电容和一个小容量的电容并联在一起使用，从而拓宽滤波电路的频率范围。在频率较低时，大容量电容的寄生串联电感的感抗比容抗小，总体来说呈现容抗；而小容量电容的容抗很大，在整个电路中不起作用。在频率很高时，大容量电容将等效为一个电感，起不到去耦滤波作用；此时小容量电容的容抗相当小，可以起到去耦滤波的作用。

3. 电感的高频等效电路

一个实际的电感，除了储存磁能外，其导线的电阻也要消耗一部分能量。另外，线圈各匝之间的电容还能储存电能。这些元件具有分布参数的性质，因而其阻抗都是频率的函数。其中，由于趋肤效应的原因，电阻值将随频率的升高而增大。

在不同的工作频段，各参数所起作用的相对大小不同。在中、短波频段，可以将实际电感视为理想（无损耗）电感和电阻串联，图 3.1.3 所示即为该频段下实际电感的等效电路。进入超短波频段后，应考虑电阻的趋肤效应和与电感相并联的等效电容。对于多层密绕的电感，电容的影响则更为明显。在这种情况下，等效并联电容的容抗会变得比感抗还要小，电感的感抗性质就消失了。

图 3.1.3　中、短频段下实际电感的等效电路

在通信技术中，使用电感线圈的品质因数这一参数来全面说明一个实际电感的特性。品质因数 Q 为电路中某一回路或支路中无功功率与有功功率之比，即

$$Q = \frac{无功功率}{有功功率} \tag{3.1.1}$$

在图 3.1.3 中，设流过电感线圈的电流有效值为 I，则电感 L 的无功功率为 $\omega L I^2$，而电阻损耗的功率为 rI^2，故可得到电感的品质因数为

$$Q = \frac{\omega L I^2}{rI^2} = \frac{\omega L}{r} \tag{3.1.2}$$

式中，ω 为输入信号的工作频率。

Q 值越高，表明电感的储能作用越强，损耗越小。对于通信电路中应用的电感，其 Q 值通常为几十至一二百。

3.1.2　高频电路中的有源元件

在高频电路中，有源元件主要完成信号的放大和非线性变换等功能。这些元件的基本工作原理与用于低频电子线路中的元件没有根本不同，但由于工作在高频范围，对元件的高频特性要求更高。随着半导体和集成电路技术的高速发展，出现了许多专用的高频半导体元件和集成电路。这些元件和电路具有非常好的高频特性，适合在高频电路中使用。

1．二极管

在高频电路中，二极管主要用于检波、调制、解调及混频等非线性变换电路，工作电平较低。常用的是点接触式和表面势垒二极管（又称肖特基二极管），两者都利用多子导电机理，它们的极间电容小，工作频率高。当二极管工作在高频状态时，其 PN 结电容（包括扩散电容和势垒电容）不能忽略。此时可把二极管等效为一个并联有电容的电阻，当二极管截止时，其电阻为无穷大；而当二极管导通时，其交流电阻为 $r_d = V_T/I_D$，其中 V_T 为温度的电压当量，I_D 为二极管的静态工作点电流。

利用二极管的电容效应，还可以制成变容二极管。变容二极管在正常工作时处于反偏状态，其特点是等效电容随偏置电压的变化而变化，且此时基本上不消耗能量，噪声小，效率高。由于变容二极管的这一特点，可以将其用在许多需要改变电容参数的电路中，从而构成电调谐电路、自动调谐电路、压控振荡器电路等。此外，还可以使用具有变容效应的某些微波二极管（微波变容管）进行非线性电容混频、倍频。

在高频电路中，还经常使用 PIN 二极管，这种管子与由 PN 结构成的普通二极管的不同之处在于其在两个高掺杂的 P 型和 N 型半导体之间夹入了一个未掺杂的本征层（即 I 层）。PIN 二极管具有较强的正向电荷储存能力，其高频等效电阻受正向直流电流的控制，是一个可调电阻。同时，由于其结电容很小，对频率特性的影响很小，在几十兆赫兹到几千兆赫兹频段上都适用，因此被广泛用作电可控开关，来替代传统的开关。此外，PIN 二极管也可以用在限幅器、电调衰减器或电调移相器中。

2.双极晶体管与场效应管

在高频电路中应用双极晶体管和各种场效应管时，要求它们的频率特性比用于低频电路的管子更好，同时在外形结构方面也有所不同。高频晶体管主要有两大类型。

① 高频小功率管：主要要求是高增益和低噪声。目前的双极小信号放大管工作频率可达几吉赫兹，噪声系数为几分贝。小信号的场效应管能工作在同样甚至更高的频率下，且噪声更低，例如砷化镓（GaAs）场效应管的工作频率可达十几吉赫兹以上。

② 高频功率放大管：主要要求除了增益外，还要求在高频时能够有较大的输出功率。在几百兆赫兹以下频率时，双极晶体管的输出功率可达十几瓦至上百瓦；而MOSFET管甚至在几吉赫兹的频率上还能输出几瓦功率。

在高频电路中，通常使用晶体管、场效应管构成各种集成电路，这些集成电路也同样具有各自的高频和功率特性及要求，读者在查阅芯片手册时应注意这一点。

3.2　简单谐振回路

LC谐振回路是高频电路中应用最为广泛的无源网络之一，它是构成高频谐振放大电路、正弦波振荡电路以及各种选频电路的基础。LC谐振回路具有选频特性，可以作为选频网络。此外，LC谐振回路还可以构成移相网络、相频变换网络以及阻抗变换电路。因此，LC谐振回路是高频电路中不可缺少的部分。

所谓简单谐振回路，是指只由一个电容和一个电感组成的谐振回路，又称为单谐振回路。对于具有多个电容、电感的电路来说，若能通过简单的串、并联方法将同类电抗元件合并，最后化简成只有一个电容和一个电感的话，也可以按照简单谐振回路进行分析。

3.2.1　LC简单串联谐振回路

在简单谐振回路中，根据信号源、电容、电感3者是并联还是串联，可以将其分为串联谐振回路和并联谐振回路。

LC串联谐振回路的基本形式如图3.2.1所示。

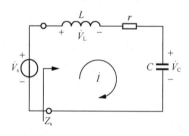

图 3.2.1　LC 串联谐振回路

当激励电压$\dot{V}_s$[①]是正弦电压时，由图可见，回路的阻抗为

---

① 除非特殊指明，本书中的相量均为有效值相量。

$$Z_s(j\omega) = r + j\left(\omega L - \frac{1}{\omega C}\right) = r + jX(\omega) = |Z_s(j\omega)|e^{j\varphi_s(\omega)} \qquad (3.2.1)$$

其中

$$\begin{cases} X(\omega) = \omega L - \dfrac{1}{\omega C} \\[3mm] |Z_s(j\omega)| = \sqrt{r^2 + \left(\omega L - \dfrac{1}{\omega C}\right)^2} \\[3mm] \varphi_s(\omega) = \arctan \dfrac{\omega L - \dfrac{1}{\omega C}}{r} \end{cases} \qquad (3.2.2)$$

式中，Z_s 为阻抗，X 为电抗。

当输入信号的工作频率 $\omega = \omega_0 = \dfrac{1}{\sqrt{LC}}$ 时，$X = 0$，谐振回路发生谐振，此时的 ω_0 称为串联谐振回路的固有谐振角频率，从而有

$$\omega_0 = \frac{1}{\sqrt{LC}} \qquad (3.2.3)$$

空载回路电流为

$$\dot{I} = \dot{I}_0 = \frac{\dot{V}_s}{r} \qquad (3.2.4)$$

式中，$\dot{I}_0$ 为回路在串联谐振时的电流，为实数。

显然，谐振时 I_0 最大。

此时，电感 L 上的电压为

$$\dot{V}_L = j\omega_0 L\dot{I}_0 = j\omega_0 L\frac{\dot{V}_s}{r} \qquad (3.2.5)$$

当回路发生谐振时，$\omega_0 L = \dfrac{1}{\omega_0 C}$，此时回路的空载品质因数为

$$Q_0 = \frac{\omega_0 LI^2/2}{rI^2/2} = \frac{\omega_0 L}{r} = \frac{1}{\omega_0 Cr} = \frac{\sqrt{L/C}}{r}$$

在实际电路中，一般总是满足 $\omega_0 L \gg r$，显然，$Q_0 \gg 1$，故电感线圈上的电压为

$$\dot{V}_L \approx j\dot{V}_s Q_0 \qquad (3.2.6)$$

同样，电容 C 上的电压为

$$\dot{V}_C = \dot{I}_0 \frac{1}{j\omega_0 C} = -j\frac{1}{\omega_0 Cr}\dot{V}_s = -j\dot{V}_s Q_0 \qquad (3.2.7)$$

式（3.2.7）说明，电感和电容上的电压均为信号源电压的 Q_0 倍，但相位相反，因此串联谐振也称为电压谐振。此时，电感、电容、电阻上的相位关系如图 3.2.2 所示。

由于实际电路中的 Q_0 通常较大，导致电容上的电压比信号源的电压大很多，因此在选择串联谐振回路中的电抗元件时需要注意其耐压值。

LC 串联回路的阻抗频率特性如图 3.2.3 所示。由图可知，当输入信号

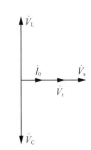

图 3.2.2　LC 串联谐振回路谐振时的相位关系

频率等于回路的谐振频率（即 $\omega = \omega_0$）时，回路的电抗值为零，此时回路的阻抗值最小，等于纯电阻 r；当 $\omega \neq \omega_0$ 时，阻抗的模将增大，回路呈现容抗特性（$\omega < \omega_0$）或感抗特性（$\omega > \omega_0$），相角则由零趋于 $-\dfrac{\pi}{2}$ 或 $+\dfrac{\pi}{2}$。

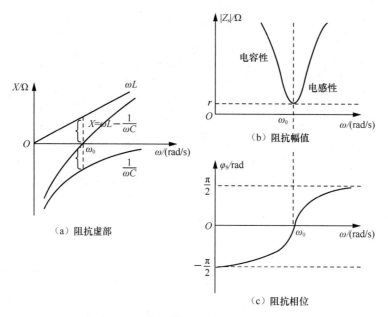

图 3.2.3　串联谐振回路的阻抗频率特性

3.2.2　LC 简单并联谐振回路

1．LC 并联谐振回路的基本特性

LC 并联谐振回路的基本形式如图 3.2.4（a）所示，其中 r 为电感中的损耗电阻，其阻值一般很小；电容中的损耗一般也很小，可以忽略不计。为方便起见，信号源用电流源表示。

由图 3.2.4（a）可见，回路端口的阻抗为

$$Z_p(j\omega) = \frac{(r + j\omega L)\dfrac{1}{j\omega C}}{r + j\left(\omega L - \dfrac{1}{\omega C}\right)} \tag{3.2.8}$$

在工程中，一般总是满足 $\omega L \gg r$，因此有

$$Z_p(j\omega) \approx \frac{\dfrac{L}{C}}{r + j\left(\omega L - \dfrac{1}{\omega C}\right)} = \frac{1}{\dfrac{Cr}{L} + j\left(\omega C - \dfrac{1}{\omega L}\right)} \tag{3.2.9}$$

$$Y_p(j\omega) = \frac{1}{Z_p} = \frac{Cr}{L} + j\left(\omega C - \frac{1}{\omega L}\right) = G_p + jB \tag{3.2.10}$$

式中

$$\begin{cases} G_{\mathrm{p}} = \dfrac{Cr}{L} \\[3mm] B = \omega C - \dfrac{1}{\omega L} \end{cases}$$

且有

$$\begin{cases} Z_{\mathrm{p}}(\mathrm{j}\omega) = \dfrac{1}{Y_{\mathrm{p}}(\mathrm{j}\omega)} = \left| Z_{\mathrm{p}}(\mathrm{j}\omega) \right| \mathrm{e}^{\varphi_{\mathrm{p}}(\omega)} \\[3mm] \left| Z_{\mathrm{p}}(\mathrm{j}\omega) \right| = \dfrac{1}{\sqrt{G_{\mathrm{p}}^{2} + B^{2}}} \\[3mm] \varphi_{\mathrm{p}}(\omega) = -\arctan\dfrac{B}{G_{\mathrm{p}}} \end{cases} \tag{3.2.11}$$

由式（3.2.11）可见，在满足 $\omega L \gg r$ 的条件下，图 3.2.4（a）可用图 3.2.4（b）所示的电路等效。图中 L 为理想电感，$R_{\mathrm{p}} = \dfrac{1}{G_{\mathrm{p}}} = \dfrac{L}{Cr}$ 为并联谐振回路的谐振电阻。

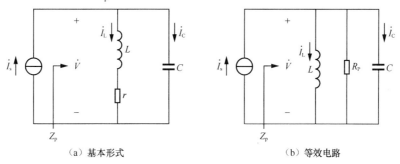

（a）基本形式　　　　　　　　　　　　　（b）等效电路

图 3.2.4　LC 并联谐振回路

当回路受正弦电流源 $\dot{I}_{\mathrm{s}}$ 激励时，回路的端电压为

$$\dot{V} = \frac{\dot{I}_{\mathrm{s}}}{Y_{\mathrm{p}}} = \frac{\dot{I}_{\mathrm{s}}}{\dfrac{Cr}{L} + \mathrm{j}\left(\omega C - \dfrac{1}{\omega L}\right)} \tag{3.2.12}$$

当输入信号的频率 $\omega = \omega_{0} = \dfrac{1}{\sqrt{LC}}$ 时，$B = \omega_{0}C - \dfrac{1}{\omega_{0}L} = 0$，此时并联谐振回路产生谐振，$\omega_{0}$ 称为并联谐振回路的谐振角频率，而谐振频率为

$$f_{0} = \frac{1}{2\pi\sqrt{LC}} \tag{3.2.13}$$

在谐振时，回路阻抗变为纯电阻且达到最大值，其值为

$$Z_{\mathrm{p}} = R_{\mathrm{p}} = \frac{L}{Cr} \tag{3.2.14}$$

易知电感 L 中的 r 越小，R_{p} 越大。同时，当回路谐振时，有

$$\dot{V} = \dot{V}_{\mathrm{p}} = \frac{\dot{I}_{\mathrm{s}}}{G_{\mathrm{p}}} = \dot{I}_{\mathrm{s}}\frac{L}{Cr} \tag{3.2.15}$$

式中，$\dot{V}_{\mathrm{p}}$ 为回路在并联谐振时的电压，为实数。

流过电容的电流为

$$\dot{I}_{\text{C}} = \dot{V}_{\text{p}} / \frac{1}{\text{j}\omega_0 C} = \text{j}\omega_0 C \dot{V}_{\text{p}} = \frac{\text{j}\omega_0 C \dot{I}_{\text{s}}}{G_{\text{p}}} = \text{j}\omega_0 C \frac{L}{Cr} \dot{I}_{\text{s}} = \text{j} \frac{\omega_0 L}{r} \dot{I}_{\text{s}} = \text{j} Q_0 \dot{I}_{\text{s}} \qquad (3.2.16)$$

式中

$$Q_0 = \frac{\omega_0 L}{r} \qquad (3.2.17)$$

Q_0 称为并联谐振回路的空载品质因数，即不考虑负载阻抗和信号源内阻时的品质因数。此处 Q 的定义仍然为电抗元件储能（即无功功率）与电阻元件耗能（即有功功率）的比值，但由于回路发生谐振，故式（3.2.17）中的 ω_0 代表回路的谐振角频率，为一固定值。对于谐振回路来说，Q 是一个非常重要的指标。从品质因数的定义可以看出，空载品质因数还具有如下表达式

$$Q_0 = \frac{V^2 / 2\omega_0 L}{V^2 / 2R_{\text{p}}} = \frac{R_{\text{p}}}{\omega_0 L} = \omega_0 R_{\text{p}} C \qquad (3.2.18)$$

当满足 $\omega_0 L \gg r$ 时，流过电感线圈的电流为

$$\dot{I}_{\text{L}} = \frac{\dot{V}_{\text{p}}}{r + \text{j}\omega_0 L} \approx \frac{\dot{V}_{\text{p}}}{\text{j}\omega_0 L} = -\text{j} \frac{\dot{I}_{\text{s}}}{\omega_0 L \frac{Cr}{L}} = -\text{j} \frac{\dot{I}_{\text{s}}}{\omega_0 Cr} = -\text{j} \frac{\omega_0 L}{r} \dot{I}_{\text{s}} = -\text{j} Q_0 \dot{I}_{\text{s}} \qquad (3.2.19)$$

由式（3.2.16）和式（3.2.19）可以看出，谐振时流经电感与电容的电流均为信号源电流的 Q_0 倍，且两者大小相等，相位相反，因此，并联谐振也称为电流谐振。同时，在选择元件（例如线圈的导线线径）时应注意其能够通过的最大电流，以免在实际工作时造成元件损坏。图 3.2.5 给出了并联谐振回路谐振时的相位关系。

图 3.2.6 给出了并联谐振回路的阻抗频率特性，图中 B 的含义为式（3.2.10）中的电纳部分。可以看出，当 $\omega = \omega_0$（即谐振回路工作于调谐状态）时，回路电纳为零，此时回路等效于一个纯电阻，其阻值为最大且等于 R_{p}。随着 ω 偏离 ω_0，回路阻抗减小，回路两端电压也减小，同时将根据 ω 的大小而分别呈现容抗特性（$\omega > \omega_0$ 时）或感抗特性（$\omega < \omega_0$ 时），相角则由零趋于 $-\frac{\pi}{2}$ 或 $+\frac{\pi}{2}$。

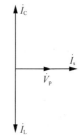

图 3.2.5　并联谐振回路谐振时的相位关系

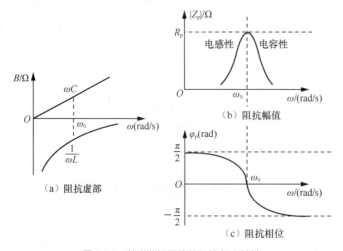

图 3.2.6　并联谐振回路的阻抗频率特性

以上对LC串、并联谐振回路的基本特性进行了讨论，表3.2.1列出了串、并联谐振回路的一些性质，供分析电路时参考。事实上，由于并联谐振回路与串联谐振回路存在着对偶关系，故可以利用这一关系而直接将某一已知电路的计算公式转换为另一电路的计算公式。

表 3.2.1　串、并联谐振回路的特性

特征类别		回路类型	
		串联回路	并联回路
电路形式		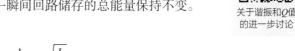	
阻抗或导纳		$Z_s = r + j\left(\omega L - \dfrac{1}{\omega C}\right)$	$Y_p = G_p + j\left(\omega C - \dfrac{1}{\omega L}\right)$
谐振频率		$\omega_0 = \dfrac{1}{\sqrt{LC}}$	$\omega_0 = \dfrac{1}{\sqrt{LC}}$
品质因数 Q_0		$\dfrac{\omega_0 L}{r} = \dfrac{1}{\omega_0 Cr} = \dfrac{1}{r}\sqrt{\dfrac{L}{C}}$	$\dfrac{R_p}{\omega_0 L} = \omega_0 R_p C = \dfrac{1}{G_p}\sqrt{\dfrac{C}{L}}$
谐振电阻		$R_s = \dfrac{1}{Q_0}\sqrt{\dfrac{L}{C}}$	$R_p = Q_0 \sqrt{\dfrac{L}{C}}$
阻抗	$f < \omega_0$	容抗	感抗
	$f > \omega_0$	感抗	容抗

2．关于谐振和Q值的进一步说明

不管是并联谐振回路还是串联谐振回路，在谐振时，电源一次性提供回路储能之后，只提供回路电阻部分所消耗的能量，此时回路的电感和电容相互交换能量，而和信号源之间没有能量交换，在任一瞬间回路储存的总能量保持不变。

关于谐振和Q值的进一步讨论

定义在谐振时的特性阻抗为

$$\omega_0 L = \frac{1}{\omega_0 C} = \sqrt{\frac{L}{C}} = \rho \qquad （3.2.20）$$

则并联谐振回路的品质因数又可写为

$$Q = \frac{R_p}{\rho} = \frac{R_p}{\sqrt{L/C}} \qquad （3.2.21）$$

对于串联回路来说，可以得到

$$Q = \frac{\sqrt{L/C}}{r} = \frac{\rho}{r} \qquad （3.2.22）$$

从式（3.2.21）和式（3.2.22）可以看出，对于并联谐振回路来说，和电抗元件并联的电阻R_p越大，Q值越高；对串联谐振回路来说，和电抗元件串联的电阻r越小，Q值越高。这可以作为选择不同电路结构以获得高Q值的一种依据。

例3.2.1　设图 3.2.7（a）所示高Q值电路中，$\dot{I}_s = 1\text{mA}$，$L = 100\mu\text{H}$，$C = 100\text{pF}$，$R_{s0} = 100\text{k}\Omega$，$R_L = 50\text{k}\Omega$，电感的损耗电阻$r$为 10 Ω，试计算谐振回路总的品质因数和回路两端的电压$\dot{V}$。

解 首先将图3.2.7（a）中电感与损耗电阻串联的形式变换为图3.2.7（b）中电感和电阻并联的形式，由于为高Q值电路，故可直接使用式（3.2.10）中的G_p来进行计算，从而有

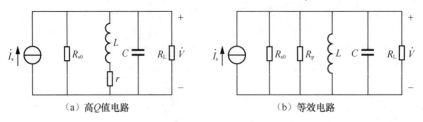

（a）高Q值电路　　　　　　　　　　（b）等效电路

图 3.2.7　并联谐振回路

$$R_\text{p} = \frac{1}{G_\text{p}} = \frac{L}{Cr} = \frac{100 \times 10^{-6}}{100 \times 10^{-12} \times 10}\,\Omega = 100\text{k}\Omega$$

图3.2.7（b）中，所有电阻并联在一起的值为

$$R = R_\text{s0} // R_\text{p} // R_\text{L} = 25\text{k}\Omega$$

此外，还可以得到回路的特性阻抗ρ为

$$\rho = \sqrt{\frac{L}{C}} = \sqrt{\frac{100 \times 10^{-6}}{100 \times 10^{-12}}}\,\Omega = 1\text{k}\Omega$$

所以回路总的品质因数为

$$Q_\text{L} = \frac{R}{\rho} = \frac{25}{1} = 25$$

谐振回路两端电压为

$$\dot{V} = \dot{I}_\text{s}R = 1 \times 10^{-3} \times 25 \times 10^3\,\text{V} = 25\text{V}$$

在求解回路的品质因数时，也可以通过式（3.2.17）来进行计算，此时需要先计算出回路的谐振频率ω_0，读者可自行求解。

3.2.3　使用部分接入提高回路的Q值

1．使用部分接入的原因及原理

在实际的电路或选频系统中，谐振电路总是与信号源和负载相连接的。一般情况下，考虑信号源内阻与负载电阻时，实际的谐振电路如图3.2.8（a）、图3.2.8（b）所示。图中信号源内阻$R_\text{s0} = 1/G_\text{s0}$，负载电阻为$R_\text{L} = 1/G_\text{L}$。在考虑信号源内阻和负载电阻以后，根据$Q$值的基本定义，可以分别得出串、并联谐振回路的有载品质因数为

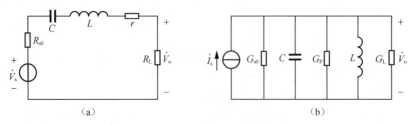

（a）　　　　　　　　　　　　　　　　　　　（b）

图 3.2.8　考虑信号源内阻与负载电阻时的谐振回路

部分接入
及其例题介绍

$$\begin{cases} Q_{L串联} = \dfrac{\omega_0 L}{R_{s0} + R_L + r} \\[4mm] Q_{L并联} = \dfrac{1}{\omega_0 L(G_{s0} + G_L + G_p)} \end{cases} \qquad (3.2.23)$$

从式（3.2.23）可以看出，实际系统中考虑信号源内阻及负载电阻后的有载品质因数 $Q_L \ll Q_0$（Q_0 为只考虑线圈损耗电阻 r 的空载品质因数）。对于串联谐振回路，R_{s0} 及 R_L 越大（对于并联谐振回路，应为 G_{s0} 及 G_L 越大），Q_L 下降得越多，使得选频能力降低。因此，如何减小负载及信号源内阻对谐振回路的影响，是设计选频放大器时必须要考虑的问题之一。

要想提高品质因数，可以改变回路中电抗元件和电阻元件的值，但这种方法会受到许多限制：通常回路中的元件往往受其他条件的限制，不能随意改变（例如谐振频率决定了电感、电容的乘积）；制作工艺和成本也使得不能无限制地提高电抗元件本身的无载品质因数；且信号源内阻和负载电阻都是固定值，无法随意变更。

考虑到品质因数代表回路中电抗元件的无功功率与有功功率之比，可以用部分接入法——即通过改变电路的连接方式——来达到提高品质因数的目的。这种方法的原理在于保持电路中无功功率近似不变而降低有功功率，从而提高 Q 值。在实现时，可以将信号源、负载和回路电抗的一部分（而非全部）相并联，此时的电路称为部分接入并联谐振回路。采用部分接入之后，可以认为信号源内阻 R_{s0} 和（或）负载电阻 R_L 经阻抗变换后再与谐振回路相连接，因此这种电路也被看作是一种阻抗变换电路。通常采用较多的是自耦变压器耦合连接和电容分压耦合连接两种方式。

2．自耦变压器耦合连接方式

图 3.2.9 所示为自耦变压器耦合连接的形式及其阻抗变换后的等效电路。

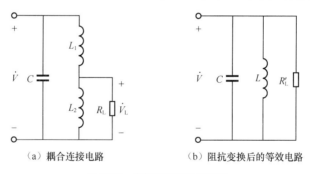

（a）耦合连接电路　　　　　　　（b）阻抗变换后的等效电路

图 3.2.9　自耦变压器耦合连接

图 3.2.9 中，负载电阻 R_L 只和 L_2 相并联，而不是和整个回路的电感（L_1 与 L_2 的串联）相并联，因此施加于 R_L 上的电压小于回路两端的电压，R_L 所消耗的功率比接在回路两端时所消耗的功率要小，故品质因数得以提高。下面对该电路的阻抗变换结果进行定量分析。

设图 3.2.9 中电感线圈的总电感 $L = L_1 + L_2$（忽略回路中互感的影响），若 N_1 和 N_2 分别为电感线圈 L_1 和 L_2 的匝数，则有 $N = N_1 + N_2$。

当电路发生谐振时，设谐振回路的谐振频率为 ω_0。若此时电感支路满足高 Q 值条件，即 $R_L \gg \omega_0 L_2$，有

$$\dot{V}_L \approx \frac{\omega_0 L_2}{\omega_0 (L_1 + L_2)} \dot{V} = \frac{N_2}{N} \dot{V} \qquad (3.2.24)$$

由于我们的目的是提高品质因数，因此在作等效分析时的着眼点是功率。利用电源提供的功

率不变的要求（即耦合变压器在 R_L 和 R_L' 上消耗的功率应该相等），有 $P_1 = P_2$，其中

$$\begin{cases} P_1 = \dfrac{|\dot{V_L}|^2}{2R_L} = \left(\dfrac{N_2}{N}\right)^2 \cdot \dfrac{|\dot{V}|^2}{2R_L} \\ P_2 = \dfrac{|\dot{V}|^2}{2R_L'} \end{cases}$$

因此有

$$\left(\frac{N_2}{N}\right)^2 \cdot \frac{|\dot{V}|^2}{2R_L} = \frac{|\dot{V}|^2}{2R_L'}$$

所以

$$R_L' = \left(\frac{N}{N_2}\right)^2 \cdot R_L$$

令 $p = \dfrac{L_2}{L} \approx \dfrac{N_2}{N}$，$p$ 称为接入系数，易知 $p \leqslant 1$，且

$$R_L' = \frac{R_L}{p^2} \qquad\qquad (3.2.25)$$

由式（3.2.25）可知，$R_L' > R_L$，p 越小，R_L' 越大，对谐振回路的影响越小。

从以上分析可以看出，通过改变部分接入并联谐振回路的抽头位置，可以进行阻抗变换并提高电路的 Q 值。

3．电容分压耦合连接方式

图 3.2.10 所示为电容分压耦合连接电路及其阻抗变换后的等效电路。

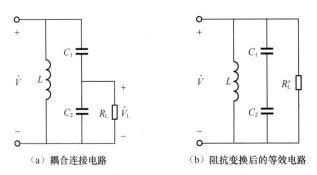

（a）耦合连接电路　　　　　　　（b）阻抗变换后的等效电路

图 3.2.10　电容分压耦合连接

类似地，电容分压也可以采用部分接入，阻抗变换推导过程与上述过程相同，结论也一致，不同之处在于此时 $p = \dfrac{C_1}{C_1 + C_2}$。

电容分压耦合连接方式可以通过改变分压电容的数值来实现阻抗变换，从而避免线圈抽头的麻烦。

4．部分接入中各种参量的等效变换

以上以电阻 R_L 的等效变换为例，推导出了各种连接形式的变化关系。可以将上述变化关系推广到电导、电抗、电容、电流源和电压源的等效变换，结果如下所示

$$\begin{cases} g'_L = p^2 g_L \\ X'_L = \dfrac{X_L}{p^2} \\ C'_L = p^2 C_L \\ I'_s = p I_s \\ V'_s = \dfrac{V_s}{p} \end{cases} \tag{3.2.26}$$

利用式（3.2.26），可以在不改变电路中元器件参数的条件下进行各种阻抗变换，从而达到阻抗匹配的目的。

例3.2.2 设图 3.2.11（a）中，$\dot{I}_s = 1\text{mA}$，$L = 100\mu\text{H}$，$C_1 = C_2 = 200\text{pF}$，$R_{s0} = 100\text{k}\Omega$，$R_L = 50\text{k}\Omega$，电感的无感品质因数 $Q_0 = 100$，电感的损耗电阻 r 为 $10\ \Omega$，电感为中心抽头。试计算回路总的品质因数、谐振回路两端的电压 V 和负载两端的电压 $\dot{V}_o$。

解 按照部分接入的变换方法，可将图 3.2.11（a）等效为图 3.2.11（b）所示电路，从而有

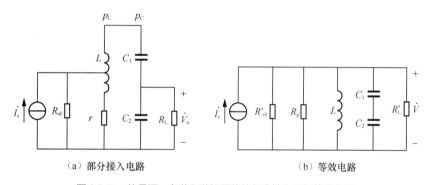

（a）部分接入电路　　　　　　　　　　（b）等效电路

图 3.2.11　信号源、负载和谐振回路的部分接入及其等效电路

$$p_L = p_C = 0.5$$
$$R'_{s0} = R_{s0}/p_L^2 = 400\text{k}\Omega$$
$$R'_L = R_L/p_C^2 = 200\text{k}\Omega$$

将电感 L 上的损耗电阻等效至回路两端，有

$$R_p = Q_0 \omega_0 L = Q_0 \sqrt{L/C} = 100\text{k}\Omega$$

回路两端总的并联等效电阻为

$$R = R'_{s0} // R'_L // R_p = 57\text{k}\Omega$$

回路总的品质因数为

$$Q = \frac{R}{\omega_0 L} = R\sqrt{C/L} = 57$$

回路两端电压为

$$\dot{V} = \dot{I}'_s R = p_L I_s R = 0.5 \times 1 \times 10^{-3} \times 57 \times 10^3\ \text{V} = 28.5\text{V}$$

负载 R_L 上电压为

$$\dot{V}_o = p_C \dot{V} = 0.5 \times 28.5\text{V} = 14.25\text{V}$$

可以看出图 3.2.11（b）所示电路的形式与例 3.2.1 中的图3.2.7（a）相同，且易知回路元件、信号源、负载参数等均与例 3.2.1 相同。采用并联接入后，回路总品质因数 Q 得到了提升。

3.3 传输线

3.3.1 传输线简介

所谓传输线，就是指图 3.3.1（a）所示的连接信号源和负载的两根导线。在实际电路中，传输线可以是对称的平行导线，可以是扭在一起的双绞线，也可以是同轴电缆。当在这样一对导线上施加电压使得导线中有电流流过时，两根导线间会产生电场而储存电能，导线的周围会产生磁场而储存磁能。从这一意义上讲，两根导线既呈现电容性质，又呈现电感性质。同时，电流流经导线发热时会消耗能量，从而呈现出串联电阻的性质；当两根导线间有漏电时，则相当于一个并联电导。因此，传输线实际上是一个既具有电感和电容又具有串联电阻和并联电导的电路。由于这些参数是沿着传输线处处存在的，这种电路又称为分布参数电路。

严格来说，任何电路都具有上述性质，但在一定工作频率下，以上 4 个分布参数中的某一个或几个在电路中所起的作用相对来说小得多的话，便可将其忽略，而只考虑其中一个或两个起主要作用的参数。例如，在低频段工作时，即信号波长远大于导线长度时，可以认为它就是两根普通的连接线；而在低频电路中，也常常忽略电感、电容和电阻等器件的高频特性。

在本书的讨论范围中，假定传输线为无损耗的，即认为传输线上的串联电阻和传输线间的并联电导均为零，从而在高频段工作，即信号波长与导线长度可以比拟时，考虑两根导线上的固有分布电感和线间分布电容作用时的等效电路如图 3.3.1（b）所示。这时，在输入信号源的作用下，沿传输线输入端 1-3 到输出端 2-4 的不同位置上，通过导线的电流和线间的电压，无论在振幅上还是在相位上都是不同的。

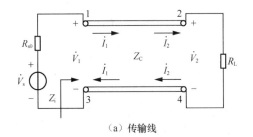

（a）传输线

在分析传输线时，可以定义特性阻抗 Z_0 作为传输线的一个特征参量，其值大小取决于传输线的结构尺寸和线间填充介质的特性。令 L 表示单位线长的分布电感，C 表示单位线长两线间的分布电容，则理想无损耗的传输线的特性阻抗 Z_0 便是与频率无关的纯电阻，其值为

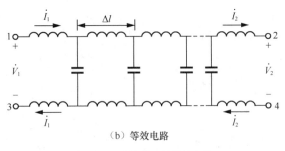

（b）等效电路

图 3.3.1　传输线及其等效电路

$$Z_0 = \sqrt{L/C} \qquad (3.3.1)$$

此时在传输线上传播的电压波和电流波只有相位的变化，而振幅保持不变。

1．阻抗匹配下的情况

若外接 R_L 等于传输线特性阻抗 Z_0（即所谓阻抗匹配），则呈现在输入端1-3间的输入阻抗 Z_i 等于传输线的特性阻抗 Z_0，即 $Z_i = Z_0 = R_L$。此时无论在输入端加的信号是什么频率，只要输入信号源 $\dot{V}_s$ 及其内阻 R_{s0} 不变，信号源向传输线始端供给的功率就不变，并且通过传输线全部被 R_L 吸收。也可以认为，无损耗和终端匹配的传输线具有无限宽的工作频带，其上限频率为无穷大，下限频率为零。

2．阻抗失配下的情况

如果传输线的终端不匹配，即 $R_L \neq Z_0$，则在其始端呈现的输入阻抗 Z_i 就不再是纯电阻，而是与频率有关的复数阻抗。此时信号源向传输线始端供给的功率以及在 R_L 上得到的功率都与频率有关，传输线的工作频带变为有限宽。说得确切些，它的上限频率是有限的，而下限频率仍为零。因为频率为零时，传输线就是两根短接线，使输入信号直接被加到负载上。

实际上，传输线的终端要做到严格匹配比较困难，这就使得它的上限工作频率总是有限的。欲使上限频率得到扩展，除使终端尽量匹配外，还应该尽可能缩短传输线的长度 l。工程上，若上限频率对应的波长为 λ_{min}，则当 $l < \frac{1}{8}\lambda_{min}$ 时，可以近似认为传输线上各个位置上的电压均相等，用 $\dot{V}$ 表示；通过传输线各个位置上的电流也都相等，用 $\dot{I}$ 表示，而不必区分始端和终端的 $\dot{V}_1$、$\dot{V}_2$ 和 $\dot{I}_1$、$\dot{I}_2$。我们假定，4.5.1小节将要讨论的各种传输线变压器都满足上述条件，即终端接近匹配，且 $l < \frac{1}{8}\lambda_{min}$。

以下对一些特殊情况下的传输线情况进行简单介绍。

3．线长为 $\lambda/4$ 的无损传输线

若在线长为 $\lambda/4$ 的无损传输线的输出端（即图3.3.1（b）中的2-4端）接上负载阻抗 Z_L，则经过分析可知从输入端（即图3.3.1（b）中的1-3端）看过去的等效输入阻抗为

$$Z_i = Z_0^2 / Z_L \qquad (3.3.2)$$

可见，线长为 $\lambda/4$ 的无损传输线可以作为阻抗变换器使用。

例3.3.1　欲使用一段长为 $\lambda/4$ 的传输线来实现 $Z_L = 75\Omega$ 与 $Z_i = 300\Omega$ 之间的阻抗匹配，试求该传输线的特性阻抗 Z_C。

解　根据题意，可使用式（3.3.2）来求解。易知长为 $\lambda/4$ 的传输线的特性阻抗为

$$Z_C = \sqrt{Z_i Z_L} = \sqrt{300 \times 75}\ \Omega = 150\Omega$$

4．输出端开路和短路的无损传输线

在射频电路中，除使用线长为 $\lambda/4$ 的无损传输线进行阻抗变换以外，还常常使用具有不同线长的使输出端开路或短路的传输线来作为一些特殊器件在电路中发挥作用。表3.3.1给出了输出端开路和短路情况下，无损传输线的输入阻抗随传输线长度的变化情况。

表 3.3.1　输出端开路和短路情况下无损传输线的输入阻抗随传输线长度的变化情况

线长 l	$l = 0$	$0 < l < \lambda/4$	$l = \lambda/4$	$\lambda/4 < l < \lambda/2$	$l = \lambda/2$
输出端开路	并联谐振	容抗	串联谐振	感抗	并联谐振
输出端短路	串联谐振	感抗	并联谐振	容抗	串联谐振
线长 l	$\lambda/2 < l < 3\lambda/4$	$l = 3\lambda/4$	$3\lambda/4 < l < \lambda$	$l = \lambda$	
输出端开路	容抗	串联谐振	感抗	并联谐振	
输出端短路	感抗	并联谐振	容抗	串联谐振	

从表3.3.1可以看出，长度不同的传输线可以等效为不同的电抗，或为电感，或为电容，还可以等效为串联谐振或并联谐振的情况。在射频电路中，常常用传输线来构成谐振回路的元件，原因在于其具有比集总参数元件更高的品质因数。

3.3.2 阻抗匹配

1. 阻抗匹配

任何电路均可认为是由各种不同的网络通过不同方式连在一起的，而功率则在网络之间传输。在射频电路中，特别是在大功率情况下，电路能否获得匹配是一个需要特别仔细考虑的问题。在电路获得匹配时，可以得到最大的功率传输，而不匹配的电路则常常引起失配损耗并进而降低电路的性能。

从广义的角度来说，即使是天线的设计也可以被认为是将自由空间与发射机或接收机进行匹配。

图3.3.2（a）和图3.3.2（b）所示线性电路分别为信号源内阻和负载都为实数和都为复数时的阻抗匹配示例。

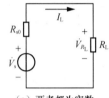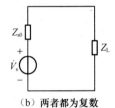

（a）两者都为实数　　　　（b）两者都为复数

图 3.3.2　信号源内阻和负载的阻抗匹配

对于图3.3.2（a），易知负载上的电压为

$$\dot{V}_{R_{\mathrm{L}}} = \frac{R_{\mathrm{L}}}{R_{\mathrm{s0}} + R_{\mathrm{L}}} \cdot \dot{V}_{\mathrm{s}}$$

负载上的功率为

$$P_{\mathrm{L}} = \frac{V_{R_{\mathrm{L}}}^2}{R_{\mathrm{L}}} = \frac{\left(\dfrac{R_{\mathrm{L}}}{R_{\mathrm{s0}} + R_{\mathrm{L}}}\right)^2 \cdot V_{\mathrm{s}}^2}{R_{\mathrm{L}}} = \frac{R_{\mathrm{L}}}{(R_{\mathrm{s0}} + R_{\mathrm{L}})^2} \cdot V_{\mathrm{s}}^2$$

易知当信号源内阻等于负载电阻（即 $R_{\mathrm{s0}} = R_{\mathrm{L}}$）时，负载上可以获得最大功率，此时即认为电路获得匹配。

对于图3.3.2（b）所示的复阻抗电路，用类似的方法可以计算出当负载的阻抗与信号源内阻的阻抗为共轭匹配（即 $Z_{\mathrm{s0}} = Z_{\mathrm{L}}^*$）时，可以获得最大功率传输。需要注意的是，在射频电路中，阻抗通常是频率的函数，因此在进行阻抗匹配时应考虑到当前电路的工作频率范围。而从谐振的角度来说，也可以认为当信号源内阻与负载的实部电阻相等时，匹配的任务就是使得在工作频率处的电抗部分发生谐振。

例3.3.2 在1GHz工作频率处，设信号源内阻的实数部分为50Ω，而其虚部为由1pF电容所产生的容抗，求获得匹配时的负载阻抗大小。

解 易知此时的信号源内阻为

$$Z_{\mathrm{s0}} = \left(50 + \frac{1}{\mathrm{j} \times 2\pi \times 10^9 \times 1 \times 10^{-12}}\right)\Omega = \left(50 - \mathrm{j} \times \frac{1}{2\pi \times 10^9 \times 1 \times 10^{-12}}\right)\Omega$$

为了达到阻抗匹配，应有 $Z_{\mathrm{s0}} = Z_{\mathrm{L}}^*$，从而

$$Z_{\mathrm{L}} = Z_{\mathrm{s0}}^* = \left(50 + \mathrm{j} \times \frac{1}{2\pi \times 10^9 \times 1 \times 10^{-12}}\right)\Omega$$

故在负载处除了实部的50Ω电阻之外，还应有一个电感，相应的电感值为25.36nH。

2．反射系数

在实际的高频电路中，连接网络的并非电阻为0的导线，而是考虑到分布参数效应后的传输线。在3.3.1小节中已经介绍过无损传输线的特性阻抗为$\sqrt{L/C}$，本小节继续使用无损传输线来进行分析。在电路中，传输线与负载之间的连接关系如图3.3.3所示。

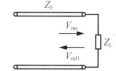

在图3.3.3中，Z_0为传输线的特性阻抗，Z_L为负载阻抗。由传输线理论可知，当$Z_0 = Z_L$时，实现了传输线终端的阻抗匹配，此时传输线上只有从信号源向负载传输的电压、电流波，称为行波状态；当电路失配（即$Z_0 \neq Z_L$）时，传输线上的电压、电流均包括

图 3.3.3　传输线与负载的连接图

两个分量，即由源端向负载端传播的分量和由负载端向源端传播的分量，通常称前者为入射波（incident wave），后者为反射波（reflection wave）。下面以电压为例来进行讨论，用V_{inc}代表入射波电压，V_{refl}代表反射波电压。

由理论推导可知，负载反射信号的强度取决于传输线特性阻抗与负载阻抗的失配程度，用反射系数$\varGamma_L$来代表反射的大小，其计算方法为

$$\varGamma_L = \frac{V_{\text{refl}}}{V_{\text{inc}}} = \frac{Z_L - Z_0}{Z_L + Z_0} \tag{3.3.3}$$

应注意，由于阻抗是复数，因此所得到的反射系数也是复数。若用电流进行分析的话，则电流反射系数与电压反射系数符号相反。

可以看出，反射系数的平方代表了反射功率与入射功率的比值，定义该值为反射损耗（reflection loss）。为方便起见，本书记为RL，其取值为反射系数的分贝值，即

$$\text{RL} = -10\lg|\varGamma_L|^2 = -20\lg|\varGamma_L| \tag{3.3.4}$$

对于无源元件或电路来说，其反射系数的模总是小于1，而反射损耗在0dB与无穷大之间；而对于有源元件或电路来说，其反射系数可能会大于1，此时反射损耗可被称为反射增益。

在进行阻抗匹配时，有时也需要根据反射系数求负载阻抗。由式（3.3.3）可知，此时有

$$Z_L = Z_0 \frac{1 + \varGamma_L}{1 - \varGamma_L} \tag{3.3.5}$$

当在实际电路中进行阻抗匹配时，为了减少未知参数的数量，简化分析过程，通常对阻抗进行归一化处理，即将所有的阻抗都除以一个参考数值（通常取系统的阻抗，例如传输线的特性阻抗）后再进行各种计算。例如，当负载$Z_L = （100+j100）\Omega$，$Z_0 = 50\Omega$时，归一化后的负载阻抗为

$$z_L = \frac{Z_L}{Z_0} = \frac{100 + j100}{50} = 2 + j2$$

当然，采用这种处理之后，在求最终的实际结果时应注意将归一化的结果乘以参考数值。归一化的应用包括史密斯圆图、S参数、滤波器设计等。

史密斯圆图是在进行阻抗匹配时使用的一种基本工具，它是1933年由AT&T贝尔实验室（Bell Laboratories）的工程师菲利浦·史密斯（Philip Smith）发明的，可用来描述传输线中阻抗的变化。本书不详细介绍史密斯圆图的原理及其用法，感兴趣的读者可自行查阅相关书籍。

3．驻波比

前面已经提到过，当阻抗失配时，传输线上会同时存在入射波和反射波。进一步分析可知，两者叠加以后会在传输线上出现驻波现象。电压驻波比（Voltage Standing Wave Ratio，VSWR）描述了传输线中驻波的电压最大值与电压最小值的比值，其计算式为

$$\text{VSWR} = \frac{V_{\max}}{V_{\min}} = \frac{\left|V_{\text{inc}}\right| + \left|V_{\text{refl}}\right|}{\left|V_{\text{inc}}\right| - \left|V_{\text{refl}}\right|} = \frac{1 + \left|\Gamma_{\text{L}}\right|}{1 - \left|\Gamma_{\text{L}}\right|} \tag{3.3.6}$$

也可反过来由驻波比求得反射系数，即

$$\left|\Gamma_{\text{L}}\right| = \frac{\text{VSWR} - 1}{\text{VSWR} + 1} \tag{3.3.7}$$

综合以上分析，可知。

① 当传输线终端阻抗匹配时，$Z_0 = Z_{\text{L}}$，$\Gamma_{\text{L}} = 0$，$\text{VSWR} = 1$。

② 当传输线终端阻抗失配时，$Z_0 \neq Z_{\text{L}}$，$\Gamma_{\text{L}} \neq 0$，VSWR>1。VSWR越大，失配越严重，说明反射波越强烈。在电信号的传输中，要求VSWR尽可能小。

3.4 S 参数

在电路理论中，我们已经了解到可以使用端口参数来描述一个线性网络（对于非线性网络，当信号非常小时可以按照线性化来处理）的性质，无须考虑其内部详细结构。一些常见的参数网络包括 Z 参数（电阻矩阵）、Y 参数（电导矩阵）、H 参数（混合电导与电阻的参数），在电子电路基础课程中学习晶体管、场效应管等器件时也使用了其中的一些模型。阻抗矩阵和导纳矩阵使用起来很方便，但在测量这些参数时需要持续地将网络的输入或输出端口设置为短路或开路状态；而在射频和微波频段，由于存在引脚电感和电容，很难获得纯短路或开路的电路，因此测量起来很不方便。

事实上，在射频和微波频段中用得最多的是 S 参数（Sactter Parameter，也称为散射参数），它是基于入射波和反射波之间关系的参数。在进行 S 参数的测量时，通常将其信号源内阻和负载阻抗均设置为50 Ω，测试非常方便。同时 S 参数也特别适合用于微波频段的系统设计和分析，如窄带放大器、宽带放大器、系统稳定性分析等。需要注意的是，由于 S 参数假定网络为线性，因此在进行放大器设计时，当功率大于1W之后 S 参数不再适用，同时也应尽量使得放大器处于甲类工作状态。

3.4.1 双端口网络的 S 参数

S 参数可以用于单端口网络、双端口网络以及多端口网络。为了简单起见，本书首先从双端口网络开始介绍。双端口网络具有一个输入端口和一个输出端口，如图3.4.1所示。

设双端口网络的入射波为 $a_i(i = 1, 2)$，反射波为 $b_i(i = 1, 2)$，则散射参数矩阵将入射波 a_i 与反射波 b_i 联系在一起，相应的表达式为

$$\begin{bmatrix} b_1 \\ b_2 \end{bmatrix} = \begin{bmatrix} S_{11} & S_{12} \\ S_{21} & S_{22} \end{bmatrix} \begin{bmatrix} a_1 \\ a_2 \end{bmatrix} \tag{3.4.1}$$

图 3.4.1 双端口网络

在式（3.4.1）中，入射波 a_i 为独立的自变量，一般通过将入射电压波归一化至 $\sqrt{Z_0}$ 而获得，即

$$\begin{cases} a_1 = \dfrac{V_{\text{inc1}}}{\sqrt{Z_0}} \\[3mm] a_2 = \dfrac{V_{\text{inc2}}}{\sqrt{Z_0}} \end{cases} \tag{3.4.2}$$

式中，Z_0 为一个任意指定的参考阻抗，在现代射频收发信机中可以取 50Ω。

反射波 b_i 可通过入射波 a_i 及 **S** 参数矩阵而求得，同样为反射电压波归一化后的结果，即

$$\begin{cases} b_1 = \dfrac{V_{\text{refl1}}}{\sqrt{Z_0}} \\[3mm] b_2 = \dfrac{V_{\text{refl2}}}{\sqrt{Z_0}} \end{cases} \tag{3.4.3}$$

由式（3.4.1）可得，双端口网络的 b_i 为

$$\begin{cases} b_1 = S_{11}a_1 + S_{12}a_2 \\ b_2 = S_{21}a_1 + S_{22}a_2 \end{cases} \tag{3.4.4}$$

可见，每个端口的反射电压波均由该端口的入射波在本端口的反射以及另外一个端口的入射波经过网络的传输后到达本端口的信号这两部分组成。

由式（3.4.4）可得 **S** 参数矩阵中各元素的测量方法如下。

① $S_{11} = \dfrac{b_1}{a_1}\bigg|_{a_2=0}$，表示当 $a_2 = 0$ 时输入端口的反射波与入射波电压之比，即输入端口的反射系数[1]。为了满足 $a_2 = 0$ 这一条件，要求网络的输出端口与负载 Z_L 匹配，即 $Z_L = Z_0$。与测量其他网络参数（如 **Z** 参数、**H** 参数、**Y** 参数等）时要求在端口处短路或开路相比，在射频波段更容易做到阻抗匹配，这就是 **S** 参数适用于射频系统的原因。

② $S_{22} = \dfrac{b_2}{a_2}\bigg|_{a_1=0}$，表示当输入端口匹配（即 $Z_{s0} = Z_0$）时，输出端口的反射系数。

③ $S_{21} = \dfrac{b_2}{a_1}\bigg|_{a_2=0}$，表示当输出端口匹配时，输入端口向输出端口的正向传输（插入）增益。当 $S_{21} < 1$ 或 $S_{21} < 0\text{dB}$ 时，也将其称为插入损耗。

④ $S_{12} = \dfrac{b_1}{a_2}\bigg|_{a_1=0}$，表示当输入端口匹配时，输出端口向输入端口的反向传输（插入）增益。

需要注意的是，以上各 **S** 参数均为频率的函数，即其取值将随着频率的变化而变化。

3.4.2　S 参数的含义

1. 端口的输入阻抗

由 **S** 参数的定义可得[2]

---

① 注意：当输出端口不匹配时，输入端口的反射系数不仅与 S_{11} 有关，还与其他 **S** 参数和网络所接负载有关。

② 注意：此处为不加证明的引用，更加详细的证明可参考其他资料。

$$
\begin{cases}
S_{11} = \dfrac{b_1}{a_1} = \dfrac{Z_{in} - Z_0}{Z_{in} + Z_0} \\[4mm]
Z_{in} = Z_0 \dfrac{1 + S_{11}}{1 - S_{11}}
\end{cases}
\tag{3.4.5}
$$

式中，Z_{in} 为输入端口的输入阻抗。

考虑到 S_{11} 同时又代表反射系数，因此同一端口的输入阻抗与反射系数可以互相表示，并且反射系数也描述了该端口与参考阻抗 Z_0 的失配程度。与此类似，对输出端口也有相应的结论。

2. 功率传递关系

由式（3.4.2）及式（3.4.3）可以看出，$|a_i|^2$ 和 $|b_i|^2$ 分别具有不同的功率含义。

① $|a_1|^2$ 代表从网络输入端入射的功率，即信号源（源阻抗为 Z_0）所提供的功率。

② $|a_2|^2$ 代表从网络输出端入射的功率，即从负载 Z_L 反射回来的功率。

③ $|b_1|^2$ 代表在网络输入端口处反射的功率，即信号源所提供的功率减去其输入给网络的功率。

④ $|b_2|^2$ 代表在网络输出端口处反射的功率，即实际入射至负载的功率。

在将电压归一化之后，各端口入射与反射的能量可由 a_i 与 b_i 统一表示，而与各端口的特征阻抗无关。从这一点来说，$\boldsymbol{S}$ 参数定义了能量的入射系数与反射系数，这是其本质的物理含义。以下各式说明了用 $\boldsymbol{S}$ 参数来表明功率的传递关系：

$|S_{11}|^2$ = 网络输入端的反射功率 / 网络输入端的入射功率

$|S_{22}|^2$ = 网络输出端的反射功率 / 网络输出端的入射功率

$|S_{21}|^2$ = 源阻抗和负载均为 Z_0 时的传输增益

$|S_{12}|^2$ = 源阻抗和负载均为 Z_0 时的反向传输增益

3.4.3　S 参数的部分重要特点

以上所分析的 $\boldsymbol{S}$ 参数均基于二端网络而得出，事实上 $\boldsymbol{S}$ 参数也可以用于具有 n 端口的网络，此时 a_i 与 b_i 分别代表第 i 个端口的入射波与反射波，而 $\boldsymbol{S}$ 参数也扩展为一个 $n \times n$ 维的矩阵。同时，在推导 $\boldsymbol{S}$ 参数时，仅假定待分析的网络为线性网络，而对于其中具体的器件类型、数目以及是否有源等未作出要求。$\boldsymbol{S}$ 参数有如下特点。

① 对于互易网络而言，$\boldsymbol{S}$ 参数是对称的，即

$$
\boldsymbol{S} = \boldsymbol{S}^{\mathrm{T}}
\tag{3.4.6}
$$

式中，$\boldsymbol{S}^{\mathrm{T}}$ 代表 $\boldsymbol{S}$ 的转置。

② 对于无损耗的 n 端口无源网络来说，有

$$
\sum_{j=1}^{n} |S_{ji}|^2 = \sum_{j=1}^{n} S_{ji} S_{ji}^* = 1
\tag{3.4.7}
$$

式中，$i = 1, 2, \cdots, n$，即从网络任意一个端口入射的功率与该入射波在所有端口产生的输出功率之和相等。

③ 对于无损耗无源网络，可由功率守恒条件得出其正交约束为

$$\sum_{n=1}^{N} S_{ns} S_{nr}^{*} = 0 \qquad (3.4.8)$$

式中，$s = 1,2, \cdots, N$；$r = 1,2, \cdots, N$；$s \neq r$。

此外，$\boldsymbol{S}$ 参数还可以与 $\boldsymbol{Z}$ 参数、$\boldsymbol{Y}$ 参数、$\boldsymbol{H}$ 参数等进行相互换算，感兴趣的读者可自行参考相应文献。

3.5 阻抗变换电路

阻抗变换是指使用特定的电路或设备来改变电路的阻抗值，从而使得不同阻抗的电路能够有效地连接和工作，以实现最佳的能量传输和信号质量。

在工程实践中，有多种阻抗变换的方案及相应分析方法，如变压器、LC网络、传输线、有源电路等。本节仅讨论使用LC网络来实现阻抗变换的方法，使用这种方法可以尽可能降低电路的损耗。3.2.3小节中介绍的部分接入网络即阻抗变换网络的一种，本节将继续介绍串、并联电路的阻抗变换以及L形、T形、π形等类型的阻抗变换电路。

3.5.1 串、并联阻抗电路的相互转换

如图3.5.1所示，若将一个由电抗和电阻串联的电路与一个由电抗和电阻并联的电路进行等效转换，则应根据等效原理令两者导纳相等，即 $\dfrac{1}{R_{\mathrm{p}}} + \dfrac{1}{\mathrm{j}X_{\mathrm{p}}} = \dfrac{1}{R_{\mathrm{s}} + \mathrm{j}X_{\mathrm{s}}}$，故可得到串、并联阻抗转换公式为

$$\begin{cases} R_{\mathrm{p}} = \dfrac{R_{\mathrm{s}}^{2} + X_{\mathrm{s}}^{2}}{R_{\mathrm{s}}} = R_{\mathrm{s}}(1 + Q_{\mathrm{L}}^{2}) \\ X_{\mathrm{p}} = \dfrac{R_{\mathrm{s}}^{2} + X_{\mathrm{s}}^{2}}{X_{\mathrm{s}}} = X_{\mathrm{s}}\left(1 + \dfrac{1}{Q_{\mathrm{L}}^{2}}\right) \end{cases} \qquad (3.5.1)$$

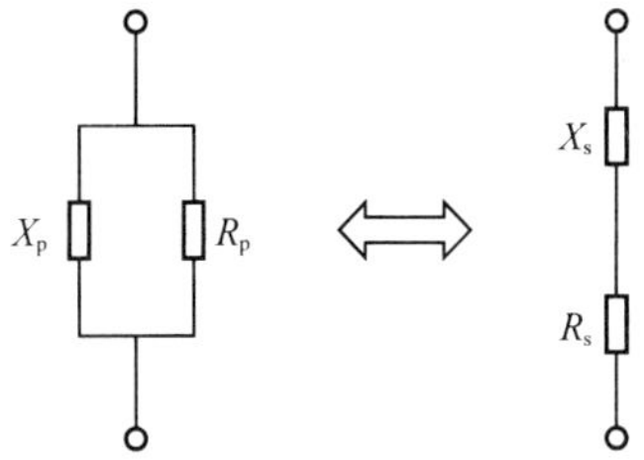

式中

$$Q_{\mathrm{L}} = \frac{|X_{\mathrm{s}}|}{R_{\mathrm{s}}} = \frac{R_{\mathrm{p}}}{|X_{\mathrm{p}}|} \qquad (3.5.2)$$

图 3.5.1　串、并联阻抗电路的转换

式中，$\dfrac{|X_{\mathrm{s}}|}{R_{\mathrm{s}}}$ 为串联形式的有载品质因数，$\dfrac{R_{\mathrm{p}}}{|X_{\mathrm{p}}|}$ 为并联形式的有载品质因数。

式（3.5.2）表明，串、并联电路结构互换前后，该部分电路的品质因数保持一致；当 Q_{L} 值取定后，R_{p} 和 R_{s} 以及 X_{p} 和 X_{s} 之间可以相互转换，而且转换前后的电抗性质不变。

在高 Q 值电路中（即 $Q_{\mathrm{L}} \gg 1$ 时），电路的储能远大于耗能，式（3.5.1）可以简化为

$$\begin{cases} R_{\mathrm{p}} \approx Q_{\mathrm{L}}^{2} R_{\mathrm{s}} \\ X_{\mathrm{p}} \approx X_{\mathrm{s}} \end{cases} \qquad (3.5.3)$$

可见，若将电抗和电阻相串联的高 Q 值电路转换为电抗和电阻相并联的电路，电抗的值可近似看作不变，并联电路中的等效电阻 R_{p} 是串联电路中电阻 R_{s} 的 Q^2 倍。在进行反方向变换时，该

关系仍然存在。根据谐振回路中电感支路的串、并联互换方法，可以得到

$$R_{\mathrm{p}} = \left(\frac{\omega_0 L}{r} \right)^2 \cdot r = \frac{\omega_0^2 L^2}{r} = \frac{\frac{1}{LC} L^2}{r} = \frac{L}{Cr} \tag{3.5.4}$$

由于 $X_{\mathrm{p}} \approx X_{\mathrm{s}}$，即 L 不变，所以 R_{p} 的计算结果与式（3.2.14）一致。

利用上面导出的串、并联阻抗相互转换公式，可以导出各种匹配网络的阻抗变换特性。

需要注意的是，虽然在谐振回路和进行阻抗变换时都用到了 Q 值等于无功功率与有功功率之比这一概念，但对于谐振回路来说，计算无功功率所用的频率为谐振频率，因而 Q 为一个固定值；而对于电抗元件或一个由电抗元件和电阻构成的电路来说，计算其无功功率时所用的频率将根据工作频率而变化，故 Q 不是定值。此外，在着眼于功率放大的电路中，由于 Q 值通常较低，采用高 Q 值公式进行近似计算会产生较大的误差。

3.5.2　L形匹配网络

L形匹配网络有4种形式，如图 3.5.2 所示，其中图 3.5.2（a）、图 3.5.2（b）两种又称为串联型，图 3.5.2（c）、图 3.5.2（d）两种又称为并联型。在分析这几种匹配网络时，基本方法为将由电抗与电阻组成的串、并联网络变换成并、串联网络，然后令电路中的电抗分量相互抵消（即令电抗分量之和为零），即可在输出端得到所需的阻值 R_{C}。因此，根据纯电阻的阻值 R_{L} 与所需变换的目标值 R_{C} 即可求得电路中电感、电容的取值。这一思路也适用于后面提到的 π 形与 T 形匹配网络。

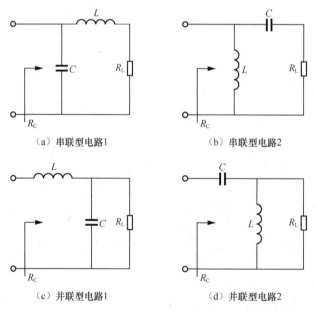

图 3.5.2　L形匹配网络的组成

下面以图 3.5.2（a）所示的网络为例对 L 形匹配网络的分析过程进行介绍。该图中，串联臂为感抗 X_{s}，并联臂为容抗 X_{p}，外接负载为 R_{L}。使用式（3.5.3）可将串联网络变换为并联网络，如图 3.5.3 所示，变换后的纯电阻值为

$$R_{\mathrm{p}} = R_{\mathrm{L}}(1 + Q_{\mathrm{L}}^2)$$

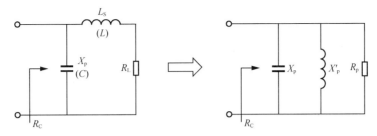

图 3.5.3　L 形阻抗匹配网络的变换过程示意

设已知信号源所需的负载电阻值为 R_C，则应有

$$R_C = R_p = R_L(1 + Q_L^2)$$

从而可得出该匹配网络的设计公式为

$$\begin{cases} |X_s| = Q_L R_L = \sqrt{R_L(R_C - R_L)} \\ |X_p| = \dfrac{R_C}{Q_L} = R_C\sqrt{\dfrac{R_L}{R_C - R_L}} \end{cases}$$

需要注意的是，图 3.5.2 所示的串联型 L 形匹配网络只能适用于 $R_C > R_L$ 的情况，即只适用于把低阻抗 R_L 变为高阻抗 R_C 的情况，而并联型 L 形匹配网络可以将高阻抗 R_L 变为低阻抗 R_C，读者可对照该图自行分析。

对于以上几种 L 形匹配网络来说，无论采用哪种，其变换前后的电阻都相差 $1+Q^2$ 倍。如果实际情况下要求变换的倍数不是很大，则计算后得到的 Q 值较小，会影响回路的滤波效果。为了克服这一矛盾，可以使用 π 形或 T 形网络作为阻抗变换网络。此外，对于图 3.5.2（b）、图 3.5.2（d）来说，其滤波效果要比图 3.5.2（a）、图 3.5.2（c）差，原因在于将电感和电容对调位置之后，电路将从具有低通特性变为具有高通特性，此时输出的谐波将显著增大。因此，在实际设计中通常优先选择图 3.5.2（a）、图 3.5.2（c）两种电路结构。

3.5.3　π 形匹配网络

图 3.5.4（a）所示为 π 形匹配网络的电路，其串联臂为感抗，两个并联臂均为容抗。为了导出它的设计公式，需将它表示成两个串接的 L 形网络，如图 3.5.4（b）所示，图中 $L = L_1 + L_2$。

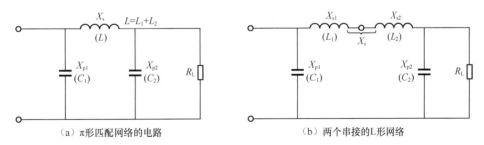

（a）π形匹配网络的电路　　　　　　　　　　（b）两个串接的 L 形网络

图 3.5.4　π 形匹配网络

将第 2 个 L 形网络的外加负载 R_L 转换为假想电阻 R_s，其值为

$$R_s = \frac{R_L}{1 + Q_{L2}^2} \tag{3.5.5}$$

式中

$$Q_{L2} = \frac{R_L}{|X_{p2}|} = \frac{|X_{s2}|}{R_s} \tag{3.5.6}$$

之后，再将第一个L形网络的假想电阻R_s转换为功率放大管所需要的匹配负载电阻R_C，其值为

$$R_C = R_s(1 + Q_{L1}^2) \tag{3.5.7}$$

式中

$$Q_{L1} = \frac{|X_{s1}|}{R_s} = \frac{R_L}{|X_{p1}|} \tag{3.5.8}$$

由式（3.5.5）～式（3.5.8）可得到R_C与R_L之间的转换公式为

$$R_C = R_L \frac{1 + Q_{L1}^2}{1 + Q_{L2}^2}$$

或

$$Q_{L2} = \sqrt{\frac{R_L}{R_C}(1 + Q_{L1}^2) - 1}$$

由于Q_{L2}恒为正值，使得Q_{L1}取值必须满足条件

$$\frac{R_L}{R_C}(1 + Q_{L1}^2) > 1$$

若已知R_C、R_L和Q_{L1}，则π形网络的元件值为

$$|X_{p1}| = \frac{R_C}{Q_{L1}}$$

$$|X_{p2}| = \frac{R_L}{Q_{L2}} = \frac{R_L}{\sqrt{\frac{R_L}{R_C}(1 + Q_{L1}^2) - 1}}$$

$$|X_s| = |X_{s1}| + |X_{s2}| = R_C \cdot \frac{Q_{L1} + \sqrt{\frac{R_L}{R_C}(1 + Q_{L1}^2) - 1}}{1 + Q_{L1}^2}$$

如果考虑功率放大管的输出电容C_O，则构成如图3.5.5所示的π形网络，利用同样方法可以求得如下计算公式

$$|X_{p1}| = \frac{R_C}{Q_{L1} + \frac{R_C}{|X_{C_O}|}}$$

$$|X_{p2}| = \frac{R_L}{\sqrt{\frac{R_L}{R_C}(1 + Q_{L1}^2) - 1}}$$

$$|X_s| = \frac{Q_{L1} + \sqrt{\frac{R_L}{R_C}(1 + Q_{L1}^2) - 1}}{1 + Q_{L1}^2} \cdot R_C$$

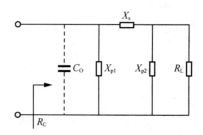

图 3.5.5 考虑功率放大管输出电容的 π 形网络

其中 Q_{L1} 的取值必须满足条件

$$\frac{R_L}{R_C}(1+Q_{L1}^2)>1$$

而且 X_{p1} 必须呈电容性。

3.5.4　T 形匹配网络

图 3.5.6 所示的 T 形网络也可以用类似的方法分解为两个串联的 L 形网络，进而求得各元件的计算公式为

$$\left|X_{s1}\right|=R_C\sqrt{\frac{R_L}{R_C}(1+Q_{L2}^2)-1}$$

$$\left|X_{s2}\right|=Q_{L2}R_L$$

$$\left|X_p\right|=\frac{X_{p1}\cdot X_{p2}}{X_{p1}+X_{p2}}$$

$$\left|X_{p1}\right|=\frac{R_L(1+Q_{L2}^2)}{\sqrt{\dfrac{R_L}{R_C}(1+Q_{L2}^2)-1}}$$

$$\left|X_{p2}\right|=\frac{R_L(1+Q_{L2}^2)}{Q_{L2}}$$

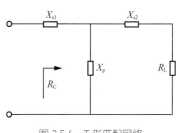

图 3.5.6　T 形匹配网络

其中 Q_{L2} 的取值必须满足条件

$$\frac{R_L}{R_C}(1+Q_{L2}^2)>1$$

3.6　滤波器

概括地讲，所谓滤波器是指这样的一类电路，它能让指定频率的信号顺利地通过，甚至还可能有一定的增益，而对指定频率以外的信号则起衰减作用。完全由无源元件组成的滤波电路称为无源滤波器，这种滤波器不但没有增益，而且还会对信号产生衰减（即使对于通带内的信号也是如此，但是对阻带信号的衰减要远大于对通带信号的衰减），通常把对通带内信号的衰减程度称为插入损耗（简称为插损）。由滤波网络和加有反馈的放大器件共同组成的滤波电路称为有源滤波器。常用的滤波器种类很多，如高阶 LC 滤波器、石英晶体滤波器、陶瓷滤波器、声表面波滤波器等。下面粗略地介绍一下其中的陶瓷滤波器、声表面波滤波器以及薄膜体声波滤波器，它们都属于无源滤波器。

3.6.1　陶瓷滤波器

陶瓷滤波器是由锆钛酸铅（$Pb[Zr_xTi_{1-x}]O_3$）压电陶瓷材料制成的。把制成片状的陶瓷材料的两面覆盖银层作为电极，经过直流高压极化后，陶瓷片就具有压电效应。当对陶瓷片施以压力

或拉力，使之产生压缩或拉伸变形时，在其两面上将产生数量相等的异号电荷；相反，如在两面之间加上一电场，陶瓷片就会产生伸长或压缩的机械变形。这种现象称为压电效应。陶瓷滤波器具有制作简单且可制成各种形状、耐热耐湿性强、易于小型化等优点。

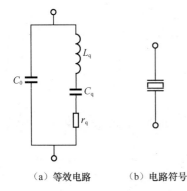

（a）等效电路　　（b）电路符号

图 3.6.1　陶瓷滤波器的等效电路和电路符号

陶瓷滤波器的等效电路及电路符号如图 3.6.1（a）、图 3.6.1（b）所示。图中 C_0 为陶瓷片两电极间的静态电容，L_q 等效于陶瓷片作机械振动时的惯性，C_q 等效于陶瓷片作机械振动时的弹性，r_q 等效于陶瓷片作机械振动时产生摩擦所造成的能量损耗。与常规的LC谐振回路相比，陶瓷滤波器的主要特点是在具有较大电感量的同时电容量却较小，因此其等效 Q 值比常规LC滤波器要高很多。

由等效电路可见，陶瓷谐振器有两个谐振频率，即串联谐振频率 f_s 和并联谐振频率 f_p，其计算公式分别为

$$f_s = \frac{1}{2\pi\sqrt{L_q C_q}}$$

$$f_p = \frac{1}{2\pi\sqrt{L_q \dfrac{C_0 C_q}{C_0 + C_q}}} = f_s\sqrt{1 + \frac{C_q}{C_0}}$$

将谐振频率不同的压电陶瓷片适当地组合连接，就可以获得接近理想矩形的幅频特性。图3.6.2（a）是由9个陶瓷片组成的三端陶瓷滤波器的电路连接图，图3.6.2（b）是其电路符号。

三端陶瓷滤波器的工作频率可以从几百千赫兹到几十兆赫兹，带宽也可以做得很窄。它的主要缺点是工艺一致性差，频率响应曲线离散性大，而且其通频带往往也不够宽。这在一定程度上限制了它的使用。

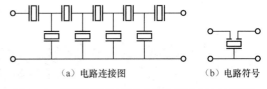

（a）电路连接图　　　　（b）电路符号

图 3.6.2　三端陶瓷滤波器的电路连接图及其电路符号

3.6.2　声表面波滤波器

声表面波滤波器（Surface Acoustic Wave Filter，SAWF）是一种集成滤波器件，这种滤波器体积小，重量轻，工作频率高，尤其适合于高频、超高频工作。并且由于它具有通频带宽、频率响应曲线一致性好、制造简单等优点，是目前通信系统、彩色电视机和雷达等主要采用的一种选择性滤波器。

声表面波滤波器的结构示意图如图 3.6.3 所示，其基片采用石英、铌酸锂和钛酸钡等压电晶体制成，然后在基片表面蒸发上一层金属膜，再通过光刻工艺制成两组相互交错的叉指状金属电极换能器。当在左端的一组叉指状金属电极换能器两端加入电信号时，基片材料将产生随信号变化的弹性形变，该弹性波会沿着垂直于电极轴向的两个方向（在图中可以认为是左右两个方向）传播。由于这种弹性波仅存在于基片表面以下约10μm深度处，故称为声表面波。为了避免产生干扰，向左端传播的声表面波将会被吸收材料所吸收。沿着基片表面向右边传播的声表面波将会

在右端的一组叉指状金属电极换能器上重新转换为电信号，并最终传送给负载。

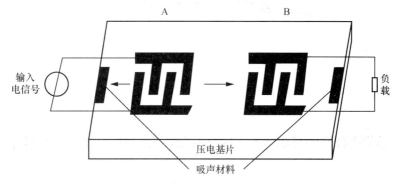

图 3.6.3　声表面波滤波器的结构示意图

声表面波滤波器的中心频率与通频带等性能取决于压电晶体材料以及在其表面形成的叉指状金属电极换能器的指条数目、疏密和长度等结构参数。只要严格设计和制作叉指状金属电极换能器，就可以获得需要的频率特性，因而可以制成不同规格的声表面波滤波器。

为了保证对信号的选择性要求，将声表面波滤波器接入实际电路中时，必须实现良好的匹配。

3.6.3　薄膜体声波滤波器

声表面波滤波器因体积小等优点被广泛应用于通信系统，但其插入损耗较大，功率容量较小，限制了自身的进一步发展。2000年，薄膜体声波谐振器（Film Bulk Acoustic Resonator，FBAR）问世。FBAR滤波器体积小，Q值高，工作频率高，功率容量大，损耗低，且易于与射频集成电路（Radio Frequency Integrated Circuit，RFIC）以及单片微波集成电路（Monolithic Microwave Integrated Circuit，MMIC）集成，从而推动了射频模块的全集成化进程。

FBAR是一种基于体声波（Bulk Acoustic Wave，BAW）的谐振器，其结构示意图如图3.6.4所示。当交流电压施加到FBAR的上下电极时，压电薄膜由于逆压电效应产生形变，压电薄膜的形变由于压电效应产生电势差。当输入交流电压信号的频率等于压电薄膜的机械变化频率时，就会在电极表面形成机械波驻波，从而实现声波谐振。

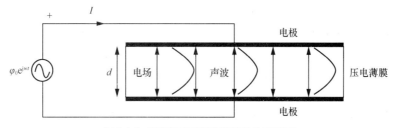

图 3.6.4　薄膜体声波谐振器的结构示意图

实际的FBAR结构有3种：空气隙型、硅反面刻蚀型和固态装配型，如图3.6.5所示。空气隙型FBAR和硅反面刻蚀型FBAR都是在基底和电极下表面之间存在一个空气界面，以将声波限制在压电薄膜的振荡范围内，但是硅反面刻蚀型FBAR的机械牢度较低。固态装配型FBAR以1/4波长厚度的高声学阻抗材料和低声学阻抗材料交替构成，以反射声波，层数越多，反射系数越大，器件Q值越大。

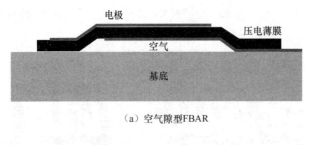

（a）空气隙型FBAR

（b）硅反面刻蚀型FBAR

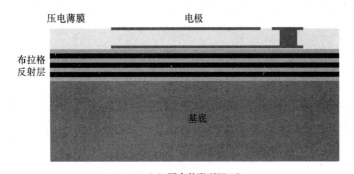

（c）固态装配型FBAR

图 3.6.5　FBAR 的 3 种常见结构

3.7　天线

　　天线是指无线电系统中用来发射或接收电磁波的设备。1887年，德国科学家海因里希·鲁道夫·赫兹（Heinrich Rudolf Hertz）的著名实验证实了电磁波的存在，他当时所用的电偶极子谐振器就是最早的天线形式。天线是无线电通信系统中必不可少的设备之一。随着信息时代的到来，我们几乎天天都能看见和使用天线，如移动通信基站天线、Wi-Fi天线、GPS天线及手机天线等。

　　天线是电路与空间的界面器件，是导行电磁波与空间电磁波之间的转换器。天线将高频电路中的传导电流转变为自由空间中的电磁波，或反之。按电路的观点，从传输线看向天线这一段等效于一个电阻R_r，称为辐射电阻。这是从空间耦合到天线终端的电阻，与天线结构自身的任何电阻无关。

　　天线的另一个主要功能是对能量进行空间分配，称之为方向图特性。图3.7.1为全向辐射方向图，即在水平面内是360°全覆盖的。而图3.7.2给出了定向辐射方向图，即能量集中在空间的某一个方向上进行辐射。此外，天线能够辐射或接收指定的极化波，即天线能形成所需的极化。

图 3.7.1 全向辐射方向图

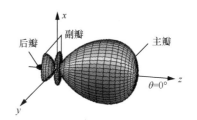

图 3.7.2 定向辐射方向图

为高效实现天线的功能，人们对它提出了一系列具体要求。表达这些要求的电指标称为无线电参数，如辐射效率、方向性系数、增益、输入阻抗、频带宽度等。在某些无线电系统中，天线的电参数直接决定其整个系统的性能指标，如卫星地面接收站的增益噪声温度比（Gain-to-noise Temperature Ratio，G/T）、通信卫星的等效全向辐射功率（Effective Isotropic Radiated Power，EIRP）、探测雷达的远程测角精度和射电天望远镜的分辨率（即天线半功率波束宽度）等。

天线的方向性系数 D 是天线的主要电参数之一，用来定量描述天线方向性的强弱。天线的方向性系数定义为天线在最大辐射方向上远区某点的功率密度与辐射功率相同的无方向性天线在同一点的功率密度之比。

天线增益 G 定义为天线在最大辐射方向上远区某点的功率密度与输入功率相同的无方向性天线在同一点的功率密度之比。可见天线的增益与天线的方向性系数两个参数的区别就在于分母是"辐射功率"还是"输入功率"，而它们之间的差别是天线结构会由于金属损耗、介质损耗等原因，造成辐射出的功率小于输入的功率。方向性系数与增益的比值称为天线辐射效率。

天线的输入阻抗是反映天线电路特性的电参数，它定义为天线在其输入端所呈现的阻抗。天线输入阻抗就是其馈线的负载阻抗，它决定馈线的驻波状态。应用中最希望的是无反射波的状态，称为匹配状态。其重要意义是：此时全部入射功率都传输给了天线，如天线的损耗可忽略，便全部转换为辐射功率。匹配的另一个重要意义是：此时不会有反射波反射回振荡源，不至于影响振荡源的输出频率和输出功率。

天线的电参数都随着频率的变化而变化，无线电系统对这些电参数的恶化有一个容许范围。定义无线电参数在容许范围之内的频率范围为天线的带宽。天线增益、电压驻波比等不同电参数各自在其容许值之内的频率范围不同，天线的带宽由其中最窄的一个来决定。对许多天线来说，最窄的往往是其驻波比带宽。值得说明的是，不同的应用会对天线提出不同的要求，有时某一指标较高，则该参数在容许值之内的带宽就决定了天线带宽。例如，有的天线对增益要求高，则其增益带宽可能是最难达到的，天线的总带宽将由它决定。

3.8 本章小结

本章介绍了高频电路中的元器件、LC 谐振回路、传输线、阻抗变换电路、滤波器、天线。概括起来，要点如下。

① 在高频电路中，电阻、电容、电感等无源元件都存在分布参数效应，可根据应用频段的不同而确定使用的具体模型；而晶体管、场效应管等有源元件也需要考虑其中载流子运动所带来的各种等效效应。

② LC谐振回路是典型的高频电路负载。对于LC串联谐振回路来说，谐振时回路等效阻抗最小，回路电流最大；而LC并联谐振回路在谐振时回路等效阻抗最大，回路两端电压最大。LC串联谐振回路与并联谐振回路的参数具有对偶关系，在分析和应用时要注意这一点。

为提高回路有载时的品质因数，可以根据实际情况使用串联或并联谐振回路，同时可以使用部分接入的方法。

③ 在射频电路中，传输线是基本电路之一，使能量进行不失真传输是非常重要的一个要求。为了衡量能量在不同网络之间的传输，人们引入了阻抗匹配、反射系数、电压驻波比等概念。此外，在射频电路中还常常使用 S 参数来描述双端口甚至多端口网络的特性，原因在于其非常适合于在射频波段所进行的测量。

④ 使用LC回路进行阻抗变换的基础为串、并联支路的互换，在此基础之上可以使用L形、π形、T形网络来进行各种阻抗变换。在变换时应注意电路的适用范围。

⑤ 滤波器作为一种集中选频器件，对选频电路频率特性的要求较高。本章所介绍的陶瓷滤波器、声表面波滤波器、薄膜体声波滤波器都具有比简单LC滤波器更好的性能。

⑥ 天线是无线电系统中用来发射或接收电磁波的器件。为了描述其电路特性和辐射特性，人们引入了方向性系数、增益、输入阻抗、带宽等概念。

📝 3.9 习题

3.2.1 收音机的输入谐振回路通过调节可变电容器的电容量来选择电台信号。设在接收频率为600kHz的电台信号时，谐振回路的电容量为256pF，试求接收频率为1 500kHz的电台信号时回路电容应变为多少？

3.2.2 一个电感值为5μH的线圈 L 与一个可变电容 C 相串联，且外加电压的振幅与频率均为固定的，如图3.9.1所示。当 $C = 50$pF时，电路电流达到最大值1A；当 $C = 45$pF时，电流减为0.5A。试求：

（1）电压源的频率。

（2）电路发生谐振时的 Q 值。

（3）电压源的振幅大小。

3.2.3 试求图3.9.2中的 R_1、R_2、L、C 之间的关系，以使整个电路对于所有频率都呈现纯电阻特性。

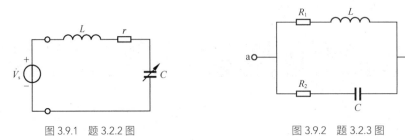

图 3.9.1 题 3.2.2 图　　　　　　　图 3.9.2 题 3.2.3 图

3.2.4 图3.9.3所示电路中，$R_{s0} = 30$kΩ，电感 L 的损耗电阻忽略不计，电感量为100μH，$R_L = 5$kΩ，$i_s = \cos(2\pi \times 5 \times 10^5 t)$ mA，若要求回路的有载 Q 值为50，试确定 C_1 和 C_2 的值，并计算输出电压。

3.2.5 有一并联回路在某频段内工作，该频段的最低频率为535kHz，最高频率为1 605kHz。

现有两个可变电容，一个电容的最小电容量为12pF，最大电容量为100pF；另外一个电容的最小电容为15pF，最大电容为450pF。试求：

（1）应采用哪一个可变电容？为什么？

（2）绘出实际的并联回路图。

3.2.6　图3.9.4所示为一电容抽头式并联谐振回路，若线圈的损耗电阻r很小，试证明分别由bc、ac或ab端看去的谐振频率是相同的，且在谐振时有

$$\frac{Z_{bc}}{Z_{ac}}=\left(\frac{C_2}{C_1+C_2}\right)^2 \quad \frac{Z_{bc}}{Z_{ab}}=\left(\frac{C_2}{C_1}\right)^2$$

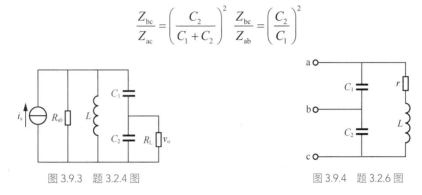

图 3.9.3　题 3.2.4 图　　　　　　　图 3.9.4　题 3.2.6 图

3.3.1　某特性阻抗为50Ω的传输线，若负载阻抗为（40+j30）Ω，求电压反射系数和电压驻波比。

3.5.1　设有一如图3.9.5所示的T形网络插入至特性阻抗为$Z_0 = 50\Omega$的传输线中，设该网络能够实现3dB衰减，且衰减器与传输线实现了匹配。试列出该网络的**S**参数以及电阻元件值。

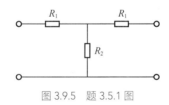

图 3.9.5　题 3.5.1 图

3.6.1　试简要说明陶瓷滤波器、声表面波滤波器、薄膜体声波滤波器的工作原理和特点。

3.7.1　试说明天线的主要功能。

第 **4** 章

高频放大电路

在各种无线电设备和系统中，为了放大高频信号，广泛采用高频放大电路。在接收设备中，从天线上感应到的信号非常微弱（一般在微伏级），需要将这些信号放大后方能做后续处理，我们通常使用高频小信号放大电路、低噪声放大电路等来完成这一放大功能。在发送设备中，要将所传输的信号放大到一定功率，才能使其有效通过信道传输到接收端，我们通常使用各类功率放大电路来完成这一放大功能，如谐振功率放大电路、宽带高频功率放大电路以及现代移动通信系统基站中常用的Doherty功率放大电路等。根据应用场景的不同，各种放大电路的工作状态、负载、输入信号都有着各自的特点，它们的分析方法和关键性能指标也存在区别，这也是学习本章时应注意的地方。

ⓒ 本章学习目标

① 在了解不同应用场景的基础上掌握各种放大电路的结构和工作原理，特别是工作状态、负载及输入信号等的特点。

② 了解各种放大电路的分析方法，熟悉它们关键性能指标的计算。

4.1　小信号谐振放大电路

小信号谐振放大电路通常是指负载具有谐振特性（或选频特性）的放大电路。该电路广泛应用于通信、广播、电视、雷达等的接收系统中，主要起选频、放大作用。由于接收机从天线上感应到的信号非常微弱，因此放大电路的输入信号一般都比较小。此时放大电路工作在线性范围内，即甲类放大状态，因而能够用微变等效电路法来进行分析。

一个理想的谐振放大电路的幅频特性曲线如图4.1.1中的实线所示，实际谐振电路的幅频特性曲线如图4.1.1中的虚线所示。幅频特性曲线的特点是在谐振频率（或称中心频率）f_0处增益最大，偏离f_0后增益迅速下降。如果f_0等于有用信号的频率，就能将有用信号选择出来并加以放大，从而有效地抑制其他频道信号或干扰信号。

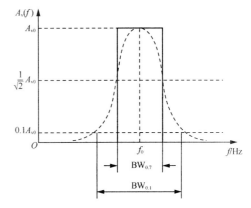

图 4.1.1　小信号放大电路的幅频特性曲线

4.1.1　小信号谐振放大电路的主要技术指标

小信号谐振放大电路简介

小信号谐振放大电路的主要技术指标有谐振增益、通频带、选择性和稳定性。考虑到角频率ω与频率f之间仅存在着一个乘以或除以2π的相互换算关系，因此在介绍以下各技术指标时并不对角频率与频率进行严格区分。

1．谐振增益

谐振增益是指放大电路在谐振频率f_0处的电压增益，它用来表示放大电路对有用信号的放大能力，用A_{v0}表示。

2．通频带

小信号谐振放大电路需要选择并且放大有用信号。这里所说的选择是从频域的角度出发，即有用信号是指以f_0为中心频率并占有一定频谱宽度的窄带信号。一般来说，当偏离中心频率之后，放大电路的增益将迅速减小。参照2.2节的定义，可得3dB带宽与20dB带宽，符号为$BW_{0.7}$和$BW_{0.1}$。为了无失真地放大有用信号，$BW_{0.7}$应该大于有用信号的频谱宽度。

此外，参照2.2节，同样可以定义窄带谐振放大电路和宽带谐振放大电路。

3．选择性与矩形系数

选择性用于反映谐振回路对于通频带以外的各种带外信号（包括干扰信号）的抑制能力，其值可用通频带外的某一频率的增益$A_v(\omega)$与谐振增益A_{v0}的比值$M(\omega)$来表示，即

$$M(\omega) = \frac{A_v(\omega)}{A_{v0}}$$

通常希望$M(\omega)$越小越好。但实际谐振放大电路的通频带与选择性通常是矛盾的，一般通频带越宽，对特定频率干扰信号的选择性就越差。为了综合表示通频带和选择性这两个相互矛盾指标的统一程度，常采用矩形系数D来衡量，其定义为

$$D = \frac{BW_{0.7}}{BW_{0.1}} \qquad (4.1.1)$$

显然，图4.1.1中理想谐振放大电路的幅频特性曲线的矩形系数 $D=1$，而实际放大电路的矩形系数 D 总是小于1。这说明矩形系数 D 越接近于1，谐振放大电路的通频带与选择性两个指标兼顾得越好[①]。

4. 稳定性

稳定性是指当放大电路的直流偏置、电路元件参数等发生变化时，放大电路的增益、中心频率、通频带、幅频特性等技术指标的稳定程度。电路稳定是放大电路正常工作的必要条件。一般的不稳定现象是增益变化、中心频率偏移、通频带变窄、幅频特性曲线变形等，极端情况下放大电路将产生自激振荡，以致完全不能工作。因此，为了保证放大电路正常工作，必须采取稳定措施，使放大电路不自激或远离自激，并且在工作过程中应避免主要技术指标的变化超出允许范围。

为了提高放大电路的稳定性，可以选择基极与集电极间结电容（即 $C_{b'c}$）小的晶体管，也可以调整电路结构，如采用中和法或失配法。中和法在实际电路中受到较大限制且调试困难，故效果很有限，应用较少。失配法通过增大电路的负载电导来提高电路的稳定性，一种常见的方法是在电子电路基础课程中学过的共射-共基组合电路，该电路也具有较高的上截止频率，可用于实现宽带放大电路。

除上述4个主要性能指标外，还要求放大电路的噪声系数小。降低高频放大电路的噪声系数，可以提高整体灵敏度。

在实际应用中，往往需要把很微弱的信号放大到足够大，这就要求放大电路有较大的增益。例如移动通信中的接收机链路可能需要近100dB增益，电视接收机的图像中频放大电路放大量要求大于40dB，广播收音机的中频放大电路增益也在40dB以上。在实际中多从电路结构上采取措施，用得较多的方法是采用共射-共基组合电路（或是选用集成放大电路），并且由多级放大电路构成。有兴趣的读者可自行查阅相关文献。

4.1.2　简单 LC 并联谐振回路的选频特性

从3.2节简单谐振回路的阻抗特性及输出电压表达式中可以看出，对于不同的频率，回路有不同的传输特性，因而可以利用这一点来用谐振回路构成选频电路。在分析小信号谐振放大电路的选频特性时，通常认为其选频特性主要取决于谐振回路的选频特性。故本小节在3.2节的基础上，以简单并联谐振回路为例对谐振回路的频率特性做进一步讨论和介绍。对于简单串联谐振回路，可以经过类似的计算过程得到结果，此处不再赘述。

1. 并联谐振回路的通用频率特性曲线

由式（3.2.12）及式（3.2.15）可知回路两端电压 $\dot{V}$ 以及谐振时的回路端电压 $\dot{V}_p$ 分别为

$$\begin{cases} \dot{V} = \dfrac{\dot{I}_s}{\dfrac{Cr}{L} + j\left(\omega C - \dfrac{1}{\omega L}\right)} \\ \dot{V}_p = \dot{I}_s \dfrac{L}{Cr} \end{cases}$$

[①] 在某些参考书中，矩形系数的定义与本书中的定义相反，即 $D = BW_{0.1} / BW_{0.7}$，此时的矩形系数大于1，但仍然是越接近于1越好。

以 $\dot{V}_0$ 为参考值对 $\dot{V}$ 进行归一化处理，可以得到归一化后的幅频特性 $M(\omega)$（归一化后的 $M(\omega)$ 即 4.1.1 小节定义的选择性）和相频特性 $\varphi_{\mathrm{M}}(\omega)$ 为

$$
\begin{cases}
M(\omega) = \left| \dfrac{\dot{V}}{\dot{V}_0} \right| = \dfrac{1}{\sqrt{1 + \left[Q\left(\dfrac{\omega}{\omega_0} - \dfrac{\omega_0}{\omega} \right) \right]^2}} = \dfrac{1}{\sqrt{1 + \xi^2}} \\[6mm]
\varphi_{\mathrm{M}}(\omega) = \arctan \dfrac{\dot{V}}{\dot{V}_0} = -\arctan Q\left(\dfrac{\omega}{\omega_0} - \dfrac{\omega_0}{\omega} \right) = -\arctan \xi
\end{cases}
\tag{4.1.2}
$$

式中，$Q = \dfrac{\omega_0 L}{r} = \dfrac{1}{\omega_0 C r}$ 为该电路的品质因数，$\omega_0 = \dfrac{1}{\sqrt{LC}}$ 为谐振角频率，$\xi = Q\left(\dfrac{\omega}{\omega_0} - \dfrac{\omega_0}{\omega} \right)$ 为广义失谐。

由此可得到 $M(\omega)$ 和 $\varphi_{\mathrm{M}}(\omega)$ 随相对角频率变化的曲线，即并联谐振回路的归一化频率特性曲线，如图 4.1.2 所示。该曲线形状与回路元件的具体参数无关，而只取决于回路的品质因数 Q 和频率的相对值 ω / ω_0，故又被称为通用频率特性曲线。

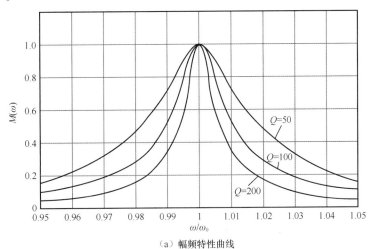

（a）幅频特性曲线

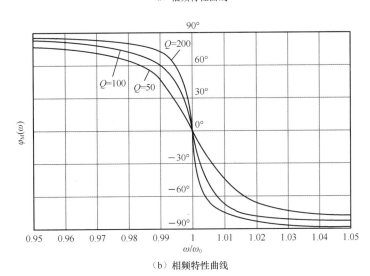

（b）相频特性曲线

图 4.1.2　并联谐振回路的通用频率特性曲线

从图 4.1.2 中可以看出，Q 值越大，幅频特性和相频特性曲线在谐振频率附近的变化率越大，即谐振特性越显著。

① 在幅频特性曲线中，当频率偏移 ω_0 时，信号衰减的速率随 Q 值的增大而增大。即随着 Q 值的增大，曲线变得更加陡峭或者说是尖锐，此时回路的选择性也随之增强。

② 在相频特性曲线中，当频率偏移 ω_0 时，单位频率变化引发的相位变化随 Q 值的增大而增大。而且，当输入信号的频率相对 ω_0 偏移较小时，可以看出谐振回路所造成的相移与相对角频差（即 $\Delta\omega / \omega_0$）成线性关系，利用这一点可以构成线性移相电路。

2．谐振回路选频特性的数字表征

（1）3dB 带宽 $\mathrm{BW}_{0.7}$

根据 3dB 带宽的定义，令式（4.1.4）中的 $M(\omega)$ 等于 0.707，则有

$$Q\left(\frac{\omega}{\omega_0} - \frac{\omega_0}{\omega}\right) = Q\frac{\omega^2 - \omega_0^2}{\omega\omega_0} = Q\frac{(\omega + \omega_0)(\omega - \omega_0)}{\omega\omega_0} = \pm 1$$

对于通信电路中应用的谐振回路，一般有 $Q \gg 1$。因此在截止频率附近，ω 和 ω_0 非常接近，可近似认为 $\omega + \omega_0 \approx 2\omega_0$，$\omega\omega_0 \approx \omega_0^2$，从而有

$$\frac{(\omega + \omega_0)(\omega - \omega_0)}{\omega\omega_0} \approx \frac{2(\omega - \omega_0)}{\omega_0} = \frac{2(f - f_0)}{f_0}$$

因此可以求出上、下截止频率及 3dB 带宽为

$$\begin{cases} f_{\mathrm{H}} = f_0 + \dfrac{f_0}{2Q} \\[2mm] f_{\mathrm{L}} = f_0 - \dfrac{f_0}{2Q} \\[2mm] \mathrm{BW}_{0.7} = f_{\mathrm{H}} - f_{\mathrm{L}} = \dfrac{f_0}{Q} \end{cases} \qquad (4.1.3)$$

可见，当通过改变电阻来改变 Q 值时，$\mathrm{BW}_{0.7}$ 与 Q 成反比。在后续对式（4.1.8）进行分析时，易知增大回路的有载品质因数 Q_{L} 能够提高谐振增益，但与保持一定的通频带宽度相互矛盾。

此外还可看出，随着谐振频率的升高，想获得同样的通频带所需的 Q 值也逐渐升高。在设计高频电路使用的选频滤波器时，应注意这一点。

例 4.1.1 图 4.1.3 所示为某放大电路输出回路的交流通路，设该电路为高 Q 值回路，若信号的中心频率 $f_0 = 100\mathrm{MHz}$，电容 $C = 10\mathrm{pF}$。

（1）试计算线圈的电感值 L。

（2）若线圈的无载品质因数为 $Q_{空} = 100$，试计算此时的回路 3dB 带宽 $\mathrm{BW}_{0.7}$。

（3）若放大电路所需的带宽为 2MHz，则应在回路上并联多大的电阻 R_{L} 才能满足这一要求？

解 （1）在高 Q 值情况下，有

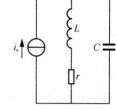

图 4.1.3 例 4.1.1 电路

$$f_0 = \frac{1}{2\pi\sqrt{LC}}$$

因此线圈的电感值为

$$L = \frac{1}{(2\pi f_0)^2 C} = \frac{1}{(2\pi \times 100 \times 10^6)^2 \times 10 \times 10^{-12}} \text{H} \approx 0.25 \mu\text{H}$$

（2）由于回路中未接负载电阻，且信号源（电流源）的内阻为无穷大，故回路的空载品质因数即电感的无载品质因数，因此可得3dB带宽为

$$\text{BW}_{0.7} = f_0 / Q_{空} = 100\text{MHz} / 100 = 1\text{MHz}$$

（3）为增大谐振回路的带宽，应减小回路的品质因数Q。在不改变谐振频率及回路电抗元件的情况下，可以通过改变回路两端的负载电阻来完成这一目标。

首先求解空载时线圈损耗电阻r等效至回路后的R_p，由于$Q_{空} = \dfrac{R_p}{\rho}$，故

$$R_p = Q_{空} \rho = 100\rho = 100\sqrt{\frac{0.25 \times 10^{-6}}{10 \times 10^{-12}}}\Omega \approx 15.8\text{k}\Omega$$

式中，$\rho = \sqrt{L/C}$为回路的特性阻抗。

在加入负载电阻R_L后，回路带宽变为2MHz，此时的有载品质因数为

$$Q_L = f_0 / \text{BW}_{0.7}' = 100 / 2 = 50$$

由于回路电抗元件未发生改变，因此特性阻抗不变，回路中的Q_L为

$$Q_L = \frac{R_p // R_L}{\rho} = 50$$

故负载电阻$R_L = R_p = 100\rho = 15.8\text{k}\Omega$。

（2）选择性与矩形系数

单谐振回路的矩形系数即式（4.1.1）中所定义的D。令$M(\omega) = 0.1$，则可参照与求3dB带宽相同的方法得到$\text{BW}_{0.1}$为

$$\text{BW}_{0.1} = 9.9 f_0 / Q \tag{4.1.4}$$

故可由式（4.1.3）与式（4.1.4）得到单谐振回路的矩形系数为

$$D = \frac{\text{BW}_{0.7}}{\text{BW}_{0.1}} \approx 0.1 \tag{4.1.5}$$

由式（4.1.5）可以看出，单谐振回路的矩形系数D是一个定值，与回路参数无关。当增大回路的Q值时，回路的选择性提高（即$\text{BW}_{0.1}$变小）；与此同时，3dB带宽$\text{BW}_{0.7}$也变窄，即$\text{BW}_{0.1}$与$\text{BW}_{0.7}$成正比，这正体现了选择性与通频带的矛盾。

4.1.3　分散选频的小信号谐振放大电路

小信号谐振放大电路通常有两种组成方法：一种是将单级谐振放大电路级联起来，构成多级放大电路，称为分散选频放大电路；另一种是用集成宽带放大电路和具有相应选频特性的窄带滤波器构成谐振放大电路，称为集中选频放大电路。

1．使用并联谐振回路作为输出负载的单调谐回路谐振放大电路

分散选频放大电路由多级小信号谐振放大电路组成，通常每一级放大电路都采用相同的结

分散选频的
小信号谐振
放大电路

构。图4.1.4所示为采用并联谐振回路作为输出负载的单调谐回路谐振放大电路。

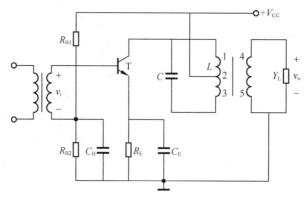

图 4.1.4　单调谐回路谐振放大电路

图4.1.4中，R_{B1}、R_{B2}和R_E构成晶体管的分压式偏置电路，C_B和C_E为旁路电容，Y_L为负载导纳或者是下一级放大电路的输入导纳；L和C组成并联谐振回路，它与晶体管为部分接入（即采用抽头连接，抽头从图中的2端引出）形式，而与负载之间为变压器耦合。这样连接是为了减小晶体管参数和负载Y_L对谐振回路的并联影响，以保证谐振回路有较高的品质因数。

可以采用与电子电路基础中相同的步骤来分析该电路的交流特性，但应使用晶体管的高频等效模型。具体来说，可以按照如下步骤。

① 画出放大电路的交流通路。

② 将晶体管用其高频等效模型替代。

③ 利用高Q值电路的简化计算方法，将所有和谐振回路连接以及部分接入的电路折合至整个回路的两端。

④ 计算回路的总Q值、谐振增益、通频带及矩形系数等。

根据以上方法，可以得出使用Y参量等效模型[①]后，图 4.1.4所示电路的交流等效电路及简化等效电路，分别如图4.1.5（a）、图4.1.5（b）所示。

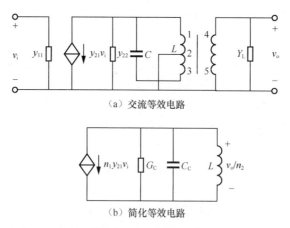

（a）交流等效电路

（b）简化等效电路

图 4.1.5　单调谐回路谐振放大电路的等效电路

---

① 还可以采用高频混合π等效模型。采用该模型的优点是可以在器件手册中查得相关参数，并经过简单换算得到所需全部参数。

图4.1.5（a）中，y_{11}、y_{21}和y_{22}分别表示该电路的输入导纳、正向传输导纳和输出导纳。当多级级联时，负载导纳就是下一级放大电路的输入导纳。图 4.1.5（b）中，$n_1 = N_{12} / N_{13}$、$n_2 = N_{45} / N_{13}$分别为本级输出端和下级输入端对谐振回路电感线圈的变比；$G_C = 1 / R_C$表示回路的总电导，C_C代表谐振回路的总电容，它们包括回路自身以及本级输出导纳和负载导纳折算到谐振回路两端的电导和电容。

由图4.1.5（b）可求得单调谐回路谐振放大电路的电压增益，其模值和相角分别为

$$
\begin{cases}
|A_{\mathrm{v}}(\omega)| = \left| \dfrac{v_{\mathrm{o}}(\omega)}{v_{\mathrm{i}}(\omega)} \right| = \dfrac{+n_1 n_2 |y_{21}(\omega)| R_C}{\sqrt{1 + \left[Q_{\mathrm{L}} \left(\dfrac{\omega}{\omega_0} - \dfrac{\omega_0}{\omega} \right) \right]^2}} = \dfrac{+n_1 n_2 |y_{21}(\omega)| R_C}{\sqrt{1 + \xi_{\mathrm{L}}^2}} \\[4mm]
\varphi_{\mathrm{A}}(\omega) = -\arctan \left[Q_{\mathrm{L}} \left(\dfrac{\omega}{\omega_0} - \dfrac{\omega_0}{\omega} \right) \right] = -\arctan \xi_{\mathrm{L}}
\end{cases}
\tag{4.1.6}
$$

其中

$$
\begin{cases}
\omega_0 = \dfrac{1}{\sqrt{L C_C}} \\[4mm]
Q_{\mathrm{L}} = \dfrac{R_C}{\omega_0 L} = \omega_0 C_C R_C
\end{cases}
\tag{4.1.7}
$$

分别为回路的谐振角频率和等效品质因数。

当$\omega = \omega_0$时，单调谐回路谐振放大电路的谐振增益为

$$
\dot{A}_{\mathrm{v}}(\omega_0) = \dot{A}_{\mathrm{v}0} = -n_1 n_2 |y_{21}(\omega_0)| R_C = -n_1 n_2 |y_{21}(\omega_0)| \dfrac{Q_{\mathrm{L}}}{\omega_0 C_C}
\tag{4.1.8}
$$

可以看出，当通过改变电阻来改变Q_{L}值时，谐振增益与Q_{L}成正比[①]。

在进行实际电路设计时，通常不对小信号谐振放大电路作详细的定量计算，原因在于。

① 在详细分析电路时，需要考虑晶体管极间电容$C_{\mathrm{b'c}}$所造成的内反馈。其原因在于谐振回路的阻抗特性会随着频率变化，因此通过$C_{\mathrm{b'c}}$反馈到输入端的信号的大小和相位都随频率而变。这会影响放大电路工作的稳定性，在极端情况下甚至会产生自激振荡。忽略内反馈的工程估算和电子电路基础中所介绍的纯阻负载放大电路的区别仅在于耦合电路不同，该方法上文已介绍过了。

② 用人工来完成考虑器件内反馈情况的精确计算是十分烦琐的，可以使用各种高频电路仿真软件来代劳。

③ 实践表明，在高频电路中，由于存在着各种分布参数（如元器件之间的寄生电容、寄生电感以及传输线效应等）的耦合，使得精确计算难以进行。计算和仿真结果只能作为理论上的估算和指导，要想达到设计目标，必须在计算的基础上用实验方法进行手动调测。

2．多级谐振放大电路的放大性能和选频特性

采用分散选频方式构成的多级小信号谐振放大电路通常在放大电路的输入、输出端均与谐振回路相连接。参照单级谐振放大电路的构成方法，一种比较简单的方式为把各级完全相同的n级

---

① 注意：若通过改变电容或电感的取值来改变Q_{L}值的话，谐振增益不变。

单调谐回路谐振放大电路级联起来。易知此时多级放大电路的总增益为

$$A_{vn}(\omega)=\left[A_v(f)\right]^n \qquad (4.1.9)$$

总选择性为

$$M_n(f)=\left[M(f)\right]^n=\left[\frac{1}{\sqrt{1+\xi^2}}\right]^n \qquad (4.1.10)$$

由式（4.1.10）可见，多级单调谐回路谐振放大电路的选择性等于各级选择性的乘积。

因此，级数越多，选择性曲线越尖锐，选择性越好，如图4.1.6所示。但是，随着级数的增多，其通频带将会变窄。令$M_n(f)=1/\sqrt{2}$，则由式（4.1.10）可以得到，通频带随着级数n的增加而变窄的定量表达式为

$$BW_{0.7}=\frac{f_0}{Q_L}\sqrt{2^{\frac{1}{n}}-1} \qquad (4.1.11)$$

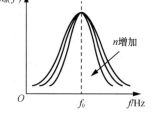

图 4.1.6　n级单调谐回路谐振放大电路的选择性曲线

式中，f_0/Q_L是单级单调谐回路谐振放大电路的通频带；$\sqrt{2^{\frac{1}{n}}-1}$一般被称为3dB带宽缩减系数。

可见，当保持谐振回路的等效品质因数Q_L不变时，随着级联级数的增加，通频带将按$\sqrt{2^{1/n}-1}$减小。若要求n级级联后的通频带保持单级放大电路的通频带宽度，必须展宽每级放大电路的通频带，即每级回路的Q_L值必须按$\sqrt{2^{1/n}-1}$下降，但这会导致每级谐振增益也相应减小。例如，当$n=4$时，为了维持通频带不变，每级的Q_L值必须下降为单级时的$\sqrt{2^{1/4}-1}$倍$=0.43$倍，因而4级放大电路的总增益也相应下降为原总增益的$(0.43)^4$倍$=0.034$倍，即约下降为1/30。这说明多级单调谐回路谐振放大电路的通频带和增益之间的矛盾十分突出。

包含n个相同参数的谐振放大电路的20dB带宽亦可由式（4.1.10）求出，其表达式为

$$BW_{0.1}=\frac{f_0}{Q_L}\sqrt{100^{\frac{1}{n}}-1} \qquad (4.1.12)$$

由式（4.1.11）和式（4.1.12）可求出此时的矩形系数为

$$D=\frac{BW_{0.7}}{BW_{0.1}}=\sqrt{\frac{2^{\frac{1}{n}}-1}{100^{\frac{1}{n}}-1}} \qquad (4.1.13)$$

对式（4.1.13）进行分析，可以得出如下结论。

① 随着电路中谐振回路数目的增多，矩形系数也逐渐增大。

② 矩形系数的上限值约为0.39。

*3．利用参差调谐展宽调谐放大电路的通频带

多级单调谐放大电路的特点是调节简单，增益高，但通频带不宽，稳定性不高。为了改善放大电路的性能，可以将每一级回路按照一定的规律，分别调谐在不同频率上，构成参差调谐放大电路。常用的有双参差调谐（成对调谐）和三参差调谐放大电路。

所谓双参差调谐，是把n级放大电路中的每两级作为一组。假设共有m组（$m=n/2$）放大电

路，每组中的两级放大电路均有相同的电路结构和性能，只是把其中的一级调谐在 $f_1 = f_0 + \Delta f_1$ 上，另一级调谐在 $f_2 = f_0 + \Delta f_2$ 上，如图4.1.7（a）所示。如果谐振频率 f_1 和 f_2 取值恰当，使其中一级放大电路幅频特性的上升段与另一级放大电路幅频特性的下降段互相补偿，则合成后的幅频特性曲线如图4.1.7（b）所示。显然，合成后的曲线比两级调谐在同一频率上的放大电路具有更宽的通频带；而在带外，两个谐振回路的幅频曲线均呈下降形状，使带外曲线的陡峭程度得到加强。故合成后的曲线可获得比两个回路调谐在同一谐振频率情况下更为接近矩形的选频特性。m 组放大电路级联后，通频带变窄的程度比调谐在同一频率上的放大电路小。

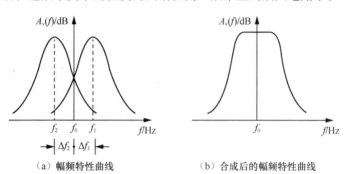

（a）幅频特性曲线　　　　　　　　（b）合成后的幅频特性曲线

图 4.1.7　双参差调谐放大电路的幅频特性曲线

当参差调谐频率满足 $f_1 = f_0(1 + 2/Q_L)$ 和 $f_2 = f_0(1 - 2/Q_L)$ 的条件时，合成后的幅频特性曲线具有最平坦特性。此时，两级参差调谐放大电路的选择性为

$$M(f) = \frac{2}{\sqrt{4 + \xi^4}} \tag{4.1.14}$$

通频带为

$$\mathrm{BW}_{0.7} = \sqrt{2}\,\frac{f_0}{Q_L} \tag{4.1.15}$$

如果将 m 组双参差放大电路级联，则总选择性为

$$M_m(f) = \left(\frac{2}{\sqrt{4 + \xi^4}}\right)^m \tag{4.1.16}$$

相应的通频带为

$$\mathrm{BW}_{0.7} = \sqrt{2}\,\frac{f_0}{Q_L}\sqrt[4]{2^{1/m} - 1} \tag{4.1.17}$$

和调谐在同一频率的谐振放大电路相比较，双参差调谐放大电路的性能得到了很大改善。例如，当 $m = 2$ 时，$\mathrm{BW}_{0.7} \approx 1.12\dfrac{f_0}{Q_L}$，其值反而比单级放大电路的通频带增大12%。因此，当通频带维持不变时，两组参差调谐放大电路的总增益，仅下降到 Q_L 值不变时4级调谐在同一频率的单谐振回路放大电路总增益的 $(1.12)^4 / 4$ 倍 $= 0.39$ 倍，大大缓和了通频带和增益之间的矛盾。

如果采用三参差调谐放大电路，还可以进一步改善放大电路的性能，得到更接近矩形的幅频特性曲线和更宽的通频带。这种电路的分析方法与双参差调谐放大电路相同，但调整较为困难，此处不再赘述。

*4. 使用双耦合谐振回路作为输出负载的小信号谐振放大电路

耦合谐振回路由两个相互耦合的谐振回路构成，两个谐振回路可以通过互感耦合，也可以通过电容耦合。两种耦合电路具有相同的频率特性，其电路分别如图4.1.8（a）和图4.1.8（b）所示，图中的M表示互感系数。

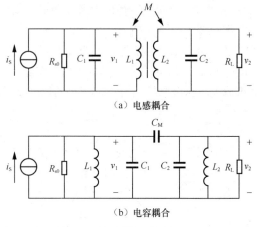

（a）电感耦合

图4.1.8中，和信号源相连接的谐振回路称为初级回路，和负载相连接的谐振回路称为次级回路或负载回路。在实际应用中，初、次级回路的参量往往相同，因而可以假定$L_1 = L_2 = L$，$C_1 = C_2 = C$，$R_{s0} = R_L = R$，$\omega_{01} = \omega_{02} = \omega$，$Q_1 = Q_2 = Q$。

在对耦合谐振回路进行分析时，可用耦合系数k来描述两个回路的耦合程度，其定义为X_m（即耦合电抗的大小）与初、次级回路中和X_m同性质两电抗的几何平均值之比。同时，为了使得

（b）电容耦合

图 4.1.8　耦合谐振回路的原理图

到的结果更具有普遍意义，定义耦合因数$\eta = kQ$，定义次级回路两端电压和初级回路两端输入电流之比为耦合回路的传输阻抗Z_t，则通过推导可得到将传输阻抗归一化后的频率特性为

$$M(\xi) = \frac{Z_t(\xi)}{Z_{tm}} = \frac{1}{\sqrt{(1 + \eta^2 - \xi^2)^2 + 4\xi^2}} \qquad (4.1.18)$$

式中，Z_{tm}为传输阻抗的最大可能值，$\xi = Q\left(\dfrac{\omega}{\omega_o} - \dfrac{\omega_o}{\omega}\right)$为广义失谐。

根据式（4.1.18）可画出当耦合因数为不同值时$M(\xi)$的频率特性曲线，如图 4.1.9 所示。为便于与单谐振回路相比较，图中还用虚线画出了单谐振回路相应的频率特性曲线。

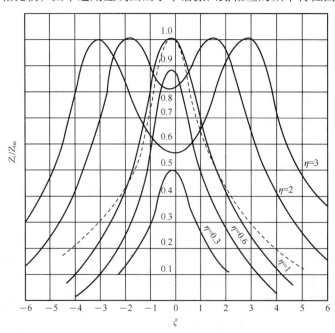

图 4.1.9　耦合谐振回路传输阻抗的频率特性曲线

由图4.1.9可以看出。

① 当$\eta \leqslant 1$时，曲线为单峰，其峰值随η值的减小而减小；当$\eta > 1$时，曲线具有双峰，且两个峰值相等。

② 随着η值的增大，两个峰值点的频率差增大，曲线中心的凹陷加深。

用于放大电路的耦合谐振回路，常选取$\eta = 1$或略大于1，后者在中心频率处有不大的凹陷，用它和中心频率处为尖峰状的频率特性配合，并相互补偿，可以获得较为理想的结果。对于$\eta = 1$的情况，经过计算可得出此时回路的矩形系数为0.34。可以看出，耦合谐振回路的矩形系数比单谐振回路的大。若保持耦合因数不变，则矩形系数的值与回路的Q值无关。

需要强调的是，以上分析只限于高Q值的窄带耦合回路。

图4.1.10给出了使用互感耦合双谐振回路作为输出负载的小信号谐振放大电路。图中，R_{B1}、R_{B2}和R_E仍然为晶体管的分压式偏置电路，C_B和C_E为旁路电容，Y_L为负载导纳或者是下一级放大电路的输入导纳，L_1、C_1和L_2、C_2构成了双耦合谐振回路。为提高调谐回路的品质因数Q值，双耦合谐振回路与晶体管和负载连接时均采用抽头形式部分接入。

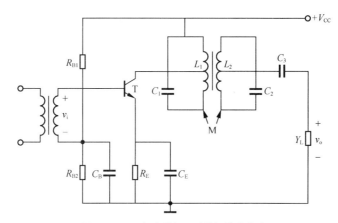

图 4.1.10　双耦合谐振回路谐振放大电路

虽然多级双耦合调谐放大电路的通频带、选择性都更令人满意，但缺点是电路复杂，调节困难，稳定性也差。

4.1.4　集中选频的小信号谐振放大电路

分散选频谐振放大电路存在不少缺点，例如，晶体管输入/输出阻抗的变化会影响谐振曲线，使放大电路的选择性变差，通频带变窄；晶体管的结电容$C_{b'c}$使放大电路输入端与输出端发生相互影响，不仅增加了输入回路和输出回路的调谐难度，而且严重时还会引起放大电路的自激振荡，从而失去放大作用；电路安装调整麻烦，人力成本过高，不适合大量生产，不易集成化。

随着集成电路技术和固体滤波技术的发展，宽通频带、高增益线性集成电路和高性能的滤波器件不断出现，越来越多地采用集中选频的小信号谐振放大电路。它由宽带放大电路和集中选择性滤波器构成，其中宽带放大电路为电路提供足够高的电压增益，而集中选择性滤波器则满足电路对宽通频带和高选择性的要求，如图4.1.11所示。

图 4.1.11　集中选频的小信号谐振放大电路

1．集中选择性滤波器

在高频电路中，常常选用3.6节介绍的各种滤波器来实现集中选择性滤波器。它们都是无源滤波器，也即完全由无源元件组成的滤波电路。无源滤波器不但没有增益，而且还会对信号产生衰减（即使对通带内的信号也是如此，但是对阻带信号的衰减要远大于对通带信号的衰减）。

图4.1.12所示为村田公司（muRata）某款声表面波滤波器插损的频率特性曲线（细线部分）。该滤波器可完成2.400 0 ～ 2.483 5GHz频段内的滤波，具有非常好的矩形特性。

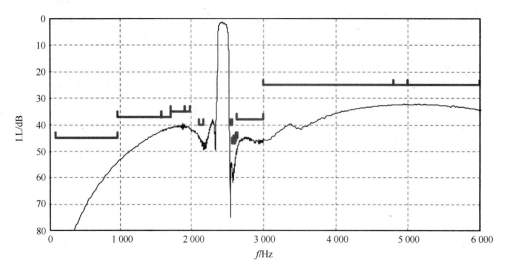

图 4.1.12　某款声表面波滤波器插损的频率特性曲线

2．宽带放大电路

宽带放大电路种类很多，有些常与其他功能电路一起集成在一块芯片上，许多是由差分放大电路和能够展宽频带的组合电路（如共射-共基放大电路、共集-共基放大电路等）构成的。

（1）射频放大电路ADL5324

ADL5324是由亚德诺半导体公司设计的一款宽带射频放大电路，可用于移动通信基站、Wi-Fi设备等的开发。该芯片的工作频率范围为400 ～ 4 000MHz，支持3.3 ～ 5V供电，工作温度为-40 ～ 105℃，详细技术指标见其数据手册。

ADL5324仅有4个管脚，图4.1.13所示为其基本连接方式，在使用时需要根据具体的频段选择各个电容、电感的取值及工艺参数，并注意相应的元件布局，详情可参见数据手册。

（2）宽带集成运算放大电路OPA847

OPA847是德州仪器公司生产的宽带极低噪声集成运算放大电路，可用于高动态范围ADC的预放、低噪声宽带放大电路、低噪声差分接收机等场合。它的开环增益为98dB，增益带宽积为3 900MHz，摆率为950V/μs。

图4.1.14所示为OPA847的单电源供电反相放大电路示例。供电电源可在5 ～ 12V之间，在输出电路中还应视情况加上隔直电容。

3．设计集中选频谐振放大电路时的注意事项

设计集中选频谐振放大电路时，有如下注意事项。

① 通常情况下，集中选择性滤波器可设置在整个放大电路的低电平处，例如在集成宽带放大电路之前。此时输入信号首先进行滤波，然后再被放大。由于滤波器本身具有一定的损耗，这种连接方式将增大集中选频谐振放大电路的噪声系数。因此，在放大电路采用两个以上宽带放大

电路时，可以将集中选择性滤波器设置在它们之间。关于这一点，在第8章中介绍射频接收机的设计时还会提到。

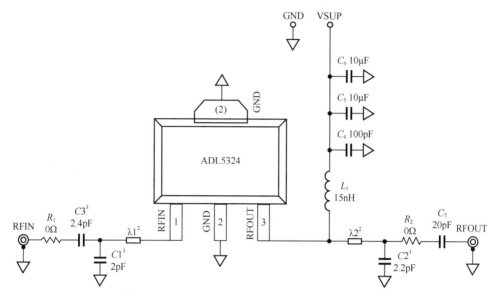

图 4.1.13 ADL5324 的基本连接图

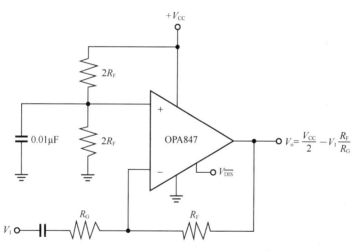

图 4.1.14 OPA847 的单电源供电反相放大电路

② 在高频电路中，各种信号极易通过直流电源产生耦合，从而影响电路的稳定，严重时甚至会产生自激振荡。为了避免这种情况，在高频电路中通常采用图4.1.15所示的去耦电路。直流时电感短路，电容开路，芯片的电源引脚可以获得所需的电压。交流时电感的感抗随着频率的升高而升高，相对于直流电源的内阻来说，可近似认为电感交流开路；而电容的容抗随频率的升高而减小，可近似认为短路，即使得芯片的电源端交流对地短路。使用两个不同容量电容的目的是扩展滤波电路的频率范围，这一点在3.1.1小节中介绍电容的高频特性时已经讲过。电源的去耦电路不仅应用于小信号谐振放大

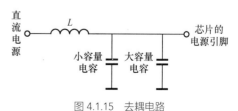

图 4.1.15 去耦电路

电路，事实上在高频电路中几乎处处可以见到该电路的应用。

③ 为了避免低频时产生自激，可以在各功能模块之间使用电容进行耦合，降低低频增益，从而避免低频自激。

④ 小信号谐振放大电路的工作频率高，使得器件内部寄生反馈（通过结电容 $C_{b'c}$）的作用很大，这会使它极易自激而破坏正常放大。同时，谐振放大电路的幅频特性曲线在中心工作频率附近的变化十分尖锐，稍有正反馈，就会使得幅频特性曲线产生很大的变化，以致不能满足预期的性能要求。因此，在小信号谐振放大电路中一般选用寄生反馈小的组合电路（如共射-共基电路）构成的宽带放大电路，而不采用反馈类型的集成宽带放大电路。

当前，随着电子工艺的发展，元器件的集成化趋势越来越明显，其原因在于：集中选频谐振放大电路由于采用了集成电路和集中选择性滤波器，因而体积小，可靠性高，稳定性能好，耗电少，并且减少了选频器件和放大电路件的相互影响，调整简单，通频带和选择性容易控制，有利于生产的程序化。

应该指出的是，上面的讨论中只讲了放大电路的幅频特性而没有讲到它的相频特性，后者也是放大电路的一个重要指标。对于一些对相频特性较为敏感的信号（如第6章将要介绍的调频信号以及数字信号），如果放大电路的相频特性不是线性的，那么即使在通频带内放大电路的幅频特性比较平坦，信号通过放大电路后也将产生失真。

4.2 低噪声放大电路

低噪声放大电路（Low Noise Amplifier，LNA）是射频接收机前端的主要部件，它主要有以下几个特点。

① 低噪声放大电路位于接收机的最前端，根据级联电路的噪声系数计算公式，它的噪声越小越好。为减小后面各级电路噪声对系统的影响，还要求其有一定的增益，但其增益又不宜过大，以免使后面的混频器过载而产生非线性失真。放大电路在工作频段内应该是稳定的。

② 低噪声放大电路是线性范围大、增益最好可调节的小信号线性放大电路，因其接收的信号不仅很微弱，而且由于受传输路径的影响，信号强弱是变化的。

③ 低噪声放大电路一般通过传输线直接与天线或天线滤波器相连，放大电路的输入端必须和它们很好地匹配，以达到功率最大传输或有最小的噪声系数的目的，并能保证滤波器的性能。

④ 低噪声放大电路应具有一定的选频功能，能抑制带外和镜像频率干扰，因此它一般是频带放大电路。

根据以上特点，低噪声放大电路的主要性能指标是：低的噪声系数（Noise Factor，NF）、足够的线性范围、合适的增益、输入/输出阻抗的匹配（衡量指标为反射系数或驻波比）、输入/输出间良好的隔离、低电源电压和低功耗（对移动通信尤为重要）。

低噪声放大电路的设计主要是围绕其基本指标，即噪声、增益、线性、匹配隔离及功耗，以晶体管高频小信号等效电路为工具进行的。无论采用Bipolar（双极）、Bi-CMOS（Complementary Metal Oxide Semi Conductor，互补金属氧化物半导体）还是GaAs FET（Field Effect Transistor，场效应管）工艺设计低噪声放大电路，其电路结构都差不多，都由晶体管、偏置、输入匹配和负载4大部分组成。其设计的基本特点如下。

① 采用共源-共栅电路级联，增大输入/输出间的隔离。

② 采用双端输入/输出，改善线性。

③ 采用源极电感负反馈或共栅组态，以实现输入阻抗匹配。

④ 合理设置偏置元件和偏置值，改善噪声。

⑤ 输出采用LC回路，以实现选频和阻抗变换。

在实际电路中，各项指标往往互相牵连甚至是矛盾的，在设计时应采用折中的原则，兼顾各项指标。感兴趣的读者可查阅相关文献，以了解低噪声放大电路的详细分析设计方法。

当前各大芯片厂商已有各类成品低噪声放大器销售，也可以根据系统需求选择合适的产品。

4.3 丙类谐振功率放大电路

谐振功率放大
电路综述

丙类谐振功率放大电路主要用于发射机的末级和中间级，也可用于电子仪器（如功率信号产生器）中，作为末级功率放大电路。丙类谐振功率放大电路和低频功率放大电路的共同点是要求效率高，输出功率大；但由于它们的工作频率相差很大并且相对通频带宽不同，因而工作状态与负载网络也不同。

根据器件在信号的一个周期内是否进入截止状态和进入截止状态时间的相对长短（也可以表示为半导角θ的大小），可将放大电路的工作状态分为甲类、乙类、甲乙类、丙类和丁类，主要特点见表4.3.1。

表 4.3.1 不同种类放大电路的主要特点

工作状态	半导角θ/(°)	理想效率η/(%)	负载	应用频率
甲类	$\theta = 180°$	$\eta = 50\%$	电阻	低频
甲乙类	$90° <\theta<180°$	$50\%<\eta<78.5\%$	电阻	低频
乙类	$\theta = 90°$	$\eta = 78.5\%$	电阻	低频、高频
丙类	$\theta<90°$	$\eta>78.5\%$	选频回路	高频
丁类	开关状态	$90\%<\eta<100\%$	选频回路	高频

从表4.3.1中可以看出，从甲类谐振功率放大电路到乙类谐振功率放大电路，半导角在减小，而效率在提高，其物理原因可以解释如下：器件损耗的功率等于其端电压与流过器件电流的乘积在一个周期内的平均值。乙类功率放大电路中器件只有半个周期导电，导通时器件两端电压较小，在输出相同功率的条件下，器件损耗的功率小，因此放大电路的效率得以提高。丙类谐振功率放大电路的半导角小于乙类谐振功率放大电路，器件在其端电压更小的时刻导通，在输出基波电流相同时，正比于损耗功率的平均电流更小，因而有比乙类谐振功率放大电路更高的效率。

另外，乙类谐振功率放大电路中器件的半周期导通会产生失真，但可以采用两管轮流导电的推挽线路来消除，使用甲乙类谐振功率放大电路偏置还能消除交越失真。丙类谐振功率放大电路中器件的导通时间不到半个周期，即使采用推挽线路也无法克服失真，此时可以在放大电路输出端接一个谐振回路（选频网络）来滤除谐波。由于谐振回路通常具有窄带特性，一般用丙类谐振功率放大电路来放大载波信号或已调波窄带信号，信号的通频带宽度只有其中心频率的1%或更小。例如，某调幅广播电台的载频为820kHz，信号的通频带宽度为9kHz，则其相对比值为1.1%。

对于低频功率放大电路，由于其所放大的信号是宽频带的（例如20Hz ～ 20kHz），此时低频端信号的谐波和高频端信号的基波在频谱上出现重叠，所以它们无法采用调谐回路作负载。

4.3.1 丙类谐振功率放大电路的工作原理与性能分析

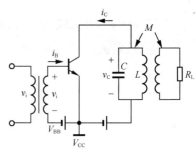

丙类谐振功率
放大电路的
工作原理与
性能分析

1．丙类谐振功率放大电路的构成及其电流、电压波形

丙类谐振功率放大电路的原理电路如图4.3.1所示，其中LC谐振回路调谐在输入信号的频率上。

为了让丙类谐振功率放大电路工作，基极偏置电压V_{BB}应该低于功率管的导通电压$V_{BE(on)}$，使得工作点位于功率管的截止区内，但并不一定需要发射结反偏。

在丙类谐振功率放大电路中，作为集电极负载的谐振回路有两个作用：首先利用它的谐振特性，从众多的电流分量中选取出有用分量（即基波分量），起到选频作用；其次通过互感耦合电路的阻抗变换作用，将负载电阻R_L变为所需要的晶体管集电极负载电阻。

图 4.3.1　丙类谐振功率放大电路的原理电路

下面先定性分析丙类谐振功率放大电路的工作原理及谐振回路所起的选频作用。设输入信号电压$v_i = V_{im} \cos \omega t$，若忽略晶体管$v_{CE}$对$i_C$的反向作用（即厄尔利效应）及结电容的影响，则可根据$v_{BE} = -V_{BB} + v_i = -V_{BB} + V_{im} \cos \omega t$和晶体管的静态转移特性，画出集电极电流$i_C$的波形，如图4.3.2所示。可见$i_C$的波形是一串周期性的脉冲序列，其脉冲宽度小于半个周期。通常，把图4.3.2中所示晶体管导通的角度2θ称为导通角，而把θ称作半导角。使用傅里叶级数可将该电流脉冲序列分解为平均分量、基波分量和各次谐波分量之和，即

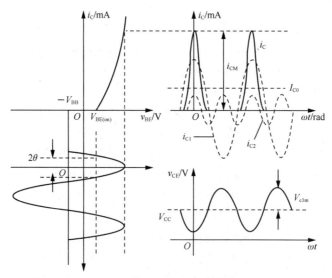

图 4.3.2　集电极电流i_C的电流波形示意图

$$i_C = I_{C0} + i_{C1} + i_{C2} + \cdots = I_{C0} + I_{c1m} \cos \omega t + I_{c2m} \cos 2\omega t + \cdots$$

作为负载的LC谐振回路对基波频率来说是数值足够大的线性电阻，对直流和其他谐波来说是

很小的阻抗。因此，在回路两端只有基波电压的振幅很大，而直流及其他的高次谐波电压都很小，可以忽略不计。于是，在谐振回路两端只产生了一个与输入信号 v_i 相位相反的基波电压。图4.3.2 中也示出了 v_{BE}、i_C 和 v_{CE} 的波形。

2．输出功率及效率的基本表达式

谐振功率放大电路实质上是依靠激励信号对基极电流以及集电极电流的控制，把集电极电源的直流功率转换成负载回路的交流功率。转换效率越高，就可以在同样的直流功率条件下输出越大的交流功率。追求高的转换效率是谐振功率放大电路设计的基本要求之一。

（1）集电极输出基波功率 P_O

$$P_O = \frac{1}{2}I_{c1m}^2 R = \frac{1}{2}V_{c1m}I_{c1m} \tag{4.3.1}$$

或

$$P_O = \frac{1}{2}\zeta V_{CC}\alpha_1 i_{CM} \tag{4.3.2}$$

式中，R 为LC并联谐振回路的谐振电阻；α_1 为余弦脉冲的基波分解系数；$\zeta = \dfrac{V_{c1m}}{V_{CC}}$ 为集电极电压利用系数，一般 $0.9 < \zeta < 1$；i_{CM} 为集电极电流脉冲的最大值（参见图4.3.2）。

（2）集电极电源 V_{CC} 供给的直流功率 P_{DC}

P_{DC} 是直流电源电压 V_{CC} 与其所提供的直流电流 I_{C0} 的乘积，即

$$P_{DC} = V_{CC}I_{C0} = V_{CC}\alpha_0 i_{CM} \tag{4.3.3}$$

式中，α_0 为余弦脉冲的直流分解系数。

（3）集电极耗散功率 P_C

$$P_C = P_{DC} - P_O \tag{4.3.4}$$

（4）集电极效率 η_C

$$\eta_C = \frac{P_O}{P_{DC}} = \frac{\frac{1}{2}\zeta V_{CC}\alpha_1 i_{CM}}{V_{CC}\alpha_0 i_{CM}} = \frac{\zeta}{2}\frac{\alpha_1}{\alpha_0} \tag{4.3.5}$$

3．折线法简介

2.3节介绍了小信号输入时使用幂级数展开的方法分析非线性电路，但由于丙类谐振功率放大电路工作在大信号状态，故不能采用小信号等效电路进行分析。工程上一般采用折线法进行分析，即用如图4.3.3所示的折线来近似代替晶体管的静态特性曲线，从而简化分析过程。

图4.3.3中的虚线代表晶体管输入特性（或转移特性）的变化规律，而实线即代表用折线近似化后的结果。之所以可以使用折线法，原因在于器件工作于大电流情况，在电流足够大时，基区体电阻 $r_{bb'}$ 上的电压降可以达到超过结电压的程度，此时器件输入特性和转移特性的电流、电压变化规律近似为直线。从图中也可以看出，在电流较小时，

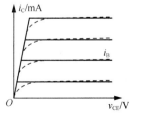

（a）输出特性曲线的折线化

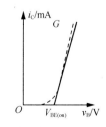

（b）转移特性曲线的折线化

图 4.3.3 晶体管的静态特性曲线

折线化之后的误差较大，而电流较大时误差较小。故从总体情况来看，使用折线法近似实际曲线的功率误差不大，所得的结论可以对电路分析与设计起到定性指导的作用。

需要注意的一点是：谐振功率放大电路通常工作在高频状态下，由于集电结电容的反馈作用，会增大分析误差。但若将工作频率限制在 $f_\beta / 3$（f_β 为共射组态电流放大系数的上截止频率）以下，则集电结电容的反馈作用很小。

使用折线法对丙类谐振功率放大电路进行分析

4．使用折线法对丙类谐振功率放大电路进行分析

下面运用折线法对图4.3.1所示的丙类谐振功率放大电路进行分析。

（1）对集电极余弦电流脉冲 i_C 的分析

把晶体管的转移特性曲线用折线近似代替后，集电极电流脉冲 i_C 即变为理想余弦电流脉冲，如图4.3.4所示。

根据图4.3.4中可以列出 $i_C \sim v_{BE}$ 方程，即

$$i_C(t) = \begin{cases} 0, v_{BE} < V_{BE(on)} \\ G[v_{BE} - V_{BE(on)}] = G[-V_{BB} - V_{BE(on)} + \quad (4.3.6) \\ V_{im}\cos\omega t], v_{BE} \geq V_{BE(on)} \end{cases}$$

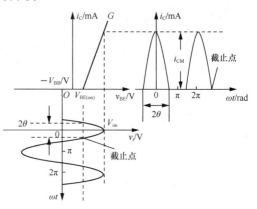

图 4.3.4　折线化后的转移电导 G 与电流 i_C、电压 v_{BE}

式中，G 是折线化后的转移特性曲线的斜率。

由图4.3.4可知，在截止点处，有 $\omega t = \theta$，$i_C = 0$，代入式（4.3.6）可求得

$$\cos\theta = \frac{V_{BE(on)} + V_{BB}}{V_{im}}$$

则

$$\theta = \arccos\frac{V_{BE(on)} + V_{BB}}{V_{im}} \qquad (4.3.7)$$

利用式（4.3.7）可将式（4.3.6）改写为

$$i_C(t) = GV_{im}(\cos\omega t - \cos\theta) \qquad (4.3.8)$$

当 $\omega t = 0, 2\pi, \cdots, 2n\pi, \cdots$ 时，电流达到最大值 i_{CM}，故有

$$i_{CM} = GV_{im}(1 - \cos\theta) \qquad (4.3.9)$$

将式（4.3.8）、式（4.3.9）代入式（4.3.6）中，便可求得集电极余弦脉冲电流的表示式为

$$i_C(t) = \begin{cases} i_{CM}\dfrac{\cos\omega t - \cos\theta}{1 - \cos\theta}, & 2n\pi - \theta < \omega t < 2n\pi + \theta \\ 0, & \omega t < 2n\pi - \theta \text{ 或 } \omega t > 2n\pi + \theta \end{cases} \qquad (4.3.10)$$

由式（4.3.10）可见，$i_C(t)$ 完全由脉冲振幅 i_{CM} 和半导角 θ 所确定，i_{CM} 是 V_{im} 和 θ 的函数，θ 则由 $V_{BE(on)}$、V_{BB}、V_{im} 的值所确定。

（2）集电极电流各次谐波的分解系数曲线及其特点

利用傅里叶级数可将式（4.3.10）展开为

$$i_C(t) = I_{C0} + I_{c1m}\cos\omega t + I_{c2m}\cos 2\omega t + \cdots + I_{cnm}\cos n\omega t + \cdots$$

式中，直流分量 I_{C0}、集电极基波电流基波振幅 I_{c1m} 及 n 次谐波振幅 I_{cnm} 分别为

$$
\begin{aligned}
I_{C0} &= \frac{1}{2\pi}\int_{-\pi}^{\pi} i_C(t)\mathrm{d}\omega t = \frac{1}{2\pi}\int_{-\theta}^{\theta} i_{CM}\frac{\cos\omega t - \cos\theta}{1-\cos\theta}\mathrm{d}\omega t \\
&= i_{CM}\left(\frac{1}{\pi}\times\frac{\sin\theta - \theta\cos\theta}{1-\cos\theta}\right) = \alpha_0(\theta)i_{CM}
\end{aligned}
$$

$$
\begin{aligned}
I_{c1m} &= \frac{1}{\pi}\int_{-\pi}^{\pi} i_C(t)\cos\omega t\mathrm{d}\omega t = \frac{1}{\pi}\int_{-\theta}^{\theta} i_{CM}\frac{\cos\omega t - \cos\theta}{1-\cos\theta}\cos\omega t\mathrm{d}\omega t \\
&= i_{CM}\left(\frac{1}{\pi}\times\frac{\theta - \sin\theta\cos\theta}{1-\cos\theta}\right) = \alpha_1(\theta)i_{CM}
\end{aligned}
\tag{4.3.11}
$$

$$\vdots$$

$$
\begin{aligned}
I_{cnm} &= \frac{1}{\pi}\int_{-\pi}^{\pi} i_C(t)\cos n\omega t\mathrm{d}\omega t = \frac{1}{\pi}\int_{-\theta}^{\theta} i_{CM}\frac{\cos\omega t - \cos\theta}{1-\cos\theta}\cos n\omega t\mathrm{d}\omega t \\
&= i_{CM}\left(\frac{2}{\pi}\times\frac{\sin n\theta\cos\theta - n\cos n\theta\sin\theta}{n(n^2-1)(1-\cos\theta)}\right) = \alpha_n(\theta)i_{CM}
\end{aligned}
$$

式中，$n \geq 2$。

令 $\alpha_n(\theta) = I_{cnm}/i_{CM}$ 为余弦脉冲电流 n 次谐波分量的分解系数，$\alpha_0(\theta)$ 为直流分量 I_{C0} 的分解系数，$\alpha_1(\theta)$ 为基波分解系数，$\alpha_n(\theta)$ 为 n 次谐波分量的分解系数，图 4.3.5（a）给出了 α_0、α_1、α_2 及 α_3 与 θ 的关系曲线，图 4.3.5（b）给出了 α_1/α_0 与 θ 的关系曲线。

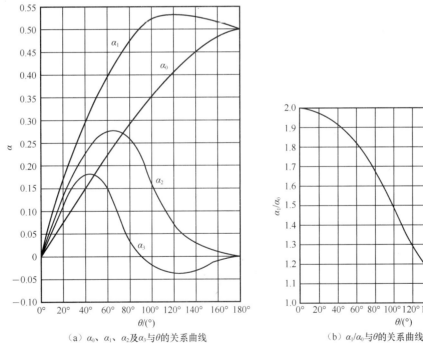
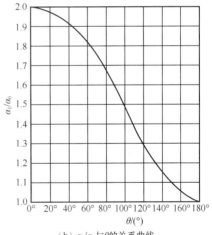

（a）α_0、α_1、α_2 及 α_3 与 θ 的关系曲线　　　　（b）α_1/α_0 与 θ 的关系曲线

图 4.3.5　集电极电流各次谐波的分解系数曲线

图 4.3.5（a）清楚地表明了各次电流分解系数的变动趋势，其特点如下。

① 当 θ 角一定时，基本上符合 $\alpha_1 > \alpha_2 > \alpha_3$ 的关系，亦即当 i_{CM} 一定时，谐波次数越高，振幅越小。

② 对于某次谐波，有一相对应的 θ 角，使 α（代表输出振幅的大小）最大。例如，基波电流

分解系数 α_1 在 $\theta = 120°$ 时最大。2次谐波电流分解系数 α_2 在 $\theta = 60°$ 时最大。故可根据非线性放大的目的是要取得哪一次谐波分量来选择半导角 θ，并使用滤波器（如谐振回路的方法）滤除掉其他不需要的谐波分量，例如在下一小节将要介绍的倍频电路。

③ 对于某次谐波，有一相应的 θ 角，使 α 为零。例如，当 $\theta = 90°$ 时，有利于抑制3次谐波；当 θ 接近 $180°$ 时，因为电路已趋近甲类应用，所以各项高次谐波的分解系数皆趋近于零。

④ 当 $\theta > 90°$ 后，α_3 变为负值，这说明3次谐波分量的初始相位与基波、2次谐波的初始相位相反，在式（4.3.11）中应表示为 $-|I_{c3m}|\cos 3\omega t$。

图4.3.5（b）画出了 α_1 / α_0（即集电极电流基波振幅 I_{c1m} 和直流分量 I_{C0} 的比值）随 θ 变化的曲线。该曲线可用于分析谐振功率放大电路和功率振荡电路的效率，θ 越小，α_1 / α_0 越大，说明电路的效率越高。

谐振功率放大电路的设计原则是在合理的高效率下尽量取得较大的输出。由式（4.3.2）、式（4.3.5）和图4.3.5可见，效率 η_C 及输出基波功率 P_O 都与集电极电压利用系数 ζ 及电流半导角 θ 有关。增大 ζ 对提高 P_O 和 η_C 都有利，但 α_1 和 α_0 都受半导角 θ 影响。当 $\theta = 120°$ 时，α_1 最大，但 α_1 / α_0 只有 1.3；若 θ 变小，α_1 随之变小，P_O 变小，但 α_1 / α_0 变大，η_C 随之变大。因此，在如何选取半导角 θ 的数值上，提高效率和增大输出功率之间是存在矛盾的，两者必须兼顾。通常，取 $\theta = 70° \sim 80°$，使放大电路为丙类谐振功率放大电路，η_C 和 P_O 得到兼顾，都比较高。例如，取 $\theta = 70°$，$\alpha_1 / \alpha_0 = 1.72$，令 $\zeta = 0.95$，则

$$\eta_C = \frac{\zeta}{2}\frac{\alpha_1}{\alpha_0} = \frac{1}{2} \times 0.95 \times 1.72 \times 100\% = 81.7\%$$

有时为了提高输出功率，宁肯牺牲一些效率，使功率谐振放大电路为乙类（$\theta = 90°$）状态。

例4.3.1 若某丙类谐振功率放大电路的 $I_{C0} = 100\text{mA}$，$V_{CC} = 30\text{V}$，半导角 $\theta = 70°$，$V_{c1m} = 27\text{V}$。试求 [设 $\alpha_0(70°) = 0.253$，$\alpha_1(70°) = 0.436$]：

（1）集电极电流脉冲的最大值 i_{CM}；

（2）集电极基波电流振幅 I_{c1m}；

（3）集电极输出基波功率 P_O、电源提供的直流功率 P_{DC}、集电极耗散功率 P_C；

（4）集电极效率 η_C；

（5）集电极电压利用系数 ζ。

解 由题目已知条件可得

（1）$i_{CM} = I_{C0} / \alpha_0(70°) = 100 / 0.253 \approx 395.26\text{mA}$。

（2）$I_{c1m} = i_{CM}\alpha_1(70°) = 395.26 \times 0.436 \approx 172.33\text{mA}$。

（3）$P_O = V_{c1m}I_{c1m} / 2 = 25 \times 172.33 \times 10^{-3} / 2 \approx 2.15\text{W}$，

$P_{DC} = V_{CC}I_{C0} = 30 \times 100 \times 10^{-3} = 3\text{W}$，

$P_C = P_{DC} - P_O = 3 - 2.15 = 0.85\text{W}$。

（4）$\eta_C = \dfrac{P_O}{P_{DC}} \times 100\% = \dfrac{2.15}{3} \times 100\% \approx 71.67\%$。

（5）$\zeta = V_{c1m} / V_{CC} = 25 / 30 = 0.83$。

（3）丙类谐振功率放大电路的动态分析

谐振功率放大电路的负载是LC并联谐振回路，其等效负载是回路的谐振电阻R。在确定的输入电压及偏置电压V_{BB}作用下，谐振放大电路的I_{C0}、I_{c1m}、V_{c1m}以及P_O、P_{DC}、P_C、η_C的变化都受到R的影响。因此，通过分析找出R变化时对上述诸量影响的规律，从而合理地选定集电极的负载值，以保证较大的输出基波功率P_O、较高的效率η_C，并防止晶体管在电流、电压及功耗超过其极限值时损坏。需要注意的是，在电子电路基础课程中，已经提到过集电极电流增益β将会随着集电极电流的大小而变化；而在功率放大电路中，集电极电流的变化较大。为简单起见，以下分析中假定β为常数。

① 晶体管集电极动态特性（即交流负载线）的确定。由图4.3.4可以写出v_{CE}和i_C的表达式，即

$$v_{CE} = V_{CC} - V_{c1m} \cos \omega t \tag{4.3.12}$$

$$i_C(t) = \begin{cases} 0, v_{BE} < V_{BE(on)} \\ G[v_{BE} - V_{BE(on)}] = G[-V_{BB} - V_{BE(on)} + V_{im} \cos \omega t], v_{BE} \geq V_{BE(on)} \end{cases} \tag{4.3.13}$$

由式（4.3.12）可得

$$\cos \omega t = \frac{V_{CC} - v_{CE}}{V_{c1m}} \tag{4.3.14}$$

将式（4.3.14）代入式（4.3.13），可得

$$i_C(t) = \begin{cases} 0, V_{im} \cos \omega t < V_{BE(on)} + V_{BB} \\ G[-V_{BB} - V_{BE(on)} + \frac{V_{CC} - v_{CE}}{V_{c1m}} V_{im}], V_{im} \cos \omega t \geq V_{BE(on)} + V_{BB} \end{cases} \tag{4.3.15}$$

式（4.3.15）是该放大电路的交流负载线方程（或称动态特性方程），它由两段直线组成。为了绘制它，可取两个特殊点：A和B。

A点处$i_C = 0$，由式（4.3.15）可得

$$v_{CE}|_{i_C=0} = V_{CC} - V_{c1m} \frac{V_{BE(on)} + V_{BB}}{V_{im}} = V_{CC} - V_{c1m} \cos \theta \tag{4.3.16}$$

B点处$v_{CE} = V_{CC}$，由式（4.3.15）可得

$$i_C|_{v_{CE}=V_{CC}} = G[-V_{BB} - V_{BE(on)}] \tag{4.3.17}$$

由于$(-V_{BB} - V_{BE(on)})$为负值，因此$i_C|_{v_{CE}=V_{CC}}$之值也为负值。但是，实际上i_C不可能倒流，这说明B点只是负载线上的一个假想点，它只在绘制曲线时有意义。

在晶体管输出特性$v_{CE} - i_C$坐标系中标出A、B两点，连接A、B两点并且向上延长，即得集电极交流负载线，如图4.3.6所示；再过V_{CC}值画出集电极电压$v_{CE} = V_{CC} - V_{c1m} \cos \omega t$的波形。由图4.3.6可见，在导通角$2\theta$内，$i_C \neq 0$；而在导通角$2\theta$之外，$i_C = 0$，即晶体管截止。晶体管开始截止发生在A点处，A点到B点的一段虚线是为作图需要而画的。因此，整个动态特性曲线由折线CAD包含的一条线段和一条射线所构成。

② 动态负载电阻与半导角θ的关系。由图4.3.6还可知道，当工作点由A点移到C点时，$v_{CE} = V_{CC} - V_{c1m} \cos \omega t$达到最小值，而$i_C = i_{CM}$。动态特性曲线斜率的倒数

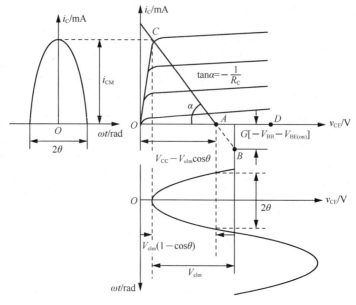

图 4.3.6 丙类谐振功率放大电路的晶体管动态特性曲线

$$R_C = \frac{V_{clm}(1-\cos\theta)}{i_{CM}} \qquad (4.3.18)$$

称为丙类谐振功率放大电路的动态负载电阻。把 $V_{clm} = I_{clm}R$ 代入式（4.3.18），则 R_C 的表达式变为

$$R_C = \frac{I_{clm}R(1-\cos\theta)}{i_{CM}} = \frac{\alpha_1 i_{CM}R(1-\cos\theta)}{i_{CM}} = \alpha_1(1-\cos\theta)R \qquad (4.3.19)$$

由式（4.3.19）可见，丙类谐振功率放大电路的动态负载电阻 R_C 不仅与回路的谐振电阻 R 有关，还与半导角 θ 有关，故 $R = V_{clm}/I_{clm} \neq R_C$。当 R 一定时，R_C 值随 θ 而变化的情况可参考表4.3.2所列数值。

表 4.3.2 动态负载电阻 R_C 随半导角 θ 的变化表

$\theta/(°)$	60°	70°	80°	90°	120°	180°
R_C/Ω	0.2R	0.29R	0.39R	0.5R	0.81R	R

由表4.3.2可知，R_C 随 θ 的增加而变大。当 $\theta = 90°$（相当于乙类工作状态）时，$R_C = 0.5R$；当 $\theta = 180°$（相当于甲类工作状态）时，$R_C = R$。

综上所述，谐振功率放大电路的动态特性（即交流负载线）是根据预先设定的 V_{BB}、V_{im}、V_{CC} 和 V_{clm} 4个值作出的，一般它是一条曲线。只有在晶体管转移特性曲线近似为折线且 β 为常数时，它才是一条直线。有了交流负载线，就可以由它所确定的集电极电流脉冲的基波分量振幅定出所需要的 R_C 值。

4.3.2 电路参数对谐振功率放大电路性能的影响

1. 动态负载电阻 R_C（谐振电阻 R）对集电极电流 i_C 的影响

图4.3.4所示的 i_C 波形是在回路谐振电阻适中且激励信号达到正峰值时、工作点尚未进

电路参数对谐振功率放大电路性能的影响

入晶体管饱和区的情况下得到的。实际上，随着谐振电阻R值的不同，动态负载线的斜率 $1/R_C = 1/[\alpha_1(1-\cos\theta)R]$（即动态负载电阻$R_C$）也不一样。当激励信号达到正峰值时，管子是否会进入饱和区以及进入饱和区的时间长短也会对i_C的波形产生影响，并进而对I_{C0}、I_{c1m}、P_{DC}、P_O及P_C等产生不同的影响。

设谐振功率放大电路的V_{BB}和V_{im}不变，V_{CC}也不变，则由式（4.3.7）和式（4.3.19）可知，R_C的取值完全由R决定。随着R_C（R）的增大，在图4.3.7上作出3条动态特性曲线1、2和3。由于集电极负载是Q值较高的谐振回路，其选频特性使得3种情况下的v_{CE}波形均为正弦波。负载线1和负载线2产生的i_C是余弦脉冲，而负载线3的R_C（R）值最大，V_{c1m}''也最大，工作点摆动的上端C_3点进入了晶体管的饱和区，使i_C波形顶部产生了下凹现象，且R_C（R）越大，i_C中心下凹得越深。下凹的根本原因是：当R_C（R）过大、振幅V_{cm}过大时，在v_{CE}尚未达到v_{CEmin}以前，晶体管已经达到饱和，如图中的C_3点所示；当v_{CE}进一步减小时，集电结转变为正偏，部分原来要注入集电极的载流子反而注入基极，因此i_C随v_{CE}的减小而急剧下降；当v_{CE}减小到最低值v_{CEmin}时，集电结正偏达到最大，v_{CE}下凹到最小，如图中的C_3'所示。

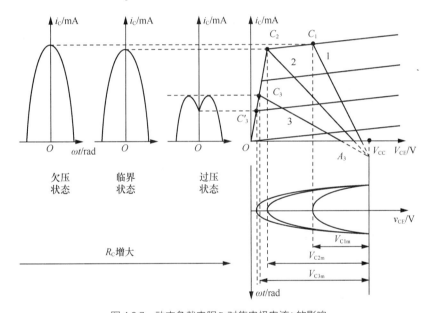

图 4.3.7　动态负载电阻R_C对集电极电流i_C的影响

为了区分上述3种情况，根据器件在信号的一个周期内是否进入饱和区，可以将其工作状态分为欠压、临界和过压3种状态。图4.3.7中，负载线2交于C_2点（称为临界点）的情况称为临界状态；负载线1交于C_1点，若晶体管在工作过程中始终不进入饱和区（即C_2点以左），则称为欠压状态（指集电极电源电压V_{CC}的利用不充分）；负载线3交于C_3点（即晶体管在工作过程中可能进入饱和区），则被称为过压状态。在过压状态下，i_C波形顶部产生凹陷，由傅里叶级数展开式可知，凹陷越深，其直流分量I_{C0}和集电极基波电流振幅I_{c1m}就越小。

2. 负载特性

谐振功率放大电路的负载特性是指V_{BB}、V_{im}和V_{CC}一定时，放大电路的性能随R_C变化的特性曲线。研究负载特性是为了从这些关系中，找出对于放大电路工作来说比较合适的工作状态。

根据上述分析，R_C由小增大时，必使V_{clm}增大，输出电流、电压、功率、效率等放大电路的工作状态必将由欠压状态经过临界状态而进入过压状态，相应的i_C波形也由接近余弦变化的脉冲波变为中间凹陷的脉冲波，如图4.3.7所示。据此可画出I_{C0}和I_{clm}随R_C变化的特性曲线，如图4.3.8（a）所示。进而利用式（4.3.1）～式（4.3.5），又可画出V_{clm}、P_O、P_{DC}、P_C和η_C随R_C变化的曲线，如图4.3.8（b）所示。

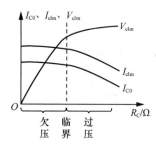

（a）I_{C0}和I_{clm}随R_C变化的特性曲线

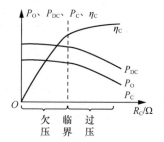

（b）V_{clm}、P_O、P_{DC}和η_C随R_C变化的曲线

图 4.3.8　放大电路的负载特性曲线

由图4.3.8可知。

① 在欠压工作状态，R_C由小增大时，I_{C0}和I_{clm}稍有减小，使$V_{clm} = R_C I_{clm}$和$P_O = \dfrac{1}{2} R_C I_{clm}^2$近似线性增大；而$P_{DC} = V_{CC} I_{C0}$略有减小，结果使$\eta_C = P_O / P_{DC}$增大；$P_C = P_{DC} - P_O$减小。

② 在过压工作状态，随着R_C的增大，I_{C0}和I_{clm}相应减小，使V_{clm}略有增大；P_O和P_{DC}减小，且P_O比P_{DC}减小得慢，从而使η_C略有增大，P_C略有减小。

③ 如果R_C取值使放大电路工作于临界状态，则P_O达到最大且η_C也比较大。由式（4.3.19）可计算出使电路处于临界状态的回路谐振电阻R的值，它被称为谐振功率放大电路的匹配负载（或最佳负载），用R_{opt}表示。在临界状态下，若电压利用系数用ξ_{opt}表示，则有

$$V_{clm} = I_{clm} R$$
$$\xi_{opt} = \frac{V_{clm}}{V_{CC}} = \frac{V_{CC} - V_{CE(sat)}}{V_{CC}}$$

式中，$V_{CE(sat)}$是放大管的饱和压降。

临界状态要求的回路谐振电阻为

$$R_{opt} = \frac{\xi_{opt} V_{CC}}{\alpha_1 i_{CM}}$$

3种工作状态的优缺点归纳如下。

① 欠压状态。输出基波电流的振幅I_{clm}的值基本不随R_C变化，放大电路可以视为恒流源；输出功率P_O与效率η_C都比较低，而且集电极耗散功率大，输出电压不够稳定，因此一般较少采用，但晶体管基极调幅常采用这种状态。由图4.3.8（b）可以看出，当R_C很小时，易使管子的P_C超过最大容许耗散功率P_{CM}。因此在工作中，必须严格保证R_C的值，使$P_C < P_{CM}$。

② 过压状态。强过压（即过饱和）时，电路效率较高，但i_C曲线下凹严重，输出电压的非线性失真不可忽略，一般不使用这种状态。为保证当下一级输入阻抗变化时对下一级的激励电压基

本稳定，可令功率放大电路的激励级工作在弱过压状态，此时输出电压的振幅V_{clm}的值随R_c的变化不明显，放大电路可被视为恒压源。在弱过压时，晶体管刚进入饱和状态，效率可达最高但输出功率有所下降。它可用于发射机的中间级调幅。

③ 临界状态。临界状态时电路输出功率最大，效率也较高，是最佳工作状态。谐振功率放大电路的输出级以及发射机的末级大多工作在临界工作状态。

此外，还应注意谐振功率放大电路中的放大管处于大信号工作状态，要特别注意保证其安全工作条件。当R_c较小，电路处于欠压状态时，由图4.3.8所示曲线可见，管子的P_c值较大，易于超过P_{CM}值而使管子损坏；当输入信号v_i达到负峰值时，管子的发射结及集电结都处于最大的反向偏置电压下，即$v_{CEmax}=V_{CC}+V_{clm}\approx 2V_{CC}$，$|v_{BEmin}|=|-V_{BB}-V_{im}|$，如果超过$V_{(BR)CEO}$及$V_{(BR)EBO}$值，管子就会被击穿；如果处于临界状态，由于$R_c$的增大，管子进入过压状态，随着$V_{clm}$的增长，也容易造成集电结反向偏置电压增大，超过其容限值$V_{(BR)CEO}$。

4.3.3　谐振功率放大电路的直流馈电电路

谐振功率放大电路的辅助电路包括馈电电路、匹配网络及某些特殊电路，如反馈、保护、监测电路等。本小节和下一小节分别介绍直流馈电电路和匹配网络。

为了保证谐振功率放大电路工作在所设计的状态，必须在各极连接规定的馈电电路。直流馈电电路的基本要求是：保证V_{CC}或V_{BB}全部加到放大管的基极或集电极上，尽可能地避免管外电路消耗电源功率；同时，直流馈电电路还要尽可能不消耗高频信号功率。从基本要求来说，丙类高频谐振功率放大电路和甲类低频非谐振功率放大电路相同。两者的不同之处在于：丙类高频谐振功率放大电路的工作频率较高，解决交、直流电矛盾的途径更方便一些；另外，丙类谐振功率放大电路处于强非线性状态，会由此而产生自生偏置，这一偏压会对电路的工作产生重要影响。

直流馈电电路包括集电极V_{CC}的馈电电路和基极V_{BB}的馈电电路。每种馈电电路都有串联馈电电路和并联馈电电路两种基本形式，简称串馈电路和并馈电路。

1．集电极馈电电路

图4.3.9（a）所示的集电极串馈电路是把直流电源、匹配网络和功率管（即直流电压、交流电压和器件）串接起来的馈电电路，图中L_c为高频扼流圈，C_c为电源滤波电容。图4.3.9（b）所示的集电极并馈电路是把直流电源、匹配网络和功率管并接起来的馈电电路，其中L_c为高频扼流圈，C_{C1}为隔直电容，C_{C2}为电源滤波电容。实际上，串馈和并馈仅是指其电路结构形式的不同。就其电压关系来说，无论串馈电路还是并馈电路，交流电压和直流电压总是串联叠加在一起的，它们都满足关系式$v_{CE}=V_{CC}-V_{clm}\cos\omega t$。

为避免信号电流通过直流电源的耦合造成电路工作不稳定，在两种馈电电路中都要求：高频扼流圈（即L_c）对高频信号具有"扼制"作用，即对信号频率的感抗很大，接近开路；电容（即C_c、C_{C1}、C_{C2}）对信号频率的容抗很小，具有"短路"作用。工程设计中认为当扼流圈感抗比相应支路的阻抗大一个数量级（即10倍），电容容抗比相应支路的阻抗小一个数量级（即小于1/10）时，即可满足相应要求。

串馈和并馈电路各有不同的优缺点。例如，在并馈电路中，可变电容的动端是直接接地的，所以，在调谐回路时，外加的分布参数和电感对调谐的影响就比较小。但高频扼流圈、隔直电容

谐振功率放大
电路的直流
馈电电路

均处于高频高电压下，它们对回路的影响却又增加了。特别是馈电支路与谐振回路相并联，馈电支路的分布电容将使放大电路CE端的总电容加大，从而降低回路的谐振频率，限制放大电路在更高的频段上工作。而在串馈电路中，馈电元件是与集电极谐振回路相串联的。由于回路通过旁路电容直接接地，馈电支路的分布参数不会影响谐振回路的工作频率，所以串馈电路一般适合工作在较高的频率上，而并馈电路的工作频率就比较低。但串馈支路在调谐时，外部参数的影响较大；而且信号回路处于直流高电位，不能碰地，安装起来不方便。

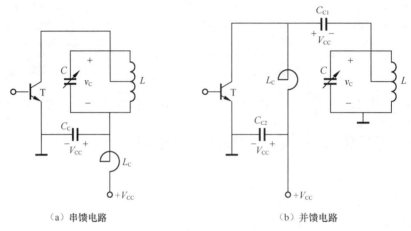

（a）串馈电路　　　　　　　　　　　　　　　（b）并馈电路

图4.3.9　集电极馈电电路

2．基极馈电电路

基极馈电电路也有串馈和并馈两种电路形式，其区分方法与集电极馈电电路类似，此处不再赘述。

基极偏置电压V_{BB}可以单独由稳压电源供给，也可以由集电极电源V_{CC}分压供给。从偏置供给的方式来看，既有图4.3.10（a）所示的分压式偏置电路，但更多的是采用图4.3.10（b）、图4.3.10（c）、图4.3.10（d）所示的自给偏压电路。自给偏压电路提供的偏置电压是丙类谐振功率放大电路基极脉冲电流i_B的平均分量I_{BO}在电阻R_B或高频扼流圈L_B中固有的直流电阻上产生的电压降（参见图4.3.10（b）、图4.3.10（d）），也可以是由i_E的平均分量i_{EO}在R_E上产生的电压降[参见图4.3.10（c）]形成的。

值得指出的是，在大信号丙类谐振功率放大电路工作时，平均分量I_{BO}和I_{EO}均随输入信号电压振幅的大小而变化，使得图4.3.10所示的基极馈电电路中加到功率放大电路BE结上的直流偏置电压也随输入信号电压振幅的大小而变化。当未加输入信号电压时，除图4.3.10（a）所示的分压式偏置电路提供静态起始正值偏置电压外，其余3种电路的偏置电压均为零。只有当输入信号电压的振幅由小变大时，加到BE结上的偏置电压才向负值方向增大。这种偏置电压随输入信号电压振幅变化的现象称为自给偏压效应。也就是说，器件在动态应用情况下，其零信号瞬间的工作点位置和静态工作点位置将有所不同。如果在设计时不考虑这一点，则电路的实际运行情况将与设计时预想的情况不符，甚至差别很大。

此外，采用自给偏压只能得到负偏电压，故无法用于甲类、甲乙类（严格地说还有乙类）谐振功率放大电路。

当需要放大等幅振荡信号时，利用自给偏置可以在输入信号振幅变化时起到自动稳定输出电压振幅的作用。在第五章的LC正弦波振荡电路中，自给偏压在提高振荡幅度稳定性的同时，还实现了电路静态工作点由甲类谐振功率放大电路到丙类谐振功率放大电路的转换。但是，当输入信号的幅度携带有用信号时，这种效应会使有用信号失真，这是应该力求避免的。

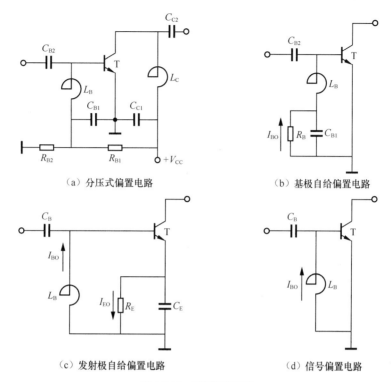

（a）分压式偏置电路　　　　　　　　（b）基极自给偏置电路

（c）发射极自给偏置电路　　　　　　（d）信号偏置电路

图 4.3.10　基极馈电电路

4.3.4　谐振功率放大电路的匹配网络

谐振功率放大
电路的匹配网络

要使功率放大电路具有足够高的功率增益，除了正确设计晶体管的工作状态外，良好的输出匹配网络也是一个重要的保证。在谐振功率放大电路中，输出匹配网络介于功率管和外加负载之间，如图 4.3.11 所示。一般来说，输出匹配网络的作用包括高效率地传送能量、滤除高次谐波分量、阻抗变换 3 个方面，在设计匹配网络时应综合考虑这 3 个方面的要求。

1. 高效率地传送能量

匹配网络要将功率管输出的有用信号功率高效率地传送到外接负载上，即要求回路效率 $\eta = P_L / P_O$ 接近于 1。有时也使用插入损耗（Insert Loss）这一定义来描述匹配网络的损耗，即

$$\text{Insert Loss(dB)} = 10 \lg \frac{P_O}{P_L}$$

无源匹配网络不可避免地会产生能量损耗，故插入损耗值恒为正，且对于某一匹配网络或器件来说，插入损耗值越小越好。

2. 滤除高次谐波分量

匹配网络要充分滤除不需要的高次谐波分量，以保证外接负载上仅输出高频基波功率。在工程上用滤波度表示滤波性能的好坏。假设 I_{c1m} 和 I_{cnm} 为集电极电流中基波和 n 次谐波分量的振幅，

图 4.3.11　匹配网络

I_{l1m}和I_{lnm}分别为外接负载电流中基波和n次谐波分量的振幅，则对n次谐波的滤波度定义为

$$\varphi_n = \frac{I_{cnm} / I_{c1m}}{I_{lnm} / I_{l1m}}$$

显然，φ_n越大，匹配网络对n次谐波的滤除能力就越强。但应注意，在小信号谐振放大电路中，输入端往往混杂着有用和无用信号，具有较高带宽的频谱，而且无用信号的强度往往比有用信号的强度还大，这对滤波特性提出了很高的要求。而在谐振功率放大电路中，无用信号是由待放大信号本身所产生的谐波，由此前所分析的谐波分解因子大小可以看出，其强度总是比有用信号（即基波）要小，故对电路的滤波特性要求可以更低一些。

同时，滤波度高则要求谐振回路的Q值高，但是由于丙类谐振功率放大电路负载消耗功率大，根据$Q = $无功功率/有功功率可知，回路的$Q$值难以做得很高。在这种情况下，为了有效地滤除高次谐波分量，通常要采用结构复杂的多级LC网络。这将导致网络的插入损耗增加，回路效率下降。因此，滤波度和回路效率的要求往往是矛盾的。在谐振功率放大电路中，回路Q值很难做到像小信号谐振放大电路那样高，多数情况下Q值只能在10以下。

3．阻抗变换

要使谐振功率放大电路能够高效率地输出最大基波功率P_O，集电极必须连接匹配负载R_{opt}，以达到阻抗匹配的目的。但由于丙类谐振功率放大电路工作在非线性状态，因此这里所说的阻抗匹配与线性网络中阻抗匹配的概念不相同。

① 在线性网络中，当负载阻抗和信号源的输出阻抗共轭匹配时，从信号源输送到负载的功率最大。

② 在丙类谐振功率放大电路中，等效信号源的输出电阻不是常数：当器件导通时，内阻很小；当器件截止时，内阻接近于无穷大。因此丙类谐振功率放大电路中的阻抗匹配不是共轭匹配，而是指满足负载电抗和信号源输出电抗大小相等，符号相反，以保证放大电路输出端的总阻抗为纯电阻的匹配。阻抗匹配的目标是在给定的电路条件下，通过改变负载阻抗，使得在输出信号功率满足要求的前提下尽可能提高电路的效率。

通常电路负载的值已经预先设定，故需要匹配网络将实际负载值变换至集电极所需的匹配负载，这个过程就是阻抗变换。

为实现阻抗匹配，有多种阻抗变换的方案及相应分析方法。3.5节所介绍的使用LC网络来实现阻抗变换的方法，能尽可能降低电路的损耗，此处不再赘述。感兴趣的读者还可以进一步了解其他阻抗变换方法。

4.3.5　谐振功率放大电路示例

采用不同的直流馈电电路和匹配网络可以构成多种实用的谐振功率放大电路。现在举例说明实用谐振功率放大电路的构成及特点。

1．实用谐振功率放大电路

工作频率为50MHz的谐振功率放大电路如图4.3.12（a）所示，它可以向50Ω外接负载提供25W的输出功率，功率增益达7dB。此电路的基极采用自给偏压电路，由高频扼流圈L_B中的直流电阻产生很小的负值偏置电压。在放大电路的输入端采用T形匹配网络，调节C_1和C_2，使得功率管的输入阻抗在工作频率上变换为前级放大电路所需要的50Ω匹配电阻。集电极采用串馈电路

并且由L_2、L_3、C_3、C_4组成π形匹配网络，以高效率地提供所需功率，使得50Ω外接负载电阻在工作频率上变换为功率管所要求的匹配电阻R_C。

工作频率为175MHz的VMOS（V-groove Metal Oxide Semiconductor，V型槽MOS场效应管）场效应管谐振功率放大电路如图4.3.12（b）所示，它向50Ω外接负载提供10W功率，功率增益达到10dB，效率大于60%。图中漏极采用L_2、L_3、C_6、C_7和C_8构成π形匹配网络，栅极采用由C_1、C_2、C_3和L_1组成T形匹配网络，以高效率地提供所需功率。在供电上，漏极采用串馈电路，而栅极采用并馈电路。

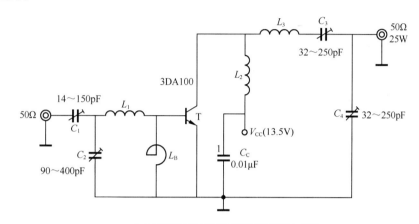

（a）工作频率为50MHz的谐振功率放大电路

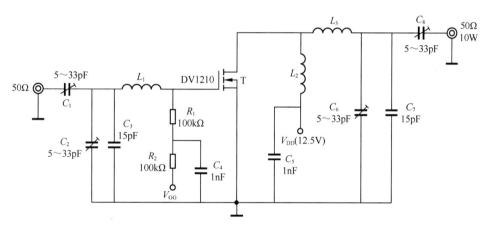

（b）工作频率为175MHz的VMOS场效应管谐振功率放大电路

图4.3.12　谐振功率放大电路举例

2．谐振功率放大电路的调谐和调配

要想使谐振功率放大电路达到预期的输出功率和效率，在按照设计电路安装之后，还要经过调谐（即精细调节回路电感L和电容C），使负载回路达到谐振；同时对匹配网络进行调配，使回路的谐振阻抗等于功率放大管所需要的匹配负载阻抗R_{opt}，并且使输入端的输入阻抗满足前面一级的要求。为此，在上述示例电路中，大多数电容器都采用了可变或半可变电容器，而有些电感线圈的电感量也应该是可调节的。

对谐振功率放大电路进行调谐和调配，既需要深入了解其工作特性，得到理论上的指导，更需要有丰富的实践经验。例如，一个丙类谐振功率放大电路，若其输出基波功率P_0和集电极效率η_C均未能达到设计要求，则应采取以下措施。

① 如果增大R_C能使放大电路的输出基波功率P_0增大，则可判断它原先工作在欠压区。此时，分别增大R_C、V_{im}或V_{BB}，或两两/同时增大上述3个参数，均可使放大电路由欠压状态进入临界状态，从而使P_0和η_C同时增大。

② 如果增大R_C反而使其输出功率变小，则可判断放大电路原先工作在过压区。此时，在增大V_{CC}的同时适当增大R_C、V_{im}或V_{BB}，也可以达到增大P_0和η_C的目的。但是，增大V_{CC}时，应该注意保证功率放大管安全工作。

3．高频和大注入效应的影响

当工作频率高于$0.5f_\beta$时，晶体管的特性就不能只由静态特性表示了，此时还必须考虑晶体管中发射结等效电容和引线电感等因素的影响。在分析谐振功率放大电路时使用的折线法是建立在器件静态特性曲线基础之上的，并没有考虑结电容的影响，这将导致折线法的分析结果随着频率的升高而误差增大。此外，在大信号应用时，晶体管一般为大注入工作状态，因此也必须考虑大注入引起的晶体管基极电流和饱和压降增大等影响。

所有上述因素都会导致放大电路的功率增益、最大输出功率和效率随频率的升高而急剧下降。因此，在晶体管的高频和大注入效应等因素影响下，要对放大电路的性能进行严格分析是十分困难的。目前，这类问题还只能采用实验的方法解决。

*4.3.6 丁类谐振功率放大电路简介

高频谐振功率放大电路的主要问题是如何尽可能提高它的输出功率与效率。在同样的器件耗散功率条件下，只要将效率稍许提高一点，就能大大提高输出功率。甲、乙、丙类谐振功率放大电路就是通过不断减小半导角θ来不断提高放大电路效率的。但θ的减小有一定限度，因为θ太小时，效率虽然很高，但因I_{c1m}下降太多，输出功率反而下降。要想维持I_{c1m}不变，就必须加大激励电压，这又可能因激励电压过大而引起管子的击穿。为了继续提高效率又使电路能提供足够大的输出功率，必须另辟蹊径。

丁类谐振功率放大电路通常工作在开关状态，当晶体管导通（i_C为最大）时，晶体管进入饱和状态，因此管压降v_{CE}非常小；而当管子截止（$i_C = 0$）时，管压降v_{CE}为最大。采用这种工作方式，可以大大减小集电极耗散功率P_C，从而提高谐振功率放大电路的效率。在理想情况下，丁类谐振功率放大电路的效率可达100%。在丁类谐振功率放大电路中，由于管子工作在开关状态而产生的失真，可以通过在电路中接入LC谐振回路的方法减小。

晶体管丁类谐振功率放大电路都是由两个晶体管组成的，它们轮流导电，来完成功率放大任务。控制晶体管工作在开关状态的激励电压可以是正弦波，也可以是方波。但无论是方波还是正弦波，其振幅应足够大，从而能使管子导通时进入饱和状态。晶体管丁类谐振功率放大电路有两种类型的电路：一种是电流开关型，另一种是电压开关型，其典型电路分别如图4.3.13（a）、图4.3.13（b）所示。

1．电流开关型丁类谐振功率放大电路

图4.3.13（a）所示的电流开关型丁类谐振功率放大电路与推挽电路非常相似，但存在如下不同点。

① 集电极回路线圈中点A不是地电位（在推挽电路中该点为交流地）。

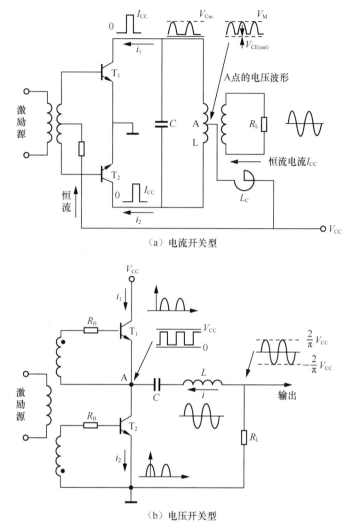

图 4.3.13　丁类谐振功率放大电路原理图

② 集电极供电电源V_{CC}通过高频扼流圈L_C连接至谐振回路电感的中心抽头 A 点，利用通过电感的电流不能突变的原理，使V_{CC}提供一个恒定的电流I_{CC}。这里所谓的恒流是指谐振回路中的 A 点和任一晶体管集电极之间的总交流电压变化时，通过扼流圈的电流变化很小。

由于两管的激励信号相位相反，从而一管导通时，另一管截止，也就是两管轮流工作，故通过两管的集电极电流为振幅等于I_{CC}、占空比为 50% 的方波。由于上、下两臂对称，两臂的输入、输出电压在相位上相差 180°，因此将一臂的波形移相 180° 便可得到另外一臂的波形。而通过L_C的电流为脉动很小的直流，其值等于I_{CC}。

谐振回路调谐于工作频率f_0，用以提取两管电流脉冲中的基波。当 LC 回路谐振时，在其两端产生近似于正弦波的电压，该正弦电压与集电极方波电流中的基波电流分量相位相同。两个晶体管的集电极 - 发射极瞬时电压v_{CE}的波形如图 4.3.14（a）、图 4.3.14（b）所示。在开关转换瞬间，中心抽头 A 点的电压等于晶体管的饱和压降$V_{CE(sat)}$；当晶体管导通、集电极电流的基波分量为最大时，回路中 A 点电压达到其最大值V_M。因而 A 点电压的波形在每个$(n\pi-\pi/2, n\pi+\pi/2)$期间均为振幅等于$(V_{CM} - V_{CE(sat)})$的半个正弦波加上$V_{CE(sat)}$，如图4.3.14（c）所示。

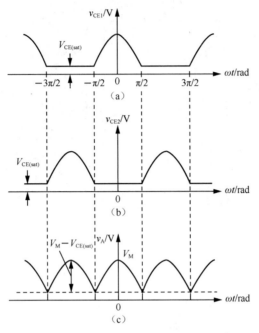

图 4.3.14　电流开关型丁类谐振功率放大电路的工作波形

由于中心点 A 处的电压平均值等于电源电压V_{CC}，因此有

$$V_{CC} = \frac{1}{\pi} \int_{-\frac{\pi}{2}}^{+\frac{\pi}{2}} [(V_M - V_{CE(sat)}) \cos \omega t + V_{CE(sat)}] d(\omega t)$$
$$= \frac{2}{\pi}(V_M - V_{CE(sat)}) + V_{CE(sat)}$$

（4.3.20）

故

$$V_M = \frac{\pi}{2}(V_{CC} - V_{CE(sat)}) + V_{CE(sat)}$$

（4.3.21）

谐振回路两端交流电压的峰值为

$$V_{CM} = 2(V_M - V_{CE(sat)}) = \pi(V_{CC} - V_{CE(sat)})$$

（4.3.22）

由于每管向半个回路提供一个振幅为I_{CC}的矩形波，此波形在整个谐振回路两端产生的基波分量振幅应等于$2I_{CC}/\pi$。若设谐振回路的谐振电阻为R_{CC}，用于代表回路固有损耗和次级负载反射到初级回路的总等效电阻，则有

$$V_{CM} = \frac{2}{\pi} I_{CC} R_{CC}$$

（4.3.23）

移项后可得直流电源提供给整个电路（两管）的电流为

$$I_{CC} = \frac{\pi V_{CM}}{2R_{CC}}$$

（4.3.24）

故可求得输出基波功率P_O、输入直流功率P_{DC}、集电极耗散功率P_C以及效率η_C为

$$\begin{cases} P_\text{O} = \dfrac{V_\text{CM}^2}{2R_\text{CC}} = \dfrac{\pi^2}{2R_\text{CC}}(V_\text{CC} - V_\text{CE(sat)})^2 \\[3mm] P_\text{DC} = V_\text{CC}I_\text{CC} = \dfrac{\pi^2}{2R_\text{CC}}(V_\text{CC} - V_\text{CE(sat)})V_\text{CC} \\[3mm] P_\text{C} = P_\text{DC} - P_\text{O} = \dfrac{\pi^2}{2R_\text{CC}}(V_\text{CC} - V_\text{CE(sat)})V_\text{CE(sat)} \\[3mm] \eta_\text{C} = \dfrac{P_\text{O}}{P_\text{DC}} = \dfrac{V_\text{CC} - V_\text{CE(sat)}}{V_\text{CC}} = 1 - \dfrac{V_\text{CE(sat)}}{V_\text{CC}} \end{cases} \qquad (4.3.25)$$

由此可见，晶体管的饱和压降$V_\text{CE(sat)}$越小，η_C就越高。若$V_\text{CE(sat)}$占供电电压的5%，则效率可达0.95；若$V_\text{CE(sat)}$进一步减小，则η_C将趋近于100%。这是丁类谐振功率放大电路的主要优点。

2. 电压开关型丁类谐振功率放大电路

在电流开关型丁类谐振功率放大电路中，假定器件在截止与饱和状态之间切换的转换时间可以忽略，则通过器件的电流是脉冲型方波。但实际上，电流的这种转换是需要时间的。在频率较低时，转换时间可以忽略不计；当频率升高到一定程度以后，这一开关转换时间便不容忽视（特别是从饱和转为截止的时间），因此电流开关型电路的上限工作频率受到限制，而实际的效率也比式（4.3.29）中所给出的要小。参阅图4.3.19（b）可知，电压开关型电路的电流i_1或i_2是缓变的正弦波，因此器件存储时间对放大电路工作特性的影响较小。

在电压开关型电路中，两管与电源电压V_CC串联。由于两管输入信号相反，故仍然轮流工作。当T_1饱和（导通）时，T_2截止，A点的电压接近于V_CC；当T_1截止时，T_2饱和（导通），A点的电压接近于零。故A点的电压波形为方波。

由于电路谐振时电抗上的电压远大于A点对地（等效信号源）的电压，故流过晶体管的电流等于串联谐振回路的电流，其波形近似为正弦波。在正半周时T_1导通，电源通过T_1向回路输送能量；在负半周时T_2导通，由回路中储存的能量维持。由于流过晶体管的电流在变化，故晶体管导通时集电极、发射射极间的饱和导通电压不是固定值，其影响可用R_CES来等效，并可由饱和区的$I_\text{C} - V_\text{CE}$特性曲线求得。电压开关型丁类谐振功率放大电路的等效电路如图4.3.15所示，图4.3.15（a）中，R_CES1、R_CES2分别为两管导通时的电阻，R为电感L的电阻；若$R_\text{CES1} = R_\text{CES2} = R_\text{CES}$，且忽略$R$，则可得到图4.3.15（b）。

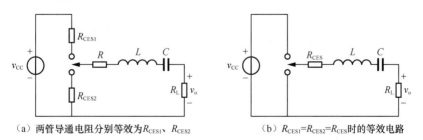

（a）两管导通电阻分别等效为R_CES1、R_CES2　　　（b）$R_\text{CES1}=R_\text{CES2}=R_\text{CES}$时的等效电路

图 4.3.15　电压开关型丁类谐振功率放大电路的等效电路

图4.3.15中，等效信号源为一振幅为V_CC、占空比为50%的方波。当方波为高电平时，代表T_1导通；当方波取零值时，代表T_2导通。由于方波的基波分量振幅为$2V_\text{CC}/\pi$，且LC串联回路谐振时的电抗为零，故基波电流的振幅为

$$I_{1m} = \frac{2V_{CC}}{\pi(R_{CES} + R_L)} \qquad (4.3.26)$$

基波电流的平均分量为

$$I_{CC} = \frac{I_{1m}}{\pi} = \frac{2V_{CC}}{\pi^2(R_{CES} + R_L)} \qquad (4.3.27)$$

输出功率为

$$P_O = \frac{2V_{CC}^2}{\pi^2(R_{CES} + R_L)} \frac{R_L}{R_{CES} + R_L} \qquad (4.3.28)$$

直流功率为

$$P_{DC} = \frac{2V_{CC}^2}{\pi^2(R_{CES} + R_L)} \qquad (4.3.29)$$

效率为

$$\eta_C = \frac{P_O}{P_{DC}} = \frac{R_L}{R_{CES} + R_L} \qquad (4.3.30)$$

综合以上分析，可以看出与丙类谐振功率放大电路相比，丁类谐振功率放大电路具有如下优点。

① 效率高，典型值可超过90%。尤其当晶体管饱和压降很小时，就更宜于采用丁类谐振功率放大电路。

② 由于为两管工作，输出中最低谐波是3次的，而不是2次的，故谐波输出较小。

丁类谐振功率放大电路的缺点如下。

① 在开关转换瞬间，器件耗散功率将随着开关频率的上升而加大，因此频率上限受到限制。由于电压开关型电路的电流是半波正弦波而非突变的方波，因此若从频率上限这方面来比较，电压开关型电路要比电流开关型电路好。当频率升高后，丁类谐振功率放大电路的效率下降，就失去了相对于丙类谐振功率放大电路的优点。

② 在开关转换瞬间，晶体管可能同时导电或同时断开，可能由于二次击穿作用使晶体管损坏。为了克服这一缺点，可在电路上加以改进，从而构成戊类谐振功率放大电路，感兴趣的读者可自行查看相关文献。

4.4 倍频电路

倍频电路的功能是使输出信号频率等于输入信号频率的整数倍（2倍、3倍、……、n倍），它经常用在发射机或其他电子设备的中间级。在通信电路中，采用倍频电路有以下作用。

① 可以降低发射机的主控振荡频率，使晶体振荡器工作频率较低，并且频率稳定性最佳。因为对于一般的振荡器来说，主振频率不宜超过数兆赫兹；对于频率稳定度高的晶体振荡器来说，振荡频率目前只能达到几十兆赫兹。通常射频发射机的工作频率远远超过这些频率，故需要在主振和输出级之间进行多次倍频，以解决这一矛盾，如图4.4.1所示。

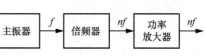

图 4.4.1 倍频器的作用

倍频电路

② 倍频电路的输入与输出信号频率不同,可以削弱前后级寄生耦合,提高发射机的工作稳定性。

③ 在调频和调相系统中,使用倍频电路可以加大信号的频偏或相偏,增大调制深度。

④ 在频率合成器中,倍频电路可以用来产生等于主频率各次谐波的频率源,从而可以通过一个具有较高质量的时钟源而扩展出多个具有相同质量且频率满足要求的时钟信号。

实现倍频功能的电路有多种,其工作原理均为利用非线性元器件使正弦输入信号失真,以产生各次谐波,并在输出端设法提取所需次数的谐波,从而完成倍频功能。从形式上来说,倍频器可分为两大类。

① 一类是让放大电路工作在丙类状态,选取输出电流中的谐波来实现倍频。这类倍频电路与丙类谐振功率放大电路在形式上没有太大的差别,所以又称为丙类倍频电路。

② 另一类是利用PN结电容的非线性变化在正弦波激励下产生谐波,提取需要的谐波,从而实现倍频。这种倍频电路称为参量倍频电路。变容二极管倍频电路、阶跃二极管倍频电路以及利用集电结非线性效应制作成的晶体管倍频电路等都是参量倍频电路。

当工作频率为几十兆赫兹时,主要采用丙类倍频电路;工作频率高于100兆赫兹时,主要采用参量倍频电路。近年来,随着高次倍频技术的发展,脉冲锁相、频率合成等新技术有了新的发展。

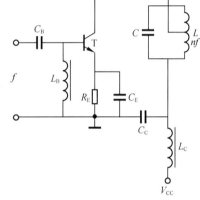

如图4.4.2所示,晶体管丙类倍频电路与丙类谐振功率放大电路有类似的电路结构。差别仅在于倍频电路的集电极负载调谐在输入信号频率的n次谐波上,用以选取集电极电流的n次谐波分量。这样,功率放大管集电极电流脉冲中的n次谐波分量在谐振回路上就产生了所需要的n倍频输出信号电压。

既然工作在丙类状态,导通角的大小又该如何选取呢?这要根据倍频电路的倍频次数n来确定。由图4.3.5可知,2次谐波系数的最大值对应在半导角$\theta = 60°$附近,3次谐波系数的最大值所对应的半导角约为40°。谐波次数更高时,其

图 4.4.2　晶体管丙类倍频电路

最大值所对应的半导角会更小,因此倍频电路一般是零偏置,有时在管子的发射极上串接一电阻R_E,构成自给偏压电路,使BE结反向偏置电压的绝对值增加,进一步减小半导角。

此外,倍频电路一般工作在欠压和临界状态,很少工作在过压状态。因为在过压状态下,集电极电流i_C的波形出现下凹,它所含的谐波成分不一定增加多少,而激励电压(或功率)反而很大,致使功率增益明显下降。而且,在过压状态下,功率管的输出阻抗明显下降,这会严重影响输出回路的滤波能力。

根据前面的分析可知,对于n次倍频电路来说,其输出功率和效率分别为

$$P_{On} = \frac{1}{2} I_{cnm} V_{cnm} = \frac{1}{2} \alpha_n(\theta) i_{CM} \xi_n V_{CC} \tag{4.4.1}$$

$$\eta_{Cn} = \frac{P_{On}}{P_{DC}} = \frac{\alpha_n(\theta) i_{CM} \xi_n V_{CC}}{2 I_{C0} V_{CC}} = \frac{\alpha_n(\theta) i_{CM} \xi_n V_{CC}}{2 \alpha_0(\theta) i_{CM} V_{CC}} = \frac{\alpha_n(\theta)}{2 \alpha_0(\theta)} \xi_n \tag{4.4.2}$$

由图4.3.5可知,无论半导角θ为何值,$\alpha_n(\theta)$总小于$\alpha_1(\theta)$,所以n次倍频电路的输出功率和效率都低于基波放大电路,并且n越大,相应的谐波分量振幅越小,P_{On}和η_{Cn}也就越低,以致不能工作。

而且，n越大，n次谐波与邻近谐波的相对频率差越小，就越难把邻近的谐波滤去。例如，3次谐波频率为$3f$，其相邻频率是$2f$和$4f$，相对频率差为$f/3f=1/3$；而5次谐波频率为$5f$，其相对频率差减小到1/5。

由于上述原因，仅常用2倍频或3倍频电路，很少用更高次倍频电路。如果需要增加倍频次数，可以将倍频电路级联使用，如图4.4.3所示；或者用参量倍频电路，倍频次数可超过40。

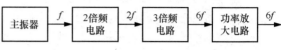

图 4.4.3　倍频电路的级联使用

4.5 宽带高频功率放大电路和功率合成技术

丙类谐振功率放大电路仅适用于固定频率或频率变化很小的高频设备，原因在于其以LC谐振回路作为负载，其相对频带宽度$\text{BW}_{0.7}/f_0$小于10%。在多频道通信系统及频段通信系统中，一般采用所谓的宽带高频功率放大电路。

宽带高频功率放大电路以非调谐宽带网络作为输出匹配网络，能在很宽的波段范围（相对频带宽度$\text{BW}_{0.7}/f_0$大于10%）内对载波或已调波信号进行尽可能一致的线性放大。这种电路和低频放大电路相似，但是使用了频率特性很宽的传输线变压器（而非电阻-电容或电感线圈）作为其输出负载，从而使放大电路的最高工作频率从几千赫兹或几兆赫兹扩展到了上千兆赫兹，能够同时覆盖几个倍频程的频带宽度。采用宽带高频功率放大电路，可以在很宽的范围内改变工作频率，而不需要重新调谐。

需要注意的是，由于传输线变压器没有选频作用，无法有效地抑制谐波，所以它的工作状态就只能选在非线性失真比较小的甲类或甲乙类放大电路状态。也就是说，它是以低效率（20%左右）为代价来换取宽带输出的优点的。

宽带高频功率放大电路目前已被广泛用于短波和超短波通信机中，但是由于它不工作在丙类放大电路状态，所以它的效率较低，输出功率较小，加之高频功率管的输出功率也比较小，所以用单管功率放大电路或推挽功率放大电路等结构尚不能满足大功率输出的要求。因此在要求大功率输出时，需要采用功率合成技术，将几个管子的输出功率有效地叠加起来，其耦合元件也大多采用传输线变压器。

4.5.1　传输线变压器

与普通变压器相比，传输线变压器的主要特点是工作频带极宽，它的上限工作频率可达上千兆赫兹，频率覆盖系数（f_H/f_L）可以达到10^4。而普通变压器的上限工作频率只能达到几十兆赫兹，频率覆盖系数只有几百。

传输线变压器

1．传输线变压器的结构

传输线变压器的结构如图4.5.1（a）所示，可以看出它是将传输线绕在磁环上构成的，其中所用磁环由高磁导率（$\mu=100\sim400$）的铁氧体制成，而传输线可以采用同轴电缆，也可以采用双绞线或带状线。若从普通变压器的结构来理解，也可认为图4.5.1（a）中两根导线构成了变压器的两个绕组。为方便分析问题，我们将由两根导线构成的两个绕组分别称为线圈Ⅰ和线圈

Ⅱ，线圈Ⅰ的两个端子为"1"和"2"，线圈Ⅱ的两个端子为"3"和"4"，并且令"1"和"3"这两个端子为变压器的同名端。

普通变压器的能量传输是依靠两个线圈之间的磁耦合来实现的，线圈之间的漏电感和匝间分布电容会限制它的上限工作频率。而在传输线变压器中，分布参数不再是影响高频能量传输的不利因素，反而变成了电磁能转换必不可少的条件，是电磁波赖以传输的重要因素。此外，由于电磁波主要在导线间的介质中传播，因此磁芯的铁损耗对信号传输的影响也就大为减少。因此，传输线变压器的最高工作频率得到了很大的提高，可以实现宽带传输的目的。

既然传输线变压器的能量是依靠传输线传输的，为什么还要采用磁环呢?

磁环在传输线变压器中的作用可以用图4.5.1（b）所示的1:1倒相器来说明。在低频情况下，由于分布电容和电感的储能作用很差，难以利用电磁能的交替转换作用来将输入端能量传输到输出端。此时若没有磁环存在，则可视传输线为两根短导线，因此输入信号被1端和2端间的短导线所短路，无法加到传输线输入端1-3端上；同时负载被4端和3端之间的短导线所短路。但若将传输线绕在磁环上，使得输入信号相当于加在1-2端绕组上，而负载相当于接在3-4端绕组上，此时1-2端之间及3-4端之间的短导线就变成了感抗较大的电感线圈，将有电流流过一次绕组。该电流通过高磁导率磁环内的磁耦合，可以像普通变压器那样在二次侧产生感应电压，从而将能量传输到负载端。故输入信号加在绕组上的电压为v，与传输线上的输入端电压相同；而通过磁感应在负载R_L上产生的电压也为v，与传输线的输出端电压相同。可见，在低频情况下，使用变压器模式可以实现1:1倒相功能，如图4.5.2（a）所示。

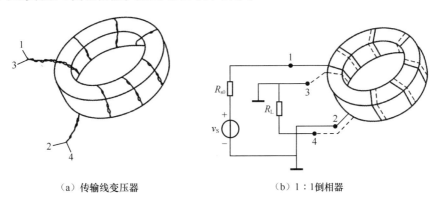

（a）传输线变压器　　　　　　　　　　（b）1:1倒相器

图 4.5.1　传输线变压器及 1:1 倒相器

但在高频情况下，若仍然按照变压器模式进行分析，则变压器两线圈之间的漏电感影响将会增大，从而使输出电压减小，相位也发生变化，无法实现反向1:1的倒相功能。若使用传输线模式来进行分析，则易知对于无损传输线来说，在所接负载与传输线特性阻抗相匹配的情况下，仍然可以完成1:1倒相的功能。当然，若工作频率过高，使得电磁波从传输线输入端达到输出端所需时间无法被忽略时，负载上信号和信号源给出信号间的相位差也变得不可忽略，此时1:1倒相器的功能也受到了损害。

综合以上两种情况，可以看出传输线变压器在高频段和低频段时，传输能量的方式是不同的。在高频段时，主要通过电磁能交替变换的传输线模式进行传送；而随着工作频率的降低，将同时通过传输线模式和变压器模式进行传送。频率越低，传输线模式传输能量的效率就越差，就更多地依靠变压器模式来进行传输。了解这一点，对于正确地设计和使用传输线变压器是很重要的。

需要注意的是，传输线变压器的结构使信号源除了沿传输线传送能量外，还在1-2端电感上产生励磁电流i，这是因为端电压v_1也加在了1-2端上，如图4.5.2（b）所示。这相当于信号源提供的电流变为$i+i_O$。在上限频率附近，一次绕组电感呈现的感抗极大，相应的i_O很小，可以忽略。但随着工作频率的降低，一次绕组电感呈现的感抗变小，i_O增加，使i_O在R_{s0}上的电压降变大，导致R_L上的输出电压减小。可见，传输线变压器的下限工作频率受到一次绕组电感的限制。为了降低倒相器的下限工作频率，可以采用具有高磁导率的高频磁环。

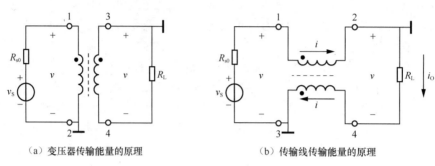

（a）变压器传输能量的原理　　　　　　（b）传输线传输能量的原理

图 4.5.2　1:1 倒相器的工作原理

2．几种常用的传输线变压器

传输线变压器除了可以实现上述的1:1倒相作用外，还可以实现多种功能。

（1）可实现1:1平衡与不平衡转换的传输线变压器

图4.5.3（a）所示为可将不平衡输入1:1转换为平衡输出的传输线变压器。在$R_L = Z_C$的阻抗匹配条件下，$r_i = R_L$。图中1-2端为变压器的一次绕组，其上有$v/2$的电压降；3-4端为变压器的二次绕组，其上有$v/2$的感应电压。线圈上的电压使得在3端和负载中点都接地时，传输线传输能量的电压可保持不变。

图4.5.3（b）所示的是可实现1:1平衡-不平衡转换的传输线变压器。

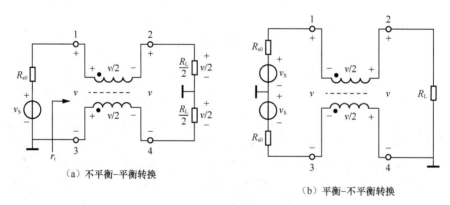

（a）不平衡-平衡转换　　　　　　　　（b）平衡-不平衡转换

图 4.5.3　1:1 平衡和不平衡转换的传输线变压器

（2）阻抗变压器

在用传输线变压器进行阻抗变换时，由于受到结构上的限制，它只能完成某些特定阻抗比的转换，如4:1、1:4、9:1、1:9、16:1或者1:16等。

图4.5.4（a）和（b）分别是R_i对R_L的比值为4:1和1:4的传输线变压器电路。

在图4.5.4（a）所示的4:1电路中，将传输线变压器线圈Ⅰ的2端与线圈Ⅱ的3端连接起来，信号源接于1端和4端之间，负载接于3端和4端之间。若设R_L上的电压为v，信号源提供的电流为i，则流过R_L的电流为$2i$，信号源端呈现的电压为$2v$，故信号源端的输入阻抗为

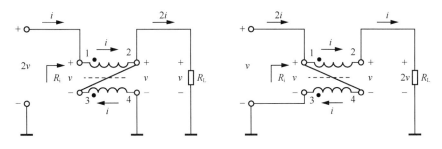

（a）4 : 1传输线变压器电路　　　　　　　　　　（b）1 : 4传输线变压器电路

图 4.5.4　4:1 和 1:4 的传输线变压器

$$R_i = \frac{2v}{i} = 4 \times \frac{v}{2i} = 4R_L \qquad (4.5.1)$$

要求传输线的特性阻抗为

$$Z_0 = \frac{v}{i} = 2 \times \frac{v}{2i} = 2R_L \qquad (4.5.2)$$

在图4.5.4（b）所示的1:4电路中，将传输线变压器线圈Ⅰ的1端与线圈Ⅱ的4端连接起来，信号源接于端1和3之间，负载接于2端和3端之间。若设流过R_L的电流为i，信号源端呈现的电压为v，则在R_L上产生的电压为$2v$，信号源提供的电流为$2i$，因此，信号源端的输入阻抗为

$$R_i = \frac{v}{2i} = \frac{1}{4} \times \frac{2v}{i} = \frac{1}{4}R_L \qquad (4.5.3)$$

要求传输线的特性阻抗为

$$Z_0 = \frac{v}{i} = \frac{1}{2} \times \frac{2v}{i} = \frac{1}{2}R_L \qquad (4.5.4)$$

根据相同的工作原理，还可以组成9:1、1:9、16:1或者1:16的传输线变压器电路。

4.5.2　宽带高频功率放大电路示例

图4.5.5所示是由两级传输线变压器耦合的宽带高频功率放大电路，其工作频率为150 kHz ～ 30 MHz。由于没有采用调谐回路，T_1及T_2两管都应工作在甲类线性大信号放大状态，因此采用了带有直流电流负反馈的分压式偏置电路。

Tr_1、Tr_2及Tr_3都是4:1型的传输线变压器。由于两级放大管都是共射组态，第1管的输出阻抗与第2管的输入阻抗相差悬殊，所以采用串接的Tr_1与Tr_2来实现级间耦合，其总的阻抗变换比为16:1；第2管的高输出阻抗与低阻负载（特性阻抗为50Ω的同轴电缆）间采用4:1的Tr_3来耦合。

此外，每级都加了电压负反馈支路（T_1电路中的1.8kΩ电阻与47Ω电阻串联，T_2电路中的1.2kΩ电阻与12Ω电阻串联），其作用除了可降低每级的输出阻抗，以便更好匹配外，还可改善放大电路本身的频率响应及大信号放大时的线性，后者在降低放大电路的谐波输出方面是很需要

的。为了避免寄生耦合，每级的集电极电源都有电容滤波。

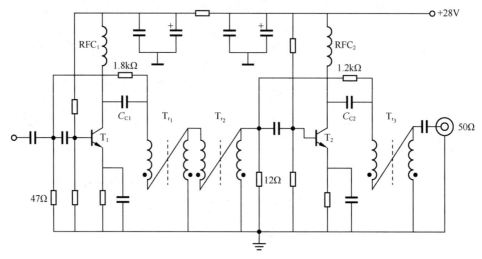

图 4.5.5　宽带高频功率放大电路示例

两管的集电极直流供电分别采用由RFC_1、C_{C1}及RFC_2、C_{C2}组成的并馈电路，这样做可以避免较大的集电极直流电流通过传输线变压器的绕组。否则，流经绕组的直流电流将使小小的磁芯达到饱和而丧失变压器应有的功能。

4.5.3　功率合成技术

1．功率的合成与分配

所谓功率合成，就是利用多个功率放大电路同时对输入信号进行放大，然后采用合成技术将各个输出功率相加，得到一个总的输出功率。利用功率合成技术实现多个放大电路的联合工作，可以取得单一晶体管难以得到的几百至上千瓦的高频输出功率。

所谓功率分配，就是将某一高频信号的功率均匀地、互不影响地同时分配给几个独立的负载，使每一个负载都获得功率相等、相位相同（或相反）的分信号。此外，一般要求功率合成/分配器具有宽带特性。

采用多个单管构成并联电路或推挽电路来实现功率叠加的方式具有很多缺点，特别是各管的工作状态相互牵制，一管损坏，必将使其他管子的工作状态发生变化，影响整个放大电路的输出功率和效率，严重时还会引起其他功率管的损坏。若用功率合成和功率分配的混合网络，则不仅能够无损耗地合成各个功率放大电路的输出功率，同时还有良好的隔离作用，即其中任何一个放大电路的输出工作状态发生变化或遭受损坏时，不会引起其他放大电路工作状态的变化，从而影响各自的输出功率。

常用的功率合成器以传输线变压器为基础构成，它具有频带宽、结构简单、插入损耗小等优点。

一个基本的功率合成器的原理方框图如图4.5.6所示，图中每一个三角形代表一级功率放大电路。由图可见，功率合成器的关键部分是功率分配与功率合成网络，统称混合网络。

2．功率合成电路

采用4:1传输线变压器构成的混合网络可以实现功率合成和功率分配的功能。采用混合网络实现功率合成的原理电路如图4.5.7所示，其中Tr_1为混合网络，Tr_2为1:1平衡-不平衡变换器。

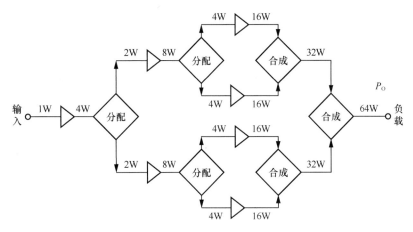

图 4.5.6 功率合成器的原理方框图

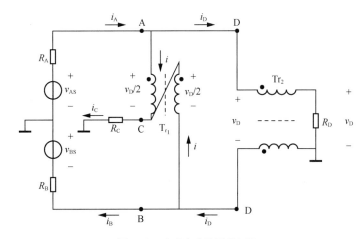

图 4.5.7 功率合成的原理电路

由 Tr_1 构成的混合网络有 A、B、C 和 D 4 个端点，其基本特性是：若在 A 端和 B 端分别接入需要合成的两个功率放大电路，则在 C 端（或 D 端）就能获得两者合成的功率。

由图 4.5.7 看出，通过 Tr_1 两个绕组的电流为

$$i = i_A - i_D = i_D - i_B$$

式中，i_D 为流过 R_D 的电流，因而

$$\begin{cases} i_D = \dfrac{1}{2}(i_A + i_B) \\ i = \dfrac{1}{2}(i_A - i_B) \end{cases} \tag{4.5.5}$$

这时，流过 R_C 的电流为

$$i_C = 2i = i_A - i_B \tag{4.5.6}$$

（1）同相功率合成

若 $i_A = -i_B$，即两个功率放大电路在 A 端和 B 端提供振幅相同、相位也相同的电流，则 $i_C = 2i_A = -2i_B$，$i_D = 0$，从而 $v_D = 0$。这导致 Tr_1 两个绕组上的电压均为零，因而 $v_{AS} = v_{BS} = v_C$，说明网络工作于平衡状态时，平衡电阻 R_D 将不消耗来自功率源 A 和 B 的功率。两个功率放大电路输

出的同相等值功率全部通过传输线变压器在R_C上叠加，即

$$P_C = v_C i_C = v_A i_A + v_B i_B = P_A + P_B$$

而D端无功率输出。这时，每个功率放大电路的等效输出负载电阻为

$$R_L = \frac{v_A}{i_A} = \frac{v_B}{i_B} = \frac{v_C}{i_C / 2} = 2R_C \tag{4.5.7}$$

（2）反相功率合成

若$i_A = i_B$，即两个功率放大电路在A端和B端提供振幅相同、相位相反的电流，则$i_D = i_A = i_B$，$i_C = 0$。由于$\mathrm{Tr_1}$两个绕组上的电压相等，因而$v_A = v_B = \frac{1}{2}v_D$。结果，两个功率放大电路输出的等值反相功率在$R_D$上叠加，即$v_D i_D = v_A i_A + v_B i_B$，而C端无功率输出。这时，每个功率放大电路的等效输出负载为

$$R_L = \frac{v_A}{i_A} = \frac{v_B}{i_B} = \frac{v_D / 2}{i_D} = \frac{1}{2}R_D \tag{4.5.8}$$

由式（4.5.7）和式（4.5.8）可见，选择合适的R_C或R_D，便可以得到各功率放大电路所要求的输出负载电阻。

（3）混合网络的隔离作用

若$i_A \neq i_B$，且i_B为任意值，则由图4.5.7可知，A端的电压为

$$v_A = \frac{1}{2}v_D + i_C R_C \tag{4.5.9}$$

式中，$v_D = i_D R_D$。

将式（4.5.8）代入式（4.5.9），可以得到

$$v_A = \frac{1}{2}i_D R_D + (i_A - i_B)R_C = \frac{1}{4}(i_A + i_B)R_D + (i_A - i_B)R_C = i_A\left(\frac{1}{4}R_D + R_C\right) + i_B\left(\frac{1}{4}R_D - R_C\right) \tag{4.5.10}$$

由式（4.5.10）可知，若令

$$R_C = \frac{1}{4}R_D \tag{4.5.11}$$

则$v_A = \frac{1}{2}i_A R_D$，因此，A端呈现的等效负载仍为式（4.5.7）或式（4.5.8）所示的数值。

由以上分析可见，当满足式（4.5.11）的条件时，v_A将仅由功率源A决定，而不受功率源B的影响，i_B的任何变化都不会影响呈现在A端功率放大电路上的等效负载电阻，亦即任一功率放大电路的工作状态变化，不会影响其他功率放大电路的工作状态，即A端与B端相互为隔离端。因此，通常把式（4.5.11）称为混合网络的隔离条件。最坏的情况是当一个功率放大电路损坏时，另一个功率放大电路的输出功率将均匀地分配在R_D和R_C上，亦即R_D（或R_C）上的合成功率会减小到两功率放大电路正常工作时的1/4。这就清楚地说明了混合网络的隔离特性，即电路调整方便，工作安全。这是一般并联或推挽功率放大电路所不具备的优点。需要注意的是，在一管开路故障情况下，传输线变压器将不能以传输线模式工作。

3．功率分配电路

最常用的功率分配网络是功率二分配电路，它有两个负载，当信号源向网络输入功率P时，

每一个负载可以获得$P/2$的功率。

功率二分配器的原理电路如图4.5.8所示，功率放大电路接在C端（或D端）。图中1:1传输线变压器的作用是不平衡-平衡转换，将信号源的功率分配在R_A、R_B两个负载上。这时，A端和B端就能够得到等值同相（或等值反相）的功率。

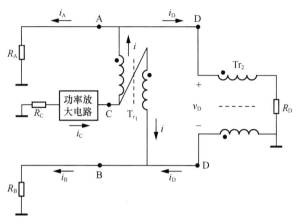

（a）同相功率二分配电路

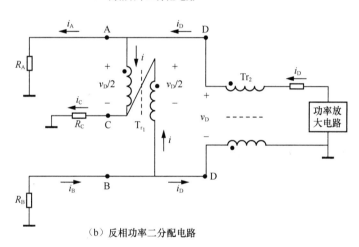

（b）反相功率二分配电路

图 4.5.8　功率二分配器的原理电路

（1）同相功率二分配电路

如图4.5.8（a）所示，把功率放大电路接到C端，则构成同相功率二分配电路。由图可知

$$\begin{cases} i_A = i - i_D \\ i_B = i + i_D \\ i_C = 2i \\ v_D = i_D R_D = i_A R_A - i_B R_B \end{cases} \tag{4.5.12}$$

联立求解式（4.5.12），可以得到

$$i_D = \frac{i(R_A - R_B)}{R_D + R_A + R_B} = \frac{1}{2}\frac{i_C(R_A - R_B)}{R_D + R_A + R_B} \tag{4.5.13}$$

分析式（4.5.13）可见，当 $R_A = R_B = R$ 时，$i_D = 0$，$i_A = i_B = i = \frac{1}{2} i_C$，即 D 端没有获得功率，而 A 端和 B 端获得同相等值功率。此时，$v_D = 0$，即传输线变压器两个绕组上的电压为零，使 A、B 和 C 3 端电压相同，从而导致接在 C 端的等效负载就等于 R_A 和 R_B 的并联值，即

$$R_L = \frac{R_A R_B}{R_A + R_B} = \frac{1}{2} R \qquad （4.5.14）$$

传输线变压器理论可以证明，当满足条件 $R_D = 2R$ 时，与功率合成器一样，功率分配器的两个输出端也是相互隔离的，即当两个负载中有一个发生变化甚至损坏时，并不影响另一个负载所获得的功率。其中电阻 R_D 的作用是使网络在平衡受到破坏时，保证没有改变的一端负载上所获得的功率不受影响，另一端由于负载变化而产生的功率减小量转移到 R_D 上。

（2）反相功率二分配电路

如图 4.5.8（b）所示，把功率放大电路接到 D 端，而 R_A、R_B 仍为两负载端，则构成反相功率二分配电路。同理可证：当 $R_A = R_B = R$ 时，$i_C = 2i = 0$，$i_A = i_B = i_D$，C 端没有获得功率，而 A 端和 B 端获得等值反相功率。此时，$i = 0$，D 端呈现的等效负载电阻为 R_A 和 R_B 之和，即

$$R_L = R_A + R_B = 2R \qquad （4.5.15）$$

值得注意的是，不论是同相还是反相功率分配电路，当 $R_A \neq R_B$ 时，功率放大电路的输出功率就不能均等地分配到 R_A 和 R_B 上。而且，当功率分配器的两个负载之一损坏时，并不能像功率合成器那样保持信号源的负载电阻不变，但由于传输线变压器的接入，电路所受影响比普通推挽电路或并联电路要小。

综上所述，利用混合网络构成的功率合成电路与功率分配电路，其各端口间存在着如图 4.5.9 所示的确定关系。

图 4.5.9 称为魔 T 混合网络，其中 A、B、C、D 表示 4 个端口，连接弧线表示功率流向，弧线旁的角度表示弧线连接的两端口的相位差。它形象地表示了以 4:1 阻抗变换器为基础的混合网络

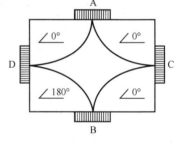

图 4.5.9 魔 T 混合网络

所具有的功率分配和功率合成功能。例如，当它作为同相功率合成电路时，若两功率自 A、B 端输入，则 C 端必然是合成端，而 D 端必然是平衡端。当用它作为功率分配电路时，如 C 端输入功率，则 A、B 端是同相输出端，D 端是隔离端；若信号功率由 D 端输入，则 A、B 端是反相输出端，C 端是隔离端。

4．功率合成与分配电路示例

图 4.5.10 所示的宽带功率合成电路的输出功率为 320 W，工作频段为 1.5 ～ 30 MHz。图中，T_1 和 T_2、T_3 和 T_4 分别构成了 2 个功率放大电路，每个功率放大电路的工作状态均为乙类；Tr_2、Tr_3 构成变比为 3:1 的输入变压器，Tr_6、Tr_7 构成变比为 1:3 的输出变压器；魔 T 混合网络 Tr_1 构成同相功率分配网络，Tr_4 和 Tr_5 构成反相功率合成网络，Tr_8 构成同相功率合成网络。

功率合成的过程是：功率约 6.4 W 的输入信号经过由 R_1、C_1、C_2、L_1 组成的增益补偿电路和同相功率分配网络 Tr_1 后，均等地分配到上、下两组反相功率放大电路的输入端；由 T_1 和 T_2 管输出的反相功率由反相功率合成网络 Tr_4 合成，由 T_3 和 T_4 管输出的反相功率由反相功率合成网络 Tr_5 合成。二组合成后的功率分别为 160 W，之后再由同相功率合成网络 Tr_8 合成，输出功率约 320 W 的信号。

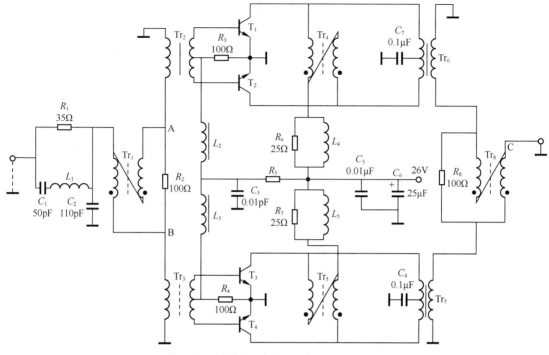

图 4.5.10　宽带功率合成电路（适用于短波段）

*4.6 工程应用：Doherty 功率放大电路

为了支持越来越高的数据速率要求，现代移动通信系统引入了各种高级通信技术，使信号的峰均比（Peak-to-Average Power Ratio，PARR，也称峰平比）变得更高。所谓峰均比，是指一个信号的峰值功率与平均功率的比例，图4.6.1（a）、图4.6.1（b）所示即相应示意图。

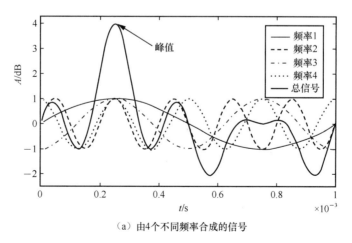

（a）由4个不同频率合成的信号

图 4.6.1　峰均比示意图

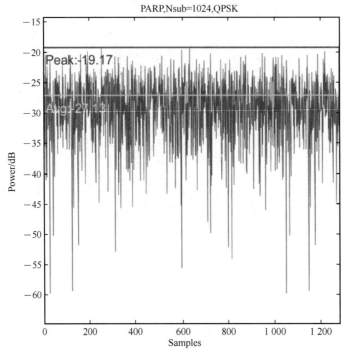

（b）正交频分复用（第4代、第5代移动通信系统所用调制方式）信号的峰均比

图 4.6.1　峰均比示意图（续）

　　为了避免信号畸变并对其他频段产生过强干扰，需要功率放大电路有一个比较大的线性区域。一种常用的方法是降低输入信号功率，将其从1dB压缩点回退若干dB，使功率放大电路只在线性区工作，这种方法也被称为功率回退（backoff）。虽然功率回退方法简单、易实现，但由功率放大电路的工作原理可知，此时放大电路的效率也会随之降低。信号的峰均比越高，就需要回退越多，这将极大降低现代移动通信系统的功率效率。

　　Doherty 功率放大电路简单有效，可以显著提高系统的效率，也可以和前馈、数字预失真等功放线性化技术相结合，来有效改善线性度，故在3G ～ 5G系统的基站中得到了广泛的应用。本节以传统Doherty功率放大电路为例简单介绍其基本结构、工作原理及效率。

4.6.1　Doherty 功率放大电路的基本结构

　　Doherty功率放大电路由美国Bell实验室的工程师威廉.H.多尔蒂（William H.Doherty）于1936年首次提出，当时采用电子管作为放大电路器件。但随着半导体技术的快速发展，固态晶体管于20 世纪70 年代末开始应用于Doherty 功率放大电路中。

　　图4.6.2所示为传统Doherty功率放大电路的基本结构。信号从放大电路的输入端进入，功率分配电路将输入信号按照一定的功率分配比和相位关系分成两路后，分别输入至主功率放大电路（又被称为载波放大电路）和辅助功率放大电路（又被称为峰值放大电路）。经过放大后，两路信号最终在末端直接耦合输

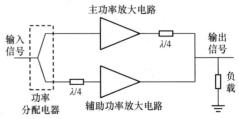

图 4.6.2　Doherty 功率放大电路的基本结构

出。两个放大电路的结构相同，但静态工作点偏置不同，通常将主功率放大电路设置为甲乙类放大电路，而辅助功率放大电路设置为丙类放大电路。

主功率放大电路的输出匹配网络是一个$\lambda/4$波长的阻抗转换器[其特性可参见式（3.3.2）]，该阻抗变换器能够保证饱和状态和回退状态的匹配。为了保证两个放大电路在合成点处的电流相位相同，需要在辅助功率放大电路的输入端前添加一个$\lambda/4$波长的移相器。

4.6.2 Doherty 功率放大电路的核心工作原理——有源负载牵引

Doherty 功率放大电路的核心工作原理是有源负载牵引。如图4.6.3所示，当电流源$\dot{I}_1$、$\dot{I}_2$并联后连接至负载Z_L时，两个电流源所看到的负载不再是固定不变的阻抗值，而是会受到另外一个电流源电流的影响。

由图4.6.3易知

图 4.6.3　有源负载牵引原理图

$$\dot{V}_L = (\dot{I}_1 + \dot{I}_2)Z_L \qquad （4.6.1）$$

则电流源$\dot{I}_1$、$\dot{I}_2$的负载阻抗分别为

$$\begin{cases} Z_1 = \dfrac{\dot{V}_L}{\dot{I}_1} = \left(1 + \dfrac{\dot{I}_2}{\dot{I}_1}\right)Z_L \\[3mm] Z_2 = \dfrac{\dot{V}_L}{\dot{I}_2} = \left(1 + \dfrac{\dot{I}_1}{\dot{I}_2}\right)Z_L \end{cases} \qquad （4.6.2）$$

可见一个电流源的负载阻抗由于另外一个电流源输出电流的变化而变化，这种现象就是有源负载牵引。如果将两个电流源更换成晶体管的输出回路，则其中一管的负载阻抗会受到另外一管工作状态的控制。

4.6.3 Doherty 功率放大电路的工作状态与效率

在介绍Doherty放大电路的工作原理时，可将其分解为低输出功率、中输出功率、高输出功率3个工作状态分别叙述。

1. 低输出功率状态

由于输入功率太低，辅助功率放大电路截止；此时主功率放大电路承担放大任务，Doherty功率放大电路的性能只取决于主功率放大电路的性能。当输入功率不断增加时，Doherty功率放大电路的效率将会达到第一个峰值点。

2. 中输出功率状态

当主功率放大电路进入饱和状态时，辅助功率放大电路恰好开启，这个功率点也被称为回退点。当输入功率继续增加时，在有源负载的牵引作用下，主功率放大电路的输出电压保持不变，而输出电流不断增大，一直处于饱和状态。由于辅助功率放大电路开启，电路效率有所降低，但仍然较高。

3. 高输出功率状态

当功率足够大时，两个功率放大电路都处于饱和状态，这个点也被称为饱和点。饱和点处的输出阻抗与阻抗转换器的特性阻抗相等，此时电路的输出功率和效率均达到最大值。

理论分析可知，Doherty功率放大电路在以上3个状态都能保持线性放大。当输入为连续单频波时，Doherty功率放大电路的效率曲线如图4.6.4所示。图中，v_i为输入电压，V_M为输入电压的最大值，此时Doherty功率放大电路的两个电路都处于饱和点。在$V_M/2$点处，主功率放大电路进入饱和，辅助功率放大电路开启。

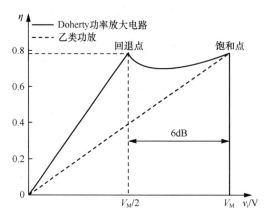

图 4.6.4　Doherty 功率放大电路的效率曲线

4.7　本章小结

本章介绍了高频电路中的小信号谐振放大电路、低噪声放大电路、丙类谐振功率放大电路、倍频电路、宽带高频功率放大电路和功率合成技术，最后还介绍了当前移动通信系统基站中常用的Doherty功率放大电路。概括起来，要点如下。

① 小信号谐振放大电路多用在接收设备中，由于信号微弱，器件工作于线性区，其负载通常采用具有选频功能的谐振回路。小信号谐振放大电路可以采用分散选频和集中选频两种构成方式，可以认为其频率特性主要取决于选频回路的特性。单LC谐振回路的滤波特性、3dB带宽均与其品质因数Q有很大关系，Q值越高，选频能力越强。但不论电路参数如何，单谐振回路的矩形系数始终为0.1。第3章介绍的集中选择性滤波器的各方面性能要好很多，在当前电路设计中得到了广泛应用。

② 低噪声放大电路是射频接收机前端的主要部件，其主要特点是噪声系数低，对其增益的要求不是很高。

③ 高频谐振功率放大电路一般工作在丙类状态，它的输出功率虽不及甲类和乙类放大电路大，但是由于半导角θ小，晶体管的导通时间短，集电极功耗小，所以效率高，节约能源。然而θ越小，输出功率越小，因而要兼顾效率和输出功率两个指标，合理地选择θ角。由于在晶体管导通时，集电极电流为余弦脉冲形式，所以采用谐振网络作负载，选出基波信号，实现选频滤波输出。

谐振功率放大电路的工作状态和性能分析常采用折线法，用以分析其负载特性、放大特性等，并获得关于输出功率、输出电流、输出电压、效率等参数随着半导角变化的趋势。但应注意，由于折线法是一种近似分析方法，故所获的结论只有定性的参考价值，而不能作为精确计算的依据。

丙类谐振功率放大电路有欠压、过压、临界3种工作状态，集电极电压、基极偏置电压、输入信号、负载电阻等值发生变化时，都将引起放大电路的工作状态发生改变。在不同的应用场合应该注意选用不同的工作状态。

丙类谐振功率放大电路的输入和输出端均由直流馈电电路和匹配网络两部分组成。直流馈电电路有串馈和并馈两种方式，需要注意电路中存在的自给偏压会对性能产生较大影响。对匹配网络的主要要求包括功率传输效率、滤波度、阻抗变换等，在设计匹配网络时应综合考虑不同应用场合对参数的不同要求，在实现时可以采用L形、T形、π形匹配网络或者互感耦合输出回路等形式。

④ 丙类谐振功率放大电路中，若负载网络谐振于输入信号的谐波频率处，则可实现倍频电路的功能。晶体管倍频电路是一种常用的倍频电路，在使用时应注意两点：一是倍频次数一般不超过 3～4；二是要采用良好的输出滤波网络。

⑤ 当要求在很宽的频率范围内对信号进行功率放大时，可采用宽带高频功率放大电路。宽带高频功率放大电路采用非调谐方式，工作在甲类状态，采用有宽带特性的传输线变压器进行阻抗匹配。

利用功率合成技术可以增大输出功率，利用传输线变压器组成的魔T混合网络可以实现功率分配与功率合成。

⑥ 当放大高峰均比信号时，为了避免信号畸变并对其他频段产生过强干扰，需要尽可能让电路工作在线性区。Doherty功率放大电路的结构简单，能同时兼顾线性度和效率，并能与其他线性化技术良好结合，在现代移动通信系统的基站中得到了广泛应用。Doherty功率放大电路的核心工作原理是有源负载牵引，在此基础上利用功率分配电路、两路独立功率放大电路以及 $\lambda/4$ 阻抗变换等关键器件达成了目标。

📝 4.8 习题

4.1.1 在图4.8.1所示的电容分压式并联谐振电路中，$R_g = 5\text{k}\Omega$，$R_L = 100\text{ k}\Omega$，$r = 8\Omega$，$L = 200\mu\text{H}$，$C_1 = 140\text{pF}$，$C_2 = 1\ 400\text{pF}$，求谐振频率 f_0 和3dB带宽 $\text{BW}_{0.7}$。

4.1.2 采用图4.8.2所示电路，要求实现如下要求：

（1）谐振频率为1GHz。

（2）在谐振频率处将电阻 $R_L = 5\Omega$ 变换为 $R_i = 50\Omega$。

（3）3dB通频带宽为20MHz。

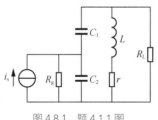

图 4.8.1　题 4.1.1 图

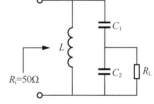

图 4.8.2　题 4.1.2 图

4.1.3 与单级小信号谐振放大电路相比，多级谐振放大电路的参数有哪些变化？

4.1.4 有一个小信号谐振放大电路（共射组态），如果在其输入端和输出端各连接一个调谐在同一频率的谐振回路，试求其矩形系数。

4.1.5 有一个3级同步调谐的单回路谐振放大电路，其中心频率为465kHz，每个回路的品质因数 $Q_L = 40$，试求该放大电路总的通频带等于多少？如果要求该放大电路总的通频带为10kHz，则允许的最大 Q_L 值为多少？

4.1.6 一个3级同步调谐的单回路谐振放大电路，其中心频率 $f_0 = 10.7\text{MHz}$，要求3dB带宽 $\text{BW}_{0.7} \geqslant 100\text{kHz}$，失谐在 $\pm250\text{kHz}$ 时的衰减大于或等于20dB。试确定该放大电路中每个谐振回路的 Q_L 值。

4.1.7 设由4级单回路谐振放大电路组成两组相同的、满足最大平坦条件的双参差调谐放大电路，其中心频率 $f_0 = 10.7\text{MHz}$。已知每一级单回路谐振放大电路的 $A_{v0} = 20$，3dB带宽 $\text{BW}_{0.7} = 400\text{kHz}$，试求该放大电路的总增益、总通频带和每级放大电路的谐振频率。

4.2.1 与小信号谐振放大电路相比，低噪声放大电路有什么区别？

4.2.2 请任选一款低噪声放大器芯片（如亚德诺半导体公司或德州仪器公司的产品）的数据手册，观察其参数并与其他放大器进行比对。

4.3.1 高频功率放大电路与低频功率放大电路有何异同？

4.3.2 高频功率放大电路为何要用谐振回路作负载？为何要调谐在工作频率上？

4.3.3 试说明能否使用丙类工作状态的功率放大电路来放大音频信号，并说明理由。

4.3.4 有一个丙类谐振功率放大电路，已知 $V_{CC} = 24\text{ V}$，$P_O = 5\text{ W}$。

（1）当 $\eta_C = 60\%$ 时，试计算 P_C 和 I_{C0} 的值。

（2）若保持 P_O 不变，将 η_C 提高到80%，试问 P_C 减小为多少？

4.3.5 某谐振功率放大电路工作在临界状态，已知其电源电压 $V_{CC} = 25\text{V}$，集电极电压利用系数 $\zeta = 0.8$，回路谐振阻抗 $R = 50\Omega$，放大电路的集电极效率 $\eta = 80\%$，试求负载上的基波电压振幅 V_{clm}、集电极基波电流振幅 I_{clm}、输出基波功率 P_O、集电极直流功率 P_{DC}、电源提供的直流电流 I_{C0} 以及集电极耗散功率 P_C。

4.3.6 一谐振功率放大电路原来工作在临界状态，后来发现该功率放大电路的输出功率下降，效率反而提高，但电源电压 V_{CC}、输出电压振幅 V_{clm} 及发射结峰值压降 V_{BEm} 不变，问这是什么原因造成的？此时功率放大电路工作在什么状态？

4.3.7 某谐振功率放大电路工作于临界状态，试分析当等效负载电阻增加一倍或减小一半时，输出功率将如何变化？

4.3.8 某谐振功率放大电路工作于临界状态，若集电极谐振回路出现失谐，则集电极电源提供的直流电流 I_{C0}、集电极基波电流振幅 I_{clm}、晶体管集电极耗散功率 P_C 如何变化？

4.3.9 改正图4.8.3所示电路中的错误，不得改变馈电形式，重新画出正确的线路。

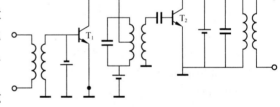

图4.8.3 题4.3.9图

4.4.1 为什么丙类谐振功率放大电路的输出功率与效率大于丙类倍频器的输出功率与效率？

4.5.1 分析图4.8.4所示传输线变压器的输入、输出阻抗比，并求每个传输线变压器的特性阻抗。

4.5.2 功率分配网络如图4.8.5所示。

（1）试证明C端与D端互相隔离，A端与B端分取相等的功率。

（2）若A端或B端之一开路或短路，试说明电路的工作状态如何变化。

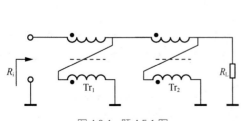

图4.8.4 题4.5.1图

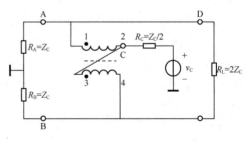

图4.8.5 题4.5.2图

第 **5** 章

正弦波振荡电路

在通信系统及无线电测量仪器中，除了放大电路以外，还需要能产生周期性振荡信号的振荡电路。它们可以在无线电发送设备中用于产生各种载波信号，在超外差式接收机中用于产生本振信号，在各种通信系统中作为正弦波信号源……振荡电路和放大电路一样，也是一种能量转换电路，能够自动将直流电信号转换成特定频率、波形、振幅的交变电信号输出。两者的区别是振荡电路不需要外加信号的激励，其输出信号的频率、波形和振幅仅仅由电路本身的参数决定。

正弦波振荡
电路

振荡电路有多种分类方法，如根据产生振荡波形的不同，振荡电路可以分为正弦波振荡电路和非正弦波振荡电路（能产生具有方波、三角波、锯齿波等脉冲信号的振荡电路）。本章将着重讨论正弦波振荡电路的构成、工作原理、分析方法以及常用的正弦波振荡电路。

🕹 本章学习目标

① 了解反馈式正弦波振荡电路的线性频域分析方法，了解调谐型正弦波振荡电路、场效应管振荡电路、差分对管振荡电路的工作原理。

② 明晰正弦波振荡电路的主要技术指标和分类，掌握构成反馈式正弦波振荡电路的 3 个必要条件，理解振荡电路的起振条件、稳幅过程以及平衡点的稳定过程。

③ 掌握 LC 正弦波振荡电路中各类工作状态的区别，掌握文氏桥 RC 正弦波振荡电路的构成、起振条件、振荡频率和稳幅过程。

④ 熟练掌握三端型 LC 正弦波振荡电路以及改进型三端电容振荡电路（包括克拉泼电路和西勒电路）的结构、特点和振荡频率，并能够应用振荡电路的平衡条件分析判断各种电路能否起振，能够计算各种电路的振荡频率。

⑤ 深入理解石英晶体振荡电路频率稳定度的定义和影响稳定度的因素，掌握石英晶体振子的压电效应及其等效电路；能够分析并联型、串联型晶体振荡电路的特点，以及泛音晶体振荡电路的起振条件；能够计算谐振频率。

⑥ 熟悉压控振荡电路中变容二极管的特性和压控振荡电路的主要性能指标。

5.1 反馈式正弦波振荡电路的工作原理和频域分析方法

凡是将放大电路的输出信号经过正反馈电路回送到输入端作为其输入信号来控制能量转换，从而产生正弦波的振荡电路，称为反馈式正弦波振荡电路。从电路的构成来看，根据反馈回路的形式不同，振荡电路可以分为调谐型振荡电路、三端型LC正弦波振荡电路、RC正弦波振荡电路、晶体正弦波振荡电路等；根据有源元件的不同，振荡电路可以分为晶体管正弦波振荡电路、场效应管正弦波振荡电路、集成电路正弦波振荡电路、压控正弦波振荡电路、开关电容正弦波振荡电路以及隧道二极管正弦波振荡电路等。

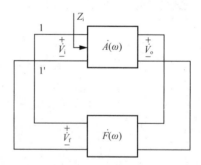

反馈式正弦波振荡电路的组成

5.1.1 反馈式正弦波振荡电路的工作原理

电子电路基础课中曾经讲过，在负反馈放大电路中，由于存在电抗元件，在低频和高频段将产生附加相移。如果在某一频率下的附加相移恰好等于$180°$，在此频率下，负反馈电路就变成正反馈电路，就有可能产生自激振荡。负反馈放大电路出现自激振荡时，将破坏它的正常工作，而正弦波振荡电路却是利用正反馈来实现自激振荡的。在一般放大电路中，由正反馈产生的自激振荡信号，其频率和波形都是难以控制的，但正弦波振荡电路却要求能产生单一频率和一定振幅的正弦波。为此，正弦波振荡电路往往要有选频网络，例如由LC谐振回路构成的选频网络或由RC电路构成的相移网络，以控制振荡频率和波形。振荡幅度需靠放大电路中晶体管的非线性特性或外加稳幅电路来控制。由此可见，选频网络或相移网络、放大电路的正反馈和非线性特性是组成反馈式正弦波振荡电路的必要条件。

自激条件

1．自激条件

反馈式正弦波振荡电路的原理方框图如图5.1.1所示。其中$\dot{A}(\omega)$代表放大电路，$\dot{F}(\omega)$代表反馈电路，它们之中包含LC选频网络或RC相移网络。令$\dot{A}(\omega) = \dfrac{\dot{V}_o}{\dot{V}_i}$，$\dot{F}(\omega) = \dfrac{\dot{V}_f}{\dot{V}_o}$。因为图5.1.1是个闭环系统，为便于分析，设在1-1'点处将环路断开，称为开环。为保证开环后不影响整个电路的工作状态，应在$\dot{F}(\omega)$网络的输出端补接一等于输入阻抗Z_i值的阻抗，如图5.1.2所示。现设想在断开点右边加一角频率为ω_0、数值为$\dot{V}_i$的正弦电压，经$\dot{A}(\omega)$放大后，输出电压为$\dot{V}_o$，再经$\dot{F}(\omega)$网络反馈到输入端的电压为$\dot{V}_f$，即

图 5.1.1　反馈式正弦波振荡电路的原理方框图

$$\dot{V}_f = \dot{A}(\omega_0)\dot{F}(\omega_0)\dot{V}_i$$

若
$$\dot{A}(\omega_0)\dot{F}(\omega_0) = 1 \tag{5.1.1}$$

则
$$\dot{V}_f = \dot{V}_i$$

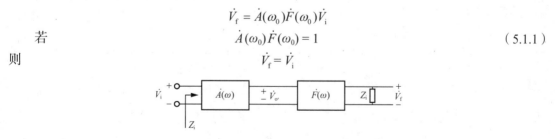

图 5.1.2　反馈式正弦波振荡电路的开环等效原理图

电路处于稳态时（复变量符号法只适用于稳态正弦信号），$\dot{V}_{i}'$ 的大小和相位都恰好等于 $\dot{V}_{i}$（相位差为 2π 的整倍数）。在满足式（5.1.1）的条件下，输出信号 $\dot{V}_{o}$ 经反馈网络 $\dot{F}(\omega)$ 到输入端的信号电压 $\dot{V}_{i}'$ 可以替代 $\dot{V}_{i}$ 作为激励信号电压，使 $\dot{A}(\omega)$ 的输出端无须外加激励信号仍能维持电压为 $\dot{V}_{o}$ 的正弦信号。因此，式（5.1.1）是反馈式正弦波振荡电路维持自激振荡的必要条件，称为自激振荡的平衡条件，又称巴克豪森准则。这个条件等效于以下两个条件。

$$|\dot{A}(\omega_0)\dot{F}(\omega_0)|=1 \qquad (5.1.2)$$

$$\varphi_{AF}(\omega_0) = \underline{/\dot{A}(\omega_0)\dot{F}(\omega_0)} = \pm 2n\pi, \ n=0,1,2,\cdots \qquad (5.1.3)$$

式（5.1.2）称为振幅平衡条件，式（5.1.3）称为相位平衡条件。在这两个条件中，相位平衡条件是先决的、最本质的条件。换句话说，要首先保证电路是正反馈。图5.1.3所示是互感耦合调集振荡电路的原理图。该电路因并联谐振回路接在集电极而得名。谐振时，并联谐振回路呈电阻性，放大电路是反相的。按图中所标同名端极性（图中黑点），互感线圈的一次、二次电压也是反相的，因此环路总相移为360°，构成正反馈，满足相位平衡条件，可以构成正弦振荡电路。反之，如果把互感线圈二次侧的端子互换一下，这时互感线圈的一次、二次电压是同相的，环路总相移为180°，呈现负反馈，相位平衡条件永远也不会满足，这样的电路不可能构成正弦振荡电路。除满足相位平衡条件外，还必须满足振幅平衡条件。如果 $|\dot{A}(\omega_0)\dot{F}(\omega_0)|<1$，则 $|\dot{V}_{f}|<|\dot{V}_{i}|$，反馈

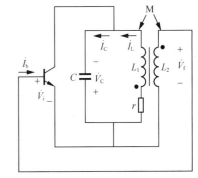

图 5.1.3　互感耦合调集振荡电路的原理图

到放大电路输入端的电压比原来的输入电压要小，再经放大后输出电压也减小了。如此循环下去，振荡电路输出电压的振幅将不断减小，最终输出振荡电压将会消失。

2．振荡幅度的建立和稳定过程

（1）起振过程

上面讨论的平衡条件是假定振荡已经产生时为维持这个振荡幅度所需满足的条件。实际上，振荡电路是不需要外加输入信号的，只要一加电源，输出端就会得到所需角频率的正弦波电压。输出电压 $\dot{V}_{o}$ 是由输入电压 $\dot{V}_{i}$ 放大而来的，输入电压 $\dot{V}_{i}$ 又是通过输出电压 $\dot{V}_{o}$ 反馈而来的。那么最初的输入电压是怎样产生的呢？对于振荡幅度从无到有、最终达到稳定的过程（即起振过程），可以作如下的定性解释。

大家都知道，放大电路中不可避免地存在噪声和干扰，即使在接通电源的一瞬间也会产生电干扰。从频谱角度讲，这些噪声和电干扰中包含连续频谱，即包含频率范围很宽的各种正弦分量，其中也包含角频率为 ω_0 的正弦分量。只有这个正弦分量能够满足相位平衡条件，即

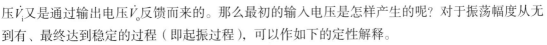

$\varphi_{AF}(\omega_0) = \underline{/\dot{A}(\omega_0)\dot{F}(\omega_0)} = 0$。同时对有选频网络的振荡电路来讲，放大电路对这个角频率的放大倍数也接近最大。这个正弦信号通过反馈网络加到放大电路的输入端，如果振荡电路满足 $|\dot{A}(\omega_0)\dot{F}(\omega_0)|>1$ 的条件，则这个振幅很微弱的输入信号电压通过放大→反馈→再放大→再反馈的循环过程，振幅会不断地增大，自激振荡最终会在这个角频率 ω_0 上建立起来。因此，在振荡建立过程中，$|\dot{A}(\omega_0)\dot{F}(\omega_0)|$ 不是等于1，而是大于1。一般称式（5.1.4）和式（5.1.5）为起振条件

$$|\dot{A}(\omega_0)\dot{F}(\omega_0)|>1 \tag{5.1.4}$$

$$\varphi_{AF}(\omega_0) = \underline{/\dot{A}(\omega_0)\dot{F}(\omega_0)} = \pm 2n\pi, \ n=0,1,2,\cdots \tag{5.1.5}$$

（2）稳幅过程

自激振荡建立起来后，输出振荡电压的振幅逐渐增大。通过某种稳幅措施，振荡幅度总是会达到一个稳定值。例如 LC 振荡电路的振荡幅度是靠放大电路中晶体管的非线性特性来达到稳定值的，称为内稳幅。其稳幅过程是这样的：随着振荡信号振幅的增大，信号进入晶体管的非线性范围也增大，使基波电压放大倍数 $|\dot{A}(\omega_0)|$ 下降。当振荡电压达到某一值 $\dot{V}_o^*$（反馈到输入端的电压为 $\dot{V}_i^*$）时，$|\dot{A}(\omega_0)|$ 下降到等于 $\left|\dfrac{1}{\dot{F}(\omega_0)}\right|$，这时，$|\dot{A}(\omega_0)\dot{F}(\omega_0)|=1$，振荡电路的输出电压将稳定在 $\dot{V}_o^*$，输入电压为 $\dot{V}_i^*$，不再增大。至于 $|\dot{A}(\omega_0,\dot{V}_i)|$ 随 $\dot{V}_i$ 的增大而减小的道理，可用图 5.1.3 所示的互感耦合调集振荡电路来说明。为便于阐述，先作如下两点假定。

① 适当选择工作点，使晶体管工作在放大区和截止区而不进入饱和区。实际上，对小功率振荡电路来讲，为了减小晶体管输出电阻对 LC 并联谐振回路的影响，一般尽量不使其进入饱和区。

② 假定晶体管在放大区和截止区的输出电阻很大，i_C 只随 v_{BE} 而变，而与 v_{CE} 的变化无关。也就是说，i_C 与负载电阻值无关。

在上述两个假定条件下，晶体管输入端的振荡电压和输出端的振荡电流关系仍可用 $i_C\text{-}v_{BE}$ 转移特性来分析。假定 $i_C\text{-}v_{BE}$ 转移特性曲线如图 5.1.4（a）所示，放大电路的交流通路如图 5.1.4（b）所示。图中，$v_i(t) = V\cos\omega t$。当 v_i 很小时，$i_C\text{-}v_{BE}$ 接近直线，$i_C(t)$ 接近正弦波，其波形如图 5.1.4（a）中的实线所示。图中 $i_C(t) = i_C(t)-I_{CQ}$。随着 v_i 的增大，$v_i(t)$ 的负半周一部分进入截止区，$i_C(t)$ 的底部被切掉，$i_C(t)$ 将不再是正弦波，其波形如图 5.1.4（a）的虚线所示。尽管 $i_C(t)$ 不是正弦波，但是由于 LC 谐振回路的选频作用，$v_o(t)$ 总是接近正弦波形。并联谐振回路的品质因数 Q 值越高，选频作用越好，$v_o(t)$ 的波形就越趋于正弦波。在高 Q 值情况下，振荡角频率 $\omega_0 \approx \dfrac{1}{\sqrt{LC}}$。在 ω_0 处，谐振回路的阻抗 $Z(\omega_0) = \dfrac{L}{Cr}$，放大倍数 $|\dot{A}(\omega_0)|$ 可根据图 5.1.4 来计算，即

$$\dot{V}_o(\omega_0,V_i) = Z(\omega_0)\dot{I}_{c1}(\omega_0,V_i) \tag{5.1.6}$$

$$|\dot{A}(\omega_0,V_i)| = \left|\frac{\dot{V}_o(\omega_0,V_i)}{\dot{V}_i(\omega_0)}\right| \tag{5.1.7}$$

式中，$\left|\dot{I}_{c1}(\omega_0,V_i)\right|$ 是 $i_C(t)$ 的基波分量振幅。

由于 $i_C\text{-}v_{BE}$ 的非线性特性，$\left|\dot{V}_o(\omega_0,V_i)\right|$、$V_i$ 间也呈现非线性关系。适当地选择静态工作点，$|\dot{A}(\omega_0,V_i)|$ 将随 V_i 的增大而减小，当 $v_i(t)$ 部分进入截止区后，$|\dot{A}(\omega_0,V_i)|$ 减小得更快。$|\dot{A}(\omega_0,V_i)|$ 与 V_i 的关系可用图 5.1.5 所示的 $|\dot{A}(\omega_0,V_i)|\text{-}V_i$ 曲线表示，其中反馈系数 $\left|\dot{F}(\omega_0)\right|$ 仅取决于外电路的参数，而与振幅无关（反馈电路为线性网络），所以它是一条平行于 V_i 坐标轴的直线。用这条曲线可以清楚地说明振荡过程的建立与振幅的稳定问题。当 V_i 很小时（相当于图中的 A 点），

$|\dot{A}(\omega_0, V_i)| > \dfrac{1}{|\dot{F}(\omega_0)|}$，即$|\dot{A}(\omega_0)\dot{F}(\omega_0)| > 1$，满足起振条件，振荡幅度增加，呈增幅振荡；当$V_i$增

大到等于V_i^*时（相当于图中的B点），$|\dot{A}(\omega_0, V_i^*)| = \dfrac{1}{|\dot{F}(\omega_0)|}$，即$|\dot{A}(\omega_0, V_i^*)\dot{F}(\omega_0)| = 1$，满足振幅

平衡条件，振荡幅度不再增减，呈等幅振荡。振荡电路输出电压将稳定为V_o^*。输出电压$v_o(t)$从起振到稳定的全过程波形图如图5.1.6所示。

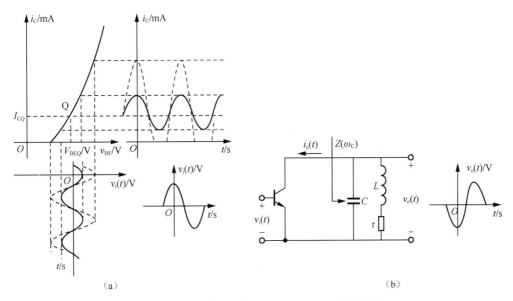

图 5.1.4　LC 正弦振荡电路 $v_i(t)$、$i_C(t)$ 和 $v_o(t)$ 的波形图

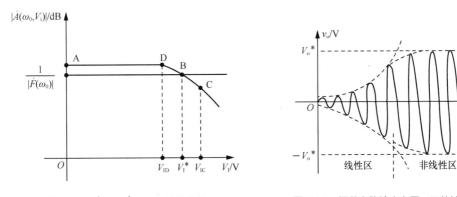

图 5.1.5　$|\dot{A}(\omega_0, \dot{V}_i)| \sim V_i$ 特性曲线　　　　图 5.1.6　振荡电路输出电压 $v_o(t)$ 的波形图

3．平衡点的稳定条件

振荡电路的平衡条件不能说明振荡电路在外来干扰作用下平衡状态是否稳定，只是维持振荡的必要条件，而不是充分条件。因为振荡电路中不可避免地存在各种干扰，如电源波动、温度变化、内部的固有噪声等。这些因素都会引起有源元件与选频网络的参数发生变化，导致$\dot{A}(\omega_0, V_i)\dot{F}(\omega_0)$发生变化，破坏平衡条件。有两种可能的平衡状态：一种是干扰因素消失后振荡

能自动回到原来的平衡状态；另一种是越来越偏离原来状态的平衡状态。前一种平衡状态是稳定的，称为稳定平衡状态；后一种是不稳定的，称为不稳定平衡状态。

为了能产生持续的等幅振荡，振荡电路的平衡状态必须是稳定的，即外部干扰去除后，振荡电路应该有回到平衡点的能力。稳定条件包含振幅稳定条件和相位稳定条件。

（1）振幅稳定条件

振幅稳定条件是指电路受干扰后，振幅平衡状态暂时遭到破坏，当干扰消失后能够自动回到原有的振幅平衡状态的条件。图5.1.5中，满足振幅平衡条件的平衡点B就是一个稳定平衡状态。因为当某种干扰使V_i偏离V_i^*到V_{iC}，$V_{iC}>V_i^*$，相当于图5.1.5中的C点，破坏了原来的振幅平衡条件，此时$|\dot{A}(\omega_0,V_i)|<\dfrac{1}{|\dot{F}(\omega_0)|}$，即$|\dot{A}(\omega_0,V_i)\dot{F}(\omega_0)|<1$，振荡电压将会自动减小到$V_i^*$；反之，设$V_i$偏离$V_i^*$到$V_{iD}$，$V_{iD}<V_i^*$，相当于图5.1.5中的D点，此时，$|\dot{A}(\omega_0,V_i)\dot{F}(\omega_0)|>1$，振荡幅度将会自动增大到$V_i^*$。B点是否稳定的关键就在于$|\dot{A}(\omega_0,V_i)|-V_i$曲线在B点附近是否具有负斜率，因此可得振幅稳定条件为

$$\left. \frac{\partial |\dot{A}(\omega_0,V_i)|}{\partial \dot{V}_i} \right|_{V_i=V_i^*} < 0 \qquad (5.1.8)$$

一般情况下，适当选择放大管的静态工作点，使电路的$|\dot{A}(\omega_0,V_i)|-V_i$具有如图5.1.5所示曲线的特点，则振荡电路肯定能够自动起振，并且最终得到稳定的振幅。

在某些情况下，电路中静态工作点选得太低，有可能得到图5.1.7所示的$|\dot{A}(\omega_0,V_i)|$ $-V_i$特性曲线。这时$|\dot{A}(\omega_0,V_i)|-V_i$的变化曲线不是单调下降的，而是先随$V_i$的增大而上升，达到最大值后，又随$V_i$的增大而下降。因此，在该曲线上可能有两个平衡点B和E。显然，E点不符合稳定条件，而B点符合稳定条件，故只可能在平衡点B处稳定振荡。因此，当电源接通后，它不可能自激产生振荡，只有外加一个激励信号，使$V_i>V_{iE}$时，振荡器才可能振荡，并工作在平衡点B处。这种需要外加激励才能起振的状态称为硬激

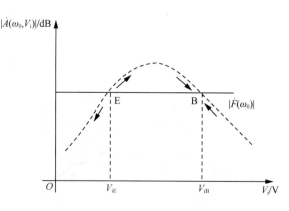

图5.1.7 $|\dot{A}(\omega_0,V_i)|-V_i$特性曲线

励，而不需外加信号能自动起振的状态则称为软激励。一般情况下，都使振荡电路工作于软激励状态，应当避免硬激励状态。

（2）相位稳定条件

相位稳定条件是指电路受干扰后，相位平衡状态暂时遭到破坏，当干扰消失后能够自动回到原有的相位平衡状态的条件。在分析相位稳定条件前，先介绍一个重要概念，就是在环路中，相位变化$\Delta\varphi$将导致角频率变化$\Delta\omega$，$\Delta\omega=\dfrac{\mathrm{d}\Delta\varphi}{\mathrm{d}t}$。如果$\Delta\varphi>0$，环路正反馈后反馈电压的相位将比原有相位超前$\Delta\varphi$，振荡角频率将增大$\Delta\omega$；反之，如果$\Delta\varphi<0$，环路正反馈后反馈电压的相位将比原有相位滞后$\Delta\varphi$，振荡角频率将降低$\Delta\omega$。假定振荡电路的$\varphi_{AF}(\omega)-\omega$是一条如图5.1.8所示

的曲线，满足相位平衡条件的角频率为 ω_0，B 点就是相位平衡状态，ω_0 就是振荡角频率。当某种干扰使 ω 偏离 ω_0 到 ω_{0C}（$\omega_{0C}>\omega_0$），相当于 ω 从 B 点移到 C 点时，破坏了相位平衡条件，此时 $\Delta\varphi<0$，振荡角频率将会自动降低到 ω_0；反之，设 ω 偏离 ω_0 到 ω_{0D}（$\omega_{0D}<\omega_0$），相当于 ω 从 B 点移到 D 点，破坏了相位平衡条件，此时，$\Delta\varphi>0$，振荡角频率将会自动增大到 ω_0。由以上分析可见，B 点是否稳定的关键就在于 $\varphi_{AF}(\omega)$-ω 曲线在 B 点附近是否具有负斜率，因此，相位稳定条件是

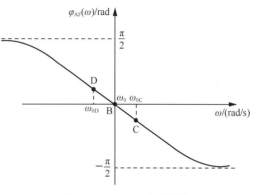

$$\left.\frac{\partial\varphi_{AF}(\omega)}{\partial\omega}\right|_{\omega=\omega_0}<0 \qquad (5.1.9)$$

图 5.1.8　$\varphi_{AF}(\omega)$-ω 特性曲线

上述相位稳定条件并不难满足，一般选频网络的相频特性都是具有负斜率的。

5.1.2　反馈式正弦波振荡电路的线性频域分析方法

反馈式正弦波振荡电路能否振荡的基本判定方法

反馈式正弦波振荡电路是含有电抗元件的非线性电路，对它进行严格分析是十分困难的，在工程上往往采用一些近似的分析方法。一个反馈式正弦波振荡电路是否能振荡，首先要检查电路的结构是否满足反馈式正弦波振荡电路的必要因素；其次是分析振荡的平衡条件。任何振荡电路起振时，v_i 都很小，放大电路工作在晶体管的线性工作区，因此在起振阶段可以用小信号模型构成的微变等效电路近似估算其振荡频率和起振条件。只要满足起振条件，起振后靠晶体管的非线性或外接非线性元器件最终一定能够得到稳定的等幅振荡。

当晶体管进入稳幅振荡状态以后，由于此时振荡电压的振幅已经很大，一般情况下，晶体管已经进入非线性区工作，因此在稳幅振荡阶段不可以再利用小信号模型进行电路的分析计算。

反馈式正弦波振荡电路起振阶段的具体分析方法通常为开环法和闭环法，其中开环法适用于分析简单且便于开环的振荡电路，闭环法适用于复杂并且更一般的振荡电路。

1．开环法

开环法先假定将振荡环路在某一点处断开，计算它的开环传递函数 $\dot{A}(\omega)\dot{F}(\omega)$，然后用巴克豪森准则确定平衡条件，从而确定电路的振荡频率和起振条件，具体步骤如下。

① 画出振荡电路的交流通路，判别其是否能构成正反馈电路，即是否有可能满足振荡的相位平衡条件。

② 画出微变等效电路，并在某一点（一般取晶体管输入端）处进行开环。开环后应保证原来的工作条件不变。

③ 计算开环传递函数 $\dot{A}(\omega)\dot{F}(\omega)$。

④ 利用相位平衡条件确定振荡角频率 ω_0。

⑤ 利用 ω_0 角频率下的振幅平衡条件，确定维持振荡幅度所需要的 g_m 值 g_{m0}。

⑥ 选择晶体管的 g_m，使 $g_m>g_{m0}$，此时电路就能够满足起振条件。

下面举例说明。

例5.1.1 试用开环法分析图5.1.3所示的互感耦合调集振荡电路的振荡频率和起振条件。

解 假定晶体管采用的是忽略$r_{bb'}$的低频混合π形微变模型，以此模型替代晶体管后的微变等效电路如图5.1.9所示，它的开环微变等效电路如图5.1.10所示。

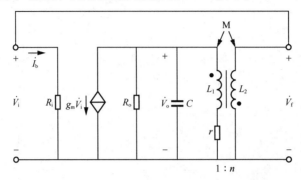

图 5.1.9 互感耦合调集振荡电路的微变等效电路

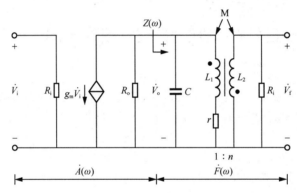

图 5.1.10 互感耦合调集振荡电路的开环微变等效电路

为了使下面的分析简化，这里只计算忽略R_i和R_o影响后电路的振荡频率和起振条件。

由图5.1.10可知，忽略R_i和R_o的影响后

$$Z(\omega) = (j\omega L_1 + r) \parallel \frac{1}{j\omega C} = \frac{r + j\omega L_1}{1 - \omega^2 L_1 C + j\omega rC}$$

$$\dot{V}_o = -g_m Z(\omega) \dot{V}_i$$

$$\dot{A}(\omega) = \frac{\dot{V}_o}{\dot{V}_i} = -g_m Z(\omega) = -\frac{g_m(r + j\omega L_1)}{1 - \omega^2 L_1 C + j\omega rC}$$

$$\dot{F}(\omega) = \frac{\dot{V}_f}{\dot{V}_o} = -\frac{j\omega M}{r + j\omega L_1}$$

$$\dot{A}(\omega)\dot{F}(\omega) = \frac{j\omega M g_m}{1 - \omega^2 L_1 C + j\omega rC} = \frac{\omega M g_m}{\omega rC - j(1 - \omega^2 L_1 C)}$$

根据相位平衡条件，$\dot{A}(\omega)\dot{F}(\omega)$的模值应该为实数，则可以得到

$$1 - \omega^2 L_1 C = 0$$

振荡角频率ω_0为

$$\omega_0 = \frac{1}{\sqrt{L_1 C}} \tag{5.1.10}$$

根据振幅平衡条件可得

$$Mg_m = rC$$

或

$$g_m = \frac{rC}{M} = g_{m0}$$

故起振条件为

$$g_m > g_{m0}$$

即

$$g_m > \frac{rC}{M} \tag{5.1.11}$$

对全耦合情况，$M^2 = L_1 L_2$，$M = nL_1$，$L_2 = n^2 L_1$，代入式（5.1.11）可得

$$g_m > \frac{rC}{nL_1} = \frac{1}{nZ(\omega_0)} \tag{5.1.12}$$

式中，$Z(\omega_0) \approx \dfrac{L_1}{rC}$（高 Q 值的近似表达式）。

2．闭环法

闭环法是根据线性齐次方程有非零解的条件来确定电路的振荡频率和起振条件的，具体步骤如下。

① 画出振荡电路的交流通路，判别其是否为正反馈电路。

② 画出微变有效电路，并列写出电路方程。这是一组线性齐次方程组。

③ 令线性方程组复系数矩阵的行列式 $\Delta = 0$。

④ 解 $\Delta = 0$，可确定振荡角频率 ω_0 和维持振荡幅度所需的 g_m 值 g_{m0}。

⑤ 选择晶体管的 g_m，使 $g_m > g_{m0}$，此时电路就能够满足起振条件。

下面就用闭环法分析图 5.1.3 所示的互感耦合调集振荡电路的振荡频率和起振条件。

例5.1.2 试用闭环法重做例5.1.1。

解 利用图 5.1.9 所示的微变等效电路列写出以下一组方程

$$\begin{cases} \dot{V}_o = (r + j\omega L_1)\dot{I}_{L1} + j\omega M\dot{I}_{L2} \\ \dot{V}_f = -j\omega M\dot{I}_{L1} - j\omega L_2 \dot{I}_{L2} \\ g_m \dot{V}_f = -\left(\frac{1}{R_o} + j\omega C\right)\dot{V}_o - \dot{I}_{L1} \end{cases} \tag{5.1.13}$$

将 $\dot{I}_{L2} = \dfrac{\dot{V}_f}{R_i}$ 代入式（5.1.13），整理后得

$$\begin{bmatrix} 1 & -\dfrac{j\omega M}{R_i} & -(r + j\omega L_1) \\ 0 & 1 + \dfrac{j\omega L_2}{R_i} & j\omega M \\ \dfrac{1}{R_o} + j\omega C & g_m & 1 \end{bmatrix} \begin{bmatrix} \dot{V}_o \\ \dot{V}_f \\ \dot{I}_{L1} \end{bmatrix} = \begin{bmatrix} 0 \\ 0 \\ 0 \end{bmatrix} \tag{5.1.14}$$

式（5.1.14）的解不为0的条件是它的系数矩阵的行列式 $\Delta = 0$，只有非零解才表明该电路即使无激励信号也会产生输出电压 $\dot{V}_o$。展开系数矩阵的行列式 Δ，并令 $\Delta = 0$，整理后可得

$$\left[1 + \frac{r}{R_o} - \omega^2 \frac{L_1 L_2 - M^2}{R_i R_o} - \omega^2 \left(L_1 C + L_2 C \frac{r}{R_i}\right)\right] + j\omega\left[\frac{L_1}{R_o} + \frac{L_2}{R_i} + \frac{L_2 r}{R_o R_i} + rC - \omega^2 \frac{C(L_1 L_2 - M^2)}{R_i} - g_m M\right] = 0$$

（5.1.15）

令第1项等于0，就是相位平衡条件，可得振荡角频率 ω_0 为

$$\omega_0 = \frac{1}{\sqrt{L_1 C\left(1 + \frac{L_2}{L_1} \cdot \frac{r}{R_i} + \frac{L_1 L_2 - M^2}{L_1 C R_o R_i}\right)}} \cdot \sqrt{1 + \frac{r}{R_o}}$$

（5.1.16）

将 ω_0^2 代入式（5.1.15）的第2项，并令其等于0，可得维持振荡状态的 g_m 值为

$$g_m = \frac{L_1}{M} \cdot \frac{1}{R_o} + \frac{L_2}{M} \cdot \frac{1}{R_i} + \frac{rC}{M} - \frac{C}{M} \cdot \frac{R_o(L_1 L_2 - M^2)}{R_o C(L_1 R_i + L_2 r) + (L_1 L_2 - M^2)} = g_{m0}$$

（5.1.17）

则起振条件为 $g_m > g_{m0}$，即

$$g_m > \frac{L_1}{M} \cdot \frac{1}{R_o} + \frac{L_2}{M} \cdot \frac{1}{R_i} + \frac{rC}{M} - \frac{C}{M} \cdot \frac{R_o(L_1 L_2 - M^2)}{R_o C(L_1 R_i + L_2 r) + (L_1 L_2 - M^2)}$$

（5.1.18）

现在分两种情况进行讨论。

① 若 $R_o \to \infty$，$R_i \to \infty$，则

$$\omega_0 = \frac{1}{\sqrt{L_1 C}}$$

（5.1.19）

$$g_m > \frac{rC}{M}$$

（5.1.20）

与式（5.1.10）和式（5.1.11）相同。

从中可以看出，忽略晶体管 R_i 和 R_o 的影响后，谐振回路的谐振频率近似等于振荡电路的振荡频率，这就是利用谐振回路的谐振频率近似估算振荡电路振荡角频率 ω_0 的依据。

② 若 $r = 0$，则

$$\omega_0 = \frac{1}{\sqrt{L_1 C\left(1 + \frac{L_1 L_2 - M^2}{L_1 C R_o R_i}\right)}}$$

（5.1.21）

$$g_m > \frac{L_1}{M} \cdot \frac{1}{R_o} + \frac{L_2}{M} \cdot \frac{1}{R_i} - \frac{C}{M} \cdot \frac{R_o(L_1 L_2 - M^2)}{L_1 C R_o R_i + (L_1 L_2 - M^2)}$$

（5.1.22）

在 $r = 0$ 情况下，对全耦合情况，有 $L_1 L_2 - M^2 = 0$，可得

$$\omega_0 = \frac{1}{\sqrt{L_1 C}}$$

（5.1.23）

$$g_m > \frac{L_1}{M} \cdot \frac{1}{R_o} + \frac{L_2}{M} \cdot \frac{1}{R_i} = \frac{1}{nR_o} + \frac{n}{R_i}$$

（5.1.24）

5.2 ◀ LC 正弦波振荡电路

利用电感、电容器件组成选频网络的反馈式正弦波振荡电路统称为LC正弦波振荡电路。图5.1.3介绍过的互感耦合调集振荡电路就是一种LC正弦波振荡电路。LC正弦波振荡电路的种类很多，限于篇幅，本节只介绍几种工程中常用的典型电路，并分析它们的振荡频率、起振条件以及电路的工作原理和特点。

5.2.1　LC 正弦波振荡电路中晶体管的工作状态

1. 静态工作点和起始 $|\dot{A}(\omega_0)\dot{F}(\omega_0)|$ 值

与放大电路一样，在LC正弦波振荡电路中，晶体管静态偏置的工作状态也有甲类、甲乙类、乙类和丙类几种。图5.2.1分别画出了这些工作状态下晶体管中的 $v_{BE}(t)$ 和 $i_C(t)$ 的波形图。从图中还可以求得各类工作状态下静态工作点Q与输入电压振幅 V_{im} 间的关系。

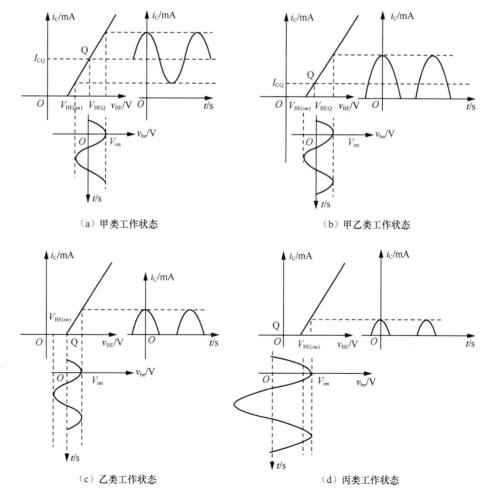

（a）甲类工作状态　　　　　　　　（b）甲乙类工作状态

（c）乙类工作状态　　　　　　　　（d）丙类工作状态

图 5.2.1　LC 正弦波振荡电路的工作状态示意图

LC正弦波振荡电路甲类应用的条件是：$V_{BEQ}>V_{BE(on)}$，$V_{im}<V_{BEQ}-V_{BE(on)}$；甲乙类应用的条件是：$V_{BEQ}>V_{BE(on)}$，$V_{im}>V_{BEQ}-V_{BE(on)}$；乙类应用的条件是：$V_{BEQ}=V_{BE(on)}$；丙类应用的条件是：$V_{BEQ}<V_{BE(on)}$，$V_{im}>V_{BE(on)}-V_{BEQ}$。

甲类LC正弦波振荡电路工作在晶体管的放大区。起振时，$|\dot{A}(\omega_0)\dot{F}(\omega_0)|$的值仅需略大于1；起振后振荡电压振幅增大，最终靠放大区的弱非线性作用使振荡幅度达到稳定值。从输出电压角度考虑，甲类LC正弦波振荡电路的静态工作点Q应选在交流负载线的中央，这样可以使集电极电流和电压达到最大振幅。但因晶体管工作在饱和区时输出电阻大大减小，严重影响并联谐振回路的选择性，所以静态工作点要选得低一些，使达到稳态后振荡电压的峰值先进入截止区，避免振荡电路工作在饱和区。甲类LC正弦波振荡电路振荡幅度的建立过程如图5.2.2（a）所示。这类振荡电路多用于要求频率稳定性较好、输出波形好的小功率振荡器，它的缺点是振幅稳定性差，易于停振。

随着起始$|\dot{A}(\omega_0)\dot{F}(\omega_0)|$值的增大，正反馈作用加强，振荡电压波形小半周进入截止区，构成甲乙类LC正弦波振荡电路，其振荡幅度的建立过程如图5.2.2（b）所示。甲乙类LC正弦波振荡电路的振荡幅度比甲类的稳定，这是因为进入截止区后电路非线性作用急剧增强，$|\dot{A}(\omega_0,V_i)\dot{F}(\omega_0)|-V_i$曲线下降得很快，$|\dot{A}(\omega_0,V_i)\dot{F}(\omega_0)|$的变化对$V_i^*$的影响减小。实用的小功率振荡器多工作在甲乙类状态。

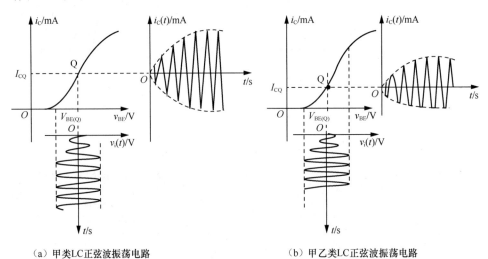

（a）甲类LC正弦波振荡电路　　　　　　　　（b）甲乙类LC正弦波振荡电路

图5.2.2　振荡幅度的建立过程

2．自给偏压电路

为了提高振荡器的效率，进一步提高振荡幅度的稳定性，大功率振荡器多采用丙类LC正弦波振荡电路。丙类LC正弦波振荡电路的振荡幅度达到稳定后，晶体管的直流偏置电压必然小于$V_{BE(on)}$，Q点位于截止区，如图5.2.3（a）所示。如果静态工作点Q选在截止区，固定偏置电路如图5.2.3（b）所示，此时$V_{BEQ}=-V_{BB}<V_{BE(on)}$，该电路不可能自动起振。因为在静态时，$V_{BEQ}<V_{BE(on)}$，晶体管的跨导$g_m$为零，起始$|\dot{A}(\omega_0)\dot{F}(\omega_0)|$值也为零，振荡电路是不能起振的。

采用自给偏压电路可以解决丙类LC正弦波振荡电路的自动起振问题。图5.2.4（a）所示是一种能实现甲类LC正弦波振荡电路起振、丙类LC正弦波振荡电路工作的自给偏压电路。

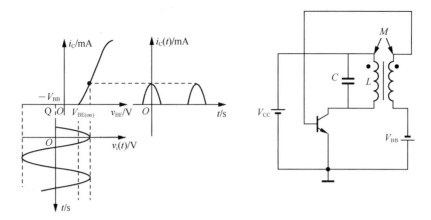

（a）丙类LC正弦波振荡电路稳定振荡时的波形　　　　　　（b）固定偏置电路

图 5.2.3　丙类 LC 正弦波振荡电路

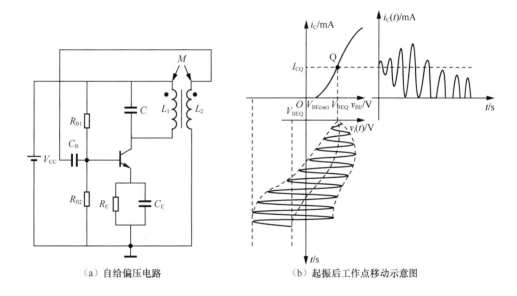

（a）自给偏压电路　　　　　　　　　（b）起振后工作点移动示意图

图 5.2.4　甲类 LC 正弦波振荡电路起振、丙类 LC 正弦波振荡电路工作的自给偏压电路

　　这种电路的静态工作点Q选择在放大区，如图5.2.4（b）中的V_{BEQ}、I_{CQ}所示。电路的起始$|\dot{A}(\omega_0)\dot{F}(\omega_0)|$值取得很大。加上直流电源后，电路起振，振荡幅度迅速增大，振荡电压波形的多半周进入截止区。集电极电流i_C和基极电流i_B均为半导角$\theta<\pi/2$的余弦脉冲，并含有直流分量（平均分量），直流分量值记作I_{CO}和I_{BO}。由于I_{BO}不能通过电容C_B，只能通过$R_B(R_B = R_{B1}//R_{B2})$，所以在$R_B$上产生电压降为$R_B I_{BO}$。$I_{EO}$在$R_E$上也产生电压降（$I_{EO} = I_{CO}+I_{BO}$）。这样一来，基极偏置电压不再是$V_{BEQ}$而变成$V_{BEO}$了。由图5.2.4（a）可知

$$V_{BEO} = V_{BEQ} - R_B I_{BO} - R_E I_{EO} < V_{BEQ} \qquad (5.2.1)$$

式中，$V_{BEQ} = \dfrac{R_{B2}}{R_{B1} + R_{B2}} V_{CC} - R_E I_{EQ}$。

　　式（5.2.1）表明晶体管基极和发射极间的直流偏置电压V_{BE}随着振荡幅度的增大而向负偏压方

向移动。与此同时，晶体管截止的出现又使 $\left|\dot{A}(\omega_0, V_i)\dot{F}(\omega_0)\right|$ 减小。随着振幅的增大，半导角 θ 的值不断减小，i_C 和 i_B 中的直流分量 I_{CO} 和 I_{BO} 继续增大，V_{BE} 不断向负偏方向移动，$\left|\dot{A}(\omega_0, V_i)\dot{F}(\omega_0)\right|$ 继续减小，直到达到振幅平衡条件为止。故该自给偏压电路可以使振荡电路在甲类LC正弦波振荡电路（自动）起振，而在丙类LC正弦波振荡电路工作，从而得到较高的效率。

5.2.2 调谐型 LC 正弦波振荡电路

采用互感耦合线圈（或变量器）作为反馈网络构成的LC正弦波振荡电路称为调谐型LC正弦波振荡电路。根据谐振回路是接在集电极、基极还是发射极，可分为调集、调基以及调射振荡电路等不同形式。图5.1.3所示的就是调集LC正弦波振荡电路，调基和调射LC正弦波振荡电路则如图5.2.5（a）和图5.2.6（a）所示。这两种电路的分析方法与调集LC正弦波振荡电路相同，其振荡频率和起振条件请读者自己推导。

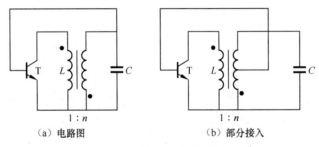

（a）电路图　　　　　　　　　（b）部分接入

图 5.2.5　调基 LC 正弦波振荡电路

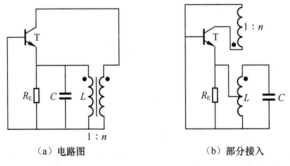

（a）电路图　　　　　　　　　（b）部分接入

图 5.2.6　调射 LC 正弦波振荡电路

在调基和调射LC正弦波振荡电路中，由于晶体管基极、发射极间的输入阻抗比较低，为了不致过多地影响谐振电路的Q值，晶体管与谐振回路间多采用部分耦合（又称部分接入），如图5.2.5（b）和图5.2.6（b）所示。调集LC正弦波振荡电路在高频输出方面比其他两种电路稳定，而且振幅较大，谐波成分较小。调基LC正弦波振荡电路的特点是：频率在较宽范围内改变时，振幅比较平稳。

调谐型LC正弦波振荡电路的优点是容易起振，输出电压较大，结构简单，调节频率方便，且调节频率时输出电压变化不大，因此一般在广播收音机中常用作本地振荡器。调谐型LC振荡电路的缺点是工作在高频时，分布电容影响较大，输出波形不好，频率稳定性也差，因此工作频率不宜过高，一般在几千赫兹至几十兆赫兹范围内，在高频段用得较少。

5.2.3　三端型 LC 正弦波振荡电路

三端型LC
正弦波振荡电路

　　三端型LC正弦波振荡电路结构简单，工作频率较高，工作性能也比较稳定，在无线电和通信设备中得到了广泛的应用。

　　常见的有三端电感振荡电路和三端电容振荡电路两种。三端电感振荡电路是把电容C、电感L_1和L_2分别接到晶体管的集基、集射和基射之间。由于L_1和L_2分别接在晶体管的3个极上，故称为三端电感振荡电路，通常也称为哈特莱电路，它的实用电路如图5.2.7（a）所示，其交流通路如图5.2.7（b）所示。三端电容振荡电路是把电感L、电容C_1和C_2分别接到晶体管的集基极、集射极和基射极之间。由于C_1和C_2分别接在晶体管的3个极上，故称为三端电容振荡电路，通常也称为科皮兹电路，它的实用电路如图5.2.8（a）所示，其交流通路如图5.2.8（b）所示。这两种电路不像调谐型LC正弦波振荡电路那样靠互感耦合作用构成正反馈，而是靠选频网络本身的相移作用使电路满足振荡的相位平衡条件。

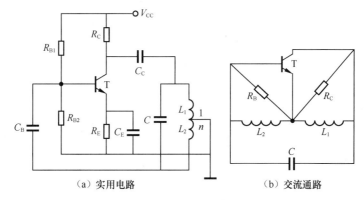

（a）实用电路　　　　　　　　（b）交流通路

图 5.2.7　三端电感振荡电路

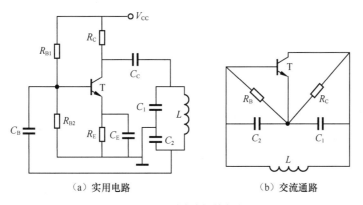

（a）实用电路　　　　　　　　（b）交流通路

图 5.2.8　三端电容振荡电路

1．选频网络的反相作用

选频网络的
反相作用与
三端振荡电路
的相位判别准则

　　图5.2.9所示为三端电容振荡电路的选频网络，在忽略输入电阻R_i的影响后，反馈网络如图5.2.10（a）所示。

　　L、C_2串联后再与C_1并联的谐振角频率为$\omega_{\mathrm{p}} = \dfrac{1}{\sqrt{L\dfrac{C_1 C_2}{C_1 + C_2}}}$，$L$、$C_2$串联的谐振角频率为$\omega_{\mathrm{s}} = \dfrac{1}{\sqrt{LC_2}}$。

显然，$\omega_p > \omega_s$。若在选频网络输入端加一角频率为 $\omega_0 = \omega_p$ 的电压 $\dot{V}_o$，则 LC$_2$ 串联回路呈现电感性，通过它的电流 $\dot{I}_L$ 滞后 $\dot{V}_o$ 90°，它们的相位关系如图 5.2.10（b）所示。$\dot{I}_L$ 通过 C_2，在 C_2 上产生的电压 $\dot{V}_f$ 又滞后 $\dot{I}_L$ 90°，于是 $\dot{V}_f$ 与 $\dot{V}_o$ 相位差 180°，说明选频网络有反相作用。再加上放大电路的反相作用，使得三端电容振荡电路可以构成正反馈网络，满足相位平衡条件。

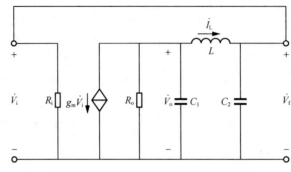

图 5.2.9　三端电容振荡电路的微变等效电路

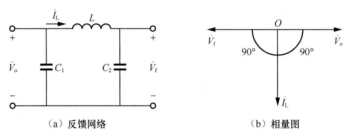

（a）反馈网络　　　　　　　　　（b）相量图

图 5.2.10　忽略 R_i 后的选频网络

同样，可以说明图 5.2.11 所示的三端电感振荡电路的选频网络（假定 L_1、L_2 间无互感耦合，即 $M = 0$）的反相作用。$\dot{V}_o$ 的角频率仍为网络的谐振角频率，$\dot{V}_o$、$\dot{I}_o$ 和 $\dot{V}_f$ 的相量图如图 5.2.12（b）所示，请读者自行证明。

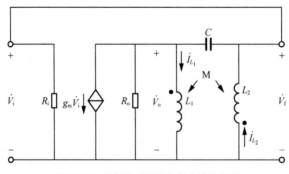

图 5.2.11　三端电感电路的微变等效电路

总结以上分析，不难得出一条具有普遍意义的判别三端型 LC 正弦波振荡电路是否能构成振荡电路的基本准则。

对图 5.2.13（a）所示的三端型 LC 正弦波振荡电路，如果输入电阻 R_i 很大，视为开路，则其开环微变等效电路如图 5.2.13（b）所示，图中 R_o 为输出电阻。由图 5.2.13（b）可得

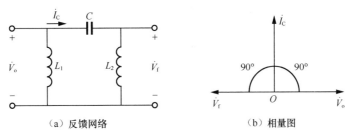

（a）反馈网络　　　　　（b）相量图

图 5.2.12　三端电感振荡电路的选频网络

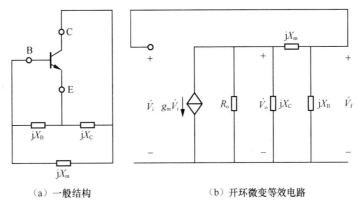

（a）一般结构　　　　　（b）开环微变等效电路

图 5.2.13　三端型 LC 正弦波振荡电路的一般结构及其开环微变等效电路

$$\dot{A}(\omega) = \frac{\dot{V}_o}{\dot{V}_i} = -g_m\{R_o \parallel [jX_C \parallel (jX_m + jX_B)]\} = -g_m\left[R_o \parallel \frac{jX_C(X_m + X_B)}{X_B + X_m + X_C}\right]$$

$$\dot{F}(\omega) = \frac{\dot{V}_f}{\dot{V}_o} = \frac{X_B}{X_m + X_B}$$

$$\dot{A}(\omega)\dot{F}(\omega) = -g_m\left[R_o \parallel \frac{jX_C(X_m + X_B)}{X_B + X_m + X_C}\right]\frac{X_B}{X_m + X_B}$$

$$= -g_m \cdot \frac{jR_oX_C(X_m + X_B)}{R_o(X_B + X_m + X_C) + jX_C(X_m + X_B)} \cdot \frac{X_B}{X_m + X_B}$$

设当 $\omega = \omega_0$ 时，$X_B + X_m + X_C = 0$，$X_B + X_m = -X_C$，则

$$\dot{A}(\omega_0)\dot{F}(\omega_0) = -g_mR_o\frac{X_B}{X_m + X_B} = g_mR_o\frac{X_B}{X_C}$$

如果 X_B 与 X_C 电抗性质相同，则 $\dot{A}(\omega_0)\dot{F}(\omega_0) = g_mR_o \cdot \dfrac{X_B}{X_C}$ 为正实数，表明 $\omega = \omega_0$ 时满足相位平衡条件，构成正反馈，在此角频率下可能产生振荡。此时，由于 $X_B + X_C = -X_m$，前面所述 X_B 与 X_C 电抗性质相同，因此，X_m 与 X_B、X_C 的电抗性质相反。

综上所述，对于图 5.2.13（a）所示的三端型 LC 正弦波振荡电路，可以得到三端型 LC 正弦波振荡电路的判别准则为：若 X_B 与 X_C 的电抗性质相同，且 X_m 与 X_B、X_C 的电抗性质相反，则可能构成三端型 LC 正弦波振荡电路，否则不能。总结为一句话就是：射同基（集）反，即与发射极相连元件的电抗性质相同，与基极、集电极相连元件的电抗性质相反。这个规律对于三端型 LC 正弦波振荡电路来说普遍适用。

对于一个三端型LC正弦波振荡电路，可以利用公式$X_B+X_m+X_C=0$来计算其振荡频率ω_0。

LC正弦波振荡
电路例题解析

例5.2.1 图5.2.14所示为由多个电抗元件构成的三端型LC正弦波振荡电路的交流通路图，试判断其是否满足自激振荡所需的相位条件。

解 （1）由图5.2.14（a）可知，X_C和X_B为感抗，要使电路满足自激振荡所需的"射同基（集）反"的相位条件，X_m必须为容抗。

设L_1、C组成的串联谐振回路的谐振频率为ω_s，即$\omega_s=\dfrac{1}{\sqrt{L_1C}}$。如果电路的自激振荡角频率为$\omega_0$，要满足电路谐振时$X_m$必须为容抗的条件，则要求$\omega_0<\omega_s$。

一般来说，电路的振荡频率近似等于回路的谐振频率，即

$$\omega_0=\frac{1}{\sqrt{(L_1+L_2+L_3)C}}$$

显然，$\omega_0<\omega_s$成立，故图5.2.14（a）所示的电路满足自激振荡所需的相位条件。

（2）图5.2.14（b）所示电路中，基极所接的两个元件C_1、C_2均为电容，不满足自激振荡所需要的"射同基（集）反"的相位条件。

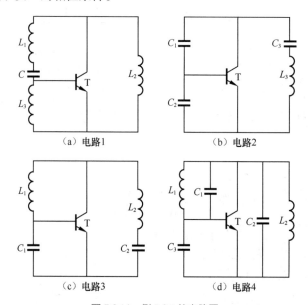

（a）电路1 　　（b）电路2

（c）电路3 　　（d）电路4

图5.2.14　例5.2.1的电路图

（3）图5.2.14（c）所示电路中，为了使电路能够自激，必须将L_2C_2支路等效为容抗。设L_2、C_2组成的串联谐振回路的谐振频率为ω_s，即$\omega_s=\dfrac{1}{\sqrt{L_2C_2}}$。如果电路的自激振荡角频率为$\omega_0$，要满足电路谐振时$X_C$必须为容抗的条件，则要求$\omega_0<\omega_s$。由于电路的振荡频率近似等于回路的谐振频率，即

$$\omega_0=\frac{1}{\sqrt{(L_1+L_2)\dfrac{C_1C_2}{C_1+C_2}}}$$

因此，要求

$$\frac{1}{\sqrt{(L_1 + L_2)\dfrac{C_1 C_2}{C_1 + C_2}}} < \frac{1}{\sqrt{L_2 C_2}}$$

整理得

$$\frac{C_2}{C_1} < \frac{L_1}{L_2} \tag{5.2.2}$$

也就是说，只有当电路中元件 L_1、L_2、C_1、C_2 的取值满足式（5.2.2）时，图5.2.14（c）所示的电路才满足自激振荡所需的相位条件。

（4）对于图5.2.14（d）所示的电路，除了必须使 $L_1 C_1$ 支路为感抗外，$L_2 C_2$ 支路还须为容抗，电路才能满足自激振荡的相位条件。设电路的自激振荡角频率为 ω_0，则必须满足

$$\frac{1}{\sqrt{L_2 C_2}} < \omega_0 < \frac{1}{\sqrt{L_1 C_1}}$$

2．三端电感振荡电路

下面采用闭环法来分析三端电感振荡电路。根据图5.2.11所示的微变等效电路，可以写出下列方程组

$$\begin{cases} \dot{V}_o = j\omega L_1 \dot{I}_{L1} + j\omega M \dot{I}_{L2} \\ \dot{V}_f = -j\omega M \dot{I}_{L1} - j\omega L_2 \dot{I}_{L2} \\ g_m \dot{V}_f + \dfrac{\dot{V}_o}{R_o} + j\omega C(\dot{V}_o - \dot{V}_f) + \dot{I}_{L1} = 0 \end{cases} \tag{5.2.3}$$

将 $\dot{I}_{L2} = \dfrac{\dot{V}_f}{R_i} - j\omega C (\dot{V}_o - \dot{V}_f)$ 代入式（5.2.3），整理后得

$$\begin{bmatrix} 1 - \omega^2 MC & \omega^2 MC - j\omega\dfrac{M}{R_i} & -j\omega L_1 \\ \omega^2 L_2 C & 1 - \omega^2 L_2 C + j\omega\dfrac{L_2}{R_i} & j\omega M \\ j\omega C + \dfrac{1}{R_o} & g_m - j\omega C & 1 \end{bmatrix} \begin{bmatrix} \dot{V}_o \\ \dot{V}_f \\ \dot{I}_{L1} \end{bmatrix} = \begin{bmatrix} 0 \\ 0 \\ 0 \end{bmatrix} \tag{5.2.4}$$

展开系数矩阵的行列式 Δ，并令 $\Delta = 0$，得

$$\left[1 - \omega^2(L_1 + L_2 + 2M)C - \omega^2 \cdot \frac{L_1 L_2 - M^2}{R_o R_i} \right] + $$

$$j\omega \cdot \left[\frac{L_2}{R_i} + \frac{L_1}{R_o} - Mg_m - \omega^2 C\left(g_m + \frac{1}{R_i} + \frac{1}{R_o}\right)(L_1 L_2 - M^2) \right] = 0 \tag{5.2.5}$$

令式（5.2.5）的实数项为0，得振荡角频率 ω_0 为

$$\omega_0 = \frac{1}{\sqrt{(L_1 + L_2 + 2M)C + \dfrac{L_1 L_2 - M^2}{R_o R_i}}} \approx \frac{1}{\sqrt{(L_1 + L_2 + 2M)C}} \tag{5.2.6}$$

令式（5.2.5）的虚数项为0，并以$\omega_0^2 \approx \dfrac{1}{(L_1 + L_2 + 2M)C}$替代式中的$\omega^2$，整理后得

$$g_m = \frac{1}{R_i} \cdot \frac{L_2 + M}{L_1 + M} + \frac{1}{R_o} \cdot \frac{L_1 + M}{L_2 + M} = g_{m0}$$

故起振条件为

$$g_m > \frac{1}{R_i} \cdot \frac{L_2 + M}{L_1 + M} + \frac{1}{R_o} \cdot \frac{L_1 + M}{L_2 + M} \tag{5.2.7}$$

对于三端电感振荡电路，当$M = 0$时，式（5.2.6）和式（5.2.7）变为

$$\omega_0 = \frac{1}{\sqrt{(L_1 + L_2)C + \dfrac{L_1 L_2}{R_o R_i}}} \approx \frac{1}{\sqrt{(L_1 + L_2)C}} \tag{5.2.8}$$

$$g_m > \frac{1}{R_i} \cdot \frac{L_2}{L_1} + \frac{1}{R_o} \cdot \frac{L_1}{L_2} \tag{5.2.9}$$

对于全耦合电路，$M^2 = L_1 L_2$，$M = nL_1$，$L_2 = n^2 L_1$，式（5.2.6）和式（5.2.7）变为

$$\omega_0 = \frac{1}{\sqrt{(1+n)^2 L_1 C}} \tag{5.2.10}$$

$$g_m > \frac{n}{R_i} + \frac{1}{nR_o} \tag{5.2.11}$$

由以上分析可以看出，LC耦合三端电感振荡电路在忽略线圈损耗的情况下，振荡频率近似等于总电感（$L_1 + L_2 + 2M$）与电容C的谐振频率；在全耦合情况下，振荡频率近似等于$(1+n)^2 L_1$与C的谐振频率。电压反馈系数就等于线圈的变比。

三端电感振荡电路的优点是：L_1和L_2之间耦合较紧，因此容易起振，输出电压振幅较大；而且用一只可变电容器就可以方便地调节振荡频率，调节时不影响反馈系数，因此可以在较宽的频段内调节频率，适于制作可变频率振荡器。在某些仪器（如高频信号发生器）中常用此电路制作频率可调的振荡源。

三端电感振荡电路的缺点是：由于输出端和反馈端都是电感，对高次谐波的电抗较大，滤除电流谐波的能力差，因此三端电感振荡电路的振荡波形不太好；另外，由于L_1和L_2上的分布电容和晶体管的极间电容均并联于L_1和L_2两端，影响环路增益，而且频率越高，这种影响越严重，因此电路的振荡频率不能过高，一般最高只能达几十兆赫兹。

3．三端电容振荡电路

下面采用开环法分析三端电容振荡电路。设在基极处开环，则图5.2.9所示的微变等效电路变为如图5.2.15所示。令R_o与$\dfrac{1}{j\omega C_1}$的并联阻抗为Z_1，R_i与$\dfrac{1}{j\omega C_2}$的并联阻抗为Z_2，则

$$Z_1 = \frac{R_o}{1 + j\omega C_1 R_o} \tag{5.2.12}$$

$$Z_2 = \frac{R_i}{1 + j\omega C_2 R_i} \tag{5.2.13}$$

$$\dot{V}_f = \frac{Z_2}{j\omega L + Z_2} \dot{V}_o = \frac{R_i}{R_i + j\omega L(1 + j\omega C_2 R_i)} \dot{V}_o$$

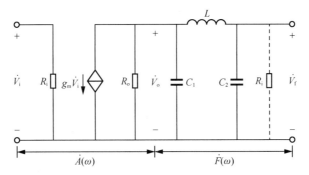

图 5.2.15　三端电容振荡电路的开环微变等效电路

所以

$$\dot{F}(\omega) = \frac{\dot{V}_f}{\dot{V}_o} = \frac{Z_2}{j\omega L + Z_2} = \frac{R_i}{R_i + j\omega L(1 + j\omega C_2 R_i)}$$

$$\dot{V}_o = -g_m \frac{1}{\dfrac{1}{Z_1} + \dfrac{1}{j\omega L + Z_2}} \dot{V}_i \tag{5.2.14}$$

故

$$\dot{A}(\omega) = \frac{\dot{V}_o}{\dot{V}_i} = -\frac{g_m}{\dfrac{1}{Z_1} + \dfrac{1}{j\omega L + Z_2}} \tag{5.2.15}$$

$$\dot{A}(\omega)\dot{F}(\omega) = -\frac{g_m Z_1 Z_2}{Z_1 + j\omega L + Z_2} \tag{5.2.16}$$

将式（5.2.12）和式（5.2.13）代入式（5.2.16），整理后可得

$$\dot{A}(\omega)\dot{F}(\omega) = \frac{-g_m R_i R_o}{[R_i + R_o - \omega^2 L(C_1 R_o + C_2 R_i)] - j\omega[\omega^2 L C_1 C_2 R_i R_o - L - (C_1 + C_2)R_i R_o]} \tag{5.2.17}$$

相位平衡条件为

$$\omega^2 L C_1 C_2 R_i R_o - L - (C_1 + C_2)R_i R_o = 0 \tag{5.2.18}$$

因此可得振荡角频率 ω_0 为

$$\omega_0 = \sqrt{\frac{(C_1 + C_2)R_i R_o + L}{L C_1 C_2 R_i R_o}} = \sqrt{\frac{1}{L\dfrac{C_1 C_2}{C_1 + C_2}} + \frac{1}{C_1 C_2 R_i R_o}} \tag{5.2.19}$$

式中，根号下第1项是由 LC_1C_2 谐振回路的谐振引起的；第2项是由于谐振元件 C_1 和 C_2 上并联有电阻 R_o 和 R_i 引起的偏差。

如果 $\dfrac{L}{C_1 + C_2} \ll R_i R_o$，则式（5.2.19）可近似为

$$\omega_0 \approx \frac{1}{\sqrt{L\dfrac{C_1 C_2}{C_1 + C_2}}} \tag{5.2.20}$$

可见三端电容振荡器的振荡频率接近于谐振回路LC_1C_2的谐振频率。R_o、R_i越大，利用谐振回路的谐振频率估算电路振荡频率就越准确。

振幅平衡条件为

$$-\frac{g_m R_i R_o}{R_i + R_o - \omega_0^2 L(C_1 R_o + C_2 R_i)} = 1 \tag{5.2.21}$$

将式（5.2.20）中的ω_0代入式（5.2.21）整理后得

$$g_m = \frac{C_2}{C_1} \cdot \frac{1}{R_o} + \frac{C_1}{C_2} \cdot \frac{1}{R_i} = g_{m0} \tag{5.2.22}$$

故起振条件为

$$g_m > \frac{C_2}{C_1} \cdot \frac{1}{R_o} + \frac{C_1}{C_2} \cdot \frac{1}{R_i} \tag{5.2.23}$$

在电路元件数值和晶体管参数都已知的情况下，根据式（5.2.19）、式（5.2.20）和式（5.2.23）可以计算出图5.2.8所示电路的振荡频率并确定是否能够起振。从工程估算角度讲，式（5.2.23）还嫌复杂，往往需要采用更为简化的公式来近似计算。

4. 三端电容振荡电路的近似估算

振荡角频率可用谐振回路的谐振频率来估算，即

$$\omega_0 \approx \frac{1}{\sqrt{L \dfrac{C_1 C_2}{C_1 + C_2}}}$$

起振条件则采用分别计算$\dot{A}(\omega_0)$和$\dot{F}(\omega_0)$的方法求得。

（1）先求$\dot{F}(\omega_0)$的值

将式（5.2.20）中的ω_0代入式（5.2.14），经过整理可得

$$\dot{F}(\omega_0) = \frac{R_i}{-\dfrac{C_2}{C_1}R_i + \mathrm{j}\omega_0 L} = -\frac{R_i}{\dfrac{C_2}{C_1}R_i - \mathrm{j}\omega_0 L} \tag{5.2.24}$$

当$\dfrac{C_2}{C_1}R_i \gg \omega_0 L$时，可得

$$\dot{F}(\omega_0) \approx -\frac{C_1}{C_2} \tag{5.2.25}$$

一般振荡电路$|\dot{A}(\omega_0)| \gg 1$，显然$\left|\dot{F}(\omega_0)\right| \ll 1$，$\dfrac{C_2}{C_1}$的比值较大，$\dfrac{C_2}{C_1}R_i \gg \omega_0 L$的条件是容易满足的。同时$R_i$越大，式（5.2.25）越准确。式（5.2.25）说明了两点。

① 它的负号恰好说明选频网络具有反相作用。

② 选频网络的电压反馈系数与C_1、C_2的比值有关，比值越大，电压反馈系数越大。$\dfrac{C_2}{C_1}$的比值相当于调谐型振荡电路调谐线圈与反馈线圈的变比。

（2）再求$\dot{A}(\omega_0)$的值

将式（5.2.20）中的ω_0代入式（5.2.15），整理后可得

$$\dot{A}(\omega_0) = -\cfrac{g_{\mathrm{m}}}{\cfrac{1}{R_{\mathrm{o}}} + \mathrm{j}\omega_0 C_1 + \cfrac{1+\mathrm{j}\omega_0 C_2 R_{\mathrm{i}}}{R_{\mathrm{i}}+\mathrm{j}\omega_0 L(1+\mathrm{j}\omega_0 C_2 R_{\mathrm{i}})}} \approx -\cfrac{g_{\mathrm{m}}}{\cfrac{1}{R_{\mathrm{o}}} + \mathrm{j}\omega_0 C_1 + \cfrac{1+\mathrm{j}\omega_0 C_2 R_{\mathrm{i}}}{-\cfrac{C_2}{C_1}R_{\mathrm{i}}+\mathrm{j}\omega_0 L}}$$

（5.2.26）

$$= -\cfrac{g_{\mathrm{m}}}{\cfrac{1}{R_{\mathrm{o}}} + \cfrac{1-\omega_0^2 LC_1}{-\cfrac{C_2}{C_1}R_{\mathrm{i}}+\mathrm{j}\omega_0 L}} = -\cfrac{g_{\mathrm{m}}}{\cfrac{1}{R_{\mathrm{o}}} - \cfrac{C_1/C_2}{-\cfrac{C_2}{C_1}R_{\mathrm{i}}+\mathrm{j}\omega_0 L}} \approx -\cfrac{g_{\mathrm{m}}}{\cfrac{1}{R_{\mathrm{o}}} + \cfrac{1}{(C_2/C_1)^2 R_{\mathrm{i}}}}$$

令 $\left(\cfrac{C_2}{C_1}\right)^2 R_{\mathrm{i}} = R_{\mathrm{L}}$，式（5.2.26）可改写成

$$\dot{A}(\omega_0) \approx -\cfrac{g_{\mathrm{m}}}{\cfrac{1}{R_{\mathrm{o}}} + \cfrac{1}{R_{\mathrm{L}}}}$$

（5.2.27）

式（5.2.26）和式（5.2.27）说明以下两点。

① 它的负号说明放大电路具有反相作用。

② $(C_2/C_1)^2 R_{\mathrm{i}} = R_{\mathrm{L}}$，说明在振荡频率下，振荡电路的输入阻抗通过反相网络折算到集电极一侧的等效电阻 R_{L} 是 R_{i} 的 $(C_2/C_1)^2$ 倍。这与变压器的阻抗变换作用相似，变换比为 $(C_2/C_1)^2$，相当于调谐型振荡电路的变压器的变换比 $1/n^2$。

三端电容振荡电路的优点是：输出端和反馈端都是电容，对高次谐波的电抗较小，滤除电流谐波的能力强，因此振荡波形好；只要减小电容，就能提高振荡频率。若不加外加电容，仅利用晶体管的输入和输出电容作为回路电容，则振荡频率可高达几百兆赫兹，甚至上千兆赫兹。

三端电容振荡电路的缺点是：改变频率不方便，因为通过改变 C_2 或 C_1 来改变振荡频率时，C_1/C_2 的比值也随之改变，这将改变反馈电压的大小，从而影响振荡幅度，甚至会造成停振。如果同时改变 C_1、C_2 的值，而不改变其比值，当然是比较麻烦的。因此，这种振荡电路适用于作为固定频率的振荡器。

5.2.4　改进型三端电容振荡电路

三端电容振荡电路是一种性能优良的振荡电路。但它有两个缺点：其一，调节频率时，要保持 C_1/C_2 比值不变，实现起来较困难；其二，C_1 和 C_2 接在晶体管集射极和基射极间，振荡频率越高，C_1 和 C_2 的电容值越小。晶体管的集电结和发射结电容将直接影响到 C_1 和 C_2 的值，从而影响振荡频率的稳定性。为了克服这两个缺点，人们提出了改进型三端电容振荡电路。

1. 克拉泼电路

图5.2.16所示的电路是在谐振回路的电感支路中串联了一个可调电容 C，因此称为串联改进型三端电容振荡电路，又称克拉泼电路。克拉泼电路的振荡角频率应为

$$\omega_0 \approx \cfrac{1}{\sqrt{L/\left(\cfrac{1}{C_1} + \cfrac{1}{C_2} + \cfrac{1}{C}\right)}}$$

（5.2.28）

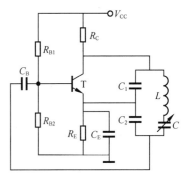

图 5.2.16　克拉泼电路

如果选 C 的值使 $C \ll C_1$ 且 $C \ll C_2$，则

$$\frac{1}{C_1} + \frac{1}{C_2} + \frac{1}{C} \approx \frac{1}{C}$$

$$\omega_0 \approx \frac{1}{\sqrt{LC}} \qquad (5.2.29)$$

可以看出 C_1 和 C_2 对振荡频率的影响已经很小了。因此，振荡频率主要取决于电感 L 和串联电容 C，晶体管结电容对振荡频率的影响也就大为减小了，所以克拉泼电路的频率稳定性比典型的三端电容振荡电路好。同时，改变 C 就可以调节振荡频率，而不致影响 C_1 和 C_2 的比值，即改变 C 不影响反馈系数。

应当指出，在克拉泼电路中，当 C 减小时，虽然不影响反馈，但会导致放大倍数下降，从而影响起振条件。故该电路的缺点是不易起振，并且振荡幅度不够平稳，随着频率的增高而下降；当作为可变振荡器时，可调节的频率范围（频率覆盖）不够宽。

2．西勒电路

当要求频率稳定性高、输出振幅较平稳、频率覆盖宽时，可采用并联改进型三端电容振荡电路。这个电路又称西勒电路，如图 5.2.17 所示。它与克拉泼电路的不同点主要在于回路电感 L 两端又并联了一个可变电容 C_4，C_4 远小于 C_1 和 C_2 的电容值。当 $C_1 \gg C_3$、$C_2 \gg C_3$ 时，该电路的振荡角频率应为

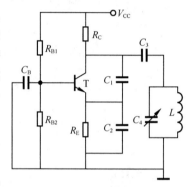

图 5.2.17　西勒电路

$$\omega_0 \approx \frac{1}{\sqrt{L(C_3' + C_4)}} \approx \frac{1}{\sqrt{L(C_3 + C_4)}} \qquad (5.2.30)$$

式中，$\dfrac{1}{C_3'} = \dfrac{1}{C_1} + \dfrac{1}{C_2} + \dfrac{1}{C_3}$。

由于 $C_1 \gg C_3$，$C_2 \gg C_3$，故 $C_3' \approx C_3$。此时的 C_3 为固定电容，西勒电路是通过改变 C_4 来调节振荡频率的。所以在调节振荡频率时不影响反馈，对放大倍数的影响也不大，因而在整个波段内振荡器性能变化不大。

图 5.2.17 中的 C_B 电容值一般都比较大，对振荡信号来说相当于短路，因此，图 5.2.17 是个共基振荡电路。

前面所述的几种三端型 LC 正弦波振荡电路的性能比较见表 5.2.1。

表 5.2.1　几种三端型 LC 正弦波振荡电路的性能比较

名称	三端电感振荡电路（哈特莱电路）	三端电容振荡电路（科皮兹电路）	串联改进型三端电容振荡电路（克拉泼电路）	并联改进型三端电容振荡电路（西勒电路）
振荡频率 ω_0 的近似表达式	$\omega_0 = \dfrac{1}{\sqrt{LC}}$ $L = L_1 + L_2 + 2M$	$\omega_0 = \dfrac{1}{\sqrt{LC}}$ $\dfrac{1}{C} = \dfrac{1}{C_1} + \dfrac{1}{C_2}$	$\omega_0 = \dfrac{1}{\sqrt{LC}}$	$\omega_0 = \dfrac{1}{\sqrt{LC}}$ $C \approx C_3 + C_4$
波形	差	好	好	好
反馈系数	$\dfrac{L_2 + M}{L_1 + M}$ 或 $\dfrac{N_2}{N_1}$	$\dfrac{C_1}{C_2}$	$\dfrac{C_1}{C_2}$	$\dfrac{C_1}{C_2}$

续表

名称	三端电感振荡电路（哈特莱电路）	三端电容振荡电路（科皮兹电路）	串联改进型三端电容振荡电路（克拉泼电路）	并联改进型三端电容振荡电路（西勒电路）
作可变 ω_0 振荡电路	可以	不方便	方便，但振幅不稳	方便，振幅平稳
频率稳定性	差	差	好	好
最高振荡频率	几十兆赫兹	几百至几千兆赫兹	几百兆赫兹	几百兆赫兹至几千兆赫兹

5.2.5　场效应管振荡电路

结型场效应管是一种电压控制器件。与晶体管相比，它具有输入阻抗高、隔离性能好、噪声低等优点，用它来构成振荡器，在频率稳定度方面具有更好的性能。

场效应管振荡电路与差分对管振荡电路

1. 调栅电路的自激条件

在上述各种振荡电路中，以结型场效应晶体管替代双极晶体管同样可以构成正弦波振荡电路。下面就以图 5.2.18 所示的调栅电路为例，分析它的振荡频率、起振条件以及直流偏置问题。

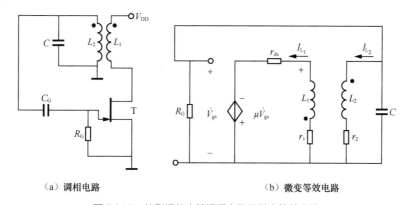

（a）调相电路　　　　　　　　　　（b）微变等效电路

图 5.2.18　结型场效应管调栅电路及微变等效电路

画出图 5.2.18（a）所示电路的微变等效电路，如图 5.2.18（b）所示。图中 $\mu = g_m r_{ds}$ 一般都很大，所以它对谐振回路的影响可以忽略。由图 5.2.18（b）可列出以下方程组

$$\mu \dot{V}_{gs} = (r_{ds} + r_1 + j\omega L_1)\dot{I}_{L1} + j\omega M \dot{I}_{L2} \tag{5.2.31a}$$

$$0 = j\omega M \dot{I}_{L1} + \left[r_2 + j\left(\omega L_2 - \frac{1}{\omega C} \right) \right] \dot{I}_{L2} \tag{5.2.31b}$$

$$\dot{V}_{gs} = -\frac{1}{j\omega C} \dot{I}_{L2} \tag{5.2.31c}$$

将式（5.2.31c）代入式（5.2.31a），整理后可得

$$\begin{bmatrix} r_{ds} + r_1 + j\omega L_1 & \dfrac{\mu}{j\omega C} + j\omega M \\[2mm] j\omega M & r_2 + j\left(\omega L_2 - \dfrac{1}{\omega C} \right) \end{bmatrix} \begin{bmatrix} \dot{I}_{L1} \\[1mm] \dot{I}_{L2} \end{bmatrix} = \begin{bmatrix} 0 \\ 0 \end{bmatrix} \tag{5.2.32}$$

展开系数矩阵的行列式 Δ，并令 $\Delta = 0$，可得

$$\left[(r_{ds}+r_1)r_2 - \omega L_1\left(\omega L_2 - \frac{1}{\omega C}\right) - \frac{\mu M}{C} + \omega^2 M^2\right] + j\left[\omega L_1 r_2 + (r_{ds}+r_1)\left(\omega L_2 - \frac{1}{\omega C}\right)\right] = 0 \quad （5.2.33）$$

由式（5.2.33）可得

$$\omega L_1 r_2 + (r_{ds}+r_1)\left(\omega L_2 - \frac{1}{\omega C}\right) = 0 \quad （5.2.34）$$

和

$$(r_{ds}+r_1)r_2 - \omega L_1\left(\omega L_2 - \frac{1}{\omega C}\right) - \frac{\mu M}{C} + \omega^2 M^2 = 0 \quad （5.2.35）$$

解式（5.2.34）得振荡角频率为

$$\omega_0 = \frac{1}{\sqrt{C[L_2 + L_1 r_2/(r_{ds}+r_1)]}} \quad （5.2.36）$$

因为 $r_{ds} \gg r_1$，$r_{ds} \gg r_2$，式（5.2.36）可近似为

$$\omega_0 \approx \frac{1}{\sqrt{L_2 C}} \quad （5.2.37）$$

将式（5.2.37）代入式（5.2.35），整理后可得

$$\mu_0 = (r_{ds}+r_1)\frac{r_2 C}{M} + \frac{M}{L_2}$$

或 $g_{m0} = \left(1 + \frac{r_1}{r_{ds}}\right)\frac{r_2 C}{M} + \frac{M}{L_2 r_{ds}}$

故起振条件为

$$g_m > \left(1 + \frac{r_1}{r_{ds}}\right)\frac{r_2 C}{M} + \frac{M}{L_2 r_{ds}} \quad （5.2.38）$$

若忽略 r_1 和 r_2 的影响，可得

$$g_m > \frac{M}{L_2 r_{ds}} \quad （5.2.39）$$

对全耦合线圈，有 $L_2 = nM$，故

$$g_m > \frac{1}{n r_{ds}} \quad （5.2.40）$$

2. 栅极自给偏压电路

对于结型场效应管振荡电路，图5.2.18（a）所示的调栅电路一般不加固定直流偏压，而是采用由 C_G、R_G 组成的栅极自给偏压。这种偏压便于起振，有利于振荡幅度的稳定。其工作过程是：开始起振时，栅极上是零偏电压，这时管子的跨导 g_m 最大。随着振荡电压的增大，当 $v_G > 0$ 时，出现栅极电流 i_G，其中的直流分量将由小变大，它在 R_G 上建立起的负偏压的绝对值也由小变大，而管子的跨导相应地由大变小。当振荡电压达到某一振幅时，电路满足振幅平衡条件，振荡电压即稳定在此振幅，呈现等幅振荡。图5.2.19所示

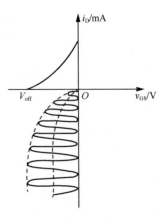

图 5.2.19 栅极自给偏压电路振荡幅度和自偏电压建立过程的示意图

为栅极自给偏压电路振荡幅度和自偏电压的建立过程。由图可见，当振荡电压增大时，由于 C_G、R_G 的自给偏压效应，加到栅极上的最大电压始终维持在零附近。因此，即使在有栅极电流的情况下，仍然可以保持场效应管高输入阻抗的特点。

利用同样的方法可以分析图 5.2.20 和图 5.2.21 所示的结型场效应管三端电容振荡电路和三端电感振荡电路。

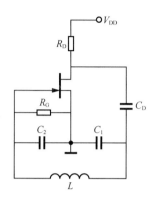
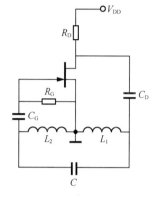

图 5.2.20　结型场效应管三端电容振荡电路　　　图 5.2.21　结型场效应管三端电感振荡电路

MOS 场效应管振荡电路如图 5.2.22 所示。图 5.2.22（a）所示的 N 沟道 MOS 场效应管三端电感振荡电路采用栅极外接检波电路 C_G、D。电路起振后，当振荡信号使 A 点为正时，D 导通，给 C_G 充电；A 点为负时，D 截止，C_G 上的电压基本保持，这个电压就是栅极偏压。随着振幅的加大，栅极负偏压增大，具有自动稳幅作用。图 5.2.22（b）是采用 P 沟道 MOS 场效应管构成的三端电容振荡电路，由于 MOS 管不存在栅极电流，故采用 R_S、L_S 构成源极自给偏置方式。

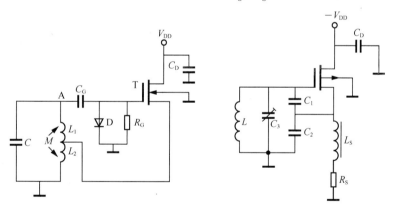

（a）N 沟道 MOS 场效应管三端电感振荡电路　　　（b）P 沟道 MOS 场效应管构成的三端电容振荡电路

图 5.2.22　MOS 场效应管振荡电路

对于晶体管振荡电路来说，不管是分压式偏置还是恒流源偏置，都具有自给偏压效应。为保证电路起振，要设置一定的工作点。当电路起振后，由于自给偏压效应，电路会自动移到丙类工作状态。自给偏压效应一方面可提高振荡器的效率，更重要的是具有自动稳幅作用。

5.2.6　集成电路振荡器

利用集成电路也可以构成正弦波振荡器。集成电路振荡器一般需要外接 LC 选频电路。

集成电路振荡器广泛采用差分对管振荡电路。现以E1648单片集成振荡器为例介绍集成电路振荡器。

1．差分对管振荡电路

采用差分对管也可以构成振荡电路，图5.2.23（a）给出了一个差分对管振荡电路的原理图。图中，T_1和T_2为差分对管，其中T_2管的集电极外接LC谐振回路，调谐在振荡频率上，谐振回路上的输出电压直接加到T_1管的基极上，形成正反馈。同时，T_2管的集电极又通过LC谐振回路接到T_2管的基极上，这样V_{BB}就同时成为两管的基极偏置电压，保证了两管基极直流同电位，同时也使T_2管的集电极和基极直流同电位，使T_2管工作在临界饱和状态。因此，LC谐振回路两端的振荡电压振幅就不能太大，一般为200mV左右。

图5.2.23（b）所示为其交流通路，R_{EE}为恒流源I_0的交流等效电路。可见，这是一个共集-共基反馈电路，共集电路与共基电路均为同相放大电路，且总电压增益可调至大于1，满足振幅条件，所以只要相位条件满足，电路就可起振。利用瞬时极性判断法在T_1基极断开，有$v_{b1}\oplus\rightarrow v_{e1}(v_{e2})\oplus\rightarrow v_{c2}\oplus\rightarrow v_{b1}\oplus$，所以电路是正反馈。在振荡频率点，并联LC谐振回路的阻抗最大，正反馈电压$v_f(v_o)$最强，且满足相位稳定条件。综上所述，此振荡电路能正常工作。

差分放大管振荡电路的差分输出特性为双曲正切特性，如图5.2.23（c）所示。起振时的振荡电压工作在特性曲线的最大跨导处，很容易满足振幅条件而起振。起振后，在正反馈条件下，振荡振幅将不断增大。随着振幅的增大，差分放大器的放大倍数将减小，这使振幅的增长渐趋缓慢，直至进入晶体管截止区（而不是饱和区）后，振荡电路进入平衡状态。此时由于晶体管工作在截止区，输出电阻较大，对LC谐振回路的影响较小，这样就保证了回路有较高的有载品质因数，有利于提高频率稳定度。

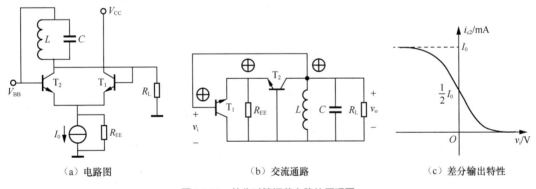

（a）电路图　　　　　　　（b）交流通路　　　　　　　（c）差分输出特性

图 5.2.23　差分对管振荡电路的原理图

这个电路的振荡频率接近于回路的固有谐振频率

$$\omega_0 \approx \frac{1}{\sqrt{LC}}$$

（5.2.41）

差分对管振荡电路的优点是：靠进入截止区来限幅，保证了回路具有较高的Q值，从而提高了振荡电路的频率稳定性和振幅稳定性。此外，由于差模传输特性的奇对称性，输出波形的正负半周对称性好，不含偶次谐波，奇次谐波成分也比单管振荡电路要少。

2．集成LC振荡电路

（1）电路组成和原理

图5.2.24所示为集成振荡器E1648的内部电路图。该振荡器由3部分组成：差分对管振荡电

路、偏置电路和隔离放大电路。差分对管振荡电路由T_7、T_8管组成，T_9组成恒流源电路；偏置电路由T_{10}～T_{14}管组成；放大电路由两部分组成，第一级是由T_4、T_5管组成的共射-共基级联放大电路，第二级是由T_2、T_3管组成的单端输入、单端输出的差分放大电路。跟随器T_1为隔离输出级，故负载与振荡回路之间有很好的隔离性能。

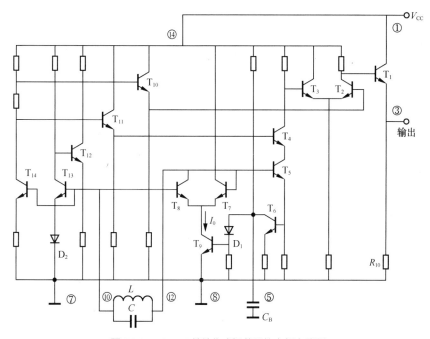

图 5.2.24　E1648 单片集成振荡器的内部电路图

差分对管振荡电路的LC谐振回路接在T_8管的集电极和基极间，即10、12脚；振荡输出接到T_5管基极，经过两级放大电路放大后的信号由T_1管输出，即3脚为最后的电路输出。内部集成的负载电阻R_{10}为1.5 kΩ。T_{10}～T_{14}管为偏置电路，T_{10}、T_{11}管分别为两级放大器提供偏置，T_{12}～T_{14}管为差分对管振荡电路提供偏置。T_{12}管与T_{13}管组成互补稳定电路，稳定T_8管的基极电压。若由于某种干扰使T_8管基极电压升高，则T_{13}管集电极电压降低，T_{12}管发射极电压降低，这一负反馈使T_8管基极电压保持稳定。另外，振荡信号经T_6管反馈和D_1电平偏移，加到T_9管的基极构成负反馈，因而能稳定振幅。

E1648是ECL中规模集成电路，其典型应用是作为锁相环路配套的压控振荡器。正常应用时1脚和14脚接+5 V电源，7脚和8脚接地；或者1脚和14脚接地，7脚和8脚接−5.2 V电源。5脚接不同电压，可改变T_9管基极电压，从而改变主振电流，即改变振荡电压振幅，使输出波形不同。5脚通过电容接地，可以得到正弦波输出；5脚加正电压时，振荡加强，通过T_2、T_3管差分对管限幅，可以得到方波输出。

（2）实际电路

图5.2.25给出了一个用E1648构成的高频振荡器电

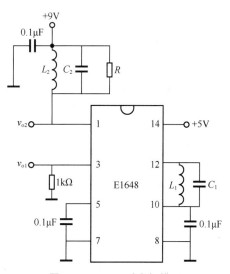

图 5.2.25　E1648 高频振荡器

路图，其振荡频率为

$$f_0 = \frac{1}{2\pi\sqrt{L_1\left(C_1 + C_i\right)}} \tag{5.2.42}$$

式中，$C_i \approx 6pF$，是E1648第10、12脚间的输入电容。

E1648的最高振荡频率可达$f_{0\,max} = 225MHz$。

电路中，1脚的L_2C_2回路是为增加输出振幅而连接的，也可不接。当不接入L_2C_2回路而1脚接+5V电压时，从3脚输出的电压的峰峰值不小于750mV。当1脚接L_2C_2回路（应调谐于振荡频率）且其电源电压为+9V时，R（包括负载电阻）取$1k\Omega$，1脚输出功率最大可达$5(f_0 = 100MHz) \sim 13mW(f_0 = 10MHz)$。

3．集成宽带高频正弦波振荡电路

各种集成放大电路都可以用来组成集成正弦波振荡电路，确定其振荡频率的LC元件需外接。为了满足振幅起振条件，集成放大电路的单位增益带宽BW_G至少应比振荡频率f_0大$1 \sim 2$倍。为了保证振荡器有足够高的频率稳定度，一般宜取$BW \geq f_0$或者$BW \geq (3 \sim 10)f_0$。集成放大电路的最大输出电压振幅和负载特性也应满足振荡器的起振条件及振荡器平衡状态的稳定条件。采用E1648等单片集成振荡器组成正弦波振荡器更加方便，在前面已有介绍。

用集成宽带放大电路F733和LC网络可以组成频率在120MHz以内的高频正弦波振荡器，典型接法如图5.2.26所示，如在第2脚与回路之间接入晶振（有关晶振的内容见5.4节），可组成晶体振荡器。

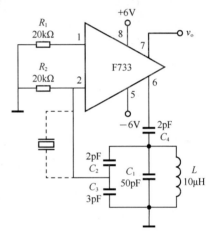

图5.2.26　集成宽带高频正弦波振荡器

用集成宽带（或射频）放大电路组成高频正弦波振荡电路时，LC谐振回路应正确接入反馈支路，其电路组成原则与运算放大振荡电路的组成原则相似。

5.3 文氏桥 RC 正弦波振荡电路

LC正弦振荡电路的振荡频率很接近于其谐振回路的谐振频率。若要获得较低频率的正弦信号，需要很大的电感量，这在经济上和技术上都是不合理的。因此，低频振荡器往往采用RC正弦波振荡电路。RC正弦波振荡电路是指用RC移相网络替代LC选频网络构成的正弦波振荡电路。根据结构的不同，RC正弦波振荡电路又可分为RC串、并联电路（即文氏桥RC正弦波振荡电路）、积分式正交正弦波振荡电路等类型。本节仅介绍文氏桥RC正弦波振荡电路，感兴趣的读者可自行查找其他类型的RC正弦波振荡电路。

5.3.1　振荡电路的构成

文氏桥RC正弦波振荡电路由同相放大电路和RC串、并联电路构成，放大电路可以由双极晶体管或场效应晶体管构成，也可以由集成运算放大器（以下简称运放）构成。图5.3.1所示是集成运放文氏桥RC正弦波振荡电路的原理图，图5.3.2所示是双极晶体管文氏桥RC正弦波振荡电路的原理图。

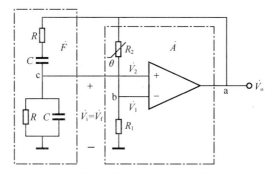

图 5.3.1 集成运放文氏桥 RC 正弦波振荡电路

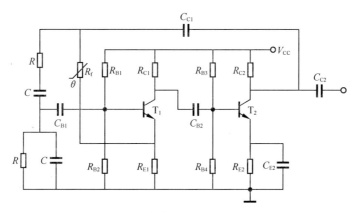

图 5.3.2 双极晶体管文氏桥 RC 正弦波振荡电路

5.3.2 振荡频率和起振条件

下面以集成运算放大器文氏桥RC正弦波振荡电路为例，用开环法计算它的振荡频率和起振条件。假定该集成运放是理想的，RC串联电路的阻抗为Z_1，RC并联电路的阻抗为Z_2，$Z_1 = R+\dfrac{1}{j\omega C}$，$Z_2 = \dfrac{R}{1+j\omega CR}$，则反馈网络的反馈系数为

$$\dot{F}(\omega) = \frac{\dot{V}_f(\omega)}{\dot{V}_o(\omega)} = \frac{Z_2}{Z_1 + Z_2} = \frac{j\omega CR}{(1-\omega^2 R^2 C^2) + j3\omega CR} \tag{5.3.1}$$

令 $\omega_0 = \dfrac{1}{RC}$，式（5.3.1）可改写为

$$\dot{F}(\omega) = \frac{1}{3+j\left(\dfrac{\omega}{\omega_0} - \dfrac{\omega_0}{\omega}\right)} \tag{5.3.2}$$

其幅频特性和相频特性分别为

$$\left|\dot{F}(\omega)\right| = \frac{1}{\sqrt{3^2 + \left(\dfrac{\omega}{\omega_0} - \dfrac{\omega_0}{\omega}\right)^2}} \qquad (5.3.3a)$$

$$\varphi_F(\omega) = -\arctan \frac{\dfrac{\omega}{\omega_0} - \dfrac{\omega_0}{\omega}}{3} \qquad (5.3.3b)$$

$\dot{F}(\omega)$ 的幅频特性和相频特性曲线如图 5.3.3（a）、图 5.3.3（b）所示。

因同相放大电路的放大倍数 $A_v = 1 + \dfrac{R_2}{R_1}$，相角 $\varphi_A = 0$，故满足相位平衡条件的角频率 $\omega = \omega_0$，振荡角频率 $\omega_0 = \dfrac{1}{RC}$ 或 $f_0 = \dfrac{1}{2\pi RC}$。满足振幅平衡条件时 $A_v = 1 + \dfrac{R_2}{R_1} = 3$，即 $R_2 = 2R_1$，故起振条件为 $A_v > 3$，即 $R_2 > 2R_1$。

这个电路之所以称为文氏桥 RC 正弦波振荡电路，是因为 R_1、R_2 和 RC 串、并联电路构成了一个电桥，图 5.3.1 可以改画成如图 5.3.4 所示的电路。电桥的输入端接在 a 端和地端，输出端连在 b 端和 c 端。当 $\omega = \omega_0 = \dfrac{1}{RC}$、$R_2 = 2R_1$ 时，电桥平衡，$V_2 - V_1 = 0$，如果运放是理想的，$A_v = \infty$ 才能满足振幅平衡条件。若 $R_2 > 2R_1$，电桥失衡，$V_2 - V_1 > 0$，有限 A_v 值就可以满足振幅平衡条件。

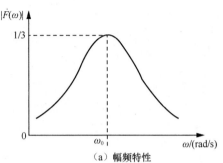

（a）幅频特性

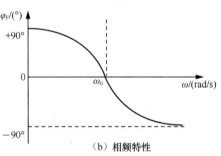

（b）相频特性

图 5.3.3　RC 串、并联电路的频率特性

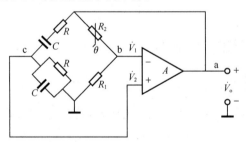

图 5.3.4　改画后的文氏桥 RC 正弦波振荡电路

5.3.3　振荡的建立与稳定

振荡电路起振后，输出电压为增幅振荡。随着振荡幅度的增大，放大电路中的非线性增强，最终电路达到等幅振荡。与 LC 振荡电路不同，RC 振荡电路的频率选择性差，没有有效滤除谐波的能力，因此，振荡电压的振幅应该严格限制在运放转移特性的线性区，而用外稳幅的方法解决振荡电路的稳幅问题。例如在图 5.3.1 所示的电路中，R_2 可用温度系数为负的热敏电阻改变放大电路的增益，实现稳幅作用。

由于热敏电阻存在热惰性，它的温度只能随着加在其上的平均功率而变化。换句话说，只有当振荡电压振幅变化时，R_2 上的温度及相应的阻值才会发生变化。振荡电路刚起振时，振荡电压振幅很小，R_2 的温度低，阻值大，运放的负反馈弱，增益 A_v 大，满足起振条件，电路起振。随着振荡电压振幅增大，加在 R_2 上的平均功率加大，温度上升，阻值相应地减小，因而运放的负反馈增强，增益 A_v 降低，最终满足振幅平衡条件，输出电压达到稳定值。

与 LC 振荡电路相比，文氏桥 RC 正弦波振荡电路有以下优点。

① 电路中的放大部分有很深的电压串联负反馈，使输出电压振幅在整个频段内基本上不随振荡频率的改变而改变。

② 电路的放大部分加有深度负反馈且工作于线性状态，它是靠外加热敏电阻进行外稳幅的，因此波形失真很小。

③ 频率易于调节，且频率覆盖系数大。

基于这些优点，文氏桥 RC 正弦波振荡电路广泛用来作为频率范围从几赫兹到几百千赫兹的低频信号源。RC 正弦波振荡电路的频率稳定度约在 $10^{-2} \sim 10^{-3}$ 数量级之间。

5.4　石英晶体振荡电路

5.4.1　正弦波振荡电路的频率稳定问题

正弦波振荡电路
的频率稳定问题

通信、广播以及电子测量仪表等设备都要求振荡电路的振荡频率很稳定，这是一个非常重要的问题。例如，如果通信系统的频率不稳定，就会漏失信号而联系不上；测量仪器的频率不稳定，就会引起较大的测量误差。

1．频率稳定度

振荡电路的频率稳定度是指由于外界条件的变化，引起振荡电路的实际工作频率偏离标称频率的程度。它是振荡电路一个很重要的指标。

频率稳定度一般用角频率或频率的相对变化量来衡量，即 $\Delta\omega/\omega_0$ 或 $\Delta f/f_0$ 来表示，其中 ω_0 为振荡角频率，$\Delta\omega = \omega-\omega_0$ 为角频率偏移。这个比值越小，表示振荡电路的频率稳定度越高。频率稳定度有时会附加时间条件，如一小时或一日内频率的相对变化量。广播电台的频率稳定度一般要求在 10^{-6} 以上。作为频率标准的振荡电路要求有更高的频率稳定度，一般为 10^{-7} 或 10^{-8}，甚至更高。为了有效地提高振荡电路振荡频率的稳定度，首先必须了解引起频率不稳定的原因。

2．造成频率不稳定的因素

振荡电路的频率主要取决于选频电路元件的值，也与负载电阻、晶体管的参数等因素有关。由于这些参数不会长时间固定不变，所以振荡频率也不能绝对稳定。

（1）选频电路元件值变化对频率稳定度的影响

温度变化是 LC 选频电路元件值不稳定的主要因素。设 L 和 C 的变化量分别为 ΔL 和 ΔC，而相应的振荡角频率 ω_0 的变化量为 $\Delta\omega$，则

$$\Delta\omega = -\frac{1}{2}\omega_0\left(\frac{\Delta L}{L}+\frac{\Delta C}{C}\right) \qquad (5.4.1a)$$

$$\frac{\Delta\omega}{\omega_0} = -\frac{1}{2}\left(\frac{\Delta L}{L}+\frac{\Delta C}{C}\right) \qquad (5.4.1b)$$

L 和 C 的参数变化主要受环境温度的影响，温度对电感和电容值的影响程度往往用温度系数来衡量。温度系数是指温度变化 $1℃$ 时电感或电容的相对变化量，电感的温度系数一般为正；对电容来讲，可以是正，也可以是负，取决于电容器的介质材料。例如，云母电容器的温度系数是正的，陶瓷电容器则是负的。因此，选用具有合适负温度系数的电容器补偿电感由于正温度系数引起的频率变化，就能有效地减小振荡频率的相对变化量。

（2）回路内部相移变化对频率稳定度的影响

负载电阻、晶体管参数的变化，特别是高频参数的变化都会影响相位平衡条件，从而影响振荡频率的稳定性。如果由于某种因素，例如高频工作时晶体管内部相移的变化，使环路总相移 $\varphi_{AF}(\omega)$ 产生相位增量 $\Delta\varphi$，电路的振荡角频率将从 ω_0 增加到 $\omega_0+\Delta\omega$，$\Delta\omega$ 是增量角频率，则有

$$\varphi_{AF}(\omega_0+\Delta\omega)+\Delta\varphi=0 \qquad (5.4.2)$$

将 $\varphi_{AF}(\omega)$ 在 ω_0 点展开成泰勒级数，并忽略二次以上各项，则有

$$\varphi_{AF}(\omega_0+\Delta\omega)=\varphi_{AF}(\omega_0)+\frac{d\varphi_{AF}}{d\omega}\Big|_{\omega=\omega_0}\cdot\Delta\omega \qquad (5.4.3a)$$

因为 $\varphi_{AF}(\omega_0)=0$，故

$$\varphi_{AF}(\omega_0+\Delta\omega)=\frac{d\varphi_{AF}}{d\omega}\Big|_{\omega=\omega_0}\cdot\Delta\omega \qquad (5.4.3b)$$

将式（5.4.3b）代入式（5.4.2），可得

$$\Delta\omega=-\frac{\Delta\varphi}{\dfrac{d\varphi_{AF}}{d\omega}\Big|_{\omega=\omega_0}} \qquad (5.4.4a)$$

$$\frac{\Delta\omega}{\omega_0}=-\frac{\Delta\varphi}{\omega_0\cdot\dfrac{d\varphi_{AF}}{d\omega}\Big|_{\omega=\omega_0}} \qquad (5.4.4b)$$

式（5.4.4）说明，$\dfrac{d\varphi_{AF}}{d\omega}$ 越大，由 $\Delta\varphi$ 而引起的振荡角频率的偏移就越小，频率稳定度就越好。因此，通常把 $\dfrac{d\varphi_{AF}}{d\omega}$ 作为衡量振荡电路频率稳定度的一个判据。$\dfrac{d\varphi_{AF}}{d\omega}$ 值的大小是与环路的相频特性有关的，环路的相频特性又主要取决于选频电路的相频特性。这一点可以用图5.4.1所示的变量器耦合振荡电路的开环微变等效电路的 $\varphi_{AF}(\omega)-\omega$ 特性中得到证实。

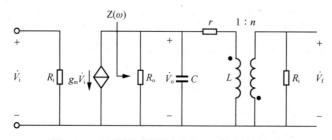

图 5.4.1　变量器耦合振荡电路的开环微变等效电路

$$\dot{A}(\omega)=-g_m Z(\omega)\approx-\frac{g_m}{\dfrac{1}{R_L}+j\omega C+\dfrac{1}{r+j\omega L}} \qquad (5.4.5a)$$

式中，$R_L = R_o // \dfrac{R_i}{n^2}$。

而
$$\dot{F}(\omega) = -\frac{\mathrm{j}\omega L}{r + \mathrm{j}\omega L} \cdot n \tag{5.4.5b}$$

所以
$$\dot{A}(\omega)\dot{F}(\omega) = \frac{\mathrm{j}\omega L \cdot g_m \cdot n}{\left(1 + \dfrac{1}{R_L} - \omega^2 LC\right) + \mathrm{j}\omega\left(Cr + \dfrac{L}{R_L}\right)} \tag{5.4.6}$$

$$\varphi_{AF}(\omega) = \underline{/\dot{A}(\omega)\dot{F}(\omega)} = \arctan\frac{1 + \dfrac{r}{R_L} - \omega^2 LC}{\omega\left(Cr + \dfrac{L}{R_L}\right)} \tag{5.4.7}$$

根据相位平衡条件 $\varphi_{AF}(\omega_0) = 0$，可得振荡角频率 ω_0 为

$$\omega_0 = \frac{1}{\sqrt{LC}}\sqrt{1 + \frac{r}{R_L}} \tag{5.4.8}$$

将式（5.4.8）代入式（5.4.7），可得

$$\varphi_{AF}(\omega) = \arctan\frac{(\omega_0^2 - \omega^2)/\omega_0\omega}{\dfrac{r}{\omega_0 L} + \dfrac{1}{\omega_0 CR_L}} = \arctan\frac{\left(\dfrac{\omega_0}{\omega} - \dfrac{\omega}{\omega_0}\right)}{\dfrac{r}{\omega_0 L} + \dfrac{1}{\omega_0 CR_L}} = -\arctan\frac{\dfrac{\omega}{\omega_0} - \dfrac{\omega_0}{\omega}}{\dfrac{1}{Q} + \dfrac{1}{Q_L}} \tag{5.4.9}$$

式中，$Q = \dfrac{\omega_0 L}{r}$ 是谐振回路的品质因数；$Q_L = \omega_0 CR_L \approx \dfrac{R_L}{\omega_0 L}$ 是谐振回路的负载品质因数。

令 $\dfrac{1}{Q_T} = \dfrac{1}{Q} + \dfrac{1}{Q_L}$，$Q_T$ 是谐振回路的总品质因数，则式（5.4.9）可改写为

$$\varphi_{AF}(\omega) = -\arctan Q_T\left(\frac{\omega}{\omega_0} - \frac{\omega_0}{\omega}\right) \tag{5.4.10}$$

式（5.4.10）的 $\varphi_{AF}(\omega)$-ω 特性如图 5.4.2 所示。Q_T 越大，曲线越陡，在 ω_0 点的斜率可求得

$$\left.\frac{\mathrm{d}\varphi_{AF}}{\mathrm{d}\omega}\right|_{\omega=\omega_0} = -\left.\frac{Q_T\left(1 + \dfrac{\omega_0^2}{\omega^2}\right)\dfrac{1}{\omega_0}}{1 + Q_T^2\left(\dfrac{\omega}{\omega_0} - \dfrac{\omega_0}{\omega}\right)^2}\right|_{\omega=\omega_0} = -2Q_T/\omega_0 \tag{5.4.11}$$

由式（5.4.11）可以看出，Q_T 越大，在 $\omega = \omega_0$ 点，曲线斜率的绝对值越大。从图 5.4.2 也可以看出，由于 $Q_{T2} > Q_{T1}$，由相移 $\Delta\varphi$ 引起的振荡角频率偏移 $\Delta\omega_2 = \omega_{02} - \omega_0 < \omega_{01} - \omega_0 = \Delta\omega_1$。这些都说明，$Q_T$ 越大，频率稳定性越好。因此，为了提高振荡电路的频率稳定性，必须选用高 Q 值谐振回路和大而稳定的负载电阻 R_L 值。

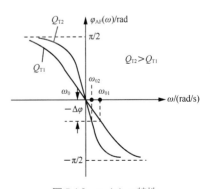

图 5.4.2 $\varphi_{AF}(\omega)$-ω 特性

3．提高频率稳定度的措施

一般来说，提高频率稳定度可以采取两方面的措施：一是设法减小外界因素的变化，二是减小外界因素对电路参数的影响，即当外界因素变化时，设法使 $\Delta\omega$、ΔQ_{T}、$\Delta\varphi_{\mathrm{AF}}$ 尽可能小。

稳定频率的措施主要有。

① 减少温度影响：为了保持温度恒定，可以把振荡电路放在恒温槽内；合理选择电路中使用元件的材料，如采用温度系数较小的电感、电容；采用膨胀系数小的金属材料和介质材料。

② 稳定电源电压：采用良好的稳压电源和稳定系数好的偏置电路，对振荡电路进行单独供电。

③ 减少负载的影响：在振荡电路与负载之间加缓冲器。

④ 采取屏蔽措施：减少周围电磁场的干扰。

⑤ 提高振荡电路的标准性：所谓振荡电路的标准性，就是指振荡电路在外界因素变化时，保持振荡频率不变的能力。如选用温度系数小的元件，选用具有正、负两种温度系数的元件进行相互补偿，减少器件的结电容、分布参数的影响等。

⑥ 晶体管与电路之间的连接采用松耦合，如采用克拉泼电路和西勒电路。

⑦ 提高电路的品质因数。

此外，还可以通过对元器件进行抗老化处理，对振荡器或者其主要部件进行密封（以降低湿度变化的影响），以及远离热源、减小机械振动等措施，来提高频率稳定度。

5.4.2　石英晶体振荡电路

近年来，随着科学技术的发展，对正弦波振荡器频率稳定度的要求越来越高。例如，作为频率标准的振荡器的频率稳定度一般要求达到 10^{-8} 以上。而对于LC振荡器，尽管采用各种稳频措施，其频率稳定度 $\dfrac{\Delta f}{f_0}$ 一般为 $10^{-2} \sim 10^{-4}$ 数量级，究其原因主要是LC回路的 Q 值不能做得很高（约300以下）。如果要求频率稳定度超过 10^{-5}，往往采用石英晶体振子来替代LC谐振回路构成正弦波振荡电路。这种电路称为石英晶体振荡电路，简称晶体振荡电路。由于石英晶体振子具有压电效应、极高的稳定性和极高的品质因数，用它来控制振荡电路的频率，就容易使频率稳定度提高到 $10^{-5} \sim 10^{-6}$ 数量级；若采用恒温措施，则可达到 $10^{-7} \sim 10^{-9}$ 数量级；双层恒温甚至更高。

一般晶体振荡器只能以单一频率工作，不能大范围变化频率。但是随着频率合成技术的发展，这个问题已经得到了较好的解决。

为了说明晶体振荡电路的工作原理，首先要对石英晶体振子的特性有一大概的了解。

石英晶体振子及其特性

1．石英晶体振子及其特性

（1）石英晶体的压电效应

石英晶体属天然晶体，是二氧化硅（SiO_2）的结晶体。它的基本特性是具有正压电效应和反压电效应。正压电效应就是：当在石英晶体上施加压力或拉力，使晶体产生机械变形时，在晶体的一个表面上便积累正电荷，另一表面上积累负电荷。施加的压力或拉力越大，表面上积累的电荷就越多。改变力在石英晶体上的作用方向，表面电荷的极性也随之改变。反压电效应就是：当给石英晶体加上电压，使石英晶体的一个表面上带有正电荷，另一个表面上带有负电荷时，石英晶体内部便会产生应力，使晶体产生机械变形，例如晶体沿某一方向伸长或缩短。当所加电压方向改变后，晶体变形的方向也就随之而变。外加电压越大，表面电荷就越多，晶体内部产生的应力就越强。

由外加电压引起石英晶体的这种机械振动和其他类型的机械振动同样具有谐振特性。当晶体的尺寸一定之后，晶体本身的固有振荡频率也就固定了。当外加交变电压的频率和石英晶体的固有振荡频率相同时，晶体的机械振动最强烈，称为谐振状态。晶体处于谐振状态时，晶体两边积累的电荷量最多。石英谐振器产生机械振动时，有基音振动，还有各种奇次泛音振动。晶体机械振动的泛音与电气谐波不同，电气谐波与基波是整数倍关系，可以同时存在；而泛音与基音只是近似奇数倍，且不能同时存在。实际使用时，电路只是保证晶体在一个频率上振荡。利用基音振动实现对频率控制的晶体称为基音晶体，其余称为泛音晶体。

（2）石英谐振器的等效电路

把石英晶体按一定方位进行切割，可构成晶片。晶片的性能与切割形式有关。在电路中接入晶片，并把它装置在支架上，引出接线，构成"石英谐振器"（又称石英振子）。晶片支架分夹式和焊线式两种，图5.4.3（a）所示是焊线式石英谐振器的结构。晶片两面敷有银层并且焊接引出线。一般低频和中频晶体采用焊线式，高频采用夹式。因为空气阻力会对晶体的机械振动产生不良的影响，所以常要求质量高的晶体把晶片放在抽真空的金属壳见图5.4.3（b）或玻璃泡内。

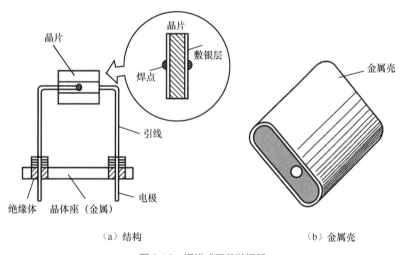

（a）结构　　　　　　　　　　　　　　（b）金属壳

图 5.4.3　焊线式石英谐振器

振动着的石英谐振器可以采用机电类比的方法构成它的等效电路。晶片处于谐振状态时，晶片上积累的电荷最多，外电路中形成的电流也就最大。这一现象和LC串联回路的谐振现象类似，所以可以用电感L、电容C和电阻R的串联回路来等效石英谐振器。此外，晶片两面镀上金属，又引出两条接线，相当于一个介质为石英晶体的平板电容器，因此存在着一个静态电容，这个电容用C_0表示。这样就得到了图5.4.4所示的石英谐振器等效电路。图5.4.4（a）所示为石英谐振器的电路符号，图5.4.4（b）则是其等效电路图。其中，L_1、C_1、r_1和L_n、C_n、r_n分别等效晶体的基音谐振特性和n次泛音谐振特性的参数，L大体反映石英晶片的质量，C反映其材料的刚性，r则对应石英晶片产生机械形变时的损耗。对于基音晶体，其振动模式主要集中在基频，通常可以利用一个基本的电感、电容、电阻串联谐振电路进行简化，在电路中可以用图5.4.4（c）所示的电路来等效。

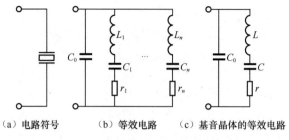

（a）电路符号　　　（b）等效电路　　（c）基音晶体的等效电路

图 5.4.4　石英谐振器的等效电路

不同石英谐振器的等效电感 L 的变化范围是很大的，高频振荡用的晶体的 L 约为 5mH，低频振荡的晶体，L 可达 300H；石英晶体的等效电容非常小，一般在 0.01 ~ 0.2pF 之间；等效电阻 r 为几十欧到几百欧不等。C_0 比 C 大很多。从上面的数据可以看出，石英谐振器的显著特点是其等效品质因数 $Q\left(Q=\dfrac{1}{r}\sqrt{\dfrac{L}{C}}\right)$ 非常高，一般为 $10^4 \sim 10^5$。将谐振器封在抽真空的玻璃壳中，Q 可达 10^6 以上，而实际 LC 谐振回路的 Q 值最高也只有 300 左右，这说明石英谐振器的选择性比 LC 谐振回路的选择性要好得多。

（3）石英谐振器的电抗特性

从图 5.4.4（c）所示的基音晶体等效电路中可以看出，这个电路有两个谐振频率，一个是串联谐振频率 f_s，一个是并联谐振频率 f_p，即

$$f_s = \frac{1}{2\pi\sqrt{LC}} \tag{5.4.12}$$

$$f_p = \frac{1}{2\pi\sqrt{L\dfrac{C_0 C}{C_0 + C}}} \tag{5.4.13}$$

因为 $C > \dfrac{C_0 C}{C_0 + C}$，所以 $f_s < f_p$，即串联谐振频率小于并联谐振频率。又因 $C_0 \gg C$，$C \approx \dfrac{C_0 C}{C_0 + C}$，$f_s$ 与 f_p 两个谐振频率之差是很小的，即 $f_s \approx f_p$。C_0 越大，f_s 与 f_p 就越接近。

① 电抗-频率特性（$r = 0$）

石英谐振器的等效电抗频率特性如图 5.4.5 所示。

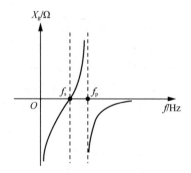

图 5.4.5　石英谐振器的等效电抗频率特性

不计等效电路中的电阻 r 时，等效阻抗为

$$Z = \frac{\mathrm{j}\left(\omega L - \dfrac{1}{\omega C}\right)\left(-\dfrac{\mathrm{j}}{\omega C_0}\right)}{\mathrm{j}\left(\omega L - \dfrac{1}{\omega C} - \dfrac{1}{\omega C_0}\right)}$$

$$= -\mathrm{j}\frac{1}{\omega C_0}\frac{\omega L\left(1 - \dfrac{1}{\omega^2 LC}\right)}{\omega L\left(1 - \dfrac{1}{\omega^2 L\dfrac{C_0 C}{C_0 + C}}\right)} \qquad (5.4.14)$$

$$= -\mathrm{j}\frac{1}{\omega C_0}\left(1 - \frac{\omega_\mathrm{s}^2}{\omega^2}\right)\Big/\left(1 - \frac{\omega_\mathrm{p}^2}{\omega^2}\right)$$

由式（5.4.14）可以看出，当频率$\omega < \omega_\mathrm{s}$或$\omega > \omega_\mathrm{p}$时，$Z = -\mathrm{j}X$，总电抗呈电容性，如果石英谐振器在该频段内工作，可以等效成一电容；当$\omega_\mathrm{s} < \omega < \omega_\mathrm{p}$时，$Z = +\mathrm{j}X$，等效电路总电抗呈电感性，在该频段内，石英谐振器可以等效成一个高Q值的电感线圈；当$\omega = \omega_\mathrm{s}$时，$Z = 0$，等效电路相当于一条短路线，LC支路产生串联谐振；当$\omega = \omega_\mathrm{p}$时，$Z \to \infty$，LC支路产生并联谐振。由于两个谐振频率之差很小，ω_s和ω_p之间呈电感性的阻抗曲线斜率很大，这有利于频率稳定。利用石英谐振器$\omega = \omega_\mathrm{s}$（相当于一条短路线）和$\omega$在$\omega_\mathrm{s}$和$\omega_\mathrm{p}$之间（呈电感性）的良好选频特性，就可以组成晶体振荡器。

② 考虑r时的石英谐振器的等效阻抗特性（$r \neq 0$）

当$r \neq 0$时，石英谐振器的等效阻抗为

$$Z = \frac{\left[r + \mathrm{j}\left(\omega L - \dfrac{1}{\omega C}\right)\right]\left(-\dfrac{\mathrm{j}}{\omega C_0}\right)}{r + \mathrm{j}\left(\omega L - \dfrac{1}{\omega C} - \dfrac{1}{\omega C_0}\right)} \qquad (5.4.15)$$

当$\omega \approx \omega_\mathrm{p}$时，有

$$\omega L - \frac{1}{\omega C} - \frac{1}{\omega C_0} = \omega L\left(1 - \frac{\omega_\mathrm{p}^2}{\omega^2}\right) \approx 2\omega_\mathrm{p}L\left(\frac{\omega - \omega_\mathrm{p}}{\omega_\mathrm{p}}\right) = 2\omega_\mathrm{p}L\frac{\Delta\omega}{\omega_\mathrm{p}} \qquad (5.4.16)$$

其中

$$\frac{1}{\omega C_0} = \omega_\mathrm{p}L\frac{1}{\omega_\mathrm{p}\omega L C_0} \approx \omega_\mathrm{p}L\frac{C}{C_0} \qquad (5.4.17)$$

将式（5.4.16）和式（5.4.17）代入式（5.4.15），等效阻抗可表示为$Z = R + \mathrm{j}X$，其中实部等效电阻R和虚部等效电抗X分别为

$$R = \frac{\omega_\mathrm{p}L\dfrac{C}{C_0}Q}{1 + 4Q^2\left(\dfrac{\Delta\omega}{\omega_\mathrm{p}}\right)^2} \qquad (5.4.18)$$

$$X = -\frac{\omega_p L \dfrac{C}{C_0}\left[1 + 4Q^2\left(\dfrac{\Delta\omega}{\omega_p}\right)^2 + 2Q^2\dfrac{C}{C_0}\dfrac{\Delta\omega}{\omega_p}\right]}{1 + 4Q^2\left(\dfrac{\Delta\omega}{\omega_p}\right)^2} \tag{5.4.19}$$

式中，$Q = \dfrac{\omega_p L}{r}$为品质因数。

等效阻抗的相角β可表示为$\tan\beta = \dfrac{X}{R}$。当

$$\frac{\Delta\omega}{\omega_p} = -\frac{1}{4}\frac{C}{C_0} \pm \sqrt{\frac{1}{16}\left(\frac{C}{C_0}\right)^2 - \frac{1}{4Q^2}} \tag{5.4.20}$$

时，其对应的相角$\beta = 0$，此时两个点的频率恰好是串联谐振频率与并联谐振频率。

图5.4.6所示是R、X和β随ω的变化曲线，并给出在品质因数Q变化时相应的曲线变化。谐振回路的相位特性曲线如图5.4.6（c）所示，图中$\beta = 0$所对应的两个点表示谐振频率点。由于曲线的斜率越陡越有利于频率的稳定性，曲线可以清晰地反映出在两个谐振频率点附近均可得到较高的相位特性变化率$\dfrac{\mathrm{d}\beta}{\mathrm{d}\omega}$，谐振器在此区域工作可以得到更好的频率稳定性，且随着Q值的增加变化率$\dfrac{\mathrm{d}\beta}{\mathrm{d}\omega}$变大，稳定性越好。此外，在接近并联谐振频率处，石英谐振器作为并联回路工作；在接近串联谐振频率处，石英谐振器作为串联谐振回路工作。

（4）石英谐振器频率稳定度高的原因

① 石英晶体具有较小的温度系数，在特定的温度附近表现出较好的稳定性。当采用恒温设备时，能够有效地确保石英晶体振荡电路的稳定性。

② 石英谐振器具有很高的品质因数，在串联谐振频率和并联谐振频率处，相位特性曲线的变化率很大，这种高变化率有助于保证频率稳定度。

③ 石英谐振器的$C \ll C_0$，因此振荡频率受到外电路的影响很小，能够维持较高的频率稳定性。

若C_0两端并联一个分布电容C_x，此时振荡频率可表示为

$$\omega = \frac{1}{\sqrt{L\dfrac{C(C_0 + C_x)}{C + C_0 + C_x}}} \tag{5.4.21}$$

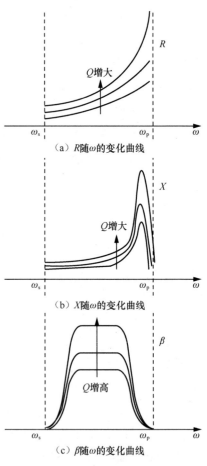

（a）R随ω的变化曲线

（b）X随ω的变化曲线

（c）β随ω的变化曲线

图5.4.6　R、X和β随ω的变化曲线

由于 $C \ll C_0$，$C \ll C_0 + C_x$，则振荡频率可近似表示为 $\omega \approx 1/\sqrt{LC}$，外部电容对振荡频率的影响可以忽略，当石英谐振器具有稳定的 L 和 C 时，其具有很高的频率稳定度。因此，石英谐振器在稳定的 L 和 C 条件下，表现出很高的频率稳定性。

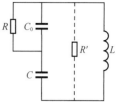

若 C_0 两端并联一个外部电阻 R，如图 5.4.7 所示，则折合到 L 上的电阻 R' 为

$$R' = \left(\frac{C + C_0}{C}\right)^2 R \approx \left(\frac{C_0}{C}\right)^2 R \qquad （5.4.22）$$

图 5.4.7　R 折合到电感 L 上的电阻 R'

由于 $C \ll C_0$，则 $R' \gg R$，可见 R 对 L 的分路作用很小，石英谐振器仍然可以具有高的品质因数，确保其频率稳定性。

并联型晶体
振荡电路

2．并联型晶体振荡电路

并联型晶体振荡电路的特点是把石英谐振器作为等效电感元件，与其他回路元件一起按照三端型振荡电路的基本准则组成三端型振荡电路。根据这种原理，在理论上可以构成三种类型的基本电路，但实际常用的只有图 5.4.8、图 5.4.9 所示的两种基本类型。前者称为皮尔斯振荡电路，对双极晶体管电路来说又称为 BC 型电路；后者称为密勒振荡电路，对双极晶体管电路来说又称为 BE 型电路。

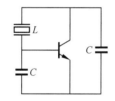

图 5.4.8　皮尔斯振荡电路

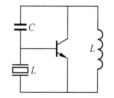

图 5.4.9　密勒振荡电路

（1）皮尔斯振荡电路

图 5.4.10 所示是一个常用的典型皮尔斯双极晶体管振荡电路，它等效于一个三端电容振荡电路。

该电路与 LC 型三端电容振荡电路的区别是利用石英谐振器替代了后者的电感线圈。根据三端电容振荡电路的构成准则，皮尔斯双极晶体管振荡电路的振荡频率一定是在石英谐振器的电感特性区域。也就是说，振荡频率 f_0 一定在 f_s 与 f_p 之间。只有这样，石英谐振器才呈现电感性，石英谐振器与电容 C_1、C_2 组成的电路才有反相作用，电路才能满足相位平衡条件。可见在皮尔斯振荡电路中，石英谐振器是作为一个电感元件使用的。

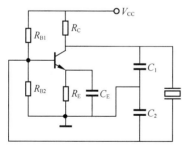

图 5.4.10　皮尔斯双极晶体管振荡电路

虽然石英谐振器在电路中作为电感元件使用，但电路的振荡频率主要取决于石英谐振器的谐振频率，这是因为石英谐振器的等效电容 C 远小于电容 C_1 和 C_2，所以电容 C_1 和 C_2 对振荡频率的影响是非常小的。振荡频率为

$$f_0 \approx \frac{1}{2\pi\sqrt{L\dfrac{C(C_0 + C')}{C + C_0 + C'}}} \approx \frac{1}{2\pi\sqrt{LC}} = f_s$$

式中，$C' = \dfrac{C_1 C_2}{C_1 + C_2}$，$C \ll C_0 + C'$。

严格来讲，由于电容 C_1、C_2 的影响，振荡频率会略大于 f_s 的，这样才能保证石英谐振器在振荡频率下呈现电感性。不过由于石英谐振器在 f_s 与 f_p 之间的电抗曲线非常陡，实际振荡频率与 f_s 的差别是非常小的，因此这种电路的振荡频率 $f_0 \approx f_s$。此外，有些皮尔斯双极晶体管振荡电路中的 C_1 用一个呈现电容性的 LC 并联谐振回路来替代。这里 LC 谐振回路不是用来决定振荡频率的，振荡频率仍取决于石英谐振器的谐振频率。在振荡时，这个电路中的 LC 谐振回路的谐振频率应调节至略低于石英谐振器的谐振频率。

在皮尔斯振荡电路中，石英晶体接在阻抗很高的基极和集电极间，频率稳定性高。

（2）密勒振荡电路

在密勒振荡电路中，石英晶体接在输入阻抗较低的基极和发射极间，其频率稳定性较皮尔斯振荡电路差，所以多采用场效应管晶体振荡电路。

图 5.4.11 所示是一个典型的密勒结型场效应管晶体振荡电路，它等效于一个三端电感振荡电路，与 LC 型三端电感振荡电路的区别是利用石英谐振器替代了后者的电感线圈 L_2。振荡频率仍在石英谐振器的电感特性区。漏极谐振回路的谐振频率应略高于振荡频率，使谐振回路呈现电感性而等效于一个电感 L_1。它的振荡频率也略高于晶体的串联谐振频率 f_s，一般认为 $f_0 \approx f_s$。

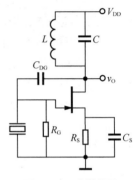

图 5.4.11　密勒结型场效应管晶体振荡电路

3．串联型晶体振荡电路

利用晶体在串联谐振频率下呈现的低阻抗可以构成串联型晶体振荡电路。一种常用的串联型晶体振荡电路如图 5.4.12 所示。图中，C_3 和 C_B 是旁路电容，C_C 为耦合电容。当工作频率等于石英谐振器的串联谐振频率时，石英谐振器可被认为是个高选择性的短路元件，这时图 5.4.12（a）所示的电路相当于一个三端电容振荡电路，其交流通路如图 5.4.12（b）所示。当工作频率偏离晶体的串联谐振频率时，晶体呈现的等效阻抗很大，相当于在反馈电路中串联了一个大的阻抗，使电路难以满足振荡条件。因此，这个电路的振荡频率以及频率稳定度都取决于石英谐振器的串联谐振频率，而不取决于振荡回路。

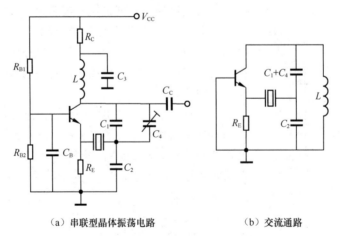

（a）串联型晶体振荡电路　　　　　　　（b）交流通路

图 5.4.12　串联型晶体振荡电路及其交流等效电路

4．泛音晶体振荡电路

石英晶体的基频越高，晶片的厚度越薄。频率太高时，晶片的厚度太薄，加工困难，且易振碎。所以受石英晶体切片厚度的限制，基音晶体的振荡频率多限制在20MHz以下。在要求更高频率时，可以令晶体工作在它的泛音频率上，构成泛音晶体振荡电路。泛音晶体的泛音次数通常选为3～7奇次泛音。泛音次数太高，晶体的性能也会显著下降。

泛音晶振电路与基音晶振电路有些不同。在泛音晶振电路中，为了保证振荡器能准确地振荡在所需要的奇次泛音上，不但必须有效地抑制掉基音和低次泛音上的寄生振荡，而且必须正确地调节电路的环路增益，使其在工作泛音频率上略大于1，满足起振条件，而在更高的泛音频率上都小于1，不满足起振条件。在实际应用时，可在三点式振荡电路中用一选频回路来代替某一支路上的电抗元件，使这一支路在基音和低次泛音上呈现的电抗性质不满足三点式振荡电路的组成法则，不能起振；而在所需要的泛音频率上呈现的电抗性质恰好满足组成法则，达到起振条件。

图5.4.10所示的晶体振荡电路只适用于基音谐振器。对泛音谐振器来说，它无法使其工作在指定的泛音频率上。但是，只要像图5.4.13（a）所示的那样，将图5.4.10中的C_1用电容C_1和电感L_1组成的并联谐振回路来代替可以了。这个回路的谐振频率必须设计在该电路所利用的n次泛音和（$n-2$）次泛音之间。假设泛音晶振电路为五次泛音，标称频率为5MHz，基频为1MHz，则L_1C_1回路必须调谐在3～5次泛音之间。这样，在5MHz频率上，L_1C_1回路呈电容性，振荡电路满足组成法则；而对于基频和3次泛音频率来说，L_1C_1回路呈电感性，不符合组成法则，不能起振；对于7次及其以上泛音频率来说，L_1C_1回路虽呈现电容性，但等效容抗减小，从而使电路的电压放大倍数减小，环路增益小于1，不满足振幅起振条件，也不能产生振荡。L_1C_1回路的电抗特性如图5.4.13（b）所示。

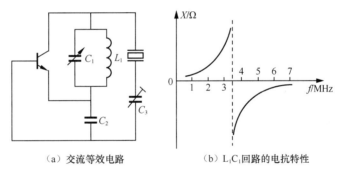

（a）交流等效电路 　　　　　　（b）L_1C_1回路的电抗特性

图 5.4.13　并联型泛音晶体振荡电路

对于图5.4.12（a）所示的串联晶体振荡电路，只要C_1+C_4、C_2和L所组成的回路调谐在泛音谐振器的标称频率上，自然就能起到抑制基音和其他泛音的作用。因而图5.4.12（a）所示电路既可用于基音振荡，又可用于泛音振荡。

5.5 压控振荡电路

有些可变电抗元件的等效电抗值能随外加电压变化。将这种电抗元件接在正弦波振荡电路中，可使其振荡频率随外加控制电压而变化，这种振荡电路称为压控正弦波振荡电路。其中最常用的压控电抗元件是变容二极管。

压控振荡器（Voltage Controlled Oscillator，VCO）在频率调制、频率合成、

压控振荡电路

锁相环路、电视调谐器、频谱分析仪等方面有着广泛的应用。通常可以采用各种类型的三端型振荡电路构成压控振荡电路。

5.5.1 变容二极管及其特性

二极管在反向偏置应用时，PN结的电容值C_j将随反向偏压绝对值（$|v|$）的增大而减小。改变二极管的反向偏压值可使二极管的结电容C_j按某种规律变化，即二极管可作为一个可变电容来使用。也就是说，变容二极管是指结电容C_j随其外加反偏电压v变化的二极管，它是利用PN结的势垒电容随反向偏压大小变化的原理制成的。变容二极管的电路符号和结电容变化曲线如图5.5.1所示。

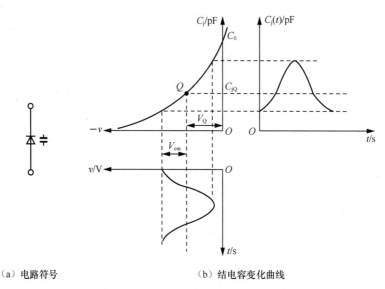

（a）电路符号   （b）结电容变化曲线

图 5.5.1   变容二极管

变容二极管的结电容可表示为

$$C_j = \frac{C_0}{\left(1+\dfrac{v}{V_\varphi}\right)^\gamma} \tag{5.5.1}$$

式中，v为外加控制电压；V_φ为PN结的接触电压（硅管约等于0.7 V，锗管约等于0.3 V）；C_0为外加电压$v = 0$时的结电容值；γ为电容变化指数，它取决于PN结的结构和杂质分布情况，其值随半导体掺杂浓度和PN结的结构不同而变化。当PN结为缓变结时，$\gamma = \dfrac{1}{3}$；当PN结为突变结时，$\gamma = \dfrac{1}{2}$；当PN结为超突变结时，$\gamma = 1 \sim 4$，最大可达6以上。

变容二极管必须工作在反向偏压状态，所以工作时需加负的静态直流偏压$-V_Q$。若信号电压为$v_c(t) = V_{cm} \cos\Omega t$，则变容二极管上的控制电压为

$$v(t) = V_Q + V_{cm} \cos\Omega t \tag{5.5.2}$$

代入C_j的表达式（5.5.1）后，可以得到

$$C_{\mathrm{j}} = \frac{C_0}{\left(1 + \dfrac{V_{\mathrm{Q}} + V_{\mathrm{cm}} \cos \varOmega t}{V_{\varphi}}\right)^{\gamma}} = \frac{C_{\mathrm{jQ}}}{(1 + m\cos \varOmega t)^{\gamma}} \tag{5.5.3}$$

式中，$m = \dfrac{V_{\mathrm{cm}}}{V_{\mathrm{Q}} + V_{\varphi}}$，为电容调制度；$C_{\mathrm{jQ}} = \dfrac{C_0}{\left(1 + \dfrac{V_{\mathrm{Q}}}{V_{\varphi}}\right)^{\gamma}}$，为当偏置为 V_{Q} 时变容二极管的电容量。

式（5.5.3）说明，变容二极管的电容量 C_{j} 受信号 $V_{\mathrm{cm}} \cos \varOmega t$ 的控制，控制的规律取决于电容变化指数 γ，控制深度取决于电容调制度 m。

变容二极管的典型最大电容值约为几至几百皮法，可调电容范围（$C_{\mathrm{jmax}}/C_{\mathrm{jmin}}$）约为 3:1。有些变容二极管的可调电容范围可高达 15:1，这时的可控频率范围可接近 4:1。经常使用的变容二极管压控振荡电路的频率可控范围约为振荡电路中心频率的 ±25%。

5.5.2　变容二极管压控振荡电路

1．电路组成和原理

将变容二极管作为压控电容接入 LC 振荡电路中，就构成了 LC 压控振荡电路。通常可采用各种形式的三端型振荡电路。

如上所述，应给变容二极管提供静态负偏压，使其工作在反偏状态；并且，还要提供一个交流控制电压，以达到控制其电容值变化的目的。此外，为了抑制电路中高频振荡信号对直流偏压和低频控制电压的干扰，在电路设计时要适当采用高频扼流圈、旁路电容、隔直流电容等。

分析压控振荡电路的工作原理，需要正确画出振荡电路的直流通路和高频交流等效电路，以及变容二极管的直流偏置电路与低频控制电路。下面以图 5.5.2 为例说明具体方法。

图 5.5.2（a）所示是一个中心频率为 360MHz 的变容二极管压控振荡电路，图 5.5.2（b）和图 5.5.2（d）分别是晶体管的直流通路和高频交流等效电路，图 5.5.2（c）和图 5.5.2（e）分别是其中变容二极管的直流偏置电路和低频控制电路。

对于晶体管直流通路，只需将所有电容开路、电感短路即可，变容二极管也应开路，因为它工作在反偏状态。

对于变容二极管直流偏置电路，需将与变容二极管有关的电容开路，电感短路，晶体管的作用可用一个等效电阻表示。由于变容二极管的反向电阻很大，可以将其他与变容二极管相串联的电阻作近似（短路）处理。例如图 5.5.2 中变容二极管的负端可直接与 15V 电源相接。

对于高频交流等效电路与低频控制电路，应仔细分析每个电容与电感的作用。

① 对于高频交流等效电路，小电容是工作电容，大电容是耦合电容或旁路电容；小电感是工作电感，大电感是高频扼流圈。当然，变容二极管也是工作电容。保留工作电容与工作电感，将耦合电容与旁路电容短路，高频扼流圈 L_{Z1}、L_{Z2} 开路，直流电源与地短路。正常情况下，可以不必画出偏置电阻。

判断工作电容和工作电感，一是根据参数值的大小，二是根据所处的位置。电路中数值最小的电容（电感）和与其处于同一数量级的电容（电感）均被视为工作电容（电感），耦合电容与旁路电容的值往往要大于工作电容几十倍以上，高频扼流圈 L_{Z1}、L_{Z2} 的值也远远大于工作电感。另外，工作电容与工作电感是按照振荡电路组成法则设置的，耦合电容起隔直流和交流耦合作用，旁路电容对电阻起旁路作用，高频扼流圈为直流和低频信号提供通路，对高频信号起阻挡作用，因此它们在电路中所处位置不同，据此也可以进行正确判断。

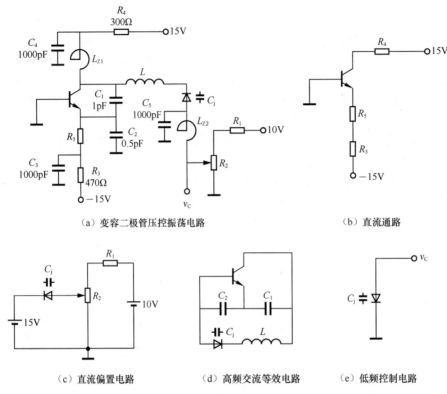

（a）变容二极管压控振荡电路　　　　　　　　　　　　（b）直流通路

（c）直流偏置电路　　　（d）高频交流等效电路　　　（e）低频控制电路

图 5.5.2　变容二极管压控振荡电路的工作原理

② 对于低频控制电路，只需将与变容二极管有关的电感 L_{Z1}、L_{Z2}、L 短路（由于其感抗值相对较小），除了低频耦合或旁路电容短路外，其他电容开路，直流电源与地短路即可。由于此时变容二极管的等效容抗和反向电阻均很大，所以对于其他电阻可作近似处理。图5.5.2（a）中 C_5 = 1 000pF 是高频旁路电容，但对于低频信号却是开路的。

2．实际电路

图5.5.3（a）所示也是含有变容二极管的压控振荡电路。图中 V_c 为负值的控制电压，为一慢变化的直流电压（也可以是交流缓慢变化电压或其他交变电压）。变容二极管的等效电容量受 V_c 的控制，电容 C_4 与变容二极管串联，可减小变容二极管与振荡回路的耦合度，提高振荡电路中心频率的稳定性。根据图5.5.3（b）所示的高频交流等效电路可以看出，这个电路实质上是一个西勒振荡电路，但不同之处是与电感 L 并联的电容已不是一个固定的电容或机械可调电容，而是一个变容二极管。由于它的等效电容量受控制电压 V_c 的控制，因此，改变控制电压的大小实际会改变回路的参数，从而实现了电压对振荡电路振荡频率的控制。

在压控振荡电路中，振荡频率应只随在变容二极管两端的控制电压而变化。但在VCO中，振荡电压也加在变容二极管两端，这使得振荡频率在一定程度上也随着振荡振幅的变化而变化，这是不希望的。为了减小振荡频率随振荡振幅的变化，应尽量减小振荡电路的输出振荡电压振幅，并使变容二极管工作在较大的固定直流偏压（比如大于1V）上，这样就可以减小振荡电压加在变容二极管两端而造成的振荡频率变化。

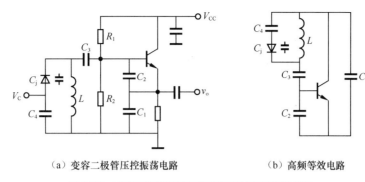

（a）变容二极管压控振荡电路　　　　（b）高频等效电路

图 5.5.3　变容二极管压控振荡电路及其高频等效电路

图5.5.4所示是一个场效应管压控振荡电路。它的基本电路是一个栅极电路调谐的互感反馈振荡电路，决定频率的回路元件是 L_1、C_1、C_2 和压控变容二极管 C_j，C_j 是通过与 C_2 串联后再与 C_1 并联而影响回路总电容的。变容二极管通过阻止高频电流流入偏压电源的100kΩ电阻获得 $-1 \sim -12\ \mathrm{V}$ 的反向偏置，压控振荡电路的振荡频率可在 $\pm 1\%$ 的范围内变化。

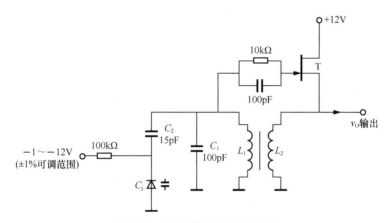

图 5.5.4　场效应管压控振荡器电路

压控振荡电路的主要性能指标是压控灵敏度和线性度。其中压控灵敏度定义为单位控制电压引起的振荡频率的增量，用 s 表示，即

$$s = \frac{\Delta f}{\Delta v_C} \qquad (5.5.4)$$

图5.5.5所示是变容二极管压控振荡电路的频率-电压特性曲线。一般情况下，这一特性曲线是非线性的，其非线性程度与电容变化指数 γ 和电路结构有关。在中心频率附近较小区域内，该特性曲线线性度较好，灵敏度也较高。

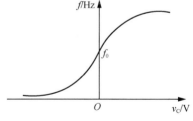

图 5.5.5　变容二极管压控振荡电路的频率 - 电压特性曲线

5.5.3　晶体压控振荡电路

为了提高压控振荡电路的中心频率稳定度，可采用晶体压控振荡电路。在晶体压控振荡电路中，晶振或者等效为一个短路元件，起选频作用；或者等效为一个高 Q 值的电感元件，起选频作用，也作为振荡回路元件之一。通常仍采用变容二极管作压控元件。

图5.5.6所示是用集成运放构成的晶体压控振荡电路。图中石英晶体构成具有选频特性的正反馈电路，显然，此时振荡电路只能振荡在晶体的串联谐振频率 f_s 上。加入变容二极管后，由于它的等效电容量受控制电压 v_C 的控制，C_j 的变化将引起振荡电路振荡频率的变化，从而达到压控振荡的目的。为使压控振荡电路的振荡频率仍然是晶体的串联谐振频率，提高振荡频率的稳定性和准确性，图中给变容二极管串联一个电感 L，使 C_j 与 L 的谐振频率等于晶体的串联谐振频率。由于晶体的 Q 值很高，接入 C_j、L 后对 Q 值的影响并不大，因此，这种晶体压控振荡电路比一般压控振荡电路的性能更优良，但它的频率调整范围较小。

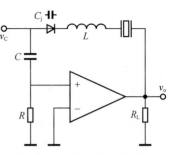

图 5.5.6　晶体压控振荡电路

在有些晶体压控振荡电路中，晶振作为一个电感元件与变容二极管串联。可通过控制电压调节变容二极管的电容值，使其与晶振串联后的总等效电感发生变化，从而改变振荡电路的振荡频率。这种电路的缺点是频率控制范围很窄，仅在晶振的串联谐振频率 f_s 与并联谐振频率 f_p 之间。为了增大频率控制范围，可在晶振支路中增加一个电感 L，与晶振串联或并联，分别相当于使 f_s 左移或 f_p 右移，使可控频率范围 $f_s \sim f_p$ 增大，但电抗曲线斜率下降。所以 L 越大，频率控制范围越大，但频率稳定度相应下降。图5.5.7所示是应用串联电感扩展法实现的晶体压控振荡电路，该电路的中心频率约为20MHz，频偏约为10kHz。

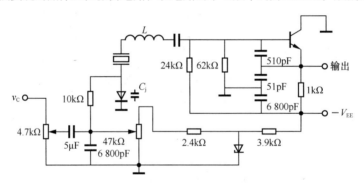

图 5.5.7　串联电感扩展法实现的晶体压控振荡电路

*5.6　负阻式正弦波振荡电路

综前所述，从能量平衡的角度来看，只要能够抵消振荡回路中的损耗，就可以使自激振荡维持下去。自激振荡电路有反馈式和负阻式两种构成方式。反馈式正弦波振荡电路的基本类型在前几节中已经作了介绍。所谓负阻式正弦波振荡电路，是利用二端负阻器件与LC谐振回路共同构成的一种正弦波振荡电路。它主要用于100MHz以上的超高频振荡器。最早出现的是利用隧道二极管作为负阻器件的隧道二极管振荡器，后来又陆续出现了许多新型的微波半导体负阻振荡器，目前它的振荡频率已经扩展到几千兆赫兹以上。

5.6.1　负阻器件的特性

常见的电阻，不论线性还是非线性，都属于正电阻。其特征是流过电阻的电流越大，电阻两端的电压降也越大，消耗的功率也越大，三者的关系为：$\Delta P = \Delta I \Delta V$。负电阻则相反，即流过电阻的电流越大，电阻两端的电压降越小，$\Delta P = -\Delta I \Delta V$，功率为负值。

正功率表示能量的消耗，负功率表示能量的产生。即负电阻在一定条件下，不但不消耗交流能量，反而向外部电路提供交流能量。但是应该注意，以上所说的正、负电阻都是对交流而言的，负电阻的直流电阻仍是正值；并且，负电阻所提供的能量不存在于负阻器件内部，而是从保证电路工作的直流电源中得到能量，借助于动态电阻的作用将直流能量变换为交流功率。

二端电阻器的特性可以用它的伏安特性来表征。有一类二端电阻器件，它的伏安特性在某一范围内出现斜率为负的递减曲线，在该段曲线上各点的增量电阻或增量电导是负值。这类二端电阻器件称为负阻器件。

负阻器件有N型和S型两大类，它们的伏安特性分别如图5.6.1（a）、图5.6.1（b）所示。

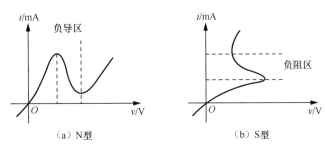

（a）N型　　　　　　　　　　　　（b）S型

图 5.6.1　负阻器件的伏安特性

在N型负阻器件中，电流是电压的单值函数，即$i = f(v)$。给定电压可以唯一地决定电流，反之则不能，因为电压是电流的多值函数。故N型负阻器件又称为电压控制电阻器，简称压控电阻器。同理，在S型负阻器件中，电压是电流的单值函数，即$v = f(i)$，故S型负阻器件又称为电流控制电阻器，简称流控电阻器。实践中常用的负阻器件是隧道二极管，这是一种压控型负阻器件，它的电路符号及伏安特性如图5.6.2所示。

另外，还有一种流控负阻器件——四层二极管（又称PNPN管），它的伏安特性如图5.6.3所示。目前，各种新型的负阻器件仍在不断地被发明或研制，并逐步在实际电路中被采用。

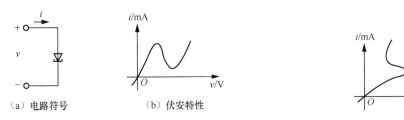

（a）电路符号　　　　（b）伏安特性

图 5.6.2　隧道二极管的电路符号及其伏安特性　　　　　图 5.6.3　四层二极管的伏安特性

5.6.2　负阻式正弦波振荡电路的工作原理

利用负阻器件与LC回路适当地连接可以构成负阻式正弦波振荡电路。考虑到负阻式振荡器也是利用器件的非线性特性来稳定振幅的，所以N型负阻器件必须与LC谐振回路相并联，S型负阻器件必须与LC谐振回路相串联，如图5.6.4（a）、图5.6.4（b）所示。

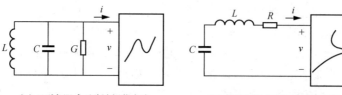

（a）N型负阻式正弦波振荡电路　　　　　（b）S型负阻式正弦波振荡电路

图 5.6.4　负阻式正弦波振荡电路的原理图

1．工作原理

首先回忆一下LC回路的自由振荡概念。由电感线圈L、电容器C构成的振荡回路，如果在接通前L中存储有磁能或C中存储有电能，那么在回路闭合后，存储的能量将在L和C之间相互交换，产生振荡电压和振荡电流。这种现象称为自由振荡。但实际的LC回路总是存在电阻，因而要消耗能量的，所以自由振荡总是减幅振荡（又称衰减振荡）。如果能在振荡过程中不断补充能量，以抵消消耗的能量，将呈现等幅振荡。这个补充能量的机构在负阻式振荡器中是负阻器件，而在反馈式振荡器中则是带有正反馈的放大器件。这两种器件都能够将直流电源供给的直流能量变换为谐振回路所需补充的交流能量。因此，从供给能量的角度来看，带有正反馈的放大器可以等效地看成负阻器件。

为保证负阻器件能工作在负阻区，必须加直流偏置，以建立适当的静态工作点。设$G_-(R_-)$为负阻器件在工作点处的微变负电导（负电阻），则可得图5.6.4（a）、图5.6.4（b）所示电路的交流等效电路如图5.6.5（a）、图5.6.5（b）所示。如果$|G_-|>G(|R_-|>R)$，负阻提供的补充能量大于损耗的能量，振荡幅度将逐渐增大。由于负阻器件的非线性特性，会使$|G_-|(|R_-|)$随振荡幅度的增大而减小（这时$|G_-|$、$|R_-|$是平均负电导、负电阻），终将导致$|G_-|=G(|R_-|=$

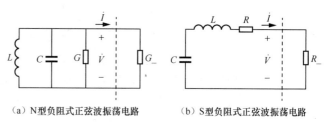

（a）N型负阻式正弦波振荡电路　　　（b）S型负阻式正弦波振荡电路

图 5.6.5　负阻式正弦波振荡电路的等效电路

R)，使负阻器件提供的能量恰好抵消损耗的能量，振荡幅度达到稳定值。

2．负阻式正弦波振荡电路的振荡频率和起振条件

由图5.6.5（a）可得

$$\left(G-|G_-|+\mathrm{j}\omega C-\mathrm{j}\frac{1}{\omega L}\right)\dot{V}=0$$

$\dot{V}$不为零的条件为

$$G-|G_-|+\mathrm{j}\left(\omega C-\frac{1}{\omega L}\right)=0 \qquad (5.6.1)$$

根据相位平衡条件和振幅平衡条件，可得N型负阻式正弦波振荡电路的振荡频率和起振条件为

$$f_0=\frac{1}{2\pi\sqrt{LC}} \qquad (5.6.2a)$$

$$|G_-|>G \qquad (5.6.2b)$$

同理，由图5.6.5（b）可得

$$\left(R-\left|R_-\right|+\mathrm{j}\omega L-\mathrm{j}\frac{1}{\omega C}\right)\dot{I}=0$$

$\dot{I}$ 不为零的条件为

$$R-\left|R_-\right|+\mathrm{j}\left(\omega L-\frac{1}{\omega C}\right)=0 \tag{5.6.3}$$

根据相位平衡条件和振幅平衡条件，可得S型负阻式正弦波振荡电路的振荡频率和起振条件为

$$f_0=\frac{1}{2\pi\sqrt{LC}} \tag{5.6.4a}$$

$$\left|R_-\right|>R \tag{5.6.4b}$$

　　某隧道二极管振荡器的实际电路如图5.6.6（a）所示，其中 R_1、R_2 为分压电阻，C_1 为 R_2 的旁路电容。其交流等效电路如图5.6.6（b）所示，其中 C_d 是二极管的结电容。不难看出，它对应图5.6.5（a）所示的N型负阻式正弦波振荡电路。因为LC并联回路谐振时等效阻抗为 $R_p=\dfrac{L}{CR}$，此处 $C+C_d$ 相当于 C，所以 $G=\dfrac{(C+C_d)R}{L}$。根据式（5.6.2），振荡频率和起振条件分别为

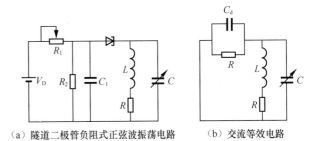

（a）隧道二极管负阻式正弦波振荡电路　　　（b）交流等效电路

图 5.6.6　隧道二极管振荡器

$$f_0\approx\frac{1}{2\pi\sqrt{L(C+C_d)}} \tag{5.6.5a}$$

$$\left|G_-\right|>\frac{(C+C_d)R}{L} \tag{5.6.5b}$$

　　隧道二极管振荡器的特点是适用于较高的工作频段（可在100MHz至10GHz波段内），其优点是噪声低，对温度变化、核辐射均不敏感，电路简单，体积小，成本低等；其主要缺点是输出功率和电压都较低。近年来，其他新型负阻器件的出现克服了这一缺点，使负阻式振荡器的应用更为广泛。

*5.7　振荡电路中的几种现象

　　由于各种原因，在LC振荡电路中，有时候会出现一些特殊现象，如振荡电路或高频放大电路中的寄生振荡、间歇振荡以及频率拖曳、频率占据。在许多情况下，一旦出现这些现象，电路性能就会受到严重破坏。但在某些场合下，也可以利用它来完成特殊的电路功能。

5.7.1　间歇振荡

　　所谓间歇振荡，就是指振荡电路工作时，时而振荡、时而停振的一种现象。这一现象是由于振荡电路的自给偏压电路参数选择不当造成的。

LC振荡电路在建立振荡的过程中，有两个互相联系的瞬态过程，一个是回路上高频振荡的建立过程；另一个是自给偏压的建立过程。图5.7.1所示是三端电容振荡电路的自给偏压电路，由于回路有储能作用，要建立稳定的振荡需要有一定的时间。一般来说，回路的有载Q值越低，A_vF值越大于1，则振荡建立得越快。但由于偏压电路的稳幅作用，上述过程也受偏压变化的影响。由图5.7.1可以看出，偏压的建立主要由偏压电路的电阻R_E及电容C_E决定（偏压由i_E对电阻、电容充放电而产生），同时也取决于基极激励的强弱。当这两个瞬态过程能协调一致地进行时，高频振荡和偏压就能一致地趋于稳定，从而得到振幅稳定的振荡。当高频振荡建立较快而偏压电路由于时间常数过大而变化过慢时，就会产生间歇振荡，如图5.7.2所示。

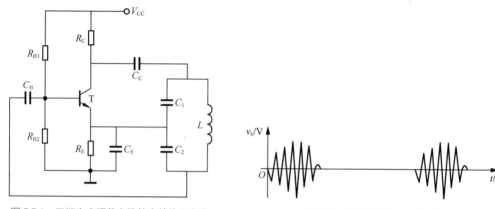

图 5.7.1　三端电容振荡电路的自给偏压电路　　　　图 5.7.2　间歇振荡时 v_b 的波形

如5.2.1小节所述，当电路起振后，由于非线性作用，电路的工作点会由开始时的甲类最终过渡到丙类，放大倍数A_v下降，使$A_vF=1$，振荡电压v_b开始趋于稳定振幅振荡。如果R_E、C_E取值比较大（即R_E、C_E充电比较缓慢），偏压v_{BE}的变化比v_b的变化要滞后。当振荡平衡以后，V_{BE}的值仍然会稍有下降，即偏压V_{BE}继续减小，导致A_v继续下降（在丙类欠压状态，V_{BE}的下降会使A_v下降），使$|A_vF|<1$，不满足振幅平衡条件。于是振荡电压的振幅迅速衰减到零，振荡电路停振。停振后，R_E、C_E回路自行放电，偏压V_{BE}增大。经过一段时间后，偏压V_{BE}恢复到起振时的电压V_{BE0}，又重复上述过程，从而形成间歇振荡。

若偏压电路的时间常数$\tau=R_EC_E$不是很大，在V_{BE}衰减的过程中仍能维持$A_vF=1$，就会产生持续的振幅起伏振荡。这也是间歇振荡的一种方式。

一般说来，在正弦波振荡电路中，间歇振荡是一种危害性很大的振荡现象。当出现间歇振荡时，通常集电极直流电流很小，回路上的高频电压很大。除了起振时A_vF的值不要太大外，主要的方法是适当选取偏压电路中C_E的值。C_E适当选得小些，使偏压V_{BE}的变化能跟上v_b的变化，其具体数值通常由实验决定。

5.7.2　寄生振荡

如前所述，在讨论高频放大电路或振荡电路时，都是假定放大电路工作在正常情况。在实际电路中，由于某种原因还存在寄生反馈，会引起放大电路工作不稳定；或者极端情况下，电路自行产生了不需要的振荡信号，这种情况称为寄生振荡。如第4章介绍小信号谐振放大电路的稳定性时所说的自激振荡就属于寄生振荡。

1．寄生振荡的危害

放大电路的工作不稳定和寄生振荡会使放大电路产生寄生辐射，降低有用信号功率的输出，使被传输的信号产生失真。对于晶体管放大电路而言，危害远比在振荡电路中严重得多，甚至可能会使晶体管的PN结瞬时击穿或损坏。因此，必须有效防止和消除寄生振荡，保证晶体管（特别是晶体管高频功率放大电路）稳定工作，使设备正常运转。

2．寄生振荡的类型和产生原因

寄生振荡的形式很多，有单级和多级振荡，有工作频率附近的振荡，还有远离工作频率的低频或超高频振荡等。就其分类来讲，主要有反馈寄生振荡、负阻寄生振荡和参量寄生振荡。

（1）反馈寄生振荡

反馈寄生振荡是由于在放大器的输入与输出回路之间存在各种内部和外部的寄生反馈引起的。

在高增益的高频放大电路中，晶体管的输入、输出电路中通常有谐振回路，导致输出、输入电路间产生反馈（大多是通过晶体管内部的反馈电容）作用，进而产生工作频率附近的寄生振荡。

低频寄生振荡是指寄生振荡频率远低于正常工作频率的振荡。在高频功率放大电路及高频振荡电路中，通常都要用到扼流圈、旁路电容等元器件，在某些情况下会产生低频寄生振荡。图5.7.3（a）所示是一高频功率放大器的实际电路，图中L_{C}为高频扼流圈。当远低于工作频率时，不能再把L_{C}的阻抗看成无穷大，即不能再忽略它的影响；而正常工作回路（即输出网络）的电容阻抗C_2、C_3则变得很大，可以忽略；加上C_1的阻抗很大，可得到如图5.7.3（b）所示的低频寄生振荡等效电路。

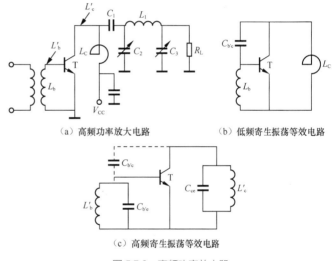

（a）高频功率放大电路　　（b）低频寄生振荡等效电路

（c）高频寄生振荡等效电路

图 5.7.3　高频功率放大器

当寄生振荡频率远高于工作频率（可能到超高频范围）时，必须要考虑晶体管的极间电容$C_{\mathrm{b'e}}$和$C_{\mathrm{b'c}}$、分布电容以及外部的引线电感L_{b}'、L_{c}'（为了分析简便，此处忽略了发射极引线电感L_{e}'，但在实际电路中，一般其影响远比L_{b}'、L_{c}'的严重）的影响，正常工作回路中的电感L_1的阻抗变得很大，可以忽略，因此得到如图5.7.3（c）所示的高频寄生振荡等效电路。

由前面的分析可知，图5.7.3（b）和图5.7.3（c）所示的电路满足二端型振荡电路的相位平衡条件；如果再满足振幅平衡条件，则可以产生自激振荡。

（2）负阻寄生振荡

负阻寄生振荡是指直接由器件的负阻现象产生的振荡，主要有雪崩负阻振荡和过压负阻振荡。

雪崩负阻振荡是指晶体管进入雪崩击穿区工作时，器件对外呈现负阻特性，从而产生负阻寄生振荡。这种寄生振荡一般只在放大电路激励信号的负半周才出现。

实践还发现，当放大电路工作在过压状态时，也会出现某种负阻现象，称为过压负阻振荡。这种寄生振荡是由于晶体管进入正向工作时，在集电极与基极间有一个低阻通路，在输入端产生反馈，可能呈现负阻。由此产生的寄生振荡（高于工作频率）一般只在放大电路激励电压的正半周出现。

（3）参量寄生振荡

在晶体管高频功率放大电路中，由于晶体管结电容的非线性，特别是 $C_{b'c}$ 的强非线性影响，将引起所谓"参量效应"，在集电极输出电压中除了有基波之外，还产生了2次、3次等谐波，造成输出波形失真。参量效应会使放大电路在分谐波（$1/n$谐波频率）上产生自激振荡，称为参量寄生振荡。这时，在放大电路的输出端就会出现基波与分谐波合成的信号，如图5.7.4所示。

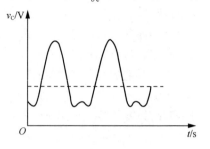

图 5.7.4　在分谐波产生参量寄生振荡时晶体管输出电压的波形

晶体管高频功率放大电路产生强的参量寄生振荡时，集电极电压和电流可能达到很高的数值，会产生电压过载和电流过载，常导致晶体管损害。因此实际工作中应该尽量避免参量寄生振荡。

产生多级寄生振荡的原因也有多种：一种是由于采用公共电源对各级电路进行馈电而产生的寄生反馈；另一种是由于每级电路产生的内部反馈加上各级电路之间的互相影响。例如，两个虽有内部反馈而不自激的放大电路，级联后便有可能产生自激振荡。还有一种引起多级寄生振荡的原因是各级间的空间电磁耦合。

3．寄生振荡的防止和消除措施

为了防止寄生振荡，既要正确地进行电路设计，同时又要合理地安排元器件的布局和电路的实际安装，使其符合电磁兼容的要求。例如，高频电路接线应尽可能地短、粗；集电极直流电源应有良好的去耦滤波装置；减少输出电路对输入电路的寄生耦合；接地点尽量靠近等。因此，既需要懂得有关电磁兼容的理论知识，也需要从实践中积累经验。

消除寄生振荡的一般方法为：在观察到寄生振荡后，要判断出是哪个频率范围的振荡，是单级振荡还是多级振荡。在判断并确定是某种寄生振荡后，可以根据有关振荡的原理来分析产生寄生振荡的可能原因，找出参与寄生振荡的元器件、导线、回路，并通过试验（如更换元器件、改变元器件参数值、改变走线、改变元器件布局等方法）进行验证。对于在放大电路工作频率附近的寄生振荡，主要消除方法是降低放大电路的增益，如降低回路阻抗值，或者在发射极加小的负反馈电阻及增加隔离级等。要消除由于扼流圈等电抗元件引起的低频寄生振荡，可以适当降低扼流圈的电感值和减小它的 Q 值，通常可采用一个电阻和扼流圈串联的方法来实现。要消除由公共电源耦合产生的多级寄生振荡，可采用由LC或RC低通滤波器构成的去耦合电路，使后级的高频电流不流入前级，使50Hz交流电源不进入高频放大电路等。

5.7.3　频率拖曳和频率占据

除了以上两种常见的特殊振荡现象以外，还有频率拖曳和频率占据现象。

前面讨论的LC振荡电路都是以单调谐回路作为晶体管的负载，其振荡频率基本上等于回路的谐振频率。实际工作中，为了将信号传输到下一级负载上，振荡电路往往采用互感或其他耦合形式。如果耦合系数过大，次级又是一个谐振回路，则调节次级回路时，振荡回路频率也随之改变，甚至产生频率的跳变，这一现象通常称为频率拖曳现象。

频率拖曳现象一般应该避免，因为它使振荡电路的频率不是单调地变化，不由回路谐振频率 ω_0 唯一确定。为了避免产生频率拖曳现象，应该减少两回路的耦合，或减少次级回路的 Q 值。另外，若次级回路频率远离所需的振荡频率范围，也不会产生拖曳现象。但在要求有高效率输出的耦合回路振荡中，拖曳现象通常不能避免，此时可根据以上思路进行调整。

频率占据（或牵引）现象是指外加电动势频率与振荡电路的自激频率接近到一定程度时，可以使振荡频率随外电动势频率的变化而变化，此时振荡电路的频率完全受外电动势控制，不再取决于回路参数。在一般LC振荡电路中，若从外部加入一频率为f_s的信号，当f_s接近振荡电路原来的振荡频率f_0时，会发生频率占据现象。表现为当接近f_0时，振荡电路会受外加信号的影响，振荡频率向接近f_s的方向变化；而当f_s进一步接近原来的f_0时，振荡频率甚至等于外加信号频率f_s，产生强迫同步。当f_s离开原来的f_0时，则发生相反的变化。这是因为，当外加信号v_s的频率在振荡回路的带宽以内时，外加信号的加入会改变振荡电路的相位平衡状态，使相位平衡条件在$f_0 = f_s$频率处得到满足，从而发生频率占据现象。

一般振荡电路是不希望出现频率占据现象的。但有时这种现象又可以加以利用，例如稳频、分频、同步等，都可以利用频率占据原理来实现。所谓占据稳频，就是用一个频率十分稳定的振荡电路对另一个频率稳定度较差的振荡电路实行强制同步，以提高其频率稳定度。

5.8　本章小结

本章介绍了反馈振荡的原理、反馈式正弦波振荡电路的几种常用电路及负阻式振荡电路，要点如下。

① 反馈式正弦波振荡电路是由放大电路和反馈网络组成的具有选频能力的正反馈系统。反馈式正弦波振荡电路必须满足起振条件、平衡条件和平衡点的稳定条件，每个条件中应分别讨论其振幅和相位两个方面的要求。在振荡频率点，起振和平衡条件的振幅要求是：环路增益的模值在起振时必须大于1，在保持等幅振荡时必须等于1；环路增益的相位要求应为2π的整数倍。平衡点的稳定条件对振幅和相位特性的要求分别是：振幅特性和相频特性都必须具有负斜率。

② 互感耦合调集振荡电路和三端型振荡电路是LC正弦波振荡电路的常用电路，其中三端型振荡电路是LC正弦波振荡电路的主要形式，可分成三端电容和三端电感两种基本类型。本章介绍了三端型振荡电路的组成原则、常用电路、交流等效电路、优缺点和应用场合，还介绍了两种较实用的改进型三端电容振荡电路：克拉泼电路和西勒电路，前者可以用作固定频率振荡电路，后者波段覆盖系数较宽，可用作波段振荡电路。集成电路正弦波振荡电路的性能目前做不到像LC振荡电路那样好，且振荡频率也不及后者高，但电路简单，调试方便，只需外加LC选频电路即可。

③ RC振荡电路是应用在低频段的正弦波振荡电路，经常使用的是由运放组成的文氏桥RC正弦波振荡电路。

④ 频率稳定度是振荡电路的主要性能指标之一。提高频率稳定度的措施包括减小外界因素变化的影响和提高电路抗外界因素变化影响的能力两个方面。晶体振荡电路的频率稳定度很高，但振荡频率的可调范围很小。晶体振荡电路分基音晶振和泛音晶振两类。基音晶振又分并联型和串联型两种类型，并联型晶振中，晶体作为振荡电路中的一个电感元件；串联型晶振中，晶体工作在其串联谐振频率处，在电路中等效于一条短路线。泛音晶振常用于产生较高频率的振荡，但需采取措施抑制低次谐波的产生，保证只谐振在所需的工作频率上。

⑤ 采用变容二极管组成的压控振荡电路可使振荡频率随外加电压的变化而变化，这在调频和锁相环路里有很大的用途。采用串联电感或并联电感的方法可以扩展晶体压控振荡电路的振荡频率范围，但频率稳定度有些下降。

⑥ 负阻式正弦波振荡电路主要用于微波波段，是由负阻器件和LC谐振回路组成的，N型负阻器件必须与LC谐振回路并联，S型负阻器件必须与LC谐振回路串联。

从供给能量的观点来看，带有正反馈的放大电路可以等效地看成负阻器件，所以一切振荡系统都可以用负阻的概念来分析。但习惯上，带有放大电路的LC振荡电路、RC振荡电路常采用反馈的理论来分析研究，对于由隧道二极管构成的振荡电路用负阻的观点来讨论是很方便的。

振荡电路中容易发生的几种现象是一个电子工程师应该了解并熟悉的内容。文中涉及的几种现象要在理论的指导下通过实验调试来解决，这部分教材可作为读者选修内容。

📝 5.9 习题

5.1.1 电路中存在正反馈，且 $AF > 1$，是否一定会产生自激振荡?

5.1.2 试用相位平衡条件说明图5.9.1所示的3个电路能否产生自激振荡，要求说明理由。

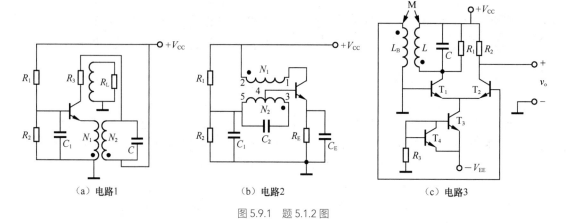

（a）电路1　　　　　　（b）电路2　　　　　　（c）电路3

图 5.9.1　题 5.1.2 图

5.2.1 某收音机的变频电路如图5.9.2所示。已知本振电路（该概念具体见第6章）电感 $L = 175\mu H$，双连电容 C 为20/270pF，中频频率 $f_0 = 465$ kHz，要求频率范围为 $535 \sim 1\,605$ kHz。试确定电容 C_1 及 C_2 的数值。

5.2.2 试画出图5.9.3所示各振荡电路的交流等效电路，并且利用振荡电路的相位平衡条件判断哪些电路可能起振，哪些电路不能起振。

5.2.3 在电感三点式振荡电路中，L_1、L_2 和 C 取下述值，求振荡频率（取 $M = \sqrt{L_1 L_2}$）。

（1）$L_1 = 0.4mH$，$L_2 = 0.1mH$，$C = 90pF$。

（2）$L_1 = 40mH$，$L_2 = 20\mu H$，$C = 200pF$。

（3）$L_1 = 2mH$，$L_2 = 4mH$，$C = 0.04\mu F$。

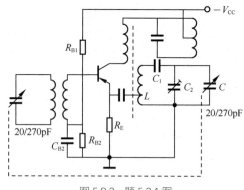

图 5.9.2　题 5.2.1 图

5.2.4 求电容三点式振荡电路的 C_1、C_2 和 L 取下述值时的振荡频率。

（1）$C_1 = 250pF$，$C_2 = 200pF$，$L = 250\mu H$。

（2）$C_1 = 40pF$，$C_2 = 5pF$，$L = 8\mu H$。

（3）$C_1 = 20pF$，$C_2 = 12pF$，$L = 20\mu H$。

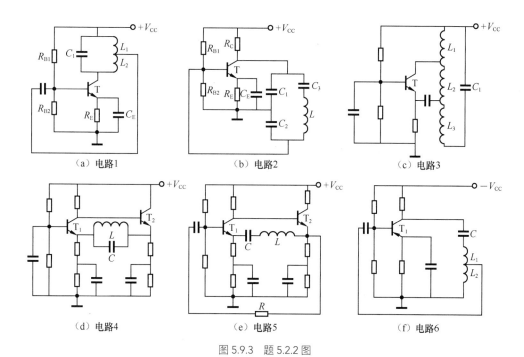

（a）电路1   （b）电路2   （c）电路3

（d）电路4   （e）电路5   （f）电路6

图 5.9.3 题 5.2.2 图

5.2.5 图5.9.4是一个三回路振荡器的交流通路，设有下列4种情况。

（1）$L_1C_1 > L_2C_2 > L_3C_3$。

（2）$L_1C_1 < L_2C_2 < L_3C_3$。

（3）$L_1C_1 = L_2C_2 > L_3C_3$。

（4）$L_1C_1 < L_2C_2 = L_3C_3$。

试分析上述4种情况是否都能振荡，振荡频率f_1与回路谐振频率有何关系？

5.2.6 克拉泼电路如图5.9.5所示，已知$C_1 = 680\text{pF}$，$C_2 = 2\,200\text{pF}$，$L = 330\mu\text{H}$。若要求振荡频率由0.75MHz变为1.25MHz，求C_3的最小值和最大值。

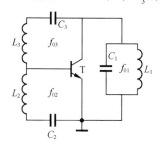

图 5.9.4 题 5.2.5 图

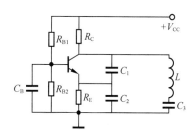

图 5.9.5 题 5.2.6 图

5.2.7 西勒电路如图5.9.6所示。

（1）若$C_1 = 20\text{pF}$，$C_2 = 60\text{pF}$，$C_3 = 10\text{pF}$，$C_4 = 4\text{pF}$，振荡频率$f_0 = 50\text{MHz}$，试求L的值。

（2）当$C_1 = 20\text{pF}$、$C_2 = 60\text{pF}$、$C_3 = 10\text{pF}$时，若使振荡频率从40MHz变化到60MHz，求C_4的变化范围。

5.2.8 图5.9.7所示的电路为电视机高频调谐电路的本振电路，试画出其交流通路图，并求谐振频率。

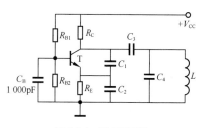

图 5.9.6 题 5.2.7 图

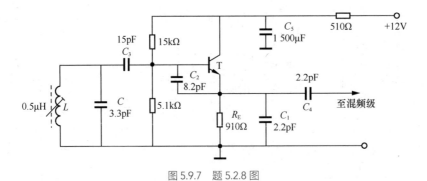

图 5.9.7 题 5.2.8 图

5.3.1 试根据振荡电路的相位平衡条件，判断图 5.9.8 所示的 RC 振荡电路哪些可以产生振荡，哪些不能产生振荡，为什么？

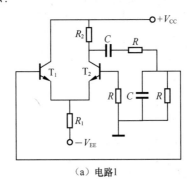

（a）电路1

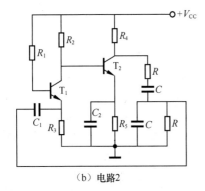

（b）电路2

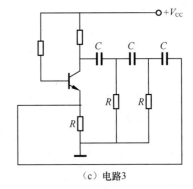

（c）电路3

图 5.9.8 题 5.3.1 图

5.4.1 设石英谐振器的等效电路取下述值，试求串联谐振频率、并联谐振频率和 Q 值。

（1）$r = 1.5\Omega$，$C = 0.25\text{pF}$，$C_0 = 10\text{pF}$，$L = 40\text{mH}$。

（2）$r = 13\Omega$，$C = 0.05\text{pF}$，$C_0 = 5\text{pF}$，$L = 25\text{mH}$。

5.4.2 图 5.9.9（a）和图 5.9.9（b）所示是两个 100kHz 的晶体振荡电路。试画出它们的交流通路，并说明能够产生正弦振荡的原理。

5.4.3 晶体振荡电路如图 5.9.10 所示。

（1）画出交流通路，指出是何种类型的晶体振荡电路。

（2）该电路的振荡频率是多少？

（3）说明晶体在电路中所起的作用。

（4）该振荡电路的特点是什么？

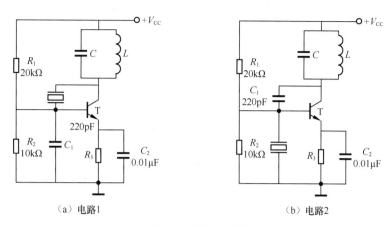

（a）电路1　　　　　　　　　　（b）电路2

图 5.9.9　题 5.4.2 图

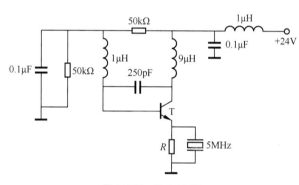

图 5.9.10　题 5.4.3 图

5.4.4　晶体振荡电路的交流通路如图 5.9.11 所示。

（1）该电路属于何种类型的晶体振荡电路？晶体在电路中起的作用是什么？

（2）请画出该电路的实际线路图。

（3）若将标称频率为 5MHz 的晶体换成标称频率为 2MHz 频率的晶体，该电路是否能正常工作？为什么？

5.4.5　晶体振荡电路如图 5.9.12 所示。已知 $\omega_1 = \dfrac{1}{\sqrt{L_1 C_1}}$，$\omega_2 = \dfrac{1}{\sqrt{L_2 C_2}}$，试分析电路能否产生自激振荡。若能振荡，试指出 ω_0 与 ω_1、ω_2 之间的关系。

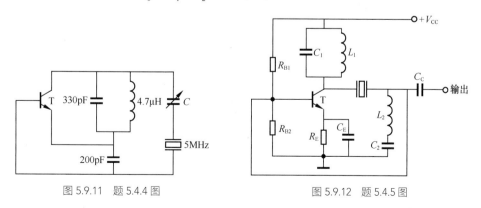

图 5.9.11　题 5.4.4 图　　　　　　　　图 5.9.12　题 5.4.5 图

第 **6** 章

混频与调制解调电路

移动通信、无线电广播、卫星通信、导航和雷达等无线通信系统都是利用无线电波来传输各种不同的信息的。为了实现低频电信号和高频无线电波的转换，并改善无线电波传输性能，在射频收发信机中，都要采用混频、调制和解调电路完成频率变换。本章将重点讨论混频、调制和解调的基本原理和实现电路，并分析电路的性能指标。

本章学习目标

① 了解频率变换的基本概念和频率变换电路的实现思路。

② 掌握混频电路的基本原理与混频干扰分析方法。

③ 掌握调幅、调频、调相三种模拟调制电路的基本原理、波形、频谱及优缺点。

④ 掌握调幅和检波电路的基本原理与干扰分析方法。

⑤ 掌握鉴相器的基本原理与应用。

⑥ 掌握调频电路和鉴频电路的基本原理与分析方法。

6.1 混频与调制解调概述

在利用无线通信系统传输信息的过程中，发射机需要将携带信息的低频信号通过频率变换电路逐步提高到频率较高的射频频段，便于通过天线将其转换为电磁波辐射到空间。接收机通过天线接收射频信号，并通过频率变换电路逐步将其降低到低频频段，进一步提取有用信息。在无线电技术中，这种对信号进行频率变换，将原信号的各分量搬移至新的频域，而各分量的频率间隔和相对幅度保持不变的方式，称为变频。变频在射频收发信机中都有应用，通过变频可以实现信号的频谱搬移。

调制与解调的
基本概念

被传送的带有信息的低频信号称为基带信号或调制信号。在发射机中，将含有信息的低频基带信号"装载"到一个高频振荡信号的过程称为调制。该高频振荡信号用作携带信息的运载工具，称为载波信号，简称载波或载频。解调是相对调制而言的，是在接收机中把载波信号所携带的信息提取出来得到含有信息的基带信号的过程。

在进行通信时，虽然基带信号有时可以直接在信道内传输，称为基带传输，例如固定电话、数字基带传输等。但是，大量的通信系统，尤其是无线通信系统，需要通过调制或者混频技术将基带信号变换为更适合在信道中传输的形式，因此采用调制和混频技术的目的主要在于。

（1）提高信号频率，便于电波辐射

无线电技术是通过利用天线向空间辐射电磁波的方式来传输信号的。根据天线理论可知，只有当天线尺寸为被辐射信号波长的1/10或更大一些时，信号才能被有效地辐射。例如，频率为1kHz的电磁波，其波长为300km，如果采用1/4波长的天线，则天线的长度应为75km，这是难以做到的。采用调制或混频技术，可以将信号频谱搬移到更高的射频频率范围，使得电磁波波长减小，易于以电磁波的形式通过合适尺寸的天线辐射出去。

（2）实现信道复用

一般来说，每个被传输的信号所占有的带宽小于信道带宽。一个信道只传送一个信号是很浪费的。但是，如果不做处理，在一个信道中同时传输多个信号，会引起信号间的相互干扰。调制技术可以把不同信号的频谱搬移到不同的频率位置，互不重叠，实现在一个信道内同时传输多个信号的目的，即所谓"频分复用"；或者在时间域里利用脉冲调制或编码技术使各路信号交错传输，即所谓"时分复用"。

（3）改善系统性能

通信系统的输出信噪比是信号带宽的函数。调制技术可使信号变换后占有较大的带宽，提高其抗干扰性，从而改善整个通信系统的性能。

调制的种类很多，分类方法也各不相同，按照调制信号的形式可分为模拟调制和数字调制，按照所采用的载波波形可分为连续波（即正弦波）调制、脉冲调制和对光波强度调制等。不同的调制方式有不同的性能特点。本章讨论的主要内容是通过模拟信号调制正弦波的幅度、频率和相位，相应的有3种基本调制方法，即振幅调制（简称调幅，记为AM）、频率调制（简称调频，记为FM）以及相位调制（简称调相，记为PM）。

调制实现了将低频基带信号变换为已调波信号，而解调实现了从已调波信号中变换出低频基带信号的过程，变频实现了信号从一个中心频率搬移到另一个中心频率，而其频谱结构不发生改变，可见，调制、解调与变频都属于频率变换过程。频率变换是指通过非线性元器件后，输出信号频谱中产生了输入信号频谱中没有的频率分量，即发生了频率分量的变换，实现这一功能的电路称为频率变换电路。频率变换电路分为频谱线性变换电路和频谱非线性变换电路两大类。前者的作用是将输入信号的频谱进行不失真地搬移，而频谱的各分量相对不变，混频电路、振幅调制与解调电路属于这类电路；后者的作用是对输入信号进行非线性变换，频率调制与解调电路、相位调制与解调电路等属于这类电路。这两类电路都是通信设备中不可缺少的组成部分，都会产生新的频率成分，必须采用非线性元器件才能完成，即频率变换是目的，非线性是根本。

6.2 混频技术的原理与混频器

混频技术常用来改变已调波的载波频率，并保持原调制信号的性质不变。它在通信、雷达、广播、仪器仪表等技术中获得了广泛的应用。

6.2.1 混频器的作用及其基本性能要求

1．混频器的作用

在高频放大电路里，增益、带宽和选择性这3个指标要求是相互矛盾的，往往不能兼顾。故而接收机要从许多干扰和信号中选出有用信号并加以高倍数地放大就有许多困难，常会在整个接收频段内造成性能不均匀、工作不稳定等现象。因此，常采用一种电路，把已调波信号的载频变换成某一固定的频率（一般称为中频）。在频率变换过程中，调制类型（如调幅、调频等）和调制参数（如调制频率、调制指数等）都不改变。这种频率变换简称为混频，实现混频作用的电路就称为混频器。例如，超外差式广播接收机把收到的调幅波信号的载频变换为标准的465kHz中频，而把接收到的调频波信号的载频变换为标准的10.7MHz。由于中频的频率固定不变，设计、制作增益和选择性很高的中频放大器比较容易，同时由于高频放大级、变频级和中频放大级的工作频率不同，不易自激，使得整机工作稳定，性能改善。

变频的定义

变频的作用

2．混频器的组成

混频是一种频谱搬移过程，就是把已调波的载波频率从原来的高频 f_0 变为中频 f_I，而调制信号的频谱和振幅的变化规律保持不变。两个不同频率的余弦电压作用于非线性元件时会产生多种组合频率分量，只要用滤波电路选出两个频率之差的电压分量，而此频率之差恰为中频 f_I 的话，就实现了变频。由

混频器的组成
和性能指标

此可见，在变频装置中，除必须包含非线性元器件和带通滤波器外，还必须提供一个和输入信号频率不同的余弦电压 $v_r(t) = V_{rm} \cdot \cos\omega_r t$，提供这一电压的振荡器称为本地振荡器（简称本振）或外差振荡器。$f_r = \omega_r/(2\pi)$ 称为本振频率，而中频 $f_I = f_r - f_0$（当 $f_0 > f_r$ 时，则有 $f_I = f_0 - f_r$）。图6.2.1为混频器的组成及频谱图。

如果输入信号是调频波，有

$$v_{FM}(t) = V_{cm} \cos(\omega_0 t + m_f \sin\Omega t)$$

则变频后的中频信号应该是

$$v_I(t) = V_{Im} \cos[(\omega_r - \omega_0)t + m_f \cdot \sin\Omega t] = V_{Im} \cos[\omega_I t + m_f \sin\Omega t] \quad (6.2.1)$$

如果输入信号是调幅波，则有

$$v_{AM}(t) = V_{cm}(1 + m_a\cos\Omega t)\cos\omega_0 t$$

则变频后的中频信号应该是

$$v_1(t) = V_{1m}(1+m_a\cos\Omega t)\cdot\cos(\omega_r-\omega_0)t = V_{1m}(1+m_a\cos\Omega t)\cos\omega_1 t \qquad (6.2.2)$$

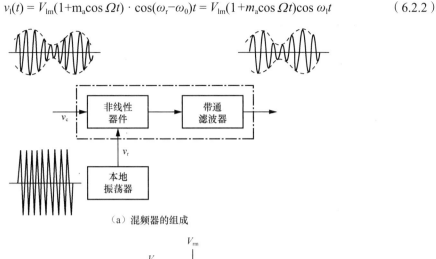

（a）混频器的组成

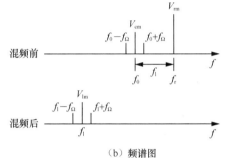

（b）频谱图

图 6.2.1　混频器的组成及频谱图

由式（6.2.1）和式（6.2.2）可见，它们都实现了载波频率的变换，且仍保持原来调制信号的规律。

一般情况下，非线性元器件只进行频率变换，而本振信号由另外的器件产生，这种频率变换电路称为混频器。若非线性元器件既进行频率变换，而自身又产生本振信号，这种频率变换电路称为变频器。根据所用非线性元器件的不同，混频器可分为二极管混频器、晶体管混频器、场效应管混频器和集成混频器等。

3．混频器的性能指标

（1）混频电压增益

混频电压增益是指输出中频电压振幅与输入高频电压振幅之比，即

$$A_{vC} = \frac{V_{1m}}{V_{cm}}$$

混频电压增益越大，越有利于提高接收机的灵敏度。

（2）噪声系数

噪声系数 F 定义为输入端高频信号噪声功率比与输出端中频信号噪声功率比之比。由于混频器位于接收机的前端，它的噪声大小会影响整机的噪声指标，因此要求混频器的噪声系数要尽量小。

（3）选择性

混频器的输出端接有中频谐振回路或滤波器，它的输出应该只有中频信号，但实际上由于各种原因会混杂很多干扰信号。为了抑制这些干扰信号，要求中频谐振回路具有良好的选择性，即中频谐振回路的矩形系数应接近于1。

（4）失真与干扰

混频器的失真有频率失真和非线性失真，此外还有各种非线性干扰。因此要求混频器最好工作在其特性曲线的平方项区域，使之既能完成频率变换，又能防止失真，抑制各种干扰。

上述几个性能指标是相互关联的，应该合理地选择混频器件的工作点、本振电压的大小和中频频率的高低，使几个性能指标相互兼顾，整机取得良好的效果。

6.2.2 二极管混频器

二极管混频器

1．单二极管混频器

单二极管混频器作为混频非线性器件构成的简单混频电路如图 6.2.2 所示，假定待混频信号 $v_c(t)$ 是频率为 f_0 的正弦波，即 $v_c(t)=V_{cm}\cos 2\pi f_0 t$。本振信号为一高频正弦波振荡信号 $v_r(t) = V_{rm}\cos 2\pi f_r t$，且为大信号。假定晶体二极管 D 是理想的，其特性可以用二段直折线近似。忽略输出电压的反作用，加到二极管两端的电压可近似表示为

$$v_D(t) = v_c(t) + v_r(t) \tag{6.2.3}$$

本振信号电压振幅足够大（ $V_{rm} \gg V_{cm}$ ），能控制二极管的导通和截止，在它的控制下，可以近似认为二极管处于一种理想开关状态。当 $v_r(t)>0$ 时，二极管 D 导通，其电导近似为 g_D，则流过二极管的电流为

$$i_D(t) = g_D v_D = [v_c(t) + v_r(t)] \tag{6.2.4}$$

当 $v_r(t)<0$ 时，二极管 D 截止，则有 $i_D(t) = 0$。因此，可以用分段函数表示二极管的电流为

$$i_D(t) = \begin{cases} g[v_c(t) + v_r(t)], & v_r(t) > 0 \\ 0, & v_r(t) < 0 \end{cases} \tag{6.2.5}$$

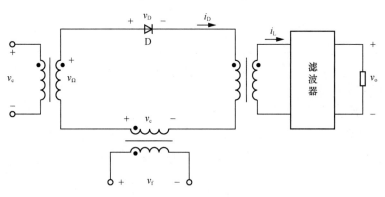

图 6.2.2　简单混频电路

这说明，晶体二极管 D 的导通或截止受本振信号 $v_r(t)$ 的极性控制，而二极管 D 的导通或截止，体现了 D 的强非线性（即开关特性）。但是，在 D 导通或截止的时间段内，该电路是线性电路。因此，对于图 6.2.2 所示电路，把其中二极管的特性进行直折线近似后，实际上变成了一个时变线性电路。本振信号 $v_r(t)$ 控制的二极管开关作用可以表示为

$$H(t) = \begin{cases} 1, & v_r(t) > 0 \\ 0, & v_r(t) < 0 \end{cases} \tag{6.2.6}$$

因此，式（6.2.5）可以表示为

$$i_{\mathrm{D}}(t) = g_{\mathrm{D}}\left[v_{\mathrm{c}}(t) + v_{\mathrm{r}}(t)\right]H(t) \tag{6.2.7}$$

经过变压器1:1耦合到输出变压器二次侧的电流 $i_{\mathrm{L}}(t) = i_{\mathrm{D}}(t)$，下面分析该电流所包含的频谱分量。利用傅里叶级数，开关函数可以展开为

$$\begin{aligned} H(t) &= \frac{1}{2} + \sum_{n=1}^{\infty}(-1)^{n-1}\frac{2}{(2n-1)\pi}\cos(2n-1)\omega_{\mathrm{r}}t \\ &= \frac{1}{2} + \frac{2}{\pi}\cos\omega_{\mathrm{r}}t - \frac{2}{3\pi}\cos 3\omega_{\mathrm{r}}t + \frac{2}{5\pi}\cos 5\omega_{\mathrm{r}}t\cdots\cdots \end{aligned} \tag{6.2.8}$$

将式（6.2.8）代入式（6.2.7），根据三角函数的积化和差公式，可得

$$\begin{aligned} i_L(t) &= g_{\mathrm{D}}(V_{\mathrm{cm}}\cos\omega_0 t + V_{\mathrm{rm}}\cos\omega_{\mathrm{r}}t)\left[\frac{1}{2} + \sum_{n=1}^{\infty}(-1)^{n-1}\frac{2}{(2n-1)\pi}\cos(2n-1)\omega_{\mathrm{r}}t\right] \\ &= \frac{1}{2}g_{\mathrm{D}}V_{\mathrm{cm}}\cos\omega_0 t + \frac{1}{2}g_{\mathrm{D}}V_{\mathrm{rm}}\cos\omega_{\mathrm{r}}t + \frac{1}{\pi}g_{\mathrm{D}}V_{\mathrm{cm}}\cos(\omega_{\mathrm{r}}+\omega_0)t + \frac{1}{\pi}g_{\mathrm{D}}V_{\mathrm{cm}}\cos(\omega_{\mathrm{r}}-\omega_0)t + \\ &\quad g_{\mathrm{D}}V_{\mathrm{cm}}\cos\omega_0 t\sum_{n=2}^{\infty}(-1)^{n-1}\frac{2}{(2n-1)\pi}\cos(2n-1)\omega_{\mathrm{r}}t + \\ &\quad g_{\mathrm{D}}V_{\mathrm{rm}}\cos\omega_{\mathrm{r}}t\sum_{n=1}^{\infty}(-1)^{n-1}\frac{2}{(2n-1)\pi}\cos(2n-1)\omega_{\mathrm{r}}t \end{aligned} \tag{6.2.9}$$

式（6.2.9）中第1项是信号分量，第2项是本振分量，第3项是信号和本振的和频分量，第4项是信号和本振的差频分量，第5项是本振的奇次谐波与信号频率的组合频率分量，第6项含有直流及本振的偶次谐波分量，其中谐波次数越高的高频分量信号越弱。为了实现混频功能，通常需要中频分量为信号和本振的差频分量，即 $f_1=f_{\mathrm{r}}-f_0$，通过滤波器可以滤出所需频率成分。

从以上分析可见，利用二极管大信号开关特性实现变频功能，非线性特性是根本，频率搬移是目的。由于单二极管非线性变换会产生很多混频不需要的频率分量，形成较多干扰和能量泄漏，尤其是本振泄漏较大，因此不能直接作为混频器使用。实际的二极管混频器是经过改进的二极管平衡混频器与环形混频器。但是，单二极管混频器输出中含有本振以及本振与信号的和频与差频，这是普通调幅波所需要的频率成分，因此可以利用单二极管混频器制成普通调幅电路，此时本振发挥了载波的作用。

2．二极管平衡混频器

图6.2.3所示是二极管平衡混频器电路的原理图，图中的两个二极管完全对称，利用电路的对称性抵消了本振输出。

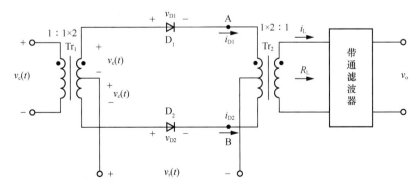

图 6.2.3　二极管平衡混频器的电路

二极管的工作原理与单二极管混频器中的二极管工作原理相同，受本振信号控制，二极管工

作于开关状态，忽略输出电压的反向作用，加到两个二极管上的电压 v_{D1}、v_{D2} 分别为

$$v_{D1}(t) = v_r(t) + v_c(t)$$
$$v_{D2}(t) = v_r(t) - v_c(t)$$

（6.2.10）

流过两个二极管的电流分别为

$$i_{D1}(t) = g_D[v_r(t) + v_c(t)]H(t)$$
$$i_{D2}(t) = g_D[v_r(t) - v_c(t)]H(t)$$

（6.2.11）

其中，系数 g_D 为二极管的电导。

则耦合到 Tr_2 二次侧的总电流为

$$i_L(t) = i_{D1}(t) - i_{D2}(t) = 2g_D v_c(t)H(t)$$

（6.2.12）

将式（6.2.8）代入式（6.2.12），进一步分解，可得

$$i_L(t) = 2g_D V_{cm} \cos\omega_0 t \cdot \left[\frac{1}{2} + \sum_{n=1}^{\infty} (-1)^{n-1} \frac{2}{(2n-1)\pi} \cos(2n-1)\omega_r t \right]$$

$$= g_D V_{cm} \cos\omega_0 t + \frac{4}{\pi} g_D V_{cm} \cos\omega_0 t \cdot \cos\omega_r t +$$

（6.2.13）

$$2g_D V_{cm} \cos\omega_0 t \sum_{n=2}^{\infty} (-1)^{n-1} \frac{2}{(2n-1)\pi} \cos(2n-1)\omega_r t$$

由式（6.2.13）可以看出，流过负载的电流 $i_L(t)$ 中的频率分量有 ω_0、$\omega_r \pm \omega_0$、$3\omega_r \pm \omega_0$ 等本振的奇次谐波与信号频率的组合分量，本振分量被抑制掉了。通过上述分析可以看出，与单二极管混频器的输出相比，二极管平衡混频器的输出中很多不需要的频率分量已不存在。应当指出，当电路稍有不对称时，就会在输出端泄漏本振分量，因此，应仔细设计电路，挑选特性相同的二极管，或采用其他方法提高电路的对称性。

3．二极管环形混频器

二极管环形混频器的原理电路如图6.2.4（a）所示，仍然假定输入的高频有用信号 $v_c(t)$ 很小，本振电压 $v_r(t)$ 很大，而且二极管 D_1、D_2、D_3 和 D_4 均认为是理想的。这样，在本振信号作用下，二极管相当于一个开关，因此，本振电压对二极管的控制作用采用开关函数表示。

为了简化分析，在图6.2.4（a）中，设变压器分别为 $1:1 \times 2$ 的 Tr_1 和 $1 \times 2:1$ 的 Tr_2，而 Tr_1 和 Tr_2 联合变比为 $1:1$，本振电压 $v_r(t)$ 接到 Tr_1 和 Tr_2 两个变压器的中心抽头上。下面分两种情况进行分析。

① 当本振电压 $v_r(t)$ 为正半周时，二极管 D_1 和 D_2 导通，D_3 和 D_4 截止。输入电压 $v_c(t)$ 通过联合变比为 $1:1$ 的 Tr_1 和 Tr_2 传到负载 R_L 上，如图6.2.4（b）所示。这时，通过二极管的电流可以表示为

$$\begin{cases} i_1 = g_D(v_c + v_r) \cdot H_1(t) \\ i_2 = g_D(-v_c + v_r) \cdot H_1(t) \end{cases}$$

（6.2.14）

i_1 和 i_2 以相反方向流过负载 R_L，使负载上流过的电流为此两电流之差，即

$$i_{L1} = i_1 - i_2 = 2g_D v_c(t) \cdot H_1(t)$$

（6.2.15）

式中，$H_1(t)$ 是本振电压 $v_r(t)$ 为正半周时的开关函数，也就是式（6.2.6）和式（6.2.8）所表示的 $H(t)$，即

$$H_1(t) = \frac{1}{2} + \frac{2}{\pi}\cos\omega_r t - \frac{2}{3\pi}\cos3\omega_r t + \cdots$$

（6.2.16）

② 当本振电压 $v_r(t)$ 为负半周时，D_1 和 D_2 截止，D_3 和 D_4 导通，此时等效电路如图6.2.4（c）

所示。这时流过二极管D_3和D_4的电流分别为

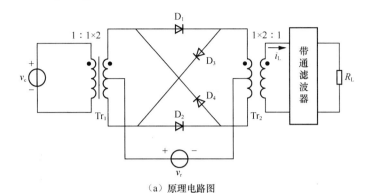

（a）原理电路图

（b）本振电压瞬时值为正的情况　　　　　　　（c）本振电压瞬时值为负的情况

图 6.2.4　二极管环形混频器的原理电路

$$\begin{cases} i_3 = g_D(v_c - v_r) \cdot H_2(t) \\ i_4 = g_D(-v_c - v_r) \cdot H_2(t) \end{cases} \tag{6.2.17}$$

式中，$H_2(t)$为本振电压$v_r(t)$为负半周时的开关函数，它与$H_1(t)$的波形完全相同，只是在时间上相差半个周期或者相位上相差π。因此，$H_2(t)$可以表示为

$$H_2(t) = H_1\left(t + \frac{T_r}{2}\right) \tag{6.2.18}$$

式中，T_r为本振电压的周期。

　　流过负载R_L的电流为

$$i_{L2} = i_4 - i_3 = -2g_D v_c(t) \cdot H_2(t) \tag{6.2.19}$$

按照图6.2.4（a）所示变压器Tr_2的同名端，负载所得电流为

$$\begin{aligned} i_L = i_{L1} + i_{L2} &= 2g_D v_c(t) \cdot H_1(t) - 2g_D v_c(t) \cdot H_2(t) \\ &= 2g_D v_c(t)\left(\frac{4}{\pi}\cos\omega_r t - \frac{4}{3\pi}\cos 3\omega_r t + \cdots\right) \end{aligned} \tag{6.2.20}$$

将$v_c(t) = V_{cm}\cos\omega_0 t$代入式（6.2.20），可以得到

$$\begin{aligned} i_L = &\frac{4}{\pi}g_D V_{cm}[\cos(\omega_r + \omega_0)t + \cos(\omega_r - \omega_0)t] + \\ &\frac{4}{3\pi}g_D V_{cm}[\cos(3\omega_r + \omega_0)t + \cos(3\omega_r - \omega_0)t] + \cdots \end{aligned} \tag{6.2.21}$$

由式（6.2.21）可见，此时 i_L 中只包含 $[(2n-1)\omega_r \pm \omega_0]$ 的频率分量，其中 $n = 1,2,3,\cdots$。显然，无用频率分量大为减少，明显地减少了由组合频率引起的干扰。

4．用于混频的二极管

由于扩散电容和势垒电容的存在，常规的PN结二极管具有较大的结电容，电荷存储导致的延时较大，不适合应用在高频电路中。肖特基二极管形成电流的载流子只有一种，具有较低的势垒电容，因而广泛应用于射频混频器、检波器、衰减器、振荡器、放大器等高频电路中。表6.2.1列出了英飞凌（Infineon）公司的射频肖特基二极管的产品数据，这些产品为硅基低势垒 N 型器件，具有极低的势垒电容、极小的正向电压以及较低的结电容，该系列器件的工作频率可高达24GHz。Infineon BAT15系列、BAT17系列以及BAT24系列的肖特基二极管主要用于混频器，而Infineon BAT62系列、BAT63系列、BAT68系列的肖特基二极管主要用于射频检波器。具体产品数据可以到Infineon的官方网站进行下载。

表 6.2.1　Infineon BAT15-99 系列的肖特基二极管产品数据表

产品名称	配置	最大值 $V_{R/V}$	最大值 $I_{F/mA}$	$C_{r/pF}$	V_F/(mA/mV)	封装
BAT15-02EL/-02ELS		4	110	0.26	230	TSLP-2/TSSLP-2
BAT15-03W		4	110	0.26	230	SOD323
BAT15-04W	D	4	110	0.26	230	SOT323
BAT15-05W	D	4	110	0.26	230	SOT323
BAT15-04R	D	4	110	0.26	230	SOT23
BAT15-099/-099LRH[1]	D	4	110	0.26	230	SOT143/TSLP-4
BAT15-099R	Q	4	110	0.38	230	SOT143
BAT17		4	130	0.55	240	SOT23
BAT17-04/W	D	4	130	0.55	240	SOT23/SOT323
BAT17-05	D	4	130	0.55	240	SOT23
BAT17-05W	D	4	130	0.55	240	SOT323
BAT17-06W	D	4	130	0.55	240	SOT323
BAT17-07	D	4	130	0.75	240	SOT143
BAT24-02LS		4	110	0.21	230	TSSLP
BAT62		40	20	0.35	440	SOT143
BAT62-02L/-02LS		40	120	0.35	440	TSLP-2/TSSLP-2
BAT62-02V/-03W		40	20	0.35	440	SC79/SOD323
BAT62-07L4	D	40	20	0.35	440	TSLP-4
BAT62-07W	D	40	20	0.35	440	SOT343
BAT63-02V		3	100	0.65	190	SC79
BAT63-07W	D	3	100	0.65	190	SOT343
BAT68		8	130	0.75	318	SOT23
BAT68-04/W	D	8	130	0.75	318	SOT23/SOT323
BAT68-06/W	D	8	130	0.75	318	SOT23/SOT323

注：① 上标1）表示不建议用于新设计。

　　② D表示双配置，Q表示四配置。

例如，为了构建二极管平衡混频器，可以选择BAT15-099R，其内部结构如图6.2.5所示。

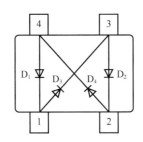

图 6.2.5　BAT15-099R 的内部结构图

Mini-Circuits公司提供了大量基于二极管的混频器集成模块，例如ADE-11X+芯片工作频率为10 ～ 2 000MHz，采用双平衡二极管结构。

6.2.3　晶体管混频器

1．单晶体管混频器的构成及举例

由于电路组态和本振电压注入方式不同，晶体管混频器可以有多种形式。单晶体管构成的混频器如图6.2.6所示。在这些基本电路中，不论本振电压注入方式如何，v_c 和 v_r 都加在晶体管的基极和发射极之间，利用晶体管发射结的非线性实现二极管变频；经过晶体管放大后，再由调谐回路选出需要的中频信号。与二极管混频器相比较，晶体管变频器可以获得一定的变频增益，除了在微波段（即超短波段）由于晶体管噪声较大而采用二极管混频器外，在较低频段一般都采用晶体管变频器。单晶体管混频器用于早期AM-FM收音机中，其性能相当于前置放大器和单二极管混频器的组合。由于其动态范围受限，端口间隔离差，近20年已经很少使用。当今具有竞争性的晶体管混频器使用多个晶体管，并且几乎全部由希尔伯特乘法单元电路或者其改进电路构成。

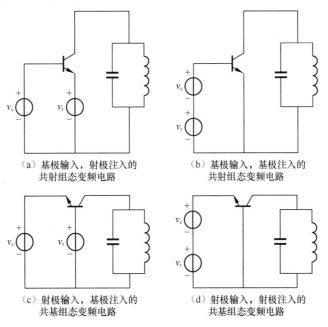

（a）基极输入，射极注入的　共射组态变频电路
（b）基极输入，射极注入的　共射组态变频电路
（c）射极输入，基极注入的　共基组态变频电路
（d）射极输入，射极注入的　共基组态变频电路

图 6.2.6　单晶体管混频器

2．希尔伯特混频器的构成及举例

基本希尔伯特混频器的核心电路原理如图6.2.7所示，也是四象限模拟乘法器的核心单元电路。

在基本希尔伯特混频器电路中，v_x 为本振信号输入端，v_y 为信号输入端，输出信号 v_o 与两者的乘积成正比，因此在输出信号中出现输入信号与本振信号的和频和差频，通过滤波滤出所需要的频率分量，即可实现混频。这一原理与乘积型混频器相同。希尔伯特混频器的优点是：①易于与其他信号处理器一起集成在一块芯片上，构成射频专用芯片；②提供混频增益；③对本振信号的功率要求不高；④信号端口间具有较好的隔离；⑤对匹配负载要求不严格。很多性能优良的有源混频器都是基于希尔伯特混频单元电路改进而来的，例如摩托罗拉的MC13143低功率2.4GHz的混频器的内部包含29个晶体管，电路的核心部分如图6.2.8所示。它由甲乙类偏置的希尔伯特混频单元电路构成，利用负反馈增强其性能，并可外接可编程电流源来控制其线性性能。

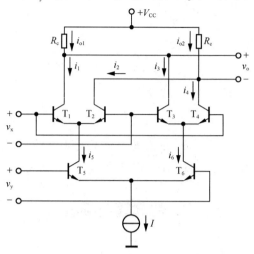

图 6.2.7 基本希尔伯特混频器的核心电路

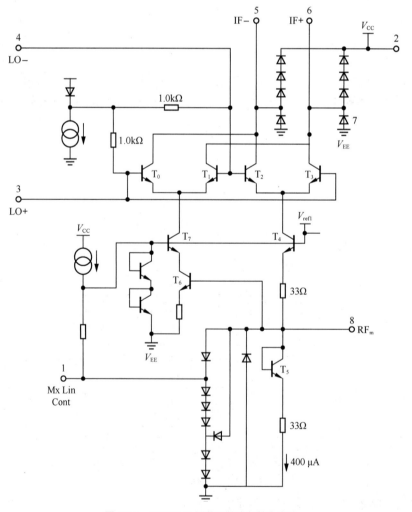

图 6.2.8 MC13143 混频器的内部核心电路

6.2.4　乘积型混频器

乘积型混频器由模拟乘法器和带通滤波器组成，其实现模型如图6.2.9所示。设输入信号为普通调幅波，即 $v_{\mathrm{AM}}(t) = V_{\mathrm{cm}}(1+m_{\mathrm{a}} \cos \Omega t) \cos \omega_0 t$。

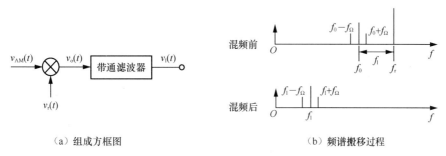

（a）组成方框图　　　　　　　　　（b）频谱搬移过程

图 6.2.9　乘积型混频器

设乘法器的增益系数为 k，则其输出电压为

$$v_{\mathrm{o}}(t) = kv_{\mathrm{AM}}(t)v_{\mathrm{r}}(t) = \frac{k}{2}V_{\mathrm{cm}}V_{\mathrm{rm}}(1+m_{\mathrm{a}} \cos\Omega t)\cdot[\cos(\omega_{\mathrm{r}} - \omega_0)t + \cos(\omega_{\mathrm{r}} + \omega_0)t] \quad (6.2.22)$$

若带通滤波器调谐于差频 $\omega_{\mathrm{I}} = \omega_{\mathrm{r}} - \omega_0$，且满足带宽 $\mathrm{BW} \geqslant 2f_{\Omega}$，则滤除和频分量后，输出差频电压可写为

$$v_{\mathrm{I}}(t) = V_{\mathrm{Im}}(1+m_{\mathrm{a}} \cos\Omega t)\cos \omega_{\mathrm{I}} t \quad (6.2.23)$$

式中，V_{Im} 与 $\frac{k}{2}V_{\mathrm{cm}}V_{\mathrm{rm}}$ 及带通滤波器的传输特性有关。

乘积型混频器的优点是乘法器输出端无用的频率分量较少，对滤波器要求不是很高。用模拟乘法器构成的混频电路可以大大减少由组合频率分量产生的各种干扰。这种混频器还具有体积小、调整容易、稳定性和可靠性高等优点。

图6.2.10所示是用集成模拟乘法器MC1596构成的混频电路。图中本振电压 v_{r} 由8端输入，它的振幅约为100mV；信号电压 v_{AM} 由1端输入，最大电压约为15mV；由6端输出的电压为 v_{r} 和

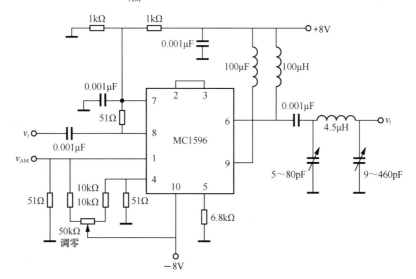

图 6.2.10　由集成模拟乘法器 MC1596 构成的混频电路

v_{AM} 的乘积，经输出滤波器选频后，就可得到中频信号 v_I。输入信号的频率为200MHz，本振信号的频率为209MHz，滤波器的中心频率为9MHz，其3dB带宽为450kHz。当输出端不接调谐回路时，为宽频带应用，可输入HF或VHF信号。当输出端接有阻抗匹配的调谐回路时，可获得更高的混频增益。

6.2.5 混频干扰

混频器输出中含有很复杂的频率分量。假定这些新的组合频率与中频一致或接近，将会与有用信号一样通过中频放大器和解调器，在输出级引起啸叫、干扰或串音，影响有用信号的接收。

1. 信号和本振产生的组合频率干扰

变频产物中的组合频率成分，可表示如下

$$f_k = \pm pf_r \pm qf_0 \qquad (6.2.24)$$

式中，p 和 q 为任意正整数，分别代表本振信号频率和干扰信号频率的谐波次数。

在这些分量中，只有与 $p = q = 1$ 对应的、频率为 $f_r - f_0$ 的分量是所需要的中频信号。由于混频器输出端接的是一个谐振频率为中频 f_I、通频带为BW的谐振回路，因此，只要满足 $f_k = \pm pf_r \pm qf_0 \approx f_I$，组合频率 f_k 的干扰信号就可以通过中频放大器，经差拍检波后，在接收机的输出端产生干扰啸叫。例如，接收机收到频率 $f_0 = 931$kHz 的信号时，中频 $f_I = 465$kHz，本振频率 $f_r = (931+465)$kHz = 1396kHz。这时，非线性产生的诸多组合频率之一为 $2f_0 - f_r = (2 \times 931 - 1396)$kHz = 466kHz。它与中频很接近，并且落在中频放大器的通频带之内，中频谐振回路无法将它滤除；加到检波器后，与465kHz的有用中频信号产生差拍检波，产生 (466 - 465) kHz = 1kHz 的啸叫。

通常，$f_r \gg f_0$，而且频率均为正值，这时组合频率可以表示成

$$pf_r - qf_0 \approx f_I \qquad (6.2.25a)$$

$$qf_0 - pf_r \approx f_I \qquad (6.2.25b)$$

将关系式 $f_I = f_r - f_0$ 代入式（6.2.25），就可以得到

$$f_0 \approx \frac{p-1}{q-p} f_I \qquad (6.2.26a)$$

$$f_0 \approx \frac{p+1}{q-p} f_I \qquad (6.2.26b)$$

合并式（6.2.26a）和式（6.2.26b），可得

$$f_0 \approx \frac{p \pm 1}{q-p} f_I \qquad (6.2.27)$$

式（6.2.27）说明：只要输入信号的频率 f_0 满足式（6.2.27）算出的数值，并且落在混频器的工作频段内，就会产生干扰啸叫。

2. 由外来干扰和本振频率产生的副波道干扰

若接收机接收到的有用信号频率为 f_0，本振信号的频率为 f_r，变频器输出的中频为 $f_I = f_r - f_0$，同时又由于接收机的输入回路和高频放大器的选择性不佳，而混入频率为 f_n 的干扰台信号，它们也会作用于变频器的输入端。这时，干扰信号频率与本振信号频率的谐波进行混频，也可以形成接近中频的组合频率干扰而产生干扰啸叫。假设干扰信号与本振信号形成的组合频率满足

$$\left| \pm p f_r \pm q f_n \right| \approx f_1 \qquad (6.2.28)$$

式中，p 为本振信号频率的谐波次数，$p = 0,1,2,3,\cdots$；q 为干扰信号频率的谐波次数，$q = 0,1,2,3,\cdots$。

则此干扰信号就会通过中频放大级、解调器而形成干扰啸叫。结果，接收到的除被称为主波道的有用信号外，还有寄生的副波道，f_n 被称为副波道干扰。这类干扰又可以分为中频干扰、镜像干扰和组合副波道干扰等。

通常，$f_r \gg f_1$，并且频率不可能为负值，故式（6.2.28）可以写成

$$p f_r - q f_n \approx f_1$$

或

$$q f_n - p f_r \approx f_1$$

即

$$f_n \approx \frac{1}{q}(p f_r \pm f_1) \qquad (6.2.29)$$

（1）中频干扰

若 $p = 0$，$q = 1$，由式（6.2.29）可得 $f_n \approx f_1$。这时，接近中频的干扰信号不经过混频过程而直接进入中频放大级，形成最强的干扰。为了抑制中频干扰，应该提高混频级以前电路的选择性或在前级电路加接中频陷波器（例如中频串联谐振回路）。

（2）镜像干扰

若 $p = 1$，$q = 1$，由式（6.2.29）可得 $f_n = f_r + f_1 = f_0 + 2f_1$。显然，$f_n$ 与 f_0 形成以 f_r 为轴的镜像对称关系，故称 f_n 为 f_0 的镜像频率。若镜像干扰信号进入混频器，就会和本振信号产生一个干扰的中频信号，与有用的中频信号在检波中产生差拍后形成啸叫，或输出干扰信号的原调制信号。

抑制镜像干扰必须提高前级电路的选择性或者提高中频频率，使得 $f_n = f_0 + 2f_1$ 离 f_0 更远些，便于用滤波器滤除。

（3）组合副波道干扰

若 $p>1$，$q>1$，例如 $2f_n - 2f_r = \pm f_1$，则干扰频率 f_n 也可能通过与本振频率 f_r 的谐波组合频率而对有用信号频率 f_0 造成干扰，这时称为组合副波道干扰。

由于 $2f_n - 2f_r = 2f_n - 2(f_0 + f_1) = \pm f_1$，使得两种频率的信号可能产生组合波道干扰，分别是

$$f_{n1} = f_0 + \frac{1}{2}f_1$$

$$f_{n2} = f_0 + \frac{3}{2}f_1$$

其中 f_{n1} 距有用信号 f_0 很近，不易滤除，危害较大。抑制这类干扰，也要靠提高前级电路的选择性。

上面讨论的两种组合干扰是由信号或者是干扰信号与本振信号经过混频非线性变换后，产生的接近中频信号 f_1 的分量引起的。所以，这类干扰是混频器所特有的。

例 6.2.1 某超外差收音机的中频 $f_1 = 465\text{kHz}$。

（1）当收听 $f_{01} = 550\text{kHz}$ 的电台节目时，还能听到 $f_{n1} = 1480\text{kHz}$ 的强电台声音，分析产生干扰的原因。

（2）当收听 $f_{02} = 1480\text{kHz}$ 的电台节目时，还能听到 $f_{n2} = 740\text{kHz}$ 的强电台声音，分析产生干扰的原因。

解 （1）该干扰为镜像干扰，$f_{n1} = f_{01} + 2f_{I} = (550 + 2 \times 456)\text{kHz} = 1480\text{kHz}$。

（2）该干扰为组合副波道干扰，因 f_{n2} 的二次谐波等于信号频率 f_{02}，故 $f_r - 2f_{n2} = f_I$，在输出端听到干扰台 f_{n2} 的声音。

3．交叉调制干扰和互调干扰

在混频器中，还有一类干扰是由干扰信号对有用信号的调制或者是由两个干扰信号相互调制引起的，它们的产生都和本振电压无关。干扰信号对有用信号的调制称为交叉调制干扰，两个干扰信号的相互调制称为互调干扰。这两种干扰都是由晶体管的非线性引起的，其详细说明可参见2.3.3小节。

为了减小交叉调制干扰和互调干扰，首先应该提高混频级以前电路的选择性，其次是适当调整变频级的工作状态，以便使晶体管转移特性的应用部分不出现高于二次项的非线性部分，即使其工作在平方律区域，从而减少所产生的组合频率成分。比较有效的方法还是采用抗干扰能力较强的二极管平衡混频器和环形混频器。

6.3 振幅调制与解调

本节主要讨论调幅和解调的工作原理、电路性能指标的分析计算及实用电路。

6.3.1 调幅的基本原理

普通调幅波

1．普通调幅波

（1）表达式及波形

采用高频振荡的正弦波作为载波信号，设载波电压信号为一余弦波，即

$$v_c(t) = V_{cm}\cos(\omega_0 t + \varphi) = V_{cm}\cos(2\pi f_0 t + \varphi) \tag{6.3.1}$$

式中，V_{cm} 为载波振幅，f_0 是载波频率。

为简单起见，设载波的初相角 $\varphi = 0$。保持参数 f_0 和 φ 不变，用低频调制信号电压改变载波信号振幅，使得已调波信号的振幅按照低频调制信号的瞬时值变化，称为振幅调制，简称调幅，用AM表示。该已调波是普通调幅波，或称为标准调幅波，简称调幅波（其他种类的调幅波一般不能省去前面的限定词）。

虽然调制信号为语音、图像等低频信号，含有很多频谱分量（一定的带宽），具有复杂的波形，但为了简化分析，可用一个单频率的余弦电压信号作为调制信号的代表，表示为

$$v_\Omega(t) = V_{\Omega m}\cos\Omega t = V_{\Omega m}\cos 2\pi f_\Omega t \tag{6.3.2}$$

用它调制载波信号的振幅，使得载波信号的振幅在原值的基础上叠加式（6.3.2）所示的余弦分量，从而使得已调波信号可以表示为

$$v_{AM}(t) = (V_{cm} + kV_{\Omega m}\cos\Omega t)\cos\omega_0 t \tag{6.3.3}$$

式中，k 是由调制电路决定的比例系数。

图6.3.1所示为调幅前后信号波形的变化。从中可以看出，载波信号的振幅按照调制信号的变化规律做余弦变化，因此调幅波携带着原调制信号的信息。载波信号振幅变化的轨迹称为调幅波的包络线，在图中一般用虚线表示。

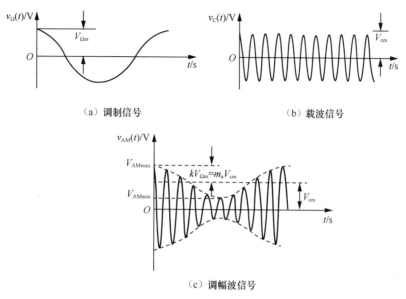

（a）调制信号　　　　　　　　　　　　　（b）载波信号

（c）调幅波信号

图 6.3.1　调幅波波形

把式（6.3.3）改写成

$$v_{AM}(t) = V_{cm}\left(1 + \frac{kV_{\Omega m}}{V_{cm}}\cos\Omega t\right)\cos(\omega_0 t) = V_{cm}(1 + m_a\cos\Omega t)\cos\omega_0 t \qquad (6.3.4)$$

式中，$m_a = \dfrac{kV_{\Omega m}}{V_{cm}}$，称为调幅度或调幅系数，表示载波信号的振幅受调制信号控制的强弱程度。

由图6.3.1可见，已调波信号的最大振幅为

$$V_{AMmax} = V_{cm} + kV_{\Omega m} = V_{cm}\left(1 + \frac{kV_{\Omega m}}{V_{cm}}\right) = V_{cm}(1 + m_a) \qquad (6.3.5)$$

已调波信号的最小振幅为

$$V_{AMmin} = V_{cm} - kV_{\Omega m} = V_{cm}\left(1 - \frac{kV_{\Omega m}}{V_{cm}}\right) = V_{cm}(1 - m_a) \qquad (6.3.6)$$

从而可得

$$m_a = \frac{V_{AMmax} - V_{AMmin}}{2V_{cm}} \times 100\% \qquad (6.3.7)$$

利用式（6.3.7），可以由显示在示波器屏幕上的单一频率正弦波调制的调幅波计算调幅系数 m_a 的值。如果采用单晶体管构成调幅电路（例如6.3.3小节的高电平调幅电路），调幅系数 m_a 的值可以从0（未调幅）变化到1（100%调幅），即 m_a 只能限制在 $0<m_a\le 1$ 的范围内。其原因是当 $m_a>1$ 时，由于调制信号振幅过大，其工作范围进入了晶体管的截止区，使高频振荡部分截止，造成在调制信号的部分间隔内载波信号振幅为零，如图 6.3.2所示，这种现象称为过调幅。这时，

已调波的包络不再反映调制信号的形状，而出现了严重的失真，结果将导致接收端检波后不能恢复原来调制信号的波形。因此，应该尽量避免过调幅的发生。

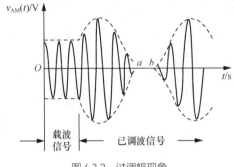

图 6.3.2　过调幅现象

（2）频谱与频谱宽度

为了分析调幅波的频谱，对式（6.3.4）进行分解，可得

$$v_{AM}(t) = V_{cm}(1 + m_a\cos\Omega t)\cos\omega_0 t = V_{cm}\cos\omega_0 t + V_{cm}m_a\cos\Omega t \cdot \cos\omega_0 t$$
$$= V_{cm}\cos\omega_0 t + \frac{1}{2}m_a V_{cm}\cos(\omega_0 + \Omega)t + \frac{1}{2}m_a V_{cm}\cos(\omega_0 - \Omega)t \tag{6.3.8}$$

由式（6.3.8）可见，用单一频率的余弦波信号 $v_\Omega(t)$ 调制的已调波，已经不是一个简单的余弦波了。其中包含 3 个频率分量：一个是载波频率 f_0，另外两个则是和频（f_0+f_Ω）与差频（f_0-f_Ω）。调幅波的频谱如图 6.3.3（a）所示，两个新的频率分量关于载波频率 f_0 对称。通常，把（f_0+f_Ω）称为上边频，而把（f_0-f_Ω）称为下边频。

显然，调幅过程实际上是一种频率搬移过程，即经过调幅后，调制信号的频谱被搬移到载频附近，形成对称排列在载频两侧的上边频和下边频。两者的振幅相等 $\left(= \frac{1}{2}m_a V_{cm}\right)$，当 $m_a = 1$ 时，上、下边频的振幅仅为载频振幅的一半。

设 $f_\Omega = \frac{\Omega}{2\pi}$ 为调制信号频率，则调幅波的频谱宽度（又称带宽）BW 是调制信号频率的两倍，即 $BW_{AM} = 2f_\Omega$。

实际上，调制信号常常不是简单的单频信号，而是由许多频率分量组成的。例如，语音信号的频带为 300 ~ 3400Hz，广播电台调制信号的频带则扩展到 10kHz 左右，而电视信号的频带宽达 6.5MHz。如果调制信号的频率范围是从 $f_{\Omega1}$ 到 $f_{\Omega2}$，载波频率为 f_0，则已调波信号的频谱如图 6.3.3（b）所示，调制信号的频谱被搬移到载频两侧，成为上边带和下边带。此时，调幅波的频谱宽度等于调制信号最高频率的两倍，即 $BW_{AM} = 2f_{\Omega2}$。

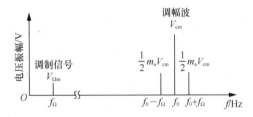

（a）调幅波频谱

（3）功率与效率

如果把已调波电压加到负载电阻 R_L 上，

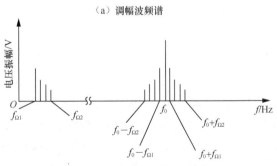

（b）实际调幅波频谱

图 6.3.3　调幅波频谱

则载波和边频都将给电阻传送功率。单频调制时，调幅波各个频率成分的平均功率[①]可以分别表示为

载波平均功率　　$P_{\mathrm{C}} = \dfrac{1}{2} \cdot \dfrac{V_{\mathrm{cm}}^2}{R_{\mathrm{L}}}$　　　　　　　　　　　　　　　（6.3.9）

上边频（或下边频）平均功率$P_{\mathrm{SSB}} = \left(\dfrac{1}{2} m_{\mathrm{a}} V_{\mathrm{cm}}\right)^2 \cdot \dfrac{1}{2R_{\mathrm{L}}} = \dfrac{1}{4} m_{\mathrm{a}}^2 P_{\mathrm{C}}$　　　　（6.3.10）

上、下边频总平均功率：$P_{\mathrm{DSB}} = 2P_{\mathrm{SSB}} = \dfrac{1}{2} m_{\mathrm{a}}^2 P_{\mathrm{C}}$　　　　　　　（6.3.11）

因此，在调制信号的一个周期内，调幅波在电阻R_{L}上的平均输出总功率为

$$P_{\mathrm{AM}} = P_{\mathrm{C}} + P_{\mathrm{DSB}} = \left(1 + \dfrac{m_{\mathrm{a}}^2}{2}\right) \cdot P_{\mathrm{C}} \qquad (6.3.12)$$

由式（6.3.12）可知，已调波信号的输出功率大于载波功率，增加的部分就是上、下边频功率之和。由图 6.3.3 可知，要传送的信息只包含在上、下边频中，因此，调制时增加的功率就是用于传送信息的有用功率。这部分功率随m_{a}的增大而增大，当$m_{\mathrm{a}} = 1$时，该功率具有最大值并等于载波功率的一半。

实际上调制信号是变化的，使m_{a}在$0.1 \sim 1$之间变化。从整个工作时间来看，平均调幅度为$20\% \sim 30\%$，这导致包含有用信息的边带功率很小，也就是调幅波传送信息的效率是很低的。这是普通调幅的一个缺点。

2．双边带调幅波

从传输信息的观点看，普通调幅波中的载波分量并不含有调制信号的信息，但它却占用了调幅波的大部分功率。因此，如果在传输前将载频抑制掉，仅将含有调制信号信息的上、下边带向外发送，就可以在不影响信息传输的条件下大大节省发射机的发射功率。这种只传输两个边带的调幅方式称为抑制载波的双边带调幅，简称双边带调幅，用 DSB（Double Side-Band）表示，即

$$v_{\mathrm{DSB}}(t) = m_{\mathrm{a}} V_{\mathrm{cm}} \cos\varOmega t \cdot \cos\omega_0 t = \dfrac{m_{\mathrm{a}} V_{\mathrm{cm}}}{2}[\cos(\omega_0 - \varOmega)t + \cos(\omega_0 + \varOmega)t] \qquad (6.3.13)$$

其波形和频谱如图6.3.4（b）所示。

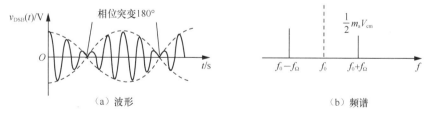

图 6.3.4　双边带调幅波的波形及频谱

由图6.3.4可见，双边带调幅同样是实现频谱搬移，其波形振幅仍随调制信号变化，但与普通调幅波不同的是，它的包络不再反映调制信号的形状，而是在零值上下变化；并且在调制信号$v_{\varOmega}(t) = 0$的瞬间，双边带调幅波的高频振荡相位可能出现$180°$的相位反转。另外，由于失去载波，它的包络不能完全反映调制信号的实际变化规律，为以后的解调带来困难。很显然，双边带

[①] 这里的平均是指在调制信号的一个周期内进行的平均。某些文献中给出了在高频载波一个周期内的功率平均，此时所得结果将会受时间的影响，感兴趣的读者可自行查阅相关文献。

调幅波的带宽为$BW_{DSB} = 2f_\Omega$，与普通调幅波相同，为调制信号最高频率的2倍，因此DSB并不比AM节省频带。双边带调幅波的功率为上、下两个边带的功率之和。

3．单边带调幅波

进一步观察双边带调制信号的频谱结构，可以发现上边带和下边带都同样地反映了调制信号的频谱结构，区别仅在于下边带反映的是调制信号频谱的倒置，但这对区别传输信息是无关紧要的，因此还可以进一步把其中的一个边带抑制掉。这种只传输一个边带（上边带或下边带）的调幅方式称为抑制载频的单边带调幅，简称为单边带调幅，记作SSB（Single Side-Band），其数学表达式为

上边带 $\quad v_{SSBH}(t) = \dfrac{1}{2}m_a V_{cm} \cos(\omega_0+\Omega)t = V_{SSB}\cos(\omega_0+\Omega)t$ （6.3.14）

下边带 $\quad v_{SSBL}(t) = \dfrac{1}{2}m_a V_{cm} \cos(\omega_0-\Omega)t = V_{SSB}\cos(\omega_0-\Omega)t$ （6.3.15）

其波形和频谱如图6.3.5所示。

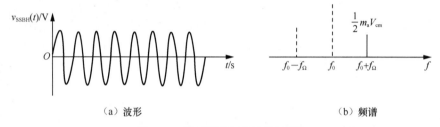

（a）波形　　　　　　　　　　　　　　　（b）频谱

图 6.3.5　单边带调幅波的波形及频谱

单边带调制方式除了节省发射功率、提高发射效率外，还将已调波信号的频谱宽度压缩了一半，即$BW_{SSB} = f_\Omega$，大大提高了频带的利用率，有助于解决信道的拥挤问题，因此，它已成为短波无线电通信中最有用的一种调制方式。但单边带调制要求收发两端的载波严格同步，因而要求收发信机具有很高的频率稳定度及其他技术性能，所以设备复杂，成本较高。

综上所述，按照频谱结构特点，调幅波可以分为普通调幅波、抑制载波的双边带调幅波和单边带调幅波3种基本形式。在通信中，有时还会遇到其他形式的调幅信号，一般它们都是由上述3种形式演变而来的。例如用于发送电视图像的残留边带调幅波，它是介于双边带调幅波和单边带调幅波之间的一种调幅波，具有单边带调幅波的优点，又克服了双边带调幅波的缺点。

4．残留边带调幅波

如前所述，从有效传输信息的角度看，单边带调幅是各种调幅方式中最好的，但单边带的调制与解调设备都比较复杂，而且不适于传送带有直流分量的信号。因此，我们在双边带调幅和单边带调幅之间找到一种折中方式，这就是残留边带调幅，记作VSB（Vestigial Side-Band）。在调制信号中含直流分量时，尤其在数字信号调幅中，都采用这种调制方式。

在残留边带调幅方式中，不是将一个边带完全滤除，而是保留一部分，它传送被抑制边带的一部分，同时又将被传送边带抑制掉一部分，故称其为残留边带。

残留边带调幅应用的一个例子是电视图像的发送。图6.3.6（a）所示是电视图像信号发射机的幅频特性，载频和上边带全部发射，下边带只将图像中的低频部分（小于0.75MHz）发射出去，高频部分（虚线表示）被抑制了。在电视接收机中，为了不失真地恢复出图像信号，将图像通道的幅频特性设计成如图6.3.6（b）所示，图像载频处于衰减一半的位置（A点）。经过这样的校正，从能量观点看，等效为接收到一个完整的上边带加载频（振幅衰减了一半）的信号，故可用普通包络检波的方法得到图像信号，使电视接收机的结构大为简化，成本降低。

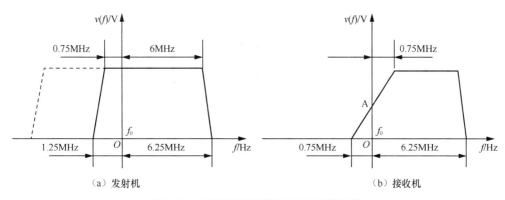

图 6.3.6　电视图像发射机和接收机的幅频特性

例6.3.1 已知两个信号电压的频谱如图6.3.7所示，要求。

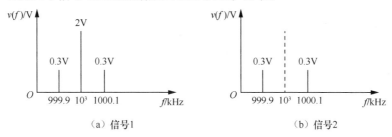

图 6.3.7　例 6.3.1 图

（1）写出两个信号电压的数学表达式，并指出已调波信号的性质。

（2）计算单位电阻上消耗的边带功率和总功率以及已调波信号的频带宽度。

解 （1）图6.3.7（a）所示为普通调幅波的频谱图。

由于 $\dfrac{1}{2}m_a V_{cm} = 0.3$ V，且 $V_{cm} = 2$ V，所以 $m_a = 0.3$。又有 $f_0 = 10^6$ Hz，$f_\Omega = 10^2$ Hz，可得

$$v_{AM}(t) = 2(1 + 0.3\cos 2\pi \times 10^2 t)\cos 2\pi \times 10^6 t \text{V}$$

图6.3.7（b）所示为双边带调幅波的频谱图，其表达式为

$$v_{DSB}(t) = 0.6\cos 200\pi t \cdot \cos 2\pi \times 10^6 t \text{V}$$

（2）载波功率为 $P_C = \dfrac{1}{2}\dfrac{V_{cm}^2}{R_L} = \dfrac{1}{2} \times 2^2 \text{ W} = 2 \text{ W}$

双边带信号功率为 $P_{DSB} = \dfrac{1}{2}m_a^2 P_C = \dfrac{1}{2} \times 0.3^2 \times 2 \text{ W} = 0.09 \text{ W}$

因此 $P_{AM} = P_C + P_{DSB} = (2 + 0.09) \text{ W} = 2.09 \text{ W}$

普通调幅波与双边带调幅波的频带宽度相等，即 $BW_{AM} = BW_{DSB} = 2f_\Omega = 200$ Hz。

6.3.2　低电平调幅电路

在无线电通信中，按照功率电平的高低，可将调幅电路分为高电平调幅电路和低电平调幅电路两大类。

低电平调幅
电路

低电平调幅
电路示例

高电平调幅电路是由发射机的最后一级（即输出级）直接产生满足发射功率要求的已调波，如图 6.3.8 所示。它只能用来产生普通调幅波，其突出的优点是电路效率高，适用于大型通信或广播设备的普通调幅发射机。

低电平调幅电路是在发射机的末前级产生已调波，再经过线性高频功率放大器放大后达到所需要的发射功率，如图 6.3.9 所示。低电平调幅电路的最大优点是：起调制作用的非线性元器件工作在中、小信号状态，因此较易获得

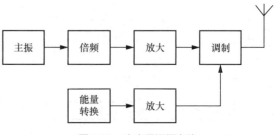

图 6.3.8　高电平调幅电路

高度线性的调幅波。这种方式目前应用较为广泛，它可以用来产生普通调幅波、双边带调幅波和单边带调幅波信号。低电平调幅电路可以通过由二极管构成的平衡调幅器和环形调幅器电路来实现，也可以采用由模拟乘法器构成的调幅电路。二极管构成的调幅电路动态范围较大，噪声系数较低，端口阻抗易于匹配，但是存在损耗且对载波功率要求较高。模拟乘法器构成的调幅电路动态范围较小，噪声系数较大，但是存在增益，且干扰产物较少。具体采用哪种电路实现调幅需要根据具体的工程需求来确定。本小节仅介绍由模拟乘法器构成的低电平调幅电路。由二极管构成的调幅电路可以基于混频器来实现，详见 6.2.2 小节，将本振信号变为载波信号，将待混频信号变为低频调制信号，再合理设计滤波器带宽，即可以实现普通调幅波、双边带调幅波或者单边带调幅波。

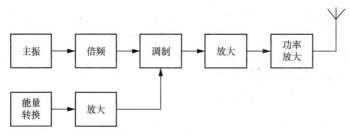

图 6.3.9　低电平调幅电路

1．普通调幅电路

将低频调制信号电压先与直流电压叠加，再与高频载波信号相乘，就可以实现普通调幅。图 6.3.10（a）所示是普通振幅调制器的方框图，图 6.3.10（b）所示是用 BG314 乘法器构成的普通振幅调制器。其中，载波电压 $v_c(t)$ 加在 4 端，8 端接输入馈通电压调零电路，调制电压 $v_\Omega(t)$ 加在 9 端，12 端接入外加可调直流电压 V，相当于在 9 端和 12 端之间加入输入电压 $V+v_\Omega(t)$。

y 输入端加低频调制信号叠加直流成分，即

$$v_y(t) = V + V_{\Omega m}\cos\Omega t = V\left(1 + \frac{V_{\Omega m}}{V}\cos\Omega t\right) = V(1 + m_a\cos\Omega t) \tag{6.3.16}$$

x 输入端加载波电压，即

$$v_x(t) = v_c(t) = V_{cm}\cos\omega_0 t \tag{6.3.17}$$

已知乘法器的输出电压与输入电压的关系为 $v_o' = k \cdot v_x v_y$，则乘法器的输出为

$$\begin{aligned} v_o'(t) &= kV(1 + m_a\cos\Omega t)\cdot V_{cm}\cos\omega_0 t \\ &= kVV_{cm}\cos\omega_0 t + \frac{m_a kVV_{cm}}{2}[\cos(\omega_0 + \Omega)t + \cos(\omega_0 - \Omega)t] \end{aligned} \tag{6.3.18}$$

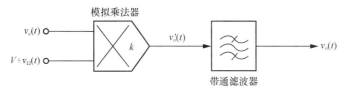

（a）方框图

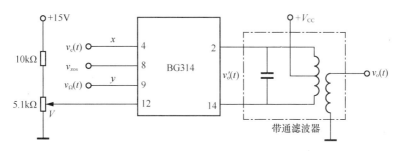

（b）用BG314乘法器构成的普通振幅调制器

图 6.3.10　普通振幅调制器

其中，$m_a = \dfrac{V_{\Omega m}}{V}$ 是调幅系数。

可见，调整偏压 V，就可以改变调幅系数的大小。

由式（6.3.18）可见，$v_o'(t)$ 中包含 3 个电压分量：载波分量 f_0、上边带分量（f_0+f_Ω）和下边带分量（f_0-f_Ω）。输出端用带通滤波器作为乘法器的负载，其中心频率为 f_0，带宽应大于或等于调制信号最高频率的两倍。因为实际的乘法器电路总是存在一定的非线性，所以不能采用无选择性的纯电阻作为负载，用带通滤波器作为负载，可以滤除由非线性而产生的高次谐波分量，使输出的调幅波更纯净。

2. 双边带调幅电路

产生抑制载波的双边带调幅波的电路常称为平衡调幅器，如图 6.3.11（a）所示。设 x 输入端的输入调制信号为

$$v_x(t) = v_\Omega(t) = V_{\Omega m}\cos\Omega t \tag{6.3.19}$$

y 输入端的输入载波信号为

$$v_y(t) = v_c(t) = V_{cm}\cos\omega_0 t \tag{6.3.20}$$

则输出信号为

$$
\begin{aligned}
v_o'(t) &= kv_\Omega(t)\cdot v_c(t) = kV_{\Omega m}\cos\Omega t \cdot V_{cm}\cos\omega_0 t \\
&= \frac{1}{2}kV_{\Omega m}V_{cm}[\cos(\omega_0+\Omega)t + \cos(\omega_0-\Omega)t]
\end{aligned}
\tag{6.3.21}
$$

由式（6.3.21）可见，在 $v_o'(t)$ 中只有频率为（f_0+f_Ω）和（f_0-f_Ω）的上、下边频信号。因此，理想乘法器本身就是一个理想的平衡调幅器。

图 6.3.11（b）所示是利用 BG314 乘法器构成的平衡调幅器。乘法器的 8 端和 12 端必须加入馈通电压调零电路，以便进行精确调零，否则在平衡调幅器的输出端就会出现很大的载波分量泄漏（简称载漏）电压。

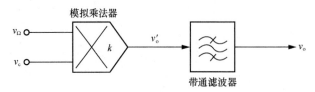

（a）平衡调幅器

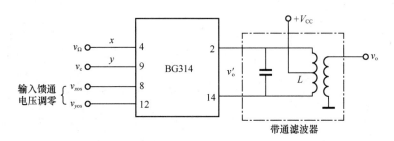

（b）用BG314乘法器构成的平衡调幅器

图 6.3.11　抑制载频的双边带调制器

3．单边带调幅电路

只要在图6.3.11所示电路的后面加一个适当的滤波器，能够提取一个边带（上边带或下边带）的信号，就可以得到单边带调幅信号，即所谓滤波法。

由于在双边带调幅信号中，上、下边频的频率间隔为$2f_{\Omega\min}$（一般为几百赫兹），为了滤除一个边带而保留另一边带，要求边带滤波器具有极为陡峭的、接近于矩形的衰减特性，如图6.3.12（a）所示。再加上$f_0 \gg f_{\Omega\max}$，使边带滤波器的相对带宽很小，更增加了制作上的难度。

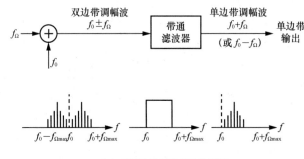

（a）用滤波法实现单边带调幅

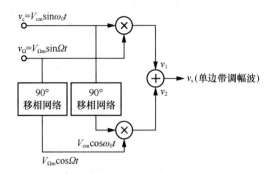

（b）用移相法实现单边带调幅

图 6.3.12　单边带调幅波信号产生

解决的方法之一是采用移相法。一个单音调制的下边带信号可以表示为

$$v(t) = kV_{cm}V_{\Omega m}\cos(\omega_0 - \Omega)t$$
$$= kV_{cm}V_{\Omega m}\cos\Omega t \cdot \cos\omega_0 t + kV_{cm}V_{\Omega m}\sin\Omega t \cdot \sin\omega_0 t \qquad (6.3.22)$$

式（6.3.22）可视为两个双边带信号相加，而它们的调制信号和载频信号都各自移相$90°$，这可以用图 6.3.12（b）所示的移相法来实现。

移相法是指利用移相器使不需要的边带互相抵消，保留所需边带，而获得单边带信号。它不是利用滤波器来抑制另一边带的信号，不再需要制作衰减特性极其陡峭的滤波器。

应该指出，移相法要求移相网络在整个频带范围内都要准确地移相$90°$，这在实现上也是难以做到的。由于滤波器的性能稳定可靠，因此，采用滤波器提取单边带信号仍是目前的主要方法。移相法一般用在要求不高的小型发射机上。

6.3.3　高电平调幅电路

高电平调幅电路就是在高频功率放大电路中，通过改变其某一极电路的电压来改变高频信号的振幅，从而实现振幅调制，主要用于产生普通调幅波。高电平调幅电路能够一次性完成功率放大和调制的任务。为了获得大的输出功率和高效率，通常让功率放大级晶体管工作在乙类或丙类的非线性工作状态来实现频谱搬移。根据调制信号控制的晶体管电极的不同，高电平调幅电路主要有集电极调幅电路、基极调幅电路以及集电极 - 基极（或发射极）组合调幅电路。本小节仅讨论基极调幅电路和集电极调幅电路。

1. 基极调幅

基极调幅主要利用丙类谐振功率放大电路的基极调制特性，即仅改变基极偏置电压V_{BB}时，放大电路的电流、电压、功率及效率等参数的变化特性。丙类谐振功率放大电路如图 4.3.1 所示，发射结两端电压$v_{BE} = -V_{BB} + V_{im}\cos\omega_0 t$，其中$\omega_0$为载波角频率。谐振回路调谐在载波频率上，此时当减小V_{BB}时，发射结两端电压增大，集电极脉冲电流i_C的半导角θ也随之增大，相应的I_{C0}、I_{c1m}和v_{CE}也增大。当V_{BB}减小到一定程度时，放大电路的工作状态由欠压区进入过压区，此时集电极电流的增大变得十分缓慢，可以认为近似不变。图 6.3.13 给出了丙类谐振功率放大电路的基极调制特性。

由基极调制特性可以看出，在过压状态下，当基极偏置电压V_{BB}改变时，v_{CE}几乎不变；只有在欠压状态下，v_{CE}才会随着V_{BB}单调变化。因此，基极调幅电路只有工作在欠压区才能有效地实现V_{BB}对输出电压v_{CE}的线性（或近似线性）调制作用。

基极调幅就是用调制信号改变高频谐振功率放大电路的基极电源电压，以实现调幅。图 6.3.14 所示是基极调幅电路，图中，低频调制信号加到基极回路，与直流电源V_{BB}相串联，因此放大电路的基极有效电源电压为

$$v_B(t) = -V_{BB} + V_{\Omega m}\cos\Omega t \qquad (6.3.23)$$

可见，基极电源电压是随调制信号而变换的，而不再像普通的谐振功率放大电路一样是恒定的。在欠压状态下，如图 6.3.14 所示，集电极电流的基波分量随基极有效电源电压$v_B(t)$呈线性变化。集电极有效回路阻抗不变，因此，集电极谐振回路的输出电压振幅将随调制信号的波形而变化，从而得到调幅波输出。

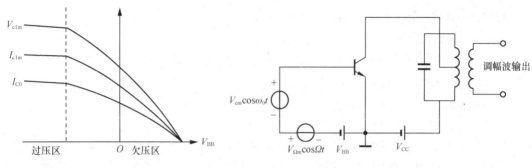

图 6.3.13　丙类谐振功率放大电路的基极调制特性　　　　图 6.3.14　基极调幅电路

由此可见，基极调幅电路是以载波作为激励信号，基极电源电压随调制信号变化，工作在欠压状态的高频谐振功率放大电路。基极调幅电路的优点是要求的调制信号功率很小，有利于整机的小型化；缺点是集电极效率不高，导致调幅效率低下，输出波形较差。

2．集电极调幅电路

集电极调幅利用丙类谐振功率放大电路的集电极调制特性，即仅改变集电极偏置电压V_{CC}时，放大电路的电流、电压、功率及效率等参数的变化特性。由于V_{BB}等参数不变，因此当V_{CC}由大到小变化时，静态工作点将向左平移，功率放大电路的工作状态由欠压到临界，再进入到过压状态，集电极电流i_C从一完整的余弦脉冲变化为凹顶脉冲。丙类谐振功率放大电路的集电极调制特性如图 6.3.15 所示，在欠压状态下时，随着V_{CC}的变化，输出电压几乎不变；只有在过压状态时，输出电压才会随着V_{CC}单调变化。所以，集电极调幅电路只有工作在过压区才能有效地实现V_{CC}对输出电压v_{CE}的线性（或近似线性）调制作用。

集电极调幅就是用调制信号改变高频谐振功率放大电路的集电极电源电压，以实现调幅。图 6.3.16 所示是集电极调幅电路。图中，高频载波信号从基极加入，低频调制信号加到集电极回路上，与直流电源V_{CC}相串联，因此放大电路的有效集电极电源电压为

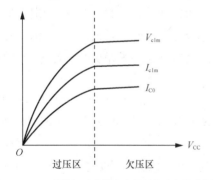

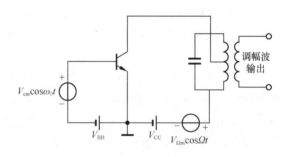

图 6.3.15　丙类谐振功率放大电路的集电极调制特性　　　图 6.3.16　集电极调幅电路

$$v_C(t) = V_{CC} + V_{\Omega m}\cos\Omega t \qquad (6.3.24)$$

可见，集电极电源电压是随调制信号而变换的，而不再像普通的谐振功率放大电路一样是恒定的。根据图 6.3.14，在过压状态下，集电极电流的基波分量随集电极有效电源电压$v_c(t)$呈线性变化。集电极有效回路阻抗不变，因此，集电极谐振回路的输出电压振幅将随调制信号的波形而变化，从而得到调幅波输出。

由此可见，集电极调幅电路是以载波作为激励信号，集电极电源电压随调制信号变化，工作

在过压状态的高频谐振功率放大电路。集电极调幅电路的优点是集电极效率高，晶体管可获得充分应用；缺点是已调波的边带功率由调制信号供给，因而需要大功率的调制信号源。

6.3.4　调幅信号的解调

检波器简介

接收机收到已调制的高频信号后，必须把"装载"在载波上的调制信号还原出来，这一过程称为解调。调幅波的解调又称为振幅检波，把高频已调波还原为低频信号的装置称为振幅检波器，简称为检波器。

检波的方式有许多种，如平方律检波、峰值包络检波、乘积检波等。前两种适用于解调普通的调幅波；而乘积检波既可以解调普通调幅波，也可以解调双边带及单边带调幅波。由于乘积检波电路比较复杂，成本高，所以主要用于解调后两种信号。

从频谱关系上看，检波器输入的是高频率的载波信号和边带信号分量，而输出的是低频率的调制信号，因此检波过程也是频率的变换过程，必须利用非线性元器件来完成。

一般情况下，对检波器的技术指标有如下要求。

（1）检波效率（电压传输系数）K_d要高

检波效率是指检波器输出的低频电压振幅与含有调制分量的输入高频电压的包络振幅之比。在相同的输入电压下，K_d越高，则输出电压越大，说明检波器对调幅波的解调能力越高。一般二极管检波器的电压传输系数K_d总小于1。

（2）检波电路的输入电阻R_i要大

从检波器的输入端看进去的等效电阻为输入电阻R_i。检波电路通常作为中频放大电路的负载，因此其输入电阻R_i对前一级电路是有影响的，R_i越大，对前级电路的影响就越小。

（3）检波失真要小

检波器输出的低频电压的波形和原调制信号的波形不一致时，就是产生了失真。检波器的失真程度和产生失真的原因随着输入信号的大小和检波器工作状态的不同而有所不同。应当尽量避免或减少失真。

除了上述主要指标以外，还要求检波器的滤波性能好，使高频分量不致随低频分量进入低频放大电路。

大信号峰值包络检波器

1. 大信号峰值包络检波器

大信号包络检波分为峰值包络检波与平均值包络检波两类。前者适用于普通调幅波信号的解调，由于电路简单、性能良好而获得广泛应用，是本书讨论的重点内容；后者用得不多且原理简单，本书不进行讨论。

二极管峰值包络检波器用于大信号检波，其电路如图 6.3.17（a）所示，一般要求输入信号振幅大于0.5V。

（1）工作原理

大信号峰值包络检波是利用二极管加正向电压时导通、加反向电压时截止的大信号特性来进行频率变换的。由于输入信号的电压振幅很大，二极管起着开关的作用，其特性曲线可以用分段线性曲线近似表示。这使得输出检波电流与输入高频电压振幅呈线性关系，所以这种检波方式又称为线性检波。应该指出，线性检波是指用检波电流代表的检波特性是线性的，而实际的检波过程仍然是利用二极管截止与导通的强非线性作用来完成的。下面分析大信号二极管检波的物理过程。

在图 6.3.17（a）所示的电路中，R_L、C 为滤波电路，D 为检波二极管。在滤波电路中，R_L 为检波器的负载电阻，其数值较大，当低频电流通过它时可以获得低频电压输出；C 为滤波电容，它对高频信号来说相当于短路，从而使高频信号完全加到二极管上，提高了检波效率。

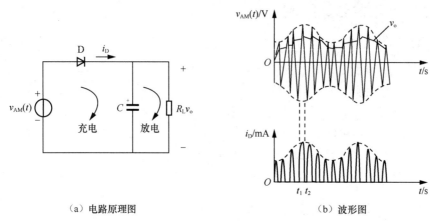

（a）电路原理图　　　　　　　　　（b）波形图

图 6.3.17　二极管峰值包络检波器

当检波器输入高频调幅信号 $v_{AM}(t)$ 时，最初，由于电容 C 上的电压为零，故调幅电压直接加在二极管 D 上。当 $v_{AM}(t)$ 为正半周时，D 导通并对电容 C 充电。充电速率取决于时间常数 $r_d C$（r_d 为二极管的正向导通电阻）。由于 r_d 很小，所以流过二极管的电流 i_D 很大，使电容 C 上的电压（即负载电压 v_o）在很短的时间内就充电到接近输入信号的峰值。电容上的电压建立起来以后，通过信号源反向加到 D 上，即 $v_D = v_{AM}(t) - v_o$，这时二极管的导通与否是由电容的端电压 v_o 与输入信号电压 $v_{AM}(t)$ 共同决定的。当输入电压减小时，只要输入电压小于电容电压，D 就截止。这时电容 C 上储存的电荷要通过负载 R_L 放电，放电速率的大小取决于电路的时间常数 $R_L C$。由于 $R_L \gg r_d$，因此形成快充慢放。只有在调幅信号的峰值附近 [图 6.3.17（b）中的 $t_1 \sim t_2$ 期间]，才满足 $v_{AM}(t) > v_o$ 的条件，此时 D 导通，C 充电；而大部分时间是 D 截止，C 放电。由于放电时间常数 $R_L C$ 远大于高频信号的周期，故放电很慢，电容端电压下降不多。当调幅电压下一个周期的电压超过 v_o 时，D 又导通，C 又充电，这样不断循环重复下去，电容电压重现了输入调幅信号包络的形状，完成了峰值包络检波。

从图 6.3.17（b）可见，检波二极管的电流 i_D 呈窄脉冲状，i_D 的振幅与输入信号的包络形状相对应，输出电压（即 R_L、C 的端电压）中既包含低频分量（与输入信号包络相对应）、直流分量（与输入信号的载波振幅相对应，反映了所接收信号的强弱），也包含由 C 不断充、放电所形成的锯齿形电压（代表检波器输出端的高频分量）。

由于电容上的波动电压略小于载波电压的峰值，只要设法把波动电压的高频部分滤除掉，就可以得到有用的检波输出信号电压。因此，适当地选择 $R_L C$ 时间常数，使 $R_L C \gg T_c = \dfrac{2\pi}{\omega_0}$，可提高输出低频分量，抑制高频分量，这就削弱了锯齿形电压，可认为电容 C 上的电压恢复了原调制信号（即调幅信号）的包络波形。

（2）性能指标

电压传输系数、输入电阻和失真是大信号检波器的 3 个主要质量指标，现分别加以讨论。

① 电压传输系数 K_d。由图 6.3.17（b）可见，进行峰值包络检波时，输出电压的大小接近于输入电压的振幅。一般来说，这种检波方式的电压传输系数较大，可达 0.9 以上。K_d 是不随信号

电压变化的一个常数，它只取决于二极管的内阻 r_d 和负载电阻 R_L。R_L 值越大，则 K_d 越高，但 R_L 值还要受其他因素的制约。

② 输入电阻 R_i。理论分析表明，对于串联检波电路（即输入信号、检波二极管和负载 3 者是串联的）来说，在进行大信号峰值包络检波时，当负载电阻 R_L 远大于二极管正向导通时的等效电阻时，检波器的输入电阻大约等于负载电阻的一半。因此，负载电阻越大，检波器的输入电阻也越大，对前级电路的影响也越小。

③ 检波失真。检波电路的输出波形与输入信号的包络之间只允许有时间的延迟或振幅比例的变化，而不应该出现新的频率成分，也不应该改变原有各频率分量之间的相互关系，即不能出现非线性失真或线性失真。但是，当要求的条件不满足时，会导致以下失真。

a. 惰性失真。如上所述，为了提高检波效率和滤波效果，常希望选取大的 R_LC 值。但是，如果电路中 R_LC 时间常数选择过大，使电容 C 放电速率过慢，则可能在输入电压包络的下降段时间内，二极管始终截止，输出电压跟不上输入电压包络的变化，而是按电容 C 的放电规律变化，与输入信号无关，如图 6.3.18 中 $t_1 \sim t_2$ 期间的波形所示。只有当输入信号振幅重新超过输出电压时（$t > t_2$），电路才恢复正常。这种失真称为惰性失真，有时也称为对角切割失真。

为了防止产生惰性失真，必须在任何一个高频信号周期内输入信号包络下降最快的时刻，保证电容 C 通过负载 R_L 的放电速率大于包络下降速率。进一步的定量分析表明，为了保证在调制信号的最大角频率 Ω_{max} 处也不产生惰性失真，必须满足

$$R_LC \leqslant \frac{\sqrt{1-m_a^2}}{m_a \Omega_{max}} \qquad (6.3.25)$$

式（6.3.25）表明，m_a 和 Ω_{max} 数值越大，允许的 R_L 和 C 的取值越小，越易造成惰性失真。

但是，从提高检波电压传输系数和提高频滤波能力来看，R_LC 又应尽可能大，它的最小值应满足

$$R_LC \geqslant \frac{5 \sim 10}{\omega_0} \qquad (6.3.26)$$

综合以上两个条件，R_LC 可供选用的数值范围为

$$\frac{5 \sim 10}{\omega_0} \leqslant R_LC \leqslant \frac{\sqrt{1-m_a^2}}{\Omega_{max} m_a} \qquad (6.3.27)$$

b. 负峰切割失真。为了把检波输出信号耦合到下级电路，需要加一个大容量的隔直电容 C_c，如图 6.3.19 所示。一般下级电路为低频放大电路，其输入电阻为 r_{i2}。

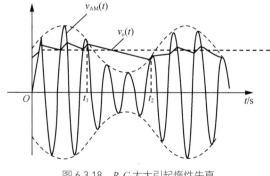

图 6.3.18 R_LC 太大引起惰性失真

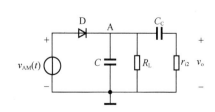

图 6.3.19 峰值包络检波原理图

由图 6.3.19 可知，检波电路的直流负载电阻为 R_L 时，对 Ω 来说，其交流负载电阻 R_Ω 等于 R_L

与 r_{i2} 的并联值，即

$$R_\Omega = \frac{R_L \cdot r_{i2}}{R_L + r_{i2}} < R_L \qquad (6.3.28)$$

由于交、直流负载不同，检波电路低频输出电压的负峰可能被切割，从而产生负峰切割失真，现分析如下。

设检波电路的输入电压为调幅波 $v_{AM}(t) = V_{cm}(1 + m_a \cos \Omega t)\cos \omega_0 t$，二极管 D 的导通电压可略，检波器的电压传输系数 $K_d \approx 1$，则检波电路输出端

$$v_A(t) = V_{cm}(1 + m_a \cos \Omega t)$$

$$v_o(t) = m_a V_{cm} \cos \Omega t$$

由于隔直电容很大，在 C_c 上建立电压 $v_C(t) = V_{cm}$，且可以认为在 Ω 一个周期内保持不变。$v_C(t)$ 在 D 截止期间将在电阻 R_L 上建立分压 v_{RL}，其值为

$$v_{RL} = v_C(t) \cdot \frac{R_L}{R_L + r_{i2}} = V_{cm} \cdot \frac{R_L}{R_L + r_{i2}} \qquad (6.3.29)$$

电压 v_{RL} 对二极管 D 是反向偏压。在输入调幅信号振幅的最小值附近，电压数值小于 v_{RL} 时，对应于这段时间的 D 截止，使电容器 C 只放电不充电。由于 $C_c \gg C$，且在 Ω 一个周期内两端电压 V_{cm} 保持不变，这使 C 放电后，v_A 被维持在 v_{RL} 上，造成输出电压波形的负峰被切割，如图 6.3.20 所示。

由上述分析可知，避免产生负峰切割失真的条件是输入调幅波的振幅最小值必须大于或等于 v_{RL}，即

$$V_{cm} \cdot (1 - m_a) \geqslant v_{RL} = \frac{R_L}{R_L + r_{i2}} \cdot V_{cm} \qquad (6.3.30)$$

因此

$$m_a \leqslant \frac{r_{i2}}{R_L + r_{i2}} = \frac{R_\Omega}{R_L} \qquad (6.3.31)$$

由式（6.3.31）可知，当 m_a 一定时，交流负载电阻 R_Ω 越接近于直流电阻 R_L，负峰切割失真越不容易产生。为了加大 R_Ω，需要提高 r_{i2} 值，这可在检波电路与下级放大电路之间接入一个射极跟随器。有时可以将直流负载电阻 R_L 分成 R_{L1} 及 R_{L2} 两部分后再与下级电路相连，如图 6.3.21 所示，也可以减小交、直流负载的差别，以防止产生负峰切割失真。

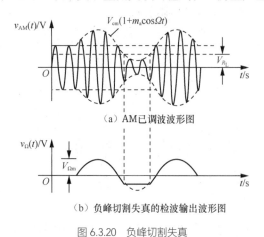

（a）AM 已调波波形图

（b）负峰切割失真的检波输出波形图

图 6.3.20　负峰切割失真

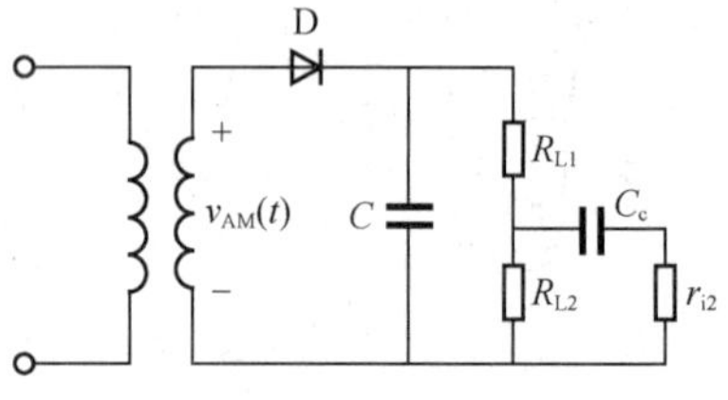

图 6.3.21　分压式输出

在图 6.3.20 所示电路中，直流负载电阻和交流负载电阻分别为

$$R_L = R_{L1} + R_{L2} \qquad (6.3.32)$$

$$R_\Omega = R_{L1} + \frac{R_{L2} \cdot r_{i2}}{R_{L2} + r_{i2}} \qquad (6.3.33)$$

由式（6.3.2）和式（6.3.33）可见，当 R_L 一定时，R_{L1} 越大，则 R_L 与 R_Ω 的差别就越小，负峰切割失真也越不容易产生。但是，由于 R_{L1}、R_{L2} 的分压作用，使有用的输出电压也减小了，通常取 $R_{L1} = (0.1 \sim 0.2)R_{L2}$。

为了进一步滤去高频分量，可以在 R_{L2} 上并接一个滤波电容。

c. 其他非线性失真。除上述的非线性失真外，还要考虑电容 C 对调制信号上限频率 $\Omega_{\max}$ 以及电容 C_c 对下限频率 $\Omega_{\min}$ 的影响，必须保证 $R_L \ll \dfrac{1}{\Omega_{\max} C}$ 和 $r_{i2} \gg \dfrac{1}{\Omega_{\min} C_c}$，才能避免检波器的频率失真。

2. 乘积型同步检波器

乘积型同步检波器

上述包络检波方式只能解调包络随调制信号变化的普通调幅波，而不能解调抑制载波的双边带及单边带调幅波信号，这是因为它们的信号中没有载波成分，其包络不能直接反映调制信号的变化规律。要调制后两种信号，必须采用同步检波的方法。

同步检波的特点就是在接收端提供一个与载波信号同频同相（即同步）的本振信号 v_r，又称相干信号。实现同步检波的方法有两种，一种是采用由模拟乘法器构成的电路，称为乘积检波电路，这是本节介绍的重点；另一种是由二极管构成的平衡同步检波电路。

将相干信号与已调波信号相乘，可以产生一个含有原来调制信号成分以及其他频率成分的组合频率信号，经过低通滤波器就可以检出调制信号来。这种检波方式最适宜解调载波分量被抑制的双边带调幅波信号或单边带调幅波信号。当然，同步检波也可以用来解调普通调幅波信号，这时相干信号的作用是加强了输入信号中的载波分量。

（1）普通调幅波检波器

图 6.3.22 所示是一个利用乘法器构成的普通调幅波检波器。图中，调幅信号电压 $v_{AM}(t)$ 加到乘法器 y 的输入端，将 $v_{AM}(t)$ 经限幅放大后加到 x 输入端，作为同步参考电压 $v_r(t)$。

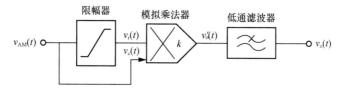

图 6.3.22　普通调幅波检波器

设输入调幅信号的电压表达式为

$$v_{AM}(t) = V_{cm}(1 + m_a \cos \Omega t)\cos \omega_0 t \qquad (6.3.34)$$

限幅后的信号电压是一个等幅信号，可以表示为

$$v_r(t) = V_{rm} \cdot \cos(\omega_0 t + \varphi) \qquad (6.3.35)$$

式中，φ 是限幅器引起的相移，要求 φ 越小越好，最好 $\varphi = 0$（否则在限幅器前还要加入一个移相网络），以使作用到乘法器上的两个信号同频、同相，满足同步检波的要求。

这时，乘法器的输出电压 $v_o'(t)$ 为

$$v'_o(t) = k \cdot v_{AM}(t) \cdot v_r(t)$$
$$= kV_{cm}V_{rm}(1 + m_a\cos\Omega t)\cos^2\omega_0 t$$
$$= kV_{cm}V_{rm}(1 + m_a\cos\Omega t)\left(\frac{1}{2} + \frac{1}{2}\cos 2\omega_0 t\right) \tag{6.3.36}$$
$$= \frac{kV_{cm}V_{rm}}{2} + \frac{1}{2}kV_{cm}V_{rm}m_a\cos\Omega t + \frac{1}{2}V_{cm}V_{rm}k\cos 2\omega_0 t +$$
$$\frac{1}{4}kV_{cm}V_{rm}m_a\cos(2\omega_0 + \Omega)t + \frac{1}{4}kV_{cm}V_{rm}m_a\cos(2\omega_0 - \Omega)t$$

该电压经过低通滤波器后，即可提取出调制信号 $V_{\Omega m}\cos\Omega t$。由于 $V_{\Omega m} = \frac{1}{2}km_aV_{cm}V_{rm}$，正比于已调波信号的包络变化幅度 m_aV_{cm}，所以这种检波方式线性良好，不会引起包络失真。即使输入电压 $v_{AM}(t)$ 小到几十毫伏时，也不会产生包络失真，这样就大大降低了对中频放大电路增益的要求。从式（6.3.36）还可看到，$v'_o(t)$ 中不包含载波分量，从根本上消除了检波器的中频辐射，有利于提高中频放大电路的工作稳定性。因此，用乘法器构成的同步检波器目前已经广泛地应用于民用电子产品中，例如，在彩色电视机中用作解码器等。

（2）双边带（或单边带）调幅波检波器

采用模拟乘法器对双边带调幅信号进行同步解调的检波器如图6.3.23所示，输入双边带调幅波时各点电压的波形图如图6.3.24所示。其中本地相干信号由外加振

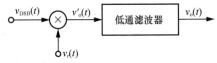

图 6.3.23 双边带调幅波检波器

荡器供给，同时该信号的频率和相位必须与输入调幅波的载频信号同步，即同频同相。

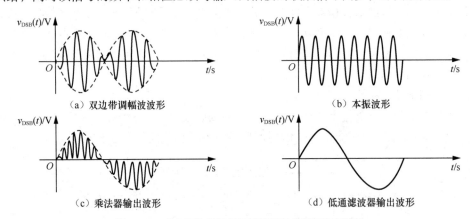

（a）双边带调幅波波形

（b）本振波形

（c）乘法器输出波形

（d）低通滤波器输出波形

图 6.3.24 输入双边带调幅波信号时各点电压的波形图

假设单音调制的双边带调幅波信号为

$$v_{DSB}(t) = m_aV_{cm} \cdot \cos\Omega t \cdot \cos\omega_0 t \tag{6.3.37}$$

同步信号为

$$v_r(t) = V_{rm} \cdot \cos\omega_0 t \tag{6.3.38}$$

则乘法器的输出电压为

$$v'_o(t) = kv_{DSB}(t) \cdot v_r(t) = km_aV_{cm}V_{rm} \cdot \cos^2\omega_0 t \cdot \cos\Omega t$$
$$= \frac{1}{2}km_aV_{cm}V_{rm}\cos\Omega t + \frac{1}{2}km_aV_{cm}V_{rm} \cdot \cos\Omega t \cdot \cos 2\omega_0 t \tag{6.3.39}$$

经低通滤波器后，即可获得有用信号 $V_{\Omega m}\cos\Omega t$。

同理，也可以对单边带调幅波信号解调，请读者自行推证。

利用模拟乘法器对双边带调幅波信号或单边带调幅波信号进行解调的优点是检波线性好，在小信号输入时检波失真也很小。同时，模拟乘法器对同步信号的振幅大小无严格要求，使之在同步信号振幅较小时仍能获得线性检波。

6.3.5　正交振幅调制与解调

正交振幅调制（Quadrature Amplitude Modulation，QAM）是指用两个独立的基带信号对两个频率相同但相位相差90°的正弦载波分别进行抑制载波的双边带调制。由此可见，正交振幅调制由两路振幅调制构成，这两路振幅调制的载波信号同频正交，调制信号相互独立，在同一带宽内利用频谱正交的性质实现两路并行的数字信息传输。利用乘法器的调幅和同步检波原理，正交振幅调制器与解调器的原理方框图如图 6.3.25 所示。

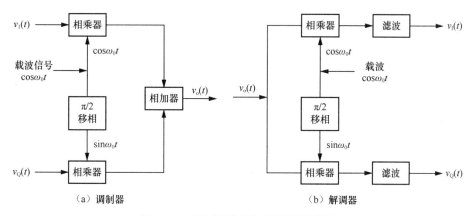

图 6.3.25　正交振幅调制与解调原理方框图

图 6.3.25（a）所示为调制器，有两路独立的调制信号，即 $v_I(t)$、$v_Q(t)$。设高频振荡信号为一余弦波，为了简化分析，设载波的初相角 $\varphi = 0$，振幅 $V_{cm} = 1$，即

$$v_c(t) = \cos\omega_0 t \qquad (6.3.40)$$

以该余弦波振荡信号作为一个支路的载波信号，为 $\cos\omega_0 t$，用信号 $v_I(t)$ 对该载波信号进行双边带调幅；将该余弦波振荡信号移相90°，作为另一个支路的载波，为 $\sin\omega_0 t$，用另一信号 $v_Q(t)$ 对该载波信号进行双边带调幅；然后在相加器中将两路调幅波相加，得到的输出信号为

$$v_o(t) = v_I(t)\cos\omega_0 t + v_Q(t)\sin\omega_0 t \qquad (6.3.41)$$

可见，这种调制方式的已调波信号所占频带仅为两路信号中的较宽者，而不是两路频带之和，因而可以节省传输带宽，提高传输效率。

图6.3.22（b）所示为解调器，获得与发送端同频同相的两路正交载波信号后，分别与已调波信号进行相乘，得到两个结果，分别为

$$
\begin{aligned}
v_o(t)\cos\omega_0 t &= v_I(t)\cos^2\omega_0 t + v_Q(t)\sin\omega_0 t\cos\omega_0 t \\
&= \frac{1}{2}v_I(t) + \frac{1}{2}[v_I(t)\cos2\omega_0 t + v_Q(t)\sin2\omega_0 t]
\end{aligned} \qquad (6.3.42)
$$

$$v_o(t)\sin\omega_0 t = v_1(t)\cos\omega_0 t\sin\omega_0 t + v_Q(t)\sin^2\omega_0 t$$

$$= \frac{1}{2}v_Q(t) + \frac{1}{2}[v_1(t)\sin2\omega_0 t - v_Q(t)\cos2\omega_0 t]$$

（6.3.43）

经过低通滤波，滤除高频分量后，即得到调制信号 $v_1(t)$、$v_Q(t)$。

通过以上分析可以看出，只要两路载波严格正交，两路信号之间就不会有干扰。因此正交振幅调制可以实现两路信号并行传输，而不用额外的带宽。此外，正交振幅调制与数字调制结合，可采用多进制方式，传输效率高，抗干扰能力强，在现代通信中越来越受到重视。

目前已经有多款正交振幅调制器/解调器的专用芯片，甚至有的芯片将本振和正交调制器/解调器也集成到了一起。亚德诺半导体公司的AD8345是一款硅基正交调制器射频专用芯片，工作频率为140～1 000 MHz。该器件提供极低的本底噪声和高输出功率，可明显改善输出信号的动态范围。它需要一个低LO（Local Oscillator，本地振荡器）驱动电平，提供额定50Ω缓冲输出。AD8345的内部结构及管脚排列图如图6.3.26所示，内部电路主要包括本振信号接口电路、混频器、偏置电路等。本振信号接口电路将输入的本振信号进行相位分离和放大，产生两个正交的本振信号，分别提供给I和Q两路通道的混频器使用。混频器为希尔伯特单元电路，实现了乘法器功能，用来完成混频，也实现了调幅功能。AD8345实现正交调制的过程如下：当芯片正常工作时，I路基带信号从1、2端输入，Q路基带信号从15、16端输入，芯片内部有差动电压-电流转换电路，经转换后以差动电流的形式进入两路混频器；本振信号从5、6端输入，经芯片内部的接口电路后，产生两路正交的本振信号，分别加入两个混频器，与I、Q两路基带信号进行混频；混频后的信号进行合并，经过差动-单端输出转换后从11端输出。管脚3、4、9、10、13、14均为接地端，7、12端为电源供给端，需外接去耦电容；8端为控制端，接高电平则器件工作，接低电平则器件进入睡眠状态。此外，Mini-Circuits公司提供的芯片JCIQ-176M、JCIQ-176D分别为工作频率为104～176MHz的I/Q正交调制器和解调器。基于这些芯片的应用电路，感兴趣的读者可以通过查阅器件手册自行设计。

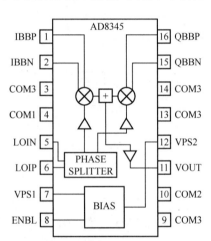

图6.3.26　AD8345内部结构及管脚排列图

6.4　角度调制与解调

用调制信号调制高频载波信号的角频率或相位，使其随调制信号规律变化，成为调频波或调相波。这两种调制均表现为载波信号总瞬时相角的变化，统称为调角波。调角波的特点是载波信号的角度随基带调制信号的振幅变化，而载波信号的振幅保持不变。调角波对于调制信号来说不再是简单的频谱搬移，而是频谱的非线性搬移，增加了许多组合频率，因而属于非线性调制。

将调制信号从调频信号中解调出来的过程称为鉴频，将调制信号从调相信号中解调出来的过程称为鉴相。

6.4.1　角度调制的基本原理

角度调制的
基本原理

设高频振荡信号的一般表达式为

$$v(t) = V_{cm}\cos(\omega t + \varphi_0) = V_{cm}\cos\theta(t) \qquad (6.4.1)$$

式中，V_{cm} 为高频振荡信号的振幅；$\theta(t)$ 为高频振荡信号的总瞬时相角。

当没有进行调制时，$v(t)$ 就是载波振荡电压，其角频率 ω 和 φ_0 都是常数，它们和总瞬时相角 $\theta(t)$ 的关系为

$$\theta(t) = \omega t + \varphi_0$$

或

$$\omega = \frac{\theta(t) - \varphi_0}{t}$$

在进行角度调制时，由于频率和相角都是变量，因而任一时刻的频率 $\omega(t)$ 和相角 $\theta(t)$ 之间的关系为

$$\omega(t) = \frac{\mathrm{d}\theta(t)}{\mathrm{d}t} \qquad (6.4.2)$$

或

$$\theta(t) = \int_0^t \omega(\tau)\mathrm{d}\tau + \varphi_0 \qquad (6.4.3)$$

这是两个基本公式，说明无论是调频还是调相，都会引起相角 $\theta(t)$ 的变化，因此把调频与调相统称为角度调制。

调频波

1．调角波的表示式及波形

（1）调频波

频率调制是使载波信号的振荡频率按照调制信号振幅的瞬时值进行变化的调制方式。根据定义，高频振荡信号的振幅 V_{cm} 不变，而瞬时角频率与调制信号 $v_\Omega(t)$ 成线性关系。设调制信号为 $v_\Omega(t) = V_{\Omega m}\cos\Omega t$，根据调频的定义，调频波的瞬时频率应为

$$\omega_f(t) = \omega_0 + k_f v_\Omega(t) = \omega_0 + k_f V_{\Omega m}\cos\Omega t = \omega_0 + \Delta\omega_f\cos\Omega t \qquad (6.4.4)$$

式中，ω_0 为载波信号角频率，亦即调频波的中心频率；k_f 为比例常数，单位是弧度／（秒伏）[即 rad/(s·V)]，表示单位信号强度引起的频率变化；$\Delta\omega_f$ 为最大角频率偏移 [$\Delta f_f = \Delta\omega_f/(2\pi)$ 简称最大频偏或频移]，表示调频波信号角频率偏离载波信号角频率的最大值。$\Delta\omega_f = k_f V_{\Omega m}$，显然，它只与调制信号的振幅成正比，而与调制信号的频率无关。

调频波的瞬时相位为

$$\theta_f(t) = \int_0^t \omega(\tau)\mathrm{d}\tau + \varphi_0 = \omega_0 t + \frac{\Delta\omega_f}{\Omega}\sin\Omega t + \varphi_0 = \omega_0 t + m_f\sin\Omega t + \varphi_0 \qquad (6.4.5)$$

式中，$m_f = \dfrac{k_f V_{\Omega m}}{\Omega} = \dfrac{\Delta\omega_f}{\Omega} = \dfrac{\Delta f_f}{f_\Omega}$，称为调频指数，单位为弧度；$\Delta f_f$ 是最大频偏。

m_f 是调频时在载波信号的相位上附加的最大相位位移，它说明了调制深度，可以取任意值。例如，在调频广播中，常取 $\Delta f_f = 75\text{kHz}$，对于最高调制频率 $f_{\Omega max} = 15\text{kHz}$ 来说，$m_f = \dfrac{75}{15} = 5$。对于较低的调制频率，m_f 将具有更大数值。

根据式（6.4.5），可以写出调频波的表示式为

$$v_{\mathrm{FM}}(t) = V_{\mathrm{cm}} \cos\theta_{\mathrm{f}}(t) = V_{\mathrm{cm}} \cos(\omega_0 t + m_{\mathrm{f}} \sin\Omega t + \varphi_0) \qquad (6.4.6)$$

图 6.4.1 所示是调频波波形示意图（图中假设初相角 $\varphi_0 = 0$）。图 6.4.1（a）所示是调制信号
$v_\Omega(t)$，图 6.4.1（b）所示是调频波 $v_{\mathrm{FM}}(t)$，可见，调频波是
载波振幅始终保持不变的疏密波。图 6.4.1（c）所示为调
频波瞬时频率的波形，是在载频信号的基础上叠加了随调
制信号变化的部分。当 $v_\Omega(t)$ 为波峰时，调频波的瞬时角频
率为 $\omega_0 + \Delta\omega_{\mathrm{f}}$，达到最大值；当 $v_\Omega(t)$ 为波谷时，调频波的瞬
时角频率为 $\omega_0 - \Delta\omega_{\mathrm{f}}$，达到最小值。每个 $v_\Omega(t)$ 周期中，频
率在最大值和最小值之间变化一次。图 6.4.1（d）所示为
调频时引起的附加相移的瞬时值，与调制信号相差 90°。

（2）调相波

相位调制是使载波信号的相角按照调制信号的变化规
律而发生偏移的调制方式。设调制信号为 $v_\Omega(t) = V_{\Omega\mathrm{m}} \cos\Omega t$，
则调相波的瞬时相位可以表示为

$$\theta_{\mathrm{p}}(t) = \omega_0 t + \varphi_0 + k_{\mathrm{p}} v_\Omega(t) = \omega_0 t + \varphi_0 + k_{\mathrm{p}} V_{\Omega\mathrm{m}} \cos\Omega t$$
$$= \omega_0 t + \varphi_0 + m_{\mathrm{p}} \cos\Omega t \qquad (6.4.7)$$

式中，k_{p} 为比例系数，单位是弧度/伏（rad/V），表示
单位调制信号强度引起的相位变化；m_{p} 为调相指数，表示
瞬时相位偏离载波信号相位的最大值。$m_{\mathrm{p}} = \Delta\varphi_{\mathrm{p}} = k_{\mathrm{p}} V_{\Omega\mathrm{m}}$，
它仅与调制信号的振幅成正比，而与调制信号的频率无关。

利用式（6.4.2）和式（6.4.7）可求出调相波的瞬时频率

$$\omega_{\mathrm{p}}(t) = \frac{\mathrm{d}\theta_{\mathrm{p}}(t)}{\mathrm{d}t} = \frac{\mathrm{d}}{\mathrm{d}t}(\omega_0 t + \varphi_0 + m_{\mathrm{p}} \cos\Omega t)$$
$$= \omega_0 - m_{\mathrm{p}}\Omega \sin\Omega t = \omega_0 - \Delta\omega_{\mathrm{p}} \sin\Omega t \qquad (6.4.8)$$

式中，$\Delta\omega_{\mathrm{p}} = m_{\mathrm{p}}\Omega = k_{\mathrm{p}} V_{\Omega\mathrm{m}} \cdot \Omega$，称为最大角频率偏移，表示调相时瞬时角频率偏
离载波角频率的最大值。

根据式（6.4.7）可以写出调相波的表示式为

$$v_{\mathrm{PM}}(t) = V_{\mathrm{cm}} \cos(\omega_0 t + \varphi_0 + m_{\mathrm{p}} \cos\Omega t) \qquad (6.4.9)$$

式（6.4.9）表明，调相信号的相角在载波相位（$\omega_0 t + \varphi_0$）的基础上，又增加了一项按余弦规
律变化的部分。图 6.4.2 所示是调相波波形示意图，图 6.4.2（a）所示是调制信号 $v_\Omega(t)$，图 6.4.2（b）
所示是调相波 $v_{\mathrm{PM}}(t)$，其中虚线表示载波，它的相位受到调制后就变为实线表示的调相波。可见，
调相波也是载波振幅始终保持不变的疏密波。当 $v_\Omega(t)$ 由最大值逐渐减小时，调相波的相移由最
大值 m_{p} 逐渐减小，当 $v_\Omega(t)$ 减小到零时，调相波的相位就与载波相位重合（实线与虚线重合）；当
$v_\Omega(t)$ 由零逐渐增加时，调相波的相移逐渐增大，当 $v_\Omega(t)$ 到达峰值时，相移达到最大值 m_{p}。每个
$v_\Omega(t)$ 周期中，相位在最大值和最小值之间变化一次。图 6.4.2（c）所示是瞬时角频率的变换，它
是正弦变化的，与调制信号变化相差 90°。图 6.4.2（d）所示是调相波瞬时相位中的附加变化，
它的波形和调制信号是一致的。由此可见，调相波瞬时相位的附加变化和调制信号是一致的，而
瞬时角频率的变化和调制信号的微分信号是一致的，这点与调频波是不同的。

（a）调制信号 $v_\Omega(t)$

（b）调频波 $v_{\mathrm{FM}}(t)$

（c）瞬时频率 $\omega_{\mathrm{t}}(t)$ 的波形

（d）瞬时附加相移 $\Delta\theta_{\mathrm{f}}(t)$

图 6.4.1 调频波

调相波

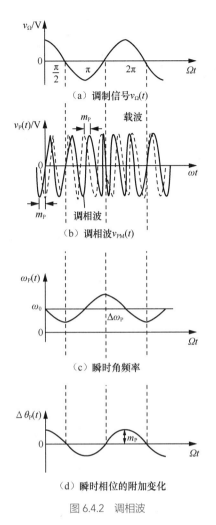

图 6.4.2　调相波

综上所述，单音调制的调频波和调相波的表示式均可用调制系数 m_f（或 m_p）、最大角频偏 $\Delta\omega_f$（或 $\Delta\omega_p$）以及参数 ω_0 和 Ω 来描述。其中载波角频率 ω_0 表示瞬时角频率变化的平均值，调制信号的角频率 Ω 表示瞬时频率变化快慢的程度，最大角频偏 $\Delta\omega_f$（或 $\Delta\omega_p$）表示瞬时角频率偏离 ω_0 的最大值。在调频波中，$\Delta\omega_f = k_f V_{\Omega m}$，与 $V_{\Omega m}$ 成正比，而与 Ω 无关；$m_f = \dfrac{k_f V_{\Omega m}}{\Omega}$，与 $V_{\Omega m}$ 成正比，而与 Ω 成反比。在调相波中，$m_p = k_p V_{\Omega m}$，与 $V_{\Omega m}$ 成正比，而与 Ω 无关；$\Delta\omega_p = k_p V_{\Omega m}\cdot\Omega$，则与 $V_{\Omega m}$ 和 Ω 的乘积成正比，如图 6.4.3 所示。

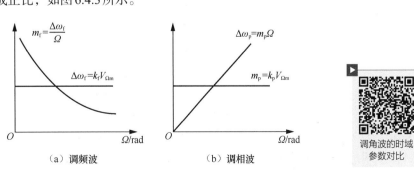

调角波的时域
参数对比

图 6.4.3　最大角频偏、最大相偏与 Ω 的关系

例6.4.1 设有一组正弦波调制信号，频率为300 ~ 3400Hz，用该调制信号进行调频时，最大频偏 $\Delta f_f = 75\text{kHz}$；调相时，最大相偏 $m_p = 1.5\text{rad}$。试求调频时调制指数 m_f 的变化范围以及调相时最大频偏 Δf_p 的变化范围。

解 （1）调频时，$m_f = \dfrac{\Delta\omega_f}{\Omega} = \dfrac{\Delta f_f}{f_\Omega}$，则有

$$m_{f\max} = \frac{\Delta f_f}{f_{\Omega\min}} = \frac{75\times10^3}{300} = 250$$

$$m_{f\min} = \frac{\Delta f_f}{f_{\Omega\max}} = \frac{75\times10^3}{3400} = 22$$

可见，调频时，虽然 $\Delta\omega_f = 2\pi\Delta f_f = k_f V_{\Omega m}$ 不变，但 $m_f \propto \dfrac{1}{\Omega}$ 有很大变化，通常 m_f 远大于1。

（2）调相时，$\Delta f_p = m_p f_\Omega$，则有

$$\Delta f_{p\max} = m_p f_{\Omega\max} = 1.5\times3400\text{Hz} = 5100\text{Hz}$$

$$\Delta f_{p\min} = m_p f_{\Omega\min} = 1.5\times300\text{Hz} = 450\text{Hz}$$

可见，调相时，虽然 $m_p = k_p V_{\Omega m}$ 不变，但 $\Delta f_p \propto f_\Omega$ 有很大的变化。

2．调角波的频谱与频谱宽度

（1）调角波的频谱

由式（6.4.6）和（6.4.9）可以看出，当调制信号是正弦波时，调频波与调相波的数学表示式基本上是一样的，两者只在相位上差 $\pi/2$。这是因为频率的变化必然会引起相角的变化，相角的变化也必然会引起频率的变化，这使两种调制方式密切相关，它们频谱表示式的形式完全一样，故可以写成统一的调角波表示式

角度调制的频域特点

$$v(t) = V_{cm}\cos(\omega_0 t + m\sin\Omega t + \varphi_0) \tag{6.4.10}$$

式中用调角指数 m 代替了 m_f 或 m_p。

利用三角公式将式（6.4.10）展开为

$$v(t) = V_{cm}[\cos(m\sin\Omega t)\cos(\omega_0 t + \varphi_0) - \sin(m\sin\Omega t)\sin(\omega_0 t + \varphi_0)] \tag{6.4.11}$$

利用贝塞尔函数理论中的两个公式

$$\cos(m\sin\Omega t) = J_0(m) + 2J_2(m)\cos2\Omega t + 2J_4(m)\cos4\Omega t + \cdots \tag{6.4.12a}$$

$$\sin(m\sin\Omega t) = 2J_1(m)\sin\Omega t + 2J_3(m)\sin3\Omega t + 2J_5(m)\sin5\Omega t + \cdots \tag{6.4.12b}$$

式中，$J_n(m)$ 是以 m 为宗数的 n 阶第一类贝塞尔函数。

将式（6.4.12）代入式（6.4.11），再借助于积化和差的三角公式，可以得到

$$\begin{aligned}
v(t) = &V_{cm}J_0(m)\cos(\omega_0 t + \varphi_0) + \\
&V_{cm}J_1(m)\{\cos[(\omega_0 + \Omega)t + \varphi_0] - \cos[(\omega_0 - \Omega)t + \varphi_0]\} + \\
&V_{cm}J_2(m)\{\cos[(\omega_0 + 2\Omega)t + \varphi_0] + \cos[(\omega_0 - 2\Omega)t + \varphi_0]\} + \\
&V_{cm}J_3(m)\{\cos[(\omega_0 + 3\Omega)t + \varphi_0] - \cos[(\omega_0 - 3\Omega)t + \varphi_0]\} + \cdots
\end{aligned} \tag{6.4.13}$$

由此可见，在单一频率信号调制的情况下，根据式（6.4.13），可以分析调角波信号的频谱特点如下：调角波信号的频谱由载波频率和无穷多个边频（$\omega_0\pm n\Omega$）分量组成，其中 n 为任意正整数，相邻两边频之间的角频差均为 Ω。各个边频分量的振幅为 $J_n(m)\,V_{cm}$，具体数值可以由图6.4.4

所示的贝塞尔函数曲线或贝塞尔函数表（表6.4.1）查得。总之，调角波的频谱由以ω_0为对称中心的一对对谱线组成，谱线的数目无穷多。

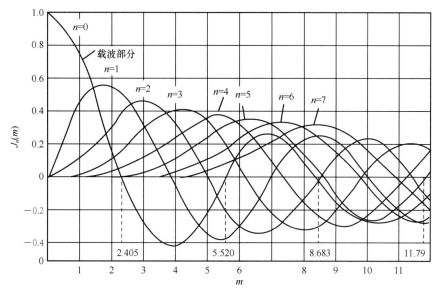

图 6.4.4 贝塞尔函数曲线

表 6.4.1 贝塞尔函数表

n	$J_n(m)$							
	$m=0$	$m=0.5$	$m=1$	$m=2$	$m=3$	$m=4$	$m=5$	$m=6$
0	100%	93.85%	76.52%	22.39%	−26.06%	−39.71%	−17.76%	15.06%
1		24.23%	44.01%	57.67%	33.91%	−6.60%	−32.76%	−27.67%
2		3.0%	11.49%	35.28%	48.61%	36.42%	4.66%	−24.29%
3			1.96%	12.89%	30.91%	43.02%	36.48%	11.48%
4			0.25%	3.40%	13.20%	28.11%	29.12%	35.76%
5				0.70%	4.30%	13.21%	26.11%	36.21%
6				0.12%	1.14%	4.91%	13.11%	24.58%
7					0.26%	1.52%	5.34%	12.96%
8						0.40%	1.84%	5.65%

随着m值的增大，具有较大振幅的边频分量数目增加，载频分量的振幅呈衰减趋势。当m变到某些特定值时，载频或某边频振幅为零。如$m = 2.405$、5.520、8.653……时，载频成分为零。

因为调角波是一个等幅波，所以它的总功率为常数，不随调制指数的变化而变化。随着调制指数m的增大，载频分量功率减小，边频分量功率增大，但是调角波的总平均功率是不变的。m值的变化将引起载频与各个边频分量之间功率的重新分配。

（2）调角波的频谱宽度

调角波的边频分量理论上有无限多对，因此它的频谱是无限宽的。但实际上，调角波的能量绝大部分集中在载频附近的若干边频分量上，而从某一阶边频起，它们的振幅就很小，可以忽略不计，因此调角波的有效带宽还是有限的。

通常认为，忽略掉那些振幅小于载频振幅10%的边频分量时，对信号的传输质量不会产生明显影响。由表 6.4.1可以看出，$n>m+1$时，各阶边频的振幅均小于载频振幅的10%，因而可以忽略。在此情况下，调角波的有效频谱宽度为

$$BW \approx 2(m+1)f_\Omega = 2(\Delta f_f + f_\Omega) \tag{6.4.14}$$

当调制系数m较大（即Δf_f较大）时，$BW \approx 2\Delta f_f$。

例6.4.2 已知调频波的最大频偏 $\Delta f_f = 50\text{kHz}$，调制频率$f_\Omega = 5\text{ kHz}$，试求该调频波的通频带。

解 由题意可知，调频系数$m_f = \dfrac{\Delta f_f}{f_\Omega} = \dfrac{50}{5} = 10$

通频带 $BW = 2(m_f+1)f_\Omega = 2(10+1)5\text{kHz} = 110\text{kHz}$

由例6.4.2可见，调频波的频带是比较宽的，因此总是用超高频段来传输调频信号。当前我国的调频广播就是在88～108MHz的频段内传送，可以高质量地传输音乐和语音。

以上讨论的只是单音调制的情况，实际上调制信号都是包含很多频率的复杂信号。多频率进行调制的结果会增加许多新的频率组合，并不是每个调制频率单独调制时所得频谱的简单相加。要对复杂信号进行仔细分析是非常困难的，但是如果把复杂信号中的最高频率作为调制频率，仍然可以用式（6.4.13）来估算复杂信号的频谱宽度。例如，在调频广播系统中，按国家标准，$\Delta f_{fmax} = 75\text{kHz}$，$f_{\Omega max} = 15\text{kHz}$，其频带宽度为

$$BW = 2\left(\frac{\Delta f_{fmax}}{f_{\Omega max}} + 1\right)f_{\Omega max} = 180\text{kHz}$$

实际上，在广播系统中，对于复杂的调频信号，选取的频谱宽度为200kHz。宽带调频广泛应用于电视台、调频广播电台等。

6.4.2 三种基本调制方式的比较

振幅调制、频率调制和相位调制的基本原理已经在前面几节进行了讨论，振幅调制实现了调制信号频谱的线性搬移，而频率调制和相位调制则是频谱的非线性变换，产生了很多新的频谱分量，因此它们的性能存在很大差别。此外，虽然调频波与调相波统称为调角波，调频波还可以通过调相方式间接实现，但是由于调频波的瞬时频偏与调制电压成正比，而调相波的瞬时相偏与调制电压成正比，因此两种调制方式的性能还是有很大区别的。下面分别从抗干扰性、频谱和带宽等方面对三种基本调制方式进行比较。

1. 抗干扰性

抗干扰性是衡量调制方式性能的一个重要指标，它的大小决定着信息传输的质量。假定接收机解调器输入的已调波信号信噪比相同，哪一种调制方式解调器的输出信噪比高、解调失真小，则说明哪一种调制方式的抗干扰性好。显然，对振幅调制来说，主要干扰是振幅噪声；而对频率、相位调制而言，主要干扰是频率噪声和相位噪声。

研究表明，在单频干扰情况下，振幅、频率与相位调制的已调波信号的电压信噪比的比值大约等于各自调制指数m_a、m_f与m_p的比值，因为已调波信号的调制指数m表明了高频载波信号受调制信号控制的程度，它反映了有用信息的强弱。也就是说，相对于一定的噪声和干扰而言，能够达到的调制指数m越大，则该调制系统的抗干扰性越强。因此，调制指数越大，对应的已调波信号的电压

信噪比越大，抗干扰性越好。对于调幅波，调制指数 m_a 最大不能超过 1；而对于调角波，调制指数 m_f、m_p 可以远大于 1。所以，如果其他条件相同，频率调制或相位调制的抗干扰性比振幅调制好。

另外，常见的天电或工业用电干扰对频率调制或相位调制的影响只要加限幅器就可去掉，因为调角波的振幅不包含信息；但对于振幅调制来说，这种干扰是难以克服的。

调角波的主要缺点是会占据较宽的传送频带，因此，调角波抗干扰性的提高是以增加带宽为前提得到的。

2. 信号频谱宽度

设调制信号的角频率为 Ω，这一信号若用于调幅，则产生的调幅波的频谱宽度为 $2f_\Omega$；若用于调频或调相，则产生的调角波的频谱宽度为 $2(m+1)f_\Omega$，而 m 一般远大于 1，所以调角波频谱宽度总是远大于调幅波的谱宽。因此调频电台只能设置在超短波波段（一般为 30～300MHz），而调幅电台可设置在中、短波波段内（在 30MHz 以内）。

在调角系统中，调频波又比调相波优越。虽然两者的频谱宽度都可用同一公式 $BW \approx 2(m+1)f_\Omega$ 来计算，但是当调制信号的角频率 Ω 改变时，$m_f = \dfrac{k_f V_{\Omega m}}{\Omega}$ 与调制频率 Ω 成反比；而 $m_p = k_p V_{\Omega m}$ 则与 Ω 无关，因此两者的频谱宽度就有着很大的区别。图 6.4.5 表示调制频率 f_Ω 改变时，调频波及调相波信号的频谱变化。设 $f_\Omega = 1$kHz，$m_f = m_p = 12$，这时调频波与调相波信号的频谱宽度相等，为 26kHz。但是，当调制信号振幅不变而频率增加为 2kHz 及 4kHz 时，对调频波来说，虽然调制频率提高了，但因 m_f 减小使有效边频数目减少，所以有效频谱宽度只增加为 28kHz 及 32kHz，即增加是有限的。对调相波来说，m_p 不变，故频谱宽度随 f_Ω 成比例地增加为 52kHz 及 104kHz，因而占用的频带很宽，极不经济。所以，调制信号的频率变化时，调相波的有效频谱宽度也是变化的。高频率信号调制时，占用频谱很宽，往往会干扰其他信道；而低频率信号调制时，占用频谱很窄，又导致信道频带不能充分地利用。调频波则无此缺点。另一方面，如采用频率调制，除需要较高的调制频率外，大部分频率都能得到较大的调频指数，也就是具有较高的抗干扰能力。

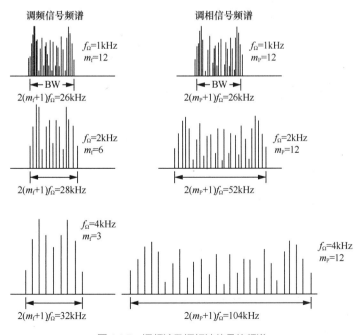

图 6.4.5　调频波及调相波信号的频谱

综上所述，调角波的抗干扰性比调幅波好，而调频波在带宽利用率和抗干扰性方面又比调相波好，所以，在模拟通信系统中广泛采用调频波而很少用调相波，调相只作为实现间接调频的中间过程。由于调频波占用频带很宽，所以调频通信的工作频段往往被安排在几十兆赫兹至近千兆赫兹的高频段。

6.4.3 调频电路的工作原理

频率调制是对调制信号的频谱进行非线性变换，不是线性频谱搬移，不能简单地用乘法器和滤波器来实现。实现调频的方法很多，常用的有直接调频法和间接调频法。直接调频法是利用调制信号直接控制振荡器的振荡频率，从而获得调频信号；间接调频法是通过调相来实现调频的，它的频偏较小，不宜获得较深调制，线路也比较复杂。

进行信号调制时，主要的技术要求可以概括为如下几点：一是调频失真要小，即瞬时频率的变化规律要与调制信号的变化规律尽可能一致；二是调频信号的中心频率 ω_0 要具有一定的频率稳定度；三是调制灵敏度 $S = \dfrac{\Delta f}{V_{\Omega m}}$ 尽可能高些，即单位调制电压变化所产生的瞬时频率的变化尽可能大些。

1．直接调频电路

为了通过控制振荡器的振荡频率实现直接调频，必须使决定振荡频率的调谐回路的电感 L 或电容 C 随调制信号的大小作相应的变化。这种变化可以用一个非线性元器件（例如变容二极管）来完成。

（1）变容二极管直接调频电路

变容二极管是指结电容 C_j 随其外加反偏电压 V_R 变化的二极管，其工作原理已经在5.5.1小节进行了介绍。

若外加控制信号为 $v(t) = V_Q + V_{\Omega m} \cos \Omega t$，代入 C_j 的表达式（5.5.1）后，可以得到

$$C_j = \frac{C_0}{\left[1 + \dfrac{1}{V_\varphi}(V_Q + V_{\Omega m}\cos\Omega t)^\gamma\right]} = \frac{C_{j0}}{(1 + m\cos\Omega t)^\gamma} \qquad (6.4.15)$$

式中，$m = \dfrac{V_{\Omega m}}{V_Q + V_\varphi}$，为电容调制度；$C_{j0} = \dfrac{C_0}{\left(1 + \dfrac{V_Q}{V_\varphi}\right)^\gamma}$，是当偏置为 V_Q 时变容二极管的电容量。

式（6.4.15）说明，变容二极管的电容量 C_j 受信号 $V_{\Omega m}\cos\Omega t$ 所调制，调制的规律取决于电容变化指数 γ，调制深度取决于电容调制度 m。

将式（6.4.15）代入振荡频率表达式 $f = \dfrac{1}{2\pi\sqrt{LC_j}}$，可得

$$f = \frac{1}{2\pi\sqrt{LC_j}} = \frac{1}{2\pi\sqrt{LC_{j0}}}(1 + m\cos\Omega t)^{\gamma/2} = f_0(1 + m\cos\Omega t)^{\gamma/2} \qquad (6.4.16)$$

式中，$f_0 = \dfrac{1}{2\pi\sqrt{LC_{j0}}}$，为在偏置点下的中心频率。

如果选择变容二极管的电容变化指数 $\gamma = 2$，则由式（6.4.15）可得

$$\frac{f}{f_0} = 1 + m\cos\Omega t \qquad\qquad （6.4.17）$$

或者

$$\frac{\Delta f}{f_0} = m\cos\Omega t \qquad\qquad （6.4.18）$$

由式（6.4.18）可见，频偏 $\Delta f = f - f_0$ 随控制信号电压的大小作线性变化。

如果电容变化指数 $\gamma \neq 2$，分析结果表明，频偏也受信号电压大小控制，但是要引入非线性失真和中心频率 f_0 的偏移。因此，一般应该尽量选取 $\gamma = 2$ 的变容二极管，这时可以加大调制深度、增加频偏而不影响非线性失真。

例6.4.3 有一90MHz变容二极管直接调频电路，其电路如图6.4.6（a）所示。

由振荡电路的交流通路图6.4.6（b）可见，这是三端电容振荡电路。变容二极管部分接入振荡电路，它的固定反偏电压由 +9 V电源经电阻56kΩ 和22kΩ分压后取得，调制信号 v_Ω 经高频扼流圈47μH加至变容二极管两端，起调频作用。图中各个1 000pF的电容对高频电路来说均呈短路作用，振荡电路接成共基组态。

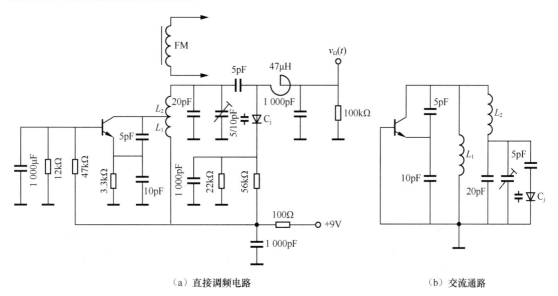

（a）直接调频电路　　　　　　　　　　　　　　　（b）交流通路

图 6.4.6　变容二极管直接调频电路

变容二极管在反向偏压下工作，几乎没有电流流过，所以不需要功率。利用一个振幅不大的调制信号就能获得较大频偏，并且具有良好的调制特性。

变容二极管直接调频电路的优点是电路简单，工作频率较高，容易获得较大的频偏；在频偏不需要很大的情况下，非线性失真可以做得很小。缺点是变容二极管的一致性较差，大量生产时会给调试带来某些麻烦；另外偏置电压的漂移、温度的变化会引起中心频率的漂移，因此调频波的载波频率稳定度不高。

（2）晶振变容二极管直接调频电路

某些场合对调频信号中心频率的稳定度要求较高，如调频广播电路的中心频率在88～108MHz

频段。为减少邻近电台的相互干扰，规定各个电台中心频率的绝对漂移不大于 ±2kHz。若中心频率为100MHz，就意味着相对频率稳定度应优于 2×10^{-5} 数量级。采用变容二极管直接调频电路很难达到上述要求。为此，可采用晶振变容二极管直接调频电路，这种电路在锁相电路中也常用作压控振荡器，用途较广。

在晶振直接调频电路中，变容二极管接入振荡回路有两种方式，一种是与晶体串联，另一种是与晶体并联。受调制信号控制，两者都可以起到调频的作用。串联时，会增大晶体的串联谐振频率 f_s；并联时，将会降低晶体的并联谐振频率 f_p，结果都将使晶体等效的串、并联谐振频率更加接近。因为晶体必须工作在这个频率区间，所以这种调频电路的频偏很小，通常相对频偏 $\Delta f/f_0$ 只能达到 $10^{-4} \sim 10^{-3}$ 数量级。目前用得较广泛的是变容二极管与晶体串联的电路，它的稳定性比较好。

图6.4.7（a）所示是中心频率为4.3MHz的晶振变容二极管直接调频电路，图6.4.7（b）所示是它的交流通路。显然，这是一个皮尔斯晶振电路，变容二极管 C_j 受调制电压 v_Ω 的控制，即振荡器的振荡频率受到 $V_{\Omega m}\cos\Omega t$ 的控制，获得了调频波。

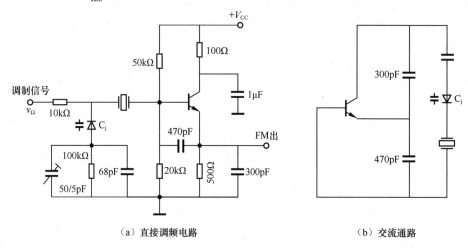

（a）直接调频电路　　　　　　（b）交流通路

图 6.4.7　晶振变容二极管直接调频电路及其交流通路

晶振变容二极管直接调频电路的优点是中心频率稳定度高，一般 $\dfrac{\Delta f}{f_0} \leqslant 10^{-5}$；调制灵敏度低，不易获得大的频偏。这是由于晶体等效为电感后的频率范围很窄所造成的，通常相对频偏只能达到 $10^{-4} \sim 10^{-3}$ 数量级。

2．间接调频电路

（1）可变移相法调频电路

直接调频电路的优点是容易取得大的频偏，缺点是频率稳定度低。即使是晶振变容二极管直接调频电路，其频率稳定度也比不受调制的晶振有所降低，而且频偏很小。为了得到频率稳定度更高的调频器，常需采用间接调频电路，也就是利用调相电路间接地产生调频波。这里，采用高稳定度的晶振电路作为主振级电路，而调相是在后级电路进行的，故对晶振频率没有影响。

利用调相间接实现调频的积分-调相式间接调频电路的方框图如图6.4.8所示。由于调相与调频有90°

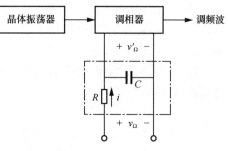

图 6.4.8　积分 - 调相式间接调频电路

的相位差，因此，为了使调相时的瞬时相位与调频时的瞬时相位一样，可通过一个积分电路，使最大相移随调制信号的频率成反比变化，相位的变化部分按正弦规律变化。因此，调相器的输出就是一个调频信号。

若调制信号为 $v_\Omega(t) = V_{\Omega m} \cos \Omega t$，载波信号为 $v_c(t) = V_{cm} \cos \omega_0 t$，积分电路中 $RC \gg \dfrac{1}{\Omega}$，则有

$$v_\Omega(t) = iR + \frac{1}{C}\int i\,\mathrm{d}t \approx iR$$

即

$$i \approx \frac{v_\Omega(t)}{R} \tag{6.4.19}$$

积分电路的输出电压为

$$
\begin{aligned}
v'_\Omega(t) &= \frac{1}{C}\int i\,\mathrm{d}t = \frac{1}{RC}\int v_\Omega(t)\,\mathrm{d}t = \frac{1}{RC}\int V_{\Omega m}\cos\Omega t\,\mathrm{d}t \\
&= \frac{V_{\Omega m}}{\Omega \cdot RC}\cdot\sin\Omega t = V'_{\Omega m}\sin\Omega t
\end{aligned}
\tag{6.4.20}
$$

再用 v'_Ω 进行调相，得到调相波为

$$v_{PM}(t) = V_{cm}\cos(\omega_0 t + k_p V'_{\Omega m}\sin\Omega t) \tag{6.4.21}$$

式中，k_p 是比例系数，产生的相位偏移是

$$\Delta\theta(t) = k_p \cdot v'_\Omega(t) = k_p \cdot \frac{V_{\Omega m}}{RC\cdot\Omega}\sin\Omega t \tag{6.4.22}$$

令 $\dfrac{k_p}{RC} = k_f$，则式（6.4.22）可写成

$$\Delta\theta(t) = \frac{k_f V_{\Omega m}}{\Omega}\sin\Omega t = m_f \cdot \sin\Omega t \tag{6.4.23}$$

式中，$m_f = \dfrac{k_f V_{\Omega m}}{\Omega} = k_p V'_{\Omega m}$，是调频指数，代入式（6.4.21）可写成

$$v_{FM}(t) = V_{cm}\cos(\omega_0 t + m_f\sin\Omega t) \tag{6.4.24}$$

显然，只要 $RC \gg \dfrac{1}{\Omega}$ 成立，通过积分-调相式间接调频电路，$v_{FM}(t)$ 对原调制信号 $v_\Omega(t)$ 实现了调频，所以称这种调频方式为间接调频。

一个由变容二极管调相器构成的间接调频电路如图 6.4.9 所示，其中的调相器实际上是一级单调谐放大器。晶体管 T 集电极的并联谐振回路由电感 L、电容 C、C_C 及变容二极管 C_j 组成。当没有调制信号输入时，由 L、C、C_C 及变容二极管的静态电容 C_{j0} 决定的谐振频率等于高频信号的频率 ω_0，回路并联的谐振阻抗呈纯电阻，这使得回路的端电压与端电流同相。当有调制信号输入时，变容二极管的电容 C_j 随调制电压的变化而变化，使回路对载波频率 ω_0 呈失谐状态。当 C_j 减小时，并联阻抗呈电感性，而且 C_j 越小，回路端电压越超前于端电流；反之，当 C_j 加大时，并联阻抗呈电容性，而且 C_j 越大，容抗越小，回路端电压越滞后于端电流。因此，用调制信号控制变容管 C_j 的大小，就能使回路端电压产生相应的相位变化，从而实现了调相。

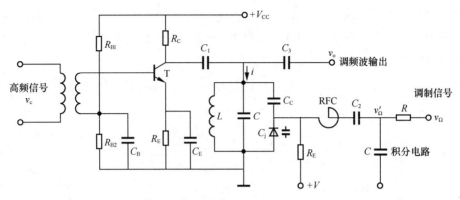

图 6.4.9　变容二极管间接调频电路

最后指出，在积分-调相式间接调频电路中，回路端电压的相位随调制信号改变的同时，回路等效阻抗的模值也随之变化，从而导致了调相波振幅的变化，产生了不必要的寄生调幅，而且相位偏移越大，这种寄生调幅也越大。同时，调相的非线性失真也会随相位的偏移而明显增大。为了防止明显的寄生调幅和过大的非线性失真，必须对相移的大小加以限制。因此，这种间接调频电路一般不能够直接取得频偏过大的信号。若需频偏较大的信号，必须采取扩大频偏的措施。由于受到非线性限制的是最大相位偏移，因此不能通过在较高的载波频率上实现调频来扩展线性频偏。一般先在较低的载波频率上实现调频，然后再通过倍频和混频的方法得到所需载波频率的最大线性偏移。扩展线性频偏的方法将在6.4.4小节介绍。

（2）可变延时法调频电路

可变延时法调频电路实现调频的原理是将锯齿波和已积分的调制电压进行比较，间接得到调频信号，其原理方框图如图6.4.10所示。

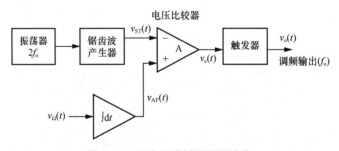

图 6.4.10　可变延时法间接调频电路

图6.4.10中，振荡器生成频率是载波频率两倍的振荡信号，去激励锯齿波发生器，其输出锯齿波 $v_{ST}(t)$ 和调制信号的积分输出 $v_{AF}(t)$ 分别加至电压比较器的负端和正端。当 $v_{AF}(t) > v_{ST}(t)$ 时，比较器输出高电平。比较器输出信号加至触发器，使得该触发器在每个下降沿反转。触发器输出频率为 f_o 的矩形波，其相位按照 $v_{AF}(t)$ 瞬时值的规律变化，从而实现调相和调频。电路中各点的波形如图6.4.11所示。

从图6.4.11可以看出，比较器输出的脉冲就是脉冲时延受已积分的调制信号电压调制的调相脉冲，它和载波脉冲之间的时延差 $\Delta\tau$ 为

$$\Delta\tau = -\frac{v_{AF}(t)}{k_d} \qquad (6.4.25)$$

式中，k_d 为锯齿波电压变化的斜率；负号表示时延滞后，由此时延差产生的相偏为

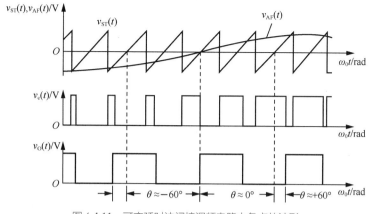

图 6.4.11　可变延时法间接调频电路中各点的波形

$$\Delta\theta = n\omega_0\Delta\tau \qquad (6.4.26)$$

式中，n 为输出脉冲通过滤波器取出的谐波的次数；$\Delta\tau$ 的最大值可达 $0.5T_0(T_0 = 2\pi/\omega_0)$。

考虑到锯齿波的回扫时间，$\Delta\tau$ 一般取 $0.4T_0$，因此，该调相电路的最大相偏为

$$\Delta\theta_{\max} = \left|n\omega_0\Delta\tau_{\max}\right| = 0.8n\pi \qquad (6.4.27)$$

当 $n = 1$ 时，最大相偏可达 0.8π。可见，此调相电路的线性相移比较大。此外，该调相电路的线性度主要取决于锯齿波的线性度，只要设计合理，该调相电路的线性度也较好。因此，这种电路被广泛应用于调频广播发射机中。

6.4.4　扩展线性频偏的方法

线性与频偏是调频器中两个相互矛盾的指标。扩展最大线性频偏是调频器设计中的一个关键问题。

若一个调频波的瞬时角频率为

$$\omega(t) = \omega_0 + \Delta\omega_m\cos\Omega t \qquad (6.4.28)$$

将该调频波通过倍频次数为 n 的倍频器，则瞬时角频率变为

$$\omega'(t) = n\omega_0 + n\Delta\omega_m\cos\Omega t \qquad (6.4.29)$$

即调频波的中心角频率和最大角频偏同时增大了 n 倍，而相对角频偏不变，即

$$\frac{n\Delta\omega_m}{n\omega_0} = \frac{\Delta\omega_m}{\omega_0} \qquad (6.4.30)$$

若将调频波经过混频器，由于混频器是线性频率变换电路，它只改变载波频率，而不会改变调频波的最大频偏。因此，利用倍频器和混频器的特性就可以在要求的载波频率上实现所要求的最大频偏。

对于直接调频电路，调制的非线性随相对频偏（而不是绝对频偏）的增大而增大。因此，如果可以在较高的载波频率上制成调频器，则在相对频偏一定的条件下，可以获得较大的绝对频偏值。当既要求绝对频偏值一定又要求载波频率较低时，可以在较高的载波频率上实现调频，再通过混频将载波频率降下来。由于通过混频将载波频率降下来的同时，所有频率会下降同一数值，而频偏的绝对值可以保持不变。按上述想法构思的线性频偏扩展电路的方框图如图 6.4.12 所示。

由调频振荡器产生的调频波频率为$f_0 \pm \Delta f$，经n次倍频后，载波和频偏均增至n倍而输出一个频率$nf_0 \pm n\Delta f$的调频波。设该调频波的频偏$n\Delta f$满足要求，但载波频率为nf_0，高于所要求的载波频率f_0。可以通过混频器将其和一个频率固定的载波$(n-1)f_0$相混频，经滤波器取出两者的差频，便可得到载波频率为f_0、频偏为$\pm n\Delta f$的调频波。

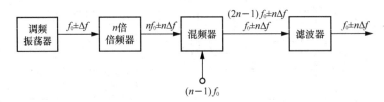

图 6.4.12　线性频偏扩展电路的方框图

当难以制成高频调频器时，可以先在较低频率上实现调频，然后通过倍频器将所在频率提高，这样，频偏提高的倍数等于载波频率提高的倍数。最后，通过混频器将中心频率降低至所需数值，使载波频率达到规定值，而频偏却增大了。

采用间接调频时，受到非线性限制的不是相对频偏，也不是绝对频偏，而是最大相位偏移，即调相系数。不能指望通过在较高的载波频率上实现调频来扩展线性频偏，可以先在较低的载波频率实现调频，再通过上述倍频和混频的方法来得到所需的载波频率和最大线性频偏。

6.4.5　鉴频原理及电路

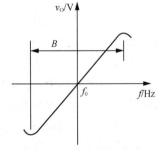

鉴频器

在调频接收机中，起解调作用的部件是频率检波器，也称为鉴频器。鉴频就是把调频波中心频率的变化变换成电压的变化，即完成频率-电压的变换作用。

实现鉴频的方法目前主要有4种。

① 先将等幅的调频波变换成振幅随瞬时频率变化的调频-调幅波，再进行振幅检波，以恢复调制信号。这种方法简称为斜率鉴频。

② 利用移相器将调频波的频率变化不失真地变换为相位变化，即变换成调频-调相波。然后，有两种进一步的处理方式：其一是将调相波与原调频波相加（相量求和），利用其间的相位差随频率的变化得到一个调频-调幅波，再利用振幅检波器检出原调制信号，称为振幅检波型相位鉴频器。其二是将变换后的调频-调相波通过鉴相器把相位变化变换为电压变化，得到原调制信号，这种方法简称为相位鉴频。

③ 先对调频波进行波形变换，然后在单位时间内对脉冲序列进行计数，同样可检出所需的调制信号。这种方法简称为脉冲计数式鉴频。

④ 利用锁相环路进行鉴频，这种方法在集成电路中应用甚广。

本小节主要介绍斜率鉴频器、相位鉴频器和脉冲计数式鉴频器的基本工作原理。利用锁相环路进行鉴频的方法将在7.3.4小节讨论。

鉴频器的主要特性是鉴频特性，也就是它输出的低频信号电压和输入的已调波信号的频率之间的关系。图6.4.13所示就是一个典型的鉴频特性曲线。鉴频特性的中心频率f_0对应于调频信号的载频。当输入信号的频率为载频时，输出电压为零；当信号频率向左、

图 6.4.13　鉴频特性曲线

右偏离中心 Δf 时，分别得到或负或正的输出电压。

衡量鉴频器特性的主要指标有。

① 灵敏度。假设在中心频率 f_0 附近，频率偏离 Δf 时的输出电压为 Δv_o，则 $\left.\dfrac{\Delta v_o}{\Delta f}\right|_{f=f_0}$ 称为鉴频灵敏度，也就是鉴频特性在 f_0 附近的斜率。灵敏度高就意味着鉴频特性曲线更陡直。

② 线性范围。线性范围指的是鉴频特性曲线近于直线的频率范围。在图6.4.13中就是两弯曲点之间的范围，此范围应大于调频信号的最大频偏。

③ 非线性失真。在线性范围内，鉴频特性只是近似线性，也存在着非线性失真。非线性失真应该尽量小。

1. 斜率鉴频器

斜率鉴频器的工作原理是利用LC谐振回路的谐振特性对不同频率的信号呈现不同的阻抗，对调频波进行调频-调幅变换，得到调频-调幅波；然后再进行振幅检波，得到解调输出电压，调频-调幅变换特性取决于谐振特性曲线的斜率，故称为斜率鉴频器。

（1）单失谐回路斜率鉴频器

图6.4.14所示为单失谐回路斜率鉴频器的原理电路。虚线左边为调频-调幅变换器，而右边为振幅检波器。调频-调幅变换器是一个以单谐振回路（由 L、C 组成）为负载的共基极调谐放大器，但谐振回路的调谐与一般调谐放大器不同，回路的谐振频率不是调在输入信号的中心频率上，而是高于或低于信号中心频率。因此谐振回路工作在失谐状态，所谓"失谐回路"就由此而得名。

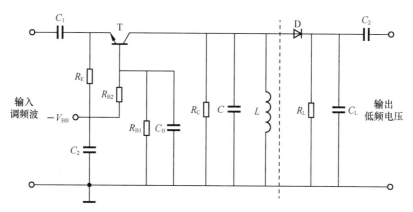

图 6.4.14　单失谐回路斜率鉴频器

这种电路将调频波变换为调频-调幅波的原理可由图6.4.15来说明。图6.4.15（a）所示为单谐振回路的幅频特性，它的谐振频率 f_0' 高于信号中心频率 f_0，即 f_0 位于谐振频率 f_0' 的左边；图6.4.15（b）所示的波形表示输入调频波信号的频率随时间变化的规律；图6.4.15（c）所示为信号频率变化时，对应的输出信号随时间变化的波形。从图中可以看出，正是利用了谐振回路对不同频率呈现不同阻抗，从而有不同的电压输出的特性，将等幅的调频波转换为振幅随频率变化的调频-调幅波。

图6.4.14中，虚线右边为二极管峰值包络检波电路，用来对调幅-调频波信号进行振幅检波，以输出解调信号。

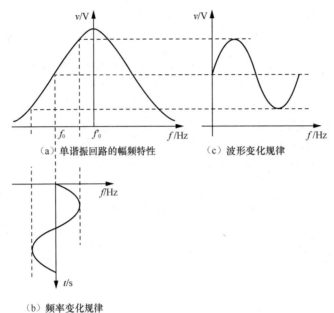

（a）单谐振回路的幅频特性　　　　（c）波形变化规律

（b）频率变化规律

图 6.4.15　单失谐回路斜率鉴频器的工作原理

单失谐回路斜率鉴频器的鉴频特性取决于谐振回路的谐振特性，在谐振频率 f'_0 一定的条件下，减小回路 Q 值可增大线性鉴频范围。但 Q 值降低会导致鉴频灵敏度下降。由此可见，鉴频灵敏度与线性鉴频范围是相互矛盾的，而且随着工作频偏的增大，非线性失真加大。由于单谐振回路谐振曲线的线性度较差，因此单失谐回路斜率鉴频器的输出波形失真较大，质量不高，故实际很少使用。

（2）双失谐回路斜率鉴频器

为了扩大鉴频特性的线性范围，实用的斜率鉴频器常采用由两个单失谐回路斜率鉴频器构成的平衡电路，称为双失谐回路斜率鉴频器，如图6.4.16所示。

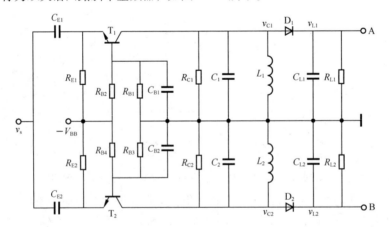

图 6.4.16　双失谐回路斜率鉴频器

等幅的调频波 v_s 同时加到两个共基极单失谐回路斜率鉴频器晶体管的发射极。晶体管输出端的并联谐振回路 L_1C_1 和 L_2C_2 的谐振频率分别为 f_{01} 和 f_{02}，它们对称地处于调频波载频——中心频率 f_0——的两边。设 $f_{01}>f_0>f_{02}$，这样，当输入信号是一个被图6.4.17（a）所示的低频信号调制的调频波 [如图6.4.17（b）所示] 时，T_1 集电极输出的调频-调幅波形如图6.4.17（c）所示，它的特点是频率高时振幅大，频率低时振幅小。T_2 集电极输出的调频-调幅波形如图6.4.17（d）所示,它的特点是频率高时振幅小,频率低时振幅大。检波器的负载电容C_{L1}和C_{L2}上的电压分别如图6.4.17(e)和图6.4.17(f)所示。A、B两点间的输出电压为$V_{AB} = V_{L1} - V_{L2}$,如图6.4.17(g)所示。从图中可以看出总的交变分量比单边鉴频器的增大一倍,而且正负两半周趋于对称。这是由于谐振回路的谐振特性使得一边鉴频器输出的交流电压振幅较大时,另一边鉴频器输出的交流电压振幅正好较小。必须注意的是,V_{AB}是平衡输出,只有从A、B两点之间取出鉴频电压,才是失真较小的对称波形。但任一点对地的波形都是失真比较大的不对称波形。

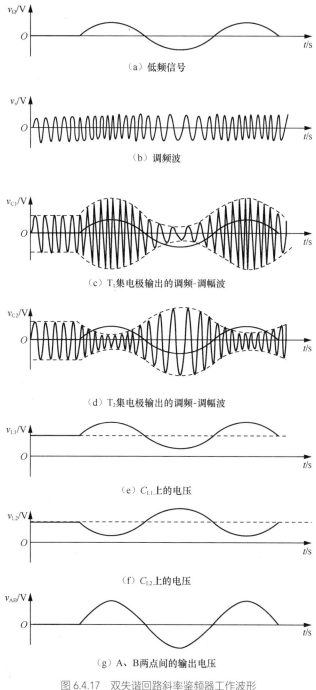

(a)低频信号

(b)调频波

(c)T_1集电极输出的调频-调幅波

(d)T_2集电极输出的调频-调幅波

(e)C_{L1}上的电压

(f)C_{L2}上的电压

(g)A、B两点间的输出电压

图 6.4.17 双失谐回路斜率鉴频器工作波形

双失谐回路斜率鉴频器的鉴频特性曲线是由两个单失谐回路斜率鉴频器的幅频特性相减后合成的，如图6.4.18所示。由图可见，合成后的鉴频特性曲线与单失谐回路斜率鉴频器相比，鉴频灵敏度提高了，工作频带宽度增大了，非线性失真减小了。图中曲线①、②、③分别代表两个单失谐回路斜率鉴频器的输出和双失谐回路斜率鉴频器的输出。

（3）集成电路中采用的斜率鉴频器

图6.4.19所示为集成电路中广泛应用的斜率鉴频器。图中L_1、C_1和C_2为外接的实现调频-调幅变换的电路，将输入调频波电压v_s转换为两个振幅随瞬时频率变化的调幅-调频波电压v_1和v_2；v_1和v_2分别通过射极跟随器T_1和T_2加到由晶体管T_3和T_4构成的两个包络检波器上，检波器的输出解调电压由T_5和T_6构成的差分放大器放大，从T_6的集电极输出。显然，T_6的输出电压与v_1和v_2的振幅差值（$V_{1m}-V_{2m}$）成正比。

下面分析调频-调幅变换电路的工作原理。由图6.4.19可见，调频-调幅变换电路由电感L_1、电容C_1构成并联谐振回路再与C_2串联构成。电压v_1取自整个网络，而v_2是电容C_2两端的电压。

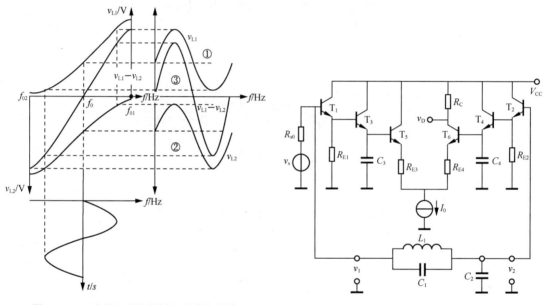

图 6.4.18　双失谐回路斜率鉴频器的鉴频特性　　　　图 6.4.19　集成电路中采用的斜率鉴频器

L_1C_1并联谐振回路的谐振角频率为

$$\omega_1 = \frac{1}{\sqrt{L_1C_1}} \qquad (6.4.31)$$

当$\omega < \omega_1$时，并联谐振回路呈现电感性，它与电容C_2构成串联谐振回路，其串联谐振频率ω_2近似为

$$\omega_2 = \frac{1}{\sqrt{L_1(C_1+C_2)}} \qquad (6.4.32)$$

调频信号加在此变换电路上，当ω接近ω_1时，L_1C_1并联谐振回路最大阻抗，故V_{1m}接近最大值，而V_{2m}接近最小值；ω偏离ω_1往减小方向变化时，V_{1m}减小，V_{2m}增大；当ω减小到ω_2时，V_{1m}下降到最小值，而V_{2m}上升到最大值。图6.4.20（a）所示为V_{1m}和V_{2m}随频率变化的特性曲线示意图。两条曲线相减后得到合成曲线，再乘以由跟随器、检波器和差分放大器决定的整个系统的传

输系数，便是所求的鉴频特性曲线，如图6.4.20（b）所示。调节L_1、C_1和C_2，可以改变鉴频特性曲线的形状，包括上、下两个极值的间隔和中心频率以及曲线上、下部分的对称性等。该电路被广泛用于电视接收机伴音信号的鉴频电路中。

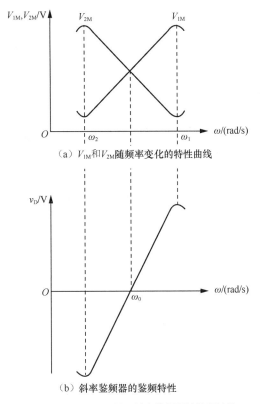

（a）V_{1M}和V_{2M}随频率变化的特性曲线

（b）斜率鉴频器的鉴频特性

图 6.4.20　图 6.4.19 所示斜率鉴频器的鉴频特性

2．乘积型相位鉴频器

相位鉴频是先将输入调频波经过线性移相电路变成调频-调相波，其相位的变化反映了输入调频波瞬时频率的变化，即反映了调制信号的变化；然后通过相位检波器（即鉴相器）得到调制信号，从而实现鉴频。由模拟乘法器构成的相位鉴频器利用线性鉴相特性完成鉴频，其原理方框图如图6.4.21所示。

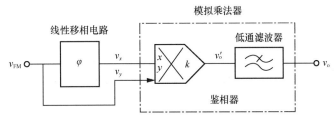

图 6.4.21　用模拟乘法器实现的相位鉴频器

（1）线性移相电路

相位鉴频是通过线性移相电路把调频信号的瞬时频率变化转换为相位变化，而后进行鉴相的过程。线性移相电路也称为调频-调相变换电路，主要由LC并联谐振回路构成，如图6.4.22（a）所示。

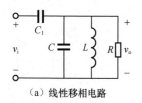
（a）线性移相电路

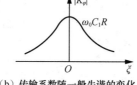
（b）传输系数随一般失谐的变化

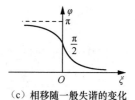
（c）相移随一般失谐的变化

图 6.4.22　线性移相电路及其特性

由图 6.4.22 可以推导出输出、输入电压间的传输系数为

$$K_\varphi = \frac{v_o}{v_i} = \frac{\cfrac{1}{\cfrac{1}{R} + j\left(\omega C - \cfrac{1}{\omega L}\right)}}{\cfrac{1}{j\omega C_1} + \cfrac{1}{\cfrac{1}{R} + j\left(\omega C - \cfrac{1}{\omega L}\right)}} = \frac{j\omega C_1}{\cfrac{1}{R} + j\left(\omega C_1 + \omega C - \cfrac{1}{\omega L}\right)} \qquad (6.4.33)$$

令 $\omega_0 = \cfrac{1}{\sqrt{L(C_1 + C)}}$，$Q = \cfrac{R}{\omega L}$，$\xi = Q\left(\cfrac{\omega^2}{\omega_0^2} - 1\right) \approx 2Q\cfrac{\Delta f}{f_0}$，则传输系数可表示为

$$K_\varphi = \left|K_\varphi\right| e^{j\varphi} \qquad (6.4.34)$$

式中

$$\left|K_\varphi\right| = \frac{Q\omega^2 L C_1}{\sqrt{1 + \xi^2}} \qquad (6.4.35)$$

$$\varphi = \frac{\pi}{2} - \arctan \xi \qquad (6.4.36)$$

通过上述分析，将移相电路的谐振频率设置为等于调频波的中心频率，即载波频率。当调频波的频率为中心频率时，移相电路的输出电压相比输入电压移相了 $\frac{\pi}{2}$；当调频波的频率在中心频率附近变换时，则移相电路输出电压的相位将在 $\frac{\pi}{2}$ 前后摆动。$\left|K_\varphi\right|$ 和 φ 随着一般失谐 ξ 变换的特性如图 6.4.22（b）和图 6.4.22（c）所示。当一般失谐 ξ 不大时，相位 φ 和一般失谐 ξ 之间才有近似线性的关系，此时相位鉴频器才具有线性鉴频特性。

（2）鉴相器

相位检波器也称为鉴相器。在模拟电子电路中，通常采用乘法器进行相位检波。鉴相器由乘法器和低通滤波器构成。

当加到乘法器的两个输入信号的频率相同但相位不同时，其输出电压将与输入信号的相位差成比例。利用这个特性，可以用乘法器构成鉴相器，使之能够将两个同频率信号之间的相位差转换成输出电压。利用乘法器完成的鉴相器的方框图如图 6.4.23 所示。把相位不同的两个同频率高频信号 $v_x(t)$ 和 $v_y(t)$ 分别加到乘法器的两个输入端，其输出经低通滤波器滤除高频谐波后，就可以获得反映两个信号相位差变化的低频电压。

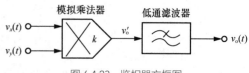
图 6.4.23　鉴相器方框图

根据加到乘法器输入端信号的电压振幅（或电平）的大小，鉴相器有如下 3 种工作模式。

① 两个输入信号均为小信号（频率相同，相位差为 φ）。小信号输入是指输入信号的振幅较小，因此由它所控制的器件可以认为工作在其线性范围之内。

若在乘法器输入端所加的两个小信号正弦波为

$$v_x(t) = V_{xm} \cos \omega t \tag{6.4.37a}$$

$$v_y(t) = V_{ym} \cos (\omega t + \varphi) \tag{6.4.37b}$$

则乘法器的输出信号为

$$v_o'(t) = kV_{xm}V_{ym}\cos\omega t \cdot \cos(\omega t + \varphi) = \frac{1}{2}kV_{xm}V_{ym}[\cos\varphi + \cos(2\omega t + \varphi)] \tag{6.4.38}$$

通过低通滤波器后，可以获得低频输出电压 v_o 为

$$v_o = \frac{1}{2}kk_P V_{xm}V_{ym}\cos\varphi \tag{6.4.39}$$

式中，k_p 是低通滤波器的电压传输系数；k 为乘法器增益系数。

由式（6.4.39）可见，当 V_{xm} 和 V_{ym} 不变时，输出电压 v_o 与 $\cos\varphi$ 成正比。这说明鉴相特性呈余弦性，如图 6.4.24 所示。由图 6.4.24 可见，当两个输入信号同相或反相时，输出电压最大；当相位差为 $\frac{\pi}{2}$ 或 $\frac{3}{2}\pi$ 时，输出电压为零。所以，为了获得线性鉴相，相位应该选择在 $\frac{\pi}{2}$ 附近。这时，线性范围为 $\pm 30^\circ$（即 ± 0.5 rad）。

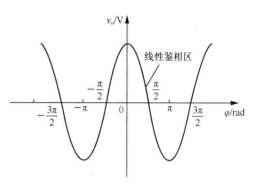

图 6.4.24　余弦形鉴相特性

② 两个输入信号一个为大信号，一个为小信号。正弦波大信号输入是指输入信号的振幅足够大，使得由它所控制的器件工作在开关状态，或者输入信号本身就是具有足够振幅的开关信号，如等幅方波。为了便于分析，设 $v_x(t)$ 为大信号，$v_y(t)$ 为小信号。

设输入信号 $v_x(t)$ 是开关信号，将其用对称傅里叶级数展开后可表示为

$$v_x(t) = V_{xm}\sum_{n=1}^{\infty}(-1)^{n-1}\frac{4}{(2n-1)\pi}\cos(2n-1)\omega t$$

$$= V_{xm}\left[\frac{4}{\pi}\cos\omega t - \frac{4}{3\pi}\cos 3\omega t + \cdots\right] \tag{6.4.40}$$

$v_y(t)$ 为小信号正弦波，可以表示为

$$v_y(t) = V_{ym} \cdot \cos(\omega t + \varphi) \tag{6.4.41}$$

则乘法器输出电压为

$$v_o'(t) = kV_{xm}V_{ym}\cos(\omega t + \varphi)\cdot\left[\frac{4}{\pi}\cos\omega t - \frac{4}{3\pi}\cos 3\omega t + \cdots\right]$$

若只取它的一次谐波，则有

$$v_o''(t) = \frac{4}{\pi}kV_{xm}V_{ym}\cos(\omega t + \varphi)\cdot\cos\omega t$$

$$= \frac{2}{\pi}kV_{xm}V_{ym}[\cos\varphi + \cos(2\omega t + \varphi)] \tag{6.4.42}$$

经低通滤波器后，可得低频输出电压表达式为

$$v_o = \frac{2}{\pi} k V_{xm} V_{ym} \cos\varphi \qquad (6.4.43)$$

式（6.4.43）表明，这时输出电压仍具有余弦形鉴相特性。与前面不同的是，输出电压振幅的绝对值取决于小信号振幅 V_{ym}。一个输入为大信号时的鉴相器的工作波形如图6.4.25所示。式（6.4.43）还表明，如果两个输入信号的相位差 φ 保持不变，则输出信号 v_o 将与输入信号中小输入信号的振幅 V_{ym} 成正比。利用这种特性，可以实现调幅信号的同步检波。因此，由乘法器构成的同步检波器可以看作乘法器完成鉴相功能的一个特例。

③ 两个输入信号均为大信号。当两个输入均为大信号时，由它所控制的器件工作在开关状态，等价于输入信号本身就是具有足够振幅的开关信号。因此设乘法器的输入信号 $v_x(t)$ 和 $v_y(t)$ 均为开关信号（方波脉冲），两者频率相同，相位差为 φ，这时可以用傅里叶级数展开式表示为

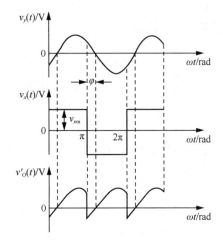

图 6.4.25　一个输入为大信号时鉴相器的工作波形图

$$v_x(t) = V_{xm} \frac{4}{\pi} \sum_{n=1}^{\infty} (-1)^{n-1} \frac{1}{2n-1} \cos(2n-1)\omega t \qquad (6.4.44)$$

$$v_y(t) = V_{ym} \frac{4}{\pi} \sum_{m=1}^{\infty} (-1)^{m+1} \frac{1}{2m-1} \cos[(2m-1)(\omega t + \varphi)] \qquad (6.4.45)$$

将式（6.4.44）和（6.4.45）所表示的两个方波信号加到乘法器的输入端，其输出经低通滤波器滤除了高次谐波后，只剩下直流分量。不难证明，这个直流分量的表达式可以写成

$$v_o = k V_{xm} V_{ym} \frac{8}{\pi^2} \left[\cos\varphi + \frac{1}{9}\cos 3\varphi + \frac{1}{25}\cos 5\varphi + \cdots + \frac{1}{n^2}\cos n\varphi \right] \qquad (6.4.46)$$

式（6.4.46）是一个三角波的傅里叶级数表达式，根据 φ 值的不同，该三角波的方程也可以写成

$$v_o = \begin{cases} k V_{xm} V_{ym} \left(1 - \dfrac{2\varphi}{\pi}\right), & 0 \leqslant \varphi < \pi \\[2mm] k V_{xm} V_{ym} \left(\dfrac{2\varphi}{\pi} - 3\right), & \pi \leqslant \varphi < 2\pi \end{cases} \qquad (6.4.47)$$

由式（6.4.47）可见，v_o 的正负最大值分别为 $+k V_{xm} V_{ym}$ 及 $-k V_{xm} V_{ym}$，v_o 随 φ 变化曲线的斜率为 $\pm k V_{xm} V_{ym}$。大信号输入时鉴相器的电压波形及其鉴相特性如图6.4.26所示。显然，这种三角形鉴相特性比余弦形鉴相特性具有更宽的线性范围，通常称其为线性鉴相器。当在技术上需要较宽的线性鉴相范围时，就应该采用大信号工作状态。

对于鉴相器，如果 $\varphi = \Phi_m \cos\Omega t$，即可作为调相波解调电路。

下面来看图6.4.21所示的乘积型相位鉴频器的工作原理。

图中的移相电路可采用单谐振回路或耦合回路。一路调频信号直接加到乘法器输入端 y，而另一路调频信号则经线性移相电路送到输入端 x。经过移相电路后的调频信号中的每一个频率成

分都要附加一个相应的相移。这样，加到乘法器输入端的两个信号就成了具有同一调频变化规律而在不同频率上有不同相位差的信号。通过上面的分析可以知道，用于大信号鉴相的乘法器，其输出的直流电压与相移 $\Delta\varphi$ 成正比。

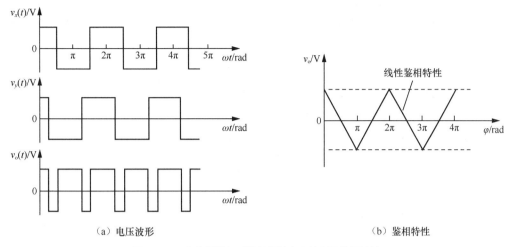

（a）电压波形　　　　　　　　　　　　　　（b）鉴相特性

图 6.4.26　大信号输入时鉴相器的电压波形及鉴相特性

假若能够使得移相电路的相移 $\Delta\varphi$ 正比于频偏 Δf，那么模拟乘法器的输出电压就与调频信号的频偏 Δf 成正比，从而实现了对调频波的解调。因此，找出一个具有线性移相特性的移相电路就成为问题的关键。

在一定的条件下，只要移相电路的相频特性是线性的，鉴相器的输出电压就能够正确反映调频信号的瞬时频率变化。通常采用并联谐振回路作为移相电路，其幅频特性曲线和相频特性曲线如图 6.4.27（a）所示，其中 f_0 为回路的中心频率，Q_{C} 为回路的等效品质因数，而 $\Delta f = f - f_0$。从中可见，假设移相电路不引起信号振幅的变化，即调频信号经过移相电路后所得电压 $v_x(t)$ 为等幅波，则鉴频特性曲线如图 6.4.27（b）中的曲线 A 所示。但是，一个实际的移相电路的幅频特性是会使 $v_x(t)$ 的振幅产生变化的，而鉴相器的输出电压又与 $v_x(t)$ 的振幅大小成比例，这使得实际的鉴频特性曲线形状变为图 6.4.28（b）中的曲线 B。它是曲线 A 与移相电路的幅频特性相乘的结果，所以，总的鉴频特性呈 S 曲线形状。

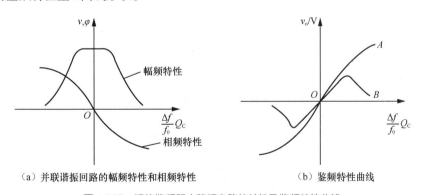

（a）并联谐振回路的幅频特性和相频特性　　　　　　（b）鉴频特性曲线

图 6.4.27　相位鉴频器中移相电路的特性及鉴频特性曲线

3．脉冲计数式鉴频器

脉冲计数式鉴频器是将输入信号先进行宽带放大和限幅，然后进行微分，得到一串等幅等宽的脉冲，并在规定的时间内计算脉冲的个数，从而实现解调的一种电路。

图6.4.28所示是实现脉冲计数式鉴频器多种方案中的一种。由图6.4.28可以看出，调频波 $v_{FM}(t)$ 先是进行宽带放大和限幅，变成调幅方波信号 v_1；然后通过微分电路和半波整流电路变成单向脉冲 v_3；再用脉冲形成电路（如单稳态触发器）将微分脉冲序列变换为持续时间为 τ 的矩形脉冲序列 v_4，这个矩形脉冲序列的疏密直接反映了调频信号的频率变化；最后通过低通滤波器，就可以取出在规定时间间隔内反映频率变化的平均电压分量，从而得到原调制信号。

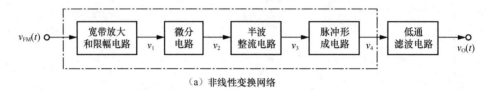

（a）非线性变换网络

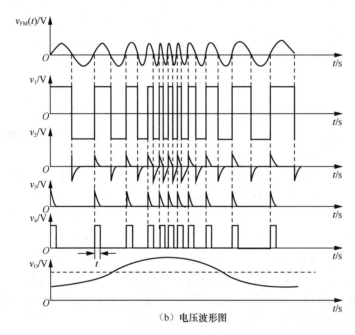

（b）电压波形图

图 6.4.28　脉冲计数式鉴频器的一种构成方案和各部分波形图

在鉴频灵敏度要求不高的场合，有时可以省去脉冲形成电路，而直接将整流输出的单极性尖脉冲送到低通滤波器，以获得解调信号。脉冲计数式鉴频器的一个实际电路如图6.4.29所示。其中，运算放大器 A_1 组成过零比较器，把输入调频信号变成矩形波；运算放大器 A_2 组成微分器，对矩形脉冲进行微分而得到一系列正、负尖脉冲；运算放大器 A_3 组成精密半波整流器，去掉微分器输出的正（或负）脉冲；最后将单向脉冲输入低通滤波器，其输出波形等于正脉冲的平均值。在图6.4.29中，低通滤波器是在由 A_3 构成的精密半波整流器中接入电容 C_4 而构成的。

脉冲计数式鉴频器的优点是线性好，适于解调相对频偏 $\Delta f/f_0$ 大的调频波。由于脉冲形成电路的输出脉冲振幅大，因而克服了检波特性的非线性影响，减小了失真，扩大了线性鉴频范围；它不需要调谐回路，能够工作在相当宽的中心频率范围内，也不存在由于电路元件老化而产生的调谐漂移问题；且去掉了调谐回路，易于实现电路的集成化。

脉冲计数式鉴频器的缺点是它的工作频率受到脉冲形成电路可能达到的最小持续时间 τ_{min} 的

限制，其实际工作频率通常小于10MHz。如果在宽带放大限幅电路后面加入高速脉冲分频器，将调频信号的频率降低，则鉴频器的工作频率可以提高到100MHz左右。

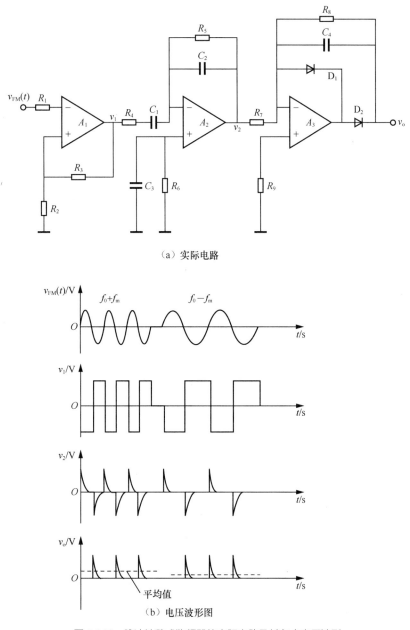

图 6.4.29 脉冲计数式鉴频器的实际电路及其各点电压波形

6.5 本章小结

本章介绍了混频与调制解调电路，包括线性变换和非线性变换两大类，要点如下。

① 混频电路是无线电广播及无线通信中射频收发系统的重要组成部分。它的基本功能是在

保持待混频信号调制类型和调制参数不变的情况下，将高频振荡的频率 f_c 变换为固定频率的中频 f_I 或者基带，以提高接收机的灵敏度和选择性。在频域上，接收机采用下混频，其工作原理是将载波为高频的已调波信号的频谱不失真地线性搬移到中频载波或者基带上，而发射机通过上混频电路将调制信号不失真地搬移到中频或者射频上。混频电路可以采用二极管混频器、晶体管混频器、场效应管混频器，也可以采用集成电路混频器。在混频器设计中，必须考虑混频干扰的影响，尽量采取措施避免或者减小混频干扰的产生及引起的失真。

② 混频、调幅与检波电路在时域表达式上都表现为两个信号的相乘，在频域上则是频谱的线性搬移，即频谱的线性变换。因此，其原理电路模型相同，都由非线性元器件和滤波器组成，前者用来实现频率变换，后者用以滤除不需要的频率分量。三个过程的不同之处是输入信号、参考信号及滤波器特性在实现混频、调幅、检波时各有不同的设置，进而完成不同要求的频谱搬移。

③ 用调制信号控制高频载波信号的振幅，使其振幅的变化量与调制信号成正比变化，这一过程称为振幅调制。经过振幅调制后的高频振荡信号称为振幅调制波，简称调幅波。根据调幅波频谱结构的不同，可分为普通调幅波（AM波）、抑制载波的双边带调幅波（DSB波）和单边带调幅波（SSB波），它们的数学表达式、波形图、功率分配以及频带宽度等各有区别。

解调是调制的逆过程。调幅波的解调简称检波，其作用是从调幅波中不失真地检测出调制信号来。从频谱上看，就是将调幅波的边带信号不失真地搬移到零频附近。普通调幅波中已经含有载波，大信号检波可以采用二极管峰值包络检波器，但是要注意合理选择元件值，以避免检波失真。对于抑制载波的双边带和单边带调幅波，只能采用同步检波器进行解调。同步检波的关键是产生一个与发射载波同频、同相并保持同步变化的参考信号。在集成电路中多采用模拟乘法器构成同步检波器。

④ 调频及调相统称为调角，是采用调制信号对高频载波信号的频率或相位进行调制，表现为载波总相角随调制信号的变化而变化。在调频波中，瞬时频率变化量与调制信号成正比；在调相波中，瞬时相位变化量与调制信号成正比。调角波在时域上不是两个信号的简单相乘，在频域上也不是频谱的线性搬移，而是频率的非线性变换，会产生无数个组合频率分量，其频谱结构与调制指数 m 有关。调频波与调幅波相比具有抗干扰能力强、信号传输保真度高、发射机功率管利用率高等优点，但是调频波信号所占用的频带宽，所以主要工作在超短波以上的频段上。

实现调频的方法有两种：一种是直接调频，在振荡器中引入决定振荡频率的可变电抗元件（一般是变容二极管），用调制信号控制该元件的参数变化，从而达到调频的目的；另一种是间接调频，即通过调相产生调频。调频与调相之间关系密切，即调频必调相，调相必调频。

调频波的解调称为鉴频，调相波的解调称为鉴相。可以用鉴频的方法实现鉴相，也可以用鉴相的方法实现鉴频。鉴频器的作用是从瞬时频率的变化中还原出调制信号，其电路模型主要由可实现波形变换的线性电路和可实现频率变换的非线性电路组成。斜率鉴频器通过一个频率-振幅线性电路将频率变化变换成振幅随调制信号变化的信号，再进行包络检波。相位鉴频器则先将频率变化通过频率-相位线性移相电路转化成相位变化（变化规律与调制信号相同），再进行鉴相。鉴频与鉴相的集成电路中广泛采用模拟乘法器。

📝 6.6 习题

6.1.1 什么是频率变换？有哪些类型的频率变换？实现频率变换的器件需要具有什么特性？

6.1.2 什么是混频？为什么要进行混频？

6.1.3　什么是调制与解调? 为什么要进行调制与解调?

6.2.1　图6.6.1所示的电路为通信机混频电路, 请回答下列问题。

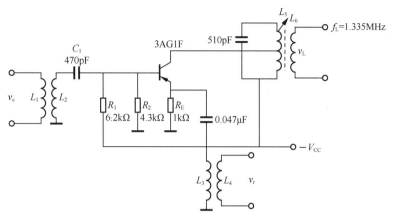

图 6.6.1　题 6.2.1 图

(1)输入信号通过哪个元器件耦合到基极?

(2)本振电压通过哪个元器件加到发射极?

(3)信号回路和本振回路之间的耦合较弱, 不易产生什么现象?

6.2.2　试分析并解释下列现象。

(1)在某地, 收音机接收1 090 kHz的信号时, 可以收到1 323kHz的信号。

(2)收音机接收1 080kHz的信号时, 可以收到540kHz的信号。

(3)收音机接收930kHz的信号时, 可以同时收到690kHz和810kHz的信号, 但不能单独收到其中的一个台(如另一个台停播时)。

6.2.3　若欲接收的有用信号的载频为1 500kHz, 接收机的中频是465kHz, 试问此时接收机的本振频率是多少? 能够引起干扰的镜像频率是多少?

6.3.1　调幅波的表达式如下。

(1)$\left(1+\dfrac{1}{2}\cos 2\pi f_\Omega t\right)\times\cos 2\pi f_0 t$。

(2)$(1+\cos 2\pi f_\Omega t)\times\cos 2\pi f_0 t$。

(3)$\cos\Omega t\times\cos\omega_0 t$, 设$\omega_0=5\,\Omega$。

试画出波形及其频谱图。

6.3.2　某调幅波的表达式为

$$i(t)=100\sin(2\pi\times10^4 t)\text{mA}+20[\sin(2\pi\times9\times10^3 t)+\sin(2\pi\times11\times10^3)t]\text{mA}$$

(1)试计算调幅系数。

(2)画出该调幅波的频谱图。

(3)画出$i(t)$的波形图。

6.3.3　试画出下列波形及其频谱图。

(1)载波和单音频之和。

(2)普通调幅波。

(3)抑制载频的双边带调幅波。

（4）抑制载频调幅波的上边带。

注：以上调幅波均为单音频调制。

6.3.4 某调幅波的表达式为

$$v_{AM}(t) = 25[1 + 0.7\cos(2\pi \times 5\,000\,t) - 0.3\cos(2\pi \times 1\,000\,t)] \cdot \sin(2\pi \times 10^6 t)\text{V}$$

（1）试求该调幅波所包含的各频率分量和相应的振幅。

（2）绘出该调幅波包络线的形状，并且求出峰值与谷值的调幅系数。

6.3.5 某单音频调制的调幅波，其调幅系数 $m_a = 30\%$，载波功率为 $P_C = 2\text{kW}$，试计算该调幅波上、下边频功率及总功率。

6.3.6 某调幅发射机的输出功率 $P = 100\text{W}$。

（1）若调幅系数 $m_a = 30\%$，试计算载波功率 P_C 及上、下边频功率 P_H 和 P_L。

（2）若 $m_a = 70\%$，试计算 P_C 及上边频功率 P_H。

6.3.7 二极管包络检波电路如图6.6.2所示，设输入信号电压为 $v_s(t) = (2\sin 2\pi \times 10^6 t + 1.2\sin(2\pi \times 800t) \cdot \sin 2\pi \times 10^6 t)$ V，已知负载电阻 $R_L = 20\text{k}\Omega$，试求不产生惰性失真的电容 C 值。

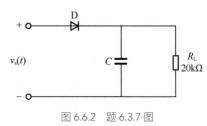

图 6.6.2　题 6.3.7 图

6.3.8 图6.6.3所示为基极调幅电路的实用无线话筒电路，试回答如下问题。

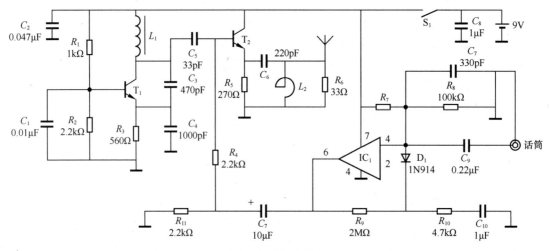

图 6.6.3　题 6.3.8 图

（1）晶体管 T_1 等元器件组成什么电路？晶体管 T_2 等元器件组成什么电路？

（2）集成电路 IC_1 等元器件组成什么电路？

（3）电路中的电阻 R_4、R_5、R_{11} 的作用是什么？ C_6、L_2 的作用是什么？

6.3.9 若正交调幅解调器的输入信号为 $v_i(t) = A_1(t)\cos(\omega_0 t) + A_2(t)\sin\omega_0 t$，本地载波信号分别为 $v_1(t) = \cos(\omega_0 t + \varphi)$ 和 $v_2(t) = \sin(\omega_0 t + \varphi)$，求解调输出信号的表达式。如果本地载波信号不正交，分别为 $v_1(t) = \cos\omega_0 t$ 和 $v_2(t) = \sin(\omega_0 t + \varphi)$，求解调输出信号的表达式，并分析解调结果。

6.4.1 调频电路如图6.6.4所示，读图并回答下列问题。

（1）电路中 R_1、R_2、R_3 所起的作用是什么？ R_4、C_7 的作用是什么？ C_8、C_9、C_6 的作用是什么？

（2）振荡回路的组成元件有哪些？

（3）晶体管与调频回路采用部分接入，目的是什么？

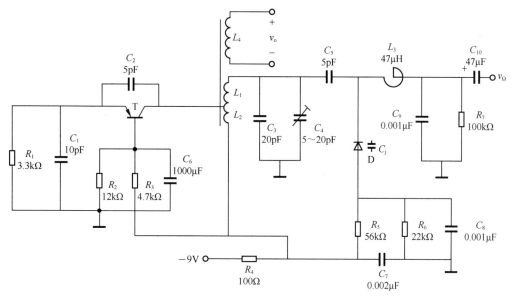

图 6.6.4　题 6.4.1 图

6.4.2　某调频电路，当调制信号频率 $f_\Omega = 0.5\text{kHz}$ 时，调频系数 $m_\text{f} = 15$。若保持调制信号的振幅不变，试求。

（1）$f_\Omega = 1.5\text{kHz}$ 时的 m_f 值。

（2）f_Ω 为 0.5kHz 和 1.5kHz 时调频波的频谱宽度 BW。

6.4.3　若调制信号 $v_\Omega(t)$ 为锯齿波，如图 6.6.5 所示。试定性画出调频信号的波形图。

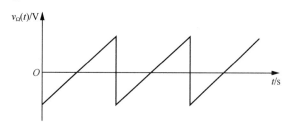

图 6.6.5　题 6.4.3 图

6.4.4　某调角波的表达式为

$$v = 10\sin(10^8 t + 3\sin10^4 t)\text{V}$$

（1）试问由该表达式能否判断出它是调频波还是调相波？

（2）试求该调角波的中心频率、调制频率及频偏。

6.4.5　调频器的方框图如图 6.6.6 所示，请写出 A、B、C、D 各点的表达式。

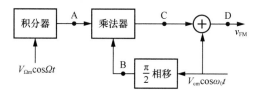

图 6.6.6　题 6.4.5 图

第 **7** 章

反馈控制电路

反馈控制电路是一种自动调节系统，其作用是通过电路自身的调节，使输入与输出保持某种预定的关系。在现代通信系统和电子设备中，为了提高它们的技术性能或使它们满足某些特定的要求，广泛采用反馈控制电路。

各种类型的反馈控制电路，就其作用而言，都可以被看作由反馈控制器和控制对象组成的自动调节系统，如图7.0.1所示。图中 x_i、x_o 分别为系统的输入量和输出量，它们之间有一个根据使用要求预先设定的关系，设为 $x_o = f(x_i)$。如果由于某种原因破坏了这种关系，反馈控制器就能在对 x_o 和 x_i 进行比较的过程中检测

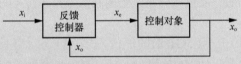

图 7.0.1 反馈控制电路的方框图

出它们与预定关系之间的偏离程度，从而产生相应的误差量 x_e，并将其加到控制对象上。控制对象根据 x_e 对输出量 x_o 进行调节，使 x_o 与 x_i 接近或恢复到预定的关系。

根据需要比较和调节的参量不同，反馈控制电路可以分为自动增益控制（Automatic Gain Control，AGC）电路、自动频率控制（Automatic Frequency Control，AFC）电路和自动相位控制（Automatic Phase Control，APC）电路三种。本章重点介绍APC电路的工作原理、性能特点及主要应用，同时对其他两种反馈控制电路做概要介绍。

本章学习目标

① 了解反馈控制电路的方框图。
② 熟练掌握三种反馈控制电路的结构、各部件的功能及工作原理，知道它们在其他电路中的具体应用。
③ 了解频率合成器的作用、分类及其重点参数的计算方法。

7.1 AGC 电路

AGC电路是某些电子设备特别是接收设备的重要辅助电路之一。AGC电路能在输入信号振幅变化较大的情况下，通过调节可控增益放大器的增益，使输出信号振幅基本恒定或仅在较小范围内变化，也称为自动电平控制电路。

由于各种原因，在通信、导航、遥测等系统中，受发射功率、收发距离、电波传输衰减等各种因素的影响，接收机接收到的信号强弱变化范围很大，甚至超过100dB（例如信号幅度从几微伏变化到几百毫伏）。接收机的输出电平取决于输入信号电平和接收机的增益，若接收机的增益恒定不变，在信号太强时会造成接收机饱和或阻塞，而信号太弱时又可能被丢失。在许多情况下，信号强度的变化是随机的甚至是快速的。因此，希望接收机的增益能够随接收信号的强弱而变化，即信号强时增益变低，信号弱时增益变高，这样就需要使用AGC电路。

例7.1.1 设某接收机中频部分的输入信号功率范围为$-70 \sim -30\text{dBm}$，输出信号功率范围为$-10 \sim +5\text{dBm}$，求该中频部分的增益变化范围。

解 当输入信号功率最小时，对应的输出功率也最小，此时中频部分的增益为$(-10\text{dBm})-(-70\text{dBm}) = 60\text{dB}$。

当输入信号功率输出最大时，对应的输出功率也最大，此时接收机的增益为$(+5\text{dBm})-(-30\text{dBm}) = 35\text{dB}$。

故该接收机中频部分的增益变化范围为$35 \sim 60\text{dB}$。

特别说明：参考2.1.2小节可知，本例中可用减法来表示两个单位为dBm的功率之间的比例关系。

在电路实现过程中，一般需要使用多级放大电路才能满足这一要求，此时可根据可选器件的具体参数（如增益、噪声系数、1dB压缩点、三阶互调、能承受的最大电平等）设计电路结构、选择参数并进行验证。

AGC电路的
基本工作原理

AGC电路中的
反调制

7.1.1 基本工作原理

AGC电路的组成方框图如图7.1.1所示。它的反馈控制器主要由振幅检波器、低通滤波器、直流放大器及电压比较器组成；控制对象就是可控增益放大器，其增益A_2受电压比较器输出误差电压v_e的控制。这种控制是通过改变受控放大器的静态工作点电流值、输出负载大小、反馈网络的反馈量或与受控放大器相连的衰减网络的衰减量等方法来实现的。

在AGC电路中，参与比较的参量是信号电平，所以采用电压比较器。振幅检波器检测出输出信号的振幅后，经过低通滤波器滤去不需要的高频分量，取出与振幅相关的缓慢变化信号，经直流放大器适当放大后与恒

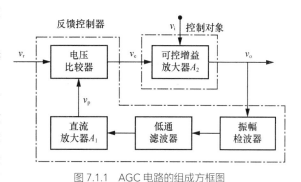

图 7.1.1　AGC 电路的组成方框图

定的参考电压v_r进行比较，产生一个误差电压v_e，去控制可控增益放大器A_2的增益。当输入电压v_i减小而使输出电压v_o减小时，误差电压v_e将使A_2的增益增大，从而使v_o趋于增大；当输入电压v_i增大而使输出电压v_o增大时，误差电压v_e将使A_2的增益减小，从而使v_o趋于减小。因此，通过环路不断地调节，就能使输出信号v_o的振幅保持基本不变或仅在较小范围内变化。

环路中的低通滤波器是非常重要的。由于发射功率、收发距离、电波传播衰减等引起信号强度的变化是比较缓慢的，所以整个环路应具有低通传输特性，这样才能保证电路仅对信号电平的缓慢变化有控制作用。尤其当输入为调幅信号时，调制信号为低频信号，经过振幅检波器可将该调制信号检测出来。但是，AGC电路不应该按此信号的变化来控制A_2的增益，否则，调幅波的有用振幅变化将会被AGC电路的控制作用抵消，即当调制信号振幅大时，AGC电路的增益下降；当调制信号振幅减小时，AGC电路的增益增加，从而使放大器的输出保持基本不变，这种现象称为反调制。为了避免出现反调制，必须恰当选择环路的频率响应特性，使其对高于某一频率的调制信号的变化无响应，而仅对低于这一频率的缓慢变化才有控制作用（这主要取决于低通滤波器的截止频率）。因此，低通滤波器的作用就是将调制信号滤除，保留缓慢变化的信号，并将其送给电压比较器进行比较，从而实现对缓慢变化的信号电平的控制。

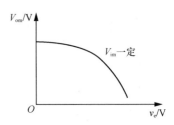

图7.1.2　可控增益放大器的控制特性

在图7.1.1中，若可控增益放大器的输入信号$v_i(t) = V_{im} \cos \omega t$，输出信号$v_o(t) = V_{om} \cos \omega t$，其增益$A_2$受比较放大器输出误差电压$v_e$的控制，写成$A_2(v_e)$，其控制特性如图7.1.2所示。

由图7.1.1可见，AGC电路中的v_r是输入量x_i（v_i是放大器的输入信号，不是控制电路的输入量），输出量x_o是可控增益放大器输出电压v_o的振幅V_{om}（不是v_o），它们之间的预定关系式为

$$V_{om} = K v_r \tag{7.1.1}$$

式中，K为特定常数，v_r为比较器的参考电压。

由图7.1.1知，参考电压v_r与电压比较器另一端的输入电压v_p的差值即误差电压v_e，将控制可控增益放大器的增益。当满足式（7.1.1）的预定关系时，比较器的输出误差电压v_e应为0，即此时输出电压v_o经振幅检波器、低通滤波器、直流放大器后加到电压比较器上的电压v_p应等于v_r。

若由于某种原因，造成可控增益放大器的输出电压振幅增大，则v_p也将增大，从而使误差电压v_e增大，可控增益放大器的增益A_2将随v_e的变化而变化，使输出电压振幅向V_{om}靠近。如此反复循环，直到可控增益放大器输出的某一电压振幅所需的控制电压，恰好等于由该输出电压振幅通过反馈控制器产生的误差电压时，环路才稳定下来。这种环路通过自身的调整，只能使输出电压振幅靠近V_{om}，而不会恢复到等于V_{om}。换句话说，AGC电路是一种有静态误差的控制电路。

7.1.2　AGC电路的应用

AGC电路中通常设置一个起控的门限，即比较器参考电压v_r，假设此时对应的输入信号振幅为V_{im1}，如图7.1.3所示。当输入信号振幅V_{im}小于V_{im1}时，反馈环路断开，AGC电路不起作用，放大器增益A_2不变，输出信号振幅V_{om}与输入信号振幅V_{im}成线性关系。当V_{im}大于V_{im1}时，反馈环路接通，AGC电路开始产生误差信号和控制信号，

简单AGC电路
与延迟AGC
电路

使放大器增益A_2减小，保持输出信号V_{om}基本恒定或仅有微小变化。当V_{im}大于V_{im2}时，AGC电路的作用消失。这种AGC电路需要延迟到$V_{im} > V_{im1}$之后，增益控制才开始起作用，故常称为延迟AGC电路。

如果不设起控门限，一有外来信号，AGC电路立刻就起作用，当输入信号振幅很小时，放大器的增益仍会受到反馈控制而减小，这就降低了接收灵敏度（第8章将会介绍此概念）。显然，延迟AGC电路可以克服这个缺点。

电视接收机中广泛采用了AGC电路。图7.1.4所示是一个由高频放大器、三级中频放大器、视频检波器、AGC检波器和AGC放大器等组成的AGC系统。AGC检

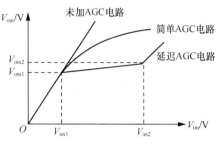

图 7.1.3　AGC 电路的控制特性

波器将预视频放大器输出的视频信号进行检波，得出与信号电平大小有关的直流信号，然后进行直流放大，以提高AGC检波器的控制灵敏度。为了使控制更合理，系统采用了两级延迟AGC电路。当输入信号振幅V_{im}大于某一定值V_{im1}（如$50\mu V$）后，先对中频放大器进行增益控制，而高频放大器的增益不变，这是第一级延迟；当V_{im}大于另一定值V_{im2}（如$5mV$）后，中频放大器的增益不再降低，而开始控制高频放大器的增益，这是第二级延迟。其增益随输入信号V_{im}变化的特性曲线如图7.1.5所示。采用两级延迟AGC电路，可以在输入信号不是很大时，在不降低高频放大器输出信噪比的前提下，使高频放大器处于最大增益，从而有助于降低接收机的总噪声系数。

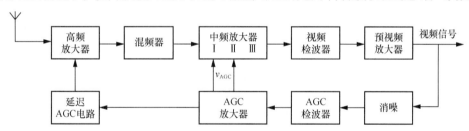

图 7.1.4　电视机 AGC 系统方框图

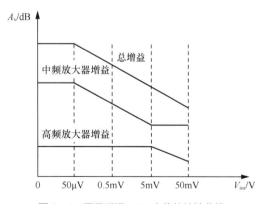

图 7.1.5　两级延迟 AGC 电路的特性曲线

7.2 AFC 电路

AFC电路也是通信及电子设备中常用的反馈控制电路，经常用于自动调整振荡器的频率。

例如，用AFC电路对本地振荡器的频率进行自动调节，使混频所得差频维持在近于中频的数值，从而提高接收机的灵敏度。

采用AFC电路的超外差式调幅接收机的组成方框图如图7.2.1所示，下面以此电路为例来说明AFC电路的工作原理。系统的控制对象是振荡频率受误差电压控制的压控振荡器，反馈控制器由混频器、中频放大器、鉴频器及低通滤波器等组成。

在图7.2.1所示的环路中，输入信号是接收信号的载波频率f_S，输出信号是压控振荡器的振荡频率f_L。在正常工作的情况下，f_S与f_L应满足预定关系式

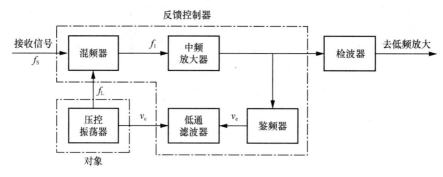

图 7.2.1　超外差式调幅接收机的方框图

$$f_I = |f_L - f_S| \tag{7.2.1}$$

式中，f_I为接收机的固定中频。

当f_L和f_S满足式（7.2.1）的预定关系时，鉴频器输出的误差电压$v_e = 0$，压控振荡器的振荡频率f_L保持不变。如果由于某种原因，比如f_S变化Δf_S时，若f_L保持不变，就会造成f_I也改变$\Delta f_I = \Delta f_S$；鉴频器输出与Δf_S相对应的误差电压v_e，经滤波后，v_c作用于压控振荡器；压控振荡器将根据v_c的大小和极性调整f_L，使Δf_I减小到$\Delta f_I'$。此过程反复进行，使中频误差频率进一步减小，直到环路进入稳定状态。锁定后的误差频率称为剩余频率误差，简称剩余频差，用$\Delta f_{I\infty}$表示。这时，鉴频器产生误差电压$v_{e\infty}$，使压控振荡器的振荡频率$f_{L\infty}$满足如下关系

$$f_{I\infty} = f_I + \Delta f_{I\infty} = |f_{L\infty} - f_S| \tag{7.2.2}$$

类似地，当f_L变化时，通过环路的自动调节，也可使压控振荡器的振荡频率$f_{L\infty}$满足式（7.2.2）。

在带有AFC电路的调幅接收机中，当环路进入稳定状态后，接收机输入调幅信号的载波频率和压控振荡器的振荡频率之差（即混频器的输出频率）接近于额定中频。这样就可以使得中频放大器的带宽减小，有利于提高接收机的灵敏度和选择性。

7.3　APC 电路——锁相环路

锁相环（Phase Locked Loop，PLL）路和AGC、AFC电路一样，也是一种反馈控制电路。它是一种APC系统，能使受控振荡器的频率和相位均与输入信号保持确定的关系。

锁相环路在电子工程和通信技术中应用十分广泛，尤其是集成锁相环的出现，使其变成一个成本低、使用简便的多功能组件，成为能与集成运算放大器相比拟的又一类通用性集成电路，

在雷达、导航、遥控、遥测、通信、仪器、计算机乃至一般工业领域都有广泛的应用，而且正朝着多用途、集成化、系列化及高性能的方向进一步发展。

锁相环路可分为模拟锁相环路和数字锁相环路。模拟锁相环路的特征是鉴相器输出的误差信号是连续的，对环路输出信号的调节也是连续的。本节重点讨论模拟锁相环路的基本工作原理和主要性能。

7.3.1 锁相环路的基本工作原理

基本的锁相环路是由鉴相器、环路低通滤波器和压控振荡器 3 个基本部分组成的自动相位调节系统，如图 7.3.1 所示，它的控制对象依然是压控振荡器。

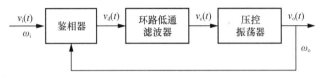

图 7.3.1 锁相环路的基本方框图

在图 7.3.1 中，当压控振荡器的振荡角频率 ω_o 由于某种原因而发生变化时，必然产生相应的相位变化；这一相位变化在鉴相器中与输入信号的稳定相位（角频率为 ω_i）进行比较后，使鉴相器输出一个与相位误差成比例的误差电压 $v_d(t)$，经过环路低通滤波器取出其中缓慢变化的电压分量 $v_c(t)$；$v_c(t)$ 控制压控振荡器，使其输出的角频率 ω_o 向 ω_i 靠近，直到压控振荡器的振荡频率变化到与输入信号的频率相等，环路就在这个频率上稳定下来。这时称环路处于锁定状态。

由上述讨论可知，加到鉴相器上的两个信号的角频差为

$$\Delta\omega(t) = \omega_i - \omega_o$$

此时的瞬时相位差为

$$\varphi_e(t) = \int \Delta\omega(t)\mathrm{d}t + \varphi_e(0)$$

下面分两种情况来讨论。

① 若 $\omega_o = \omega_i$，则 $\Delta\omega(t) = 0$，可得

$$\varphi_e(t) = \int \Delta\omega(t)\mathrm{d}t + \varphi_e(0) = \varphi_e(0) \tag{7.3.1}$$

由式（7.3.1）可知，当加到鉴相器上的两个信号的频率相等时，它们的瞬时相位差是一个常数。

② 若 $\varphi_e(t) =$ 常数，则有

$$\Delta\omega(t) = \frac{\mathrm{d}\varphi_e(t)}{\mathrm{d}t} = 0$$

亦即

$$\omega_o = \omega_i \tag{7.3.2}$$

由式（7.3.2）可知，当加到鉴相器上的两个信号的瞬时相位差为常数时，它们的频率必然相等。

由以上的简单分析可知，当加到鉴相器上的两个信号的频率相等时，它们的瞬时相位差保持不变；反之，若加到鉴相器上的两个信号的瞬时相位差为恒定值，它们的频率必然相等。

在闭环条件下，若因某种原因使压控振荡器的角频率 ω_o 变化了 $\Delta\omega$，那么，由式（7.3.1）可知，鉴相器上的两个信号之间的相位差不再为恒定值，其输出的误差电压也就跟着发生相应的变化。

此变化的电压使压控振荡器的频率不断改变，直到$\omega_o = \omega_i$为止，这就是锁相环路的基本工作原理。

锁相环路与自动频率微调系统的工作过程十分相似：两者都利用误差信号的反馈作用来控制压控振荡器的振荡频率。但它们之间又有根本的差别：在锁相环路中，比较器采用的是鉴相器，它所输出的误差电压与两个互相比较的信号之间的相位差成比例，因而达到最后的稳定（锁定）状态时，被稳定的频率等于输入的标准频率，但有稳定相位差（剩余相差）存在，即在锁相环路中存在剩余相差，而不存在剩余频差；而自动频率微调系统中采用的比较器是鉴频器，它所输出的误差电压与两个互相比较的信号之间的频率差成比例，两个频率不能完全相等，有剩余频差存在。因此，利用锁相环路可以实现较为理想的频率控制。

7.3.2 锁相环路的性能分析

为了进一步了解环路的工作过程，并对环路做定量分析，这里先介绍组成环路的3个基本部件的特性，然后得出环路相应的数学模型。

锁相环路的特点
与结构

锁相环路的工作
原理

1. 锁相环路的基本部件

（1）鉴相器

在锁相环路中，鉴相器的两个输入信号分别为环路输入信号电压$v_i(t)$和压控振荡器的输出信号电压$v_o(t)$，其作用是检测出两个电压之间的瞬时相位差$\varphi_e(t)$，并把它转换成误差电压$v_d(t)$，如图7.3.2（a）所示。可见鉴相器实质上是个相位-电压变换器，其特性可用v_d和φ_e间的函数关系$v_d = f(\varphi_e)$表示，称为鉴相器的鉴相特性。

假设ω_r为控制电压$v_c(t) = 0$时压控振荡器的固有振荡角频率，用来作环路的参考角频率，则输入信号电压$v_i(t)$的角频率ω_i和压控振荡器的实际振荡角频率ω_o可分别表示为

$$\omega_i = \omega_r + \frac{\mathrm{d}\varphi_i(t)}{\mathrm{d}t} \qquad (7.3.3a)$$

$$\omega_o = \omega_r + \frac{\mathrm{d}\varphi_o(t)}{\mathrm{d}t} \qquad (7.3.3b)$$

则

$$\begin{cases} v_i(t) = V_{im}\cos[\omega_r t + \varphi_i(t)] \\ v_o(t) = V_{om}\cos[\omega_r t + \varphi_o(t) + \varphi] \end{cases} \qquad (7.3.4)$$

式中，φ为起始相角，一般取$\varphi = \dfrac{\pi}{2}$，即$v_o(t) = V_{om}\sin[\omega_r t + \varphi_o(t)]$。

鉴相器有各种实现电路，在模拟锁相环路中常采用模拟乘法器电路，其输出平均电压为

$$v_d(t) = A_d \sin\varphi_e(t) \qquad (7.3.5)$$

式中，A_d与V_{om}和V_{im}的大小有关，称为鉴相器的灵敏度或增益系数，单位为V/rad；$\varphi_e(t)$为$v_i(t)$和$v_o(t)$的瞬时相位差（不计起始相角φ），即

$$\varphi_e(t) = \varphi_i(t) - \varphi_o(t) \qquad (7.3.6)$$

因此，这种鉴相器的电路模型如图7.3.2（b）所示，其鉴相特性为正弦形鉴相特性，如图7.3.3（a）所示。

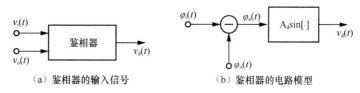

（a）鉴相器的输入信号　　　（b）鉴相器的电路模型

图 7.3.2　鉴相器

除正弦形鉴相特性外，常用的鉴相特性还有三角形、锯齿形，如图7.3.3（b）和图7.3.3（c）所示，这两种鉴相特性是分段线性的。

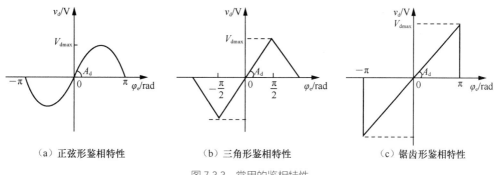

（a）正弦形鉴相特性　　　　（b）三角形鉴相特性　　　　（c）锯齿形鉴相特性

图 7.3.3　常用的鉴相特性

（2）压控振荡器

压控振荡器的作用是产生频率随控制电压变化的振荡电压，可以将它看作电压 - 频率变换器，实质上就是一个调频振荡器。压控振荡器的输出角频率与控制电压间的函数关系 $\omega_o = f(v_c)$ 称为压控特性，一般是非线性特性，如图7.3.4（a）所示。但是在一定控制电压范围内可以近似用线性函数表示，其数学模型为

$$\omega_o = \omega_r + A_0 v_c(t) \tag{7.3.7}$$

式中，ω_r 是 $v_c = 0$ 时压控振荡器的角频率，称为压控振荡器的固有角频率；A_0 表示压控振荡器频率控制特性曲线在 $v_c = 0$ 处的斜率，称为压控灵敏度或增益系数，单位为 $\mathrm{rad/(s \cdot V)}$。

根据式（7.3.3b），将式（7.3.7）改写为

$$\frac{\mathrm{d}\varphi_o(t)}{\mathrm{d}t} = A_0 v_c(t) \tag{7.3.8}$$

或

$$\varphi_o(t) = A_0 \int_0^t v_c(t)\mathrm{d}t$$

由式（7.3.8）可见，就 $\varphi_o(t)$ 和 $v_c(t)$ 之间的关系而言，压控振荡器是一个理想的积分器。因此，往往将它称为锁相环路中的固有积分环节。若用微分算子 $p = \dfrac{\mathrm{d}}{\mathrm{d}t}$ 表示（即用 $\dfrac{1}{p}$ 代替积分运算），则式（7.3.8）可表示为

$$\varphi_o(t) = A_0 \frac{v_c(t)}{p} \tag{7.3.9}$$

由式（7.3.9）可得压控振荡器的电路模型，如图7.3.4（b）所示。

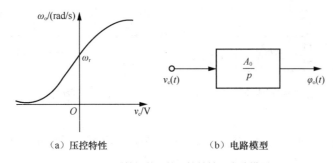

（a）压控特性　　　　　　　　（b）电路模型

图 7.3.4　压控振荡器的压控特性及电路模型

（3）环路低通滤波器

环路低通滤波器一般是RC低通滤波器，其主要作用是滤除鉴相器输出的高频分量及其他干扰分量，同时还能使环路获得所需的带宽，以保证环路所要求的性能，并提高环路的稳定性。

在锁相环路中，常用的环路低通滤波器有简单RC滤波器、无源比例积分滤波器和有源比例积分滤波器。它们的电路结构如图7.3.5所示。

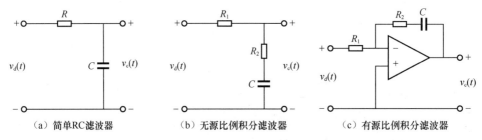

（a）简单RC滤波器　　　　（b）无源比例积分滤波器　　　　（c）有源比例积分滤波器

图 7.3.5　常用的环路低通滤波器

这些低通滤波器分别具有各自的传递函数。对于图7.3.5（a）所示的简单RC滤波器来说，其传递函数为

$$A_F(s) = \frac{V_c(s)}{V_d(s)} = \frac{1}{1+s\tau} \qquad (7.3.10)$$

式中，$\tau = RC$，为滤波器的时间常数。

图7.3.5（b）所示的无源比例积分滤波器的传递函数为

$$A_F(s) = \frac{V_c(s)}{V_d(s)} = \frac{1+s\tau_2}{1+s(\tau_1+\tau_2)} \qquad (7.3.11)$$

式中，$\tau_1 = R_1C$，$\tau_2 = R_2C$。

对于图7.3.5（c）所示的有源比例积分滤波器，假设集成运放具有理想特性，当电路满足深度负反馈时，其传递函数为

$$A_F(s) = \frac{V_c(s)}{V_d(s)} \approx -\frac{s\tau_2+1}{s\tau_1} \qquad (7.3.12)$$

式中，$\tau_1 = R_1C$，$\tau_2 = R_2C$。

式（7.3.12）中，$A_F(s)$与s成反比，故这种滤波器又称为理想积分滤波器。当锁相环路采用这种滤波器时，鉴相器会自动工作到负斜率处，因此计算环路增益时可以不考虑$A_F(s)$中的负号。

无源比例积分滤波器和有源比例积分滤波器的传递函数$A_F(s)$的分子中均引入了一个零点，

使得其相频特性在 $\omega \to \infty$ 时 $\varphi \to 0$，这有利于满足环路对相位裕量的要求，从而增加环路的稳定性。

环路低通滤波器的输出电压 $v_{c}(t)$ 应等于环路低通滤波器的冲激响应函数 $h(t)$ 与输入电压 $v_{d}(t)$ 的卷积，即

$$v_{c}(t) = h(t) * v_{d}(t) \qquad (7.3.13)$$

在锁相环路的分析中，习惯用微分算子 $p = \dfrac{\mathrm{d}}{\mathrm{d}t}$。如果将 $A_{F}(s)$ 中的复频率 s 用微分算子 p 替换，就可写出描述滤波器激励和响应之间关系的微分方程，即

$$v_{c}(t) = A_{F}(p)v_{d}(t) \qquad (7.3.14)$$

由式（7.3.14）可得环路低通滤波器的电路模型，如图 7.3.6 所示。

图 7.3.6　环路低通滤波器的电路模型

2．锁相环路的数学模型

将上面所得的 3 个基本部件的电路模型按图 7.3.1 连接起来，就可得到图 7.3.7 所示的环路模型。

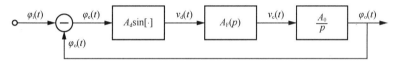

图 7.3.7　锁相环路模型

由环路模型可写出环路的基本方程为

$$\varphi_{e}(t) = \varphi_{i}(t) - \varphi_{o}(t) = \varphi_{i}(t) - A_{d}A_{0}A_{F}(p)\frac{1}{p}\sin\varphi_{e}(t) \qquad (7.3.15)$$

或

$$p\varphi_{e}(t) + A_{d}A_{0}A_{F}(p)\sin\varphi_{e}(t) = p\varphi_{i}(t) \qquad (7.3.16)$$

式（7.3.15）和式（7.3.16）都是无噪声时环路的基本方程，方程显示了输入信号的相位（或角频率）与输出信号的瞬时相位（或角频率）之间的关系，可完整地描述环路闭合后的控制过程。由于鉴相特性的非线性，因而方程是非线性微分方程，其阶次取决于环路、滤波器。对于前面介绍的 3 种常用的一阶环路低通滤波器，环路的基本方程为二阶非线性微分方程。这些非线性微分方程的求解比较困难，很多情况下只能借助一些近似的方法进行分析研究。

3．锁相环路的工作过程

（1）环路的锁定状态

锁相环路的数学模型

式（7.3.16）中，左边第 1 项 $p\varphi_{e}(t) = \dfrac{\mathrm{d}\varphi_{e}(t)}{\mathrm{d}t} = \Delta\omega_{e}(t) = \omega_{i} - \omega_{o}$ 是压控振荡器振荡角频率偏离输入信号角频率的值，称为瞬时角频差；第 2 项是闭环后的控制电压 $v_{c}(t) = A_{d}A_{F}(p)\sin\varphi_{e}(t)$ 作用于压控振荡器后所引起的输出角频率的变化，即 $\Delta\omega_{o}(t) = \omega_{o} - \omega_{r}$，称为控制角频差，$\omega_{r}$ 为压控振荡器的固有角频率（参考频率）；而等式右边的 $p\varphi_{i}(t) = \dfrac{\mathrm{d}\varphi_{i}(t)}{\mathrm{d}t} = \Delta\omega_{i}(t) = \omega_{i} - \omega_{r}$ 表示输入信号角频率偏离 ω_{r} 的数值，称为环路的输入固有角频差，又称为开环角频差。因而，式（7.3.16）表明，环路闭合

后的任何时刻，瞬时角频差与控制角频差之和恒等于环路的输入固有角频差。如果输入固有角频差为常数，即 $\Delta\omega_i(t) = \Delta\omega_i$，输入信号 $v_i(t)$ 为恒定频率，则在环路进入锁定过程中，瞬时角频差不断减小，控制角频差不断增大，但两者之和恒等于 $\Delta\omega_i$。当瞬时角频差减小到 0，即 $p\varphi_e(t) = 0$，而控制角频差增大到 $\Delta\omega_i$ 时，压控振荡器的输出角频率等于输入信号角频率（ $\omega_o = \omega_i$），环路进入锁定状态。此时相位误差 $\varphi_e(t)$ 为一固定值，用 $\varphi_{e\infty}$ 表示，称为剩余相位误差或稳定相位误差。正是这个稳定相位误差，才使鉴相器输出一直流电压。这个直流电压通过环路低通滤波器加到压控振荡器上，调整其振荡角频率，使它等于输入信号的角频率。因此，锁相环路对频率而言是无静差系统。

若设环路低通滤波器的直流增益为 $A_F(0)$，则当环路锁定时，式（7.3.16）变为

$$A_d A_0 A_F(0)\sin\varphi_{e\infty} = \Delta\omega_i$$

故 $\varphi_{e\infty}$ 为

$$\varphi_{e\infty} = \arcsin\frac{\Delta\omega_i}{A_{\Sigma 0}} \qquad (7.3.17)$$

式中，$A_{\Sigma 0} = A_d A_0 A_F(0)$ 为环路的直流总增益。

当 $A_{\Sigma 0}$ 增大时，稳定相位误差 $\varphi_{e\infty}$ 随之减小，必要时可以在环路低通滤波器与压控振荡器之间加放大器。

例7.3.1 在图7.3.8所示的一阶锁相环路中，设鉴相器的鉴相特性为 $v_d = 3\sin\varphi_e\,V$，压控振荡器的压控特性为 $\omega_o = (2\pi\times99\times10^3 + 2\pi\times10^3 v_d)\mathrm{rad/s}$，求 $\omega_{i1} = 2\pi\times10^5\,\mathrm{rad/s}$、$\omega_{i2} = 2\pi\times1.01\times10^5\,\mathrm{rad/s}$ 和 $\omega_{i3} = 2\pi\times1.03\times10^5\,\mathrm{rad/s}$ 时 $\varphi_{e\infty 1}$、$\varphi_{e\infty 2}$ 和 $\varphi_{e\infty 3}$ 的值。

```
v_i(t)          v_d(t)=v_e(t)          v_o(t)
 ───→  鉴相器  ──────────→  压控      ──────→
 ω_i                         振荡器       ω_o
        ↑                       │
        └───────────────────────┘
```

图7.3.8 一阶锁相环路

解 由 $\omega_o = (2\pi\times99\times10^3 + 2\pi\times10^3 v_d)\mathrm{rad/s}$ 可得 $\omega_r = 2\pi\times99\times10^3\,\mathrm{rad/s}$。

（1）当 $\omega_{i1} = 2\pi\times10^5\,\mathrm{rad/s}$ 时，$\Delta\omega_{i1} = \omega_{i1} - \omega_r = 2\pi\times10^3\,\mathrm{rad/s}$。

闭环锁定后，$\omega_o = \omega_{i1} = 2\pi\times10^5\,\mathrm{rad/s}$，由式（7.3.17）得

$$\varphi_{e\infty 1} = \arcsin\frac{\Delta\omega_{i1}}{A_d A_0} = \arcsin\frac{2\pi\times10^3}{3\times2\pi\times10^3} = \arcsin\frac{1}{3}$$

（2）当 $\omega_{i2} = 2\pi\times1.01\times10^5\,\mathrm{rad/s}$ 时，$\Delta\omega_{i2} = \omega_{i2} - \omega_r = 2\pi\times2\times10^3\,\mathrm{rad/s}$。

闭环锁定后，$\omega_o = \omega_{i2} = 2\pi\times1.01\times10^5\,\mathrm{rad/s}$，由式（7.3.17）可得

$$\varphi_{e\infty 2} = \arcsin\frac{\Delta\omega_{i2}}{A_d A_0} = \arcsin\frac{2\pi\times2\times10^3}{3\times2\pi\times10^3} = \arcsin\frac{2}{3}$$

（3）当 $\omega_{i3} = 2\pi\times1.03\times10^5\,\mathrm{rad/s}$ 时，$\Delta\omega_{i3} = \omega_{i3} - \omega_r = 2\pi\times4\times10^3\,\mathrm{rad/s}$。

因为 $\dfrac{\Delta\omega_{i3}}{A_d A_0} = \dfrac{2\pi\times4\times10^3}{3\times2\pi\times10^3} = \dfrac{4}{3} > 1$，式（7.3.17）无解，不可能得到 $\varphi_{e\infty 3}$，因此环路不可能锁定。

一阶锁相环路的
稳态相差计算
示例

由这个例子可以看出，当环路锁定时，随着 $\Delta\omega_i$ 的增大，$\varphi_{e\infty}$ 也相应增大。这就是说，$\Delta\omega_i$ 越大，将压控振荡器的输出频率调整到输入信号频率所需的控制电压就越大，因而产生这个控制电压的 $\varphi_{e\infty}$ 也就要越大。直到 $\Delta\omega_i$ 增大到大于 $A_{\Sigma 0}$ 时，式（7.3.17）无解，表明环路不存在使它锁定的

$\varphi_{e\infty}$，或者说输入固有角频差过大，环路就无法锁定。

假设环路已处于锁定状态，然后缓慢地改变输入信号的频率，能够继续维持环路锁定所允许的最大输入固有角频差$\Delta\omega_{im}$的2倍，称为锁相环路的同步带或跟踪带，用$2\Delta\omega_H$表示。实际上，由于输入信号角频率向ω_r两边偏离的效果是一样的，因此

$$\Delta\omega_H = \pm A_{\Sigma 0} \tag{7.3.18}$$

式（7.3.18）是锁相环路应用正弦形鉴相器时的同步带。若应用三角形或锯齿形鉴相器，在鉴相灵敏度相同的情况下，同步带会增大。从式（7.3.18）可看出，要增大锁相环路的同步带，必须提高其直流总增益。不过，这个结论在假设压控振荡器的频率控制范围足够大的条件下才成立。因为在满足这个条件时，锁相环路的同步带主要受到鉴相器最大输出电压的限制。若用式（7.3.18）求得的$\Delta\omega_H$大于压控振荡器的频率变化范围，那么，即使有足够大的控制电压加到压控振荡器上，其振荡频率也不能调整到输入信号频率上。因此，在这种情况下，同步带主要受到压控振荡器最大频率控制范围的限制。

（2）环路的捕捉过程

捕捉是指锁相环路从失锁状态进入到锁定状态的过程。在捕捉过程开始时，瞬时角频差为输入固有角频差$\Delta\omega_i = \omega_i - \omega_r$，此时瞬时相位差为$\varphi_e(t) = \int_0^t \Delta\omega_i dt = \Delta\omega_i t$，相应地在鉴相器输出端产生角频率为$\Delta\omega_i$的正弦电压，即$v_d(t) = A_d \sin\Delta\omega_i t$。

① 若$\Delta\omega_i$很大，其值远大于环路低通滤波器的通频带，以致鉴相器输出的差拍电压不能通过环路低通滤波器，则压控振荡器上就没有控制电压。它的振荡角频率为ω_r，环路始终处于失锁状态。

② 若$\Delta\omega_i$较小，其值在环路低通滤波器的通频带以内，则鉴相器输出的差拍电压的基波分量就能顺利通过环路低通滤波器，然后加到压控振荡器上控制其振荡角频率ω_o，使它在ω_r上下近似按正弦规律摆动。一旦ω_o摆动到ω_i并符合正确的相位关系时，环路就趋于锁定，这时鉴相器输出一个与$\varphi_{e\infty}$相对应的直流电压，以维持环路锁定。

③ 若$\Delta\omega_i$处在上述两者之间，则有以下两种情况。

若$\Delta\omega_i$较大，其值已超出环路低通滤波器的通频带，则鉴相器输出的差拍电压通过环路低通滤波器时就会受到较大衰减，但只要加到压控振荡器上的控制电压还能使其振荡角频率摆动到ω_i上，环路就能锁定。通常将这种由失锁很快进入锁定的过程称为快捕过程。相应地，环路能够由失锁到锁定所允许的最大输入固有角频差$\Delta\omega_{im}$的2倍称为环路的快捕带，用$2\Delta\omega_k$表示。显然，此时加到压控振荡器上的差拍控制电压的振幅为$A_d A_F(\Delta\omega_k)$，压控振荡器产生的最大控制角频差为$A_d A_0 A_F(\Delta\omega_k)$，且其值等于输入固有角频差$\Delta\omega_k$，即

$$\Delta\omega_k = A_d A_0 A_F(\Delta\omega_k) \tag{7.3.19}$$

由式（7.3.19）即可求得环路的快捕带。

若$\Delta\omega_i$比①中的大，鉴相器输出的差拍电压通过环路低通滤波器时将受到更大的衰减，加到压控振荡器上的控制电压更小，压控振荡器振荡角频率ω_o在ω_r上下摆动的幅度也就更小，使得ω_o不能摆动到ω_i上。不过，既然ω_o在ω_r上下摆动，而ω_i又是恒定的，当ω_o摆动到大于ω_r时，差拍角频率$(\omega_i - \omega_o)$减小，相应的$\varphi_e(t)$随时间增长得慢；反之，当ω_o摆动到小于ω_r时，$(\omega_i - \omega_o)$增大，相应的$\varphi_e(t)$随时间增长得快，如图7.3.9（a）所示。因此，鉴相器的输出误差电压$v_d(t) = A_d \sin\Delta\omega_e t$变

为正半周长、负半周短的不对称波形，如图7.3.9（b）所示。该不对称波形中的直流分量和基波分量通过环路低通滤波器后又加到压控振荡器上，当$\omega_i > \omega_r$时，其直流分量为正值，它使压控振荡器的振荡角频率ω_o的平均值由ω_r上升到$\omega_{o(av)}$，如图7.3.9（c）所示。可见，通过一次反馈和控制过程，ω_o的平均值向ω_i靠近，这个新的$(\omega_i - \omega_o)$减小，得到的$\varphi_e(t)$随时间增长得更慢，鉴相器输出的上宽下窄的不对称误差电压$v_d(t)$的频率更低，且波形的不对称程度更大，结果其包含的直流分量加大，ω_o的平均值进一步向ω_i靠近，并且在平均值上下摆动的角频率更低。如此循环下去，直到ω_o能摆动到ω_i时，环路便通过快捕过程进入锁定，鉴相器输出一个与$\varphi_{e\infty}$相对应的直流电压，以维持环路锁定，如图7.3.10所示。

由以上分析知，当$\Delta\omega_i$较大时，环路需要经过许多个差拍周期，使压控振荡器振荡角频率ω_o的平均值逐步靠近到ω_i时，环路才能锁定。因此，环路从失锁到锁定需要花费较长的捕捉时间。通常将ω_o的平均值靠近ω_i的过程称为频率牵引过程。

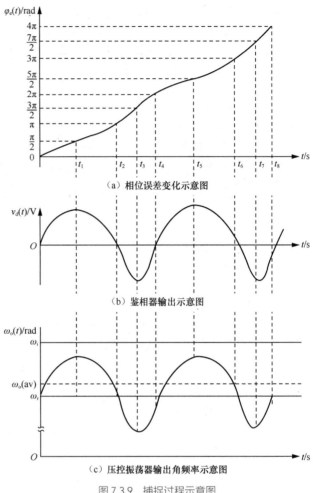

（a）相位误差变化示意图

（b）鉴相器输出示意图

（c）压控振荡器输出角频率示意图

图 7.3.9　捕捉过程示意图

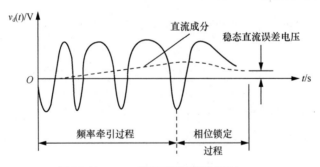

图 7.3.10　$\omega_i > \omega_r$情况下牵引捕捉过程的$v_d(t)$

假如环路最初处于失锁状态，然后改变输入信号角频率ω_i，使输入固有角频差$\Delta\omega_i$从两侧缓慢地减小，环路有获得牵引锁定的最大输入固有角频差值$\Delta\omega_{im}$存在，将这个可获得牵引锁定的最大固有角频差值$\Delta\omega_{im}$的二倍称为环路的捕捉带$2\Delta\omega_p$。或简单地说，能够由失锁进入锁定所允许的最大输入固有角频差值$\Delta\omega_{im}$的二倍称为环路的捕捉带$2\Delta\omega_p$。$\Delta\omega_p$不仅取决于A_0和A_d的大小，还与环路低通滤波器的频率特性有关，环路低通滤波器的通频带越宽，带外衰减特性越缓，环路的捕捉带就越大。当然这是在假设压控振荡器的频率控制范围大于捕捉带的前提下，否则压控振荡器的影响不可忽略。捕捉带一般大于快捕带，但小于同步带，如图7.3.11所示。

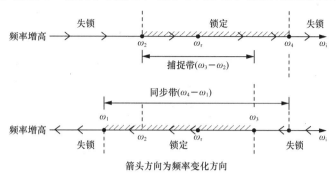

图 7.3.11　环路的捕捉带与同步带

（3）环路的跟踪过程

当环路已处于锁定状态时，输出信号频率和输入信号频率相同，两者之间只有一稳态相位差$\varphi_{e\infty}$。对于已经锁定的环路，当输入信号的频率或相位发生不太大的变化时，由于闭环作用，立刻就会在两信号的相位差$\varphi_e(t)$上反映出来，鉴相器输出也随之改变，并驱使压控振荡器的频率和相位随着输入信号发生相应的变化，这样的变化过程称为跟踪。对于正弦形鉴相器，当$\varphi_e(t) < \dfrac{\pi}{6}$时，鉴相特性可以近似为线性，环路基本方程就简化为线性微分方程。实际上，在跟踪过程中，环路锁定状态下的稳态相位差是很小的，当输入信号的频率和相位改变时（如输入调频波），只要相位变化不超过一定的范围，通过环路的作用，压控振荡器输出的频率和相位也会以同样规律随之改变，不断地跟踪输入信号的频率和相位变化，这种情况称为环路处于跟踪状态。

可以这样说，环路的锁定状态是对频率和相位固定的输入信号而言的，而环路的跟踪状态是对频率和相位变化的输入信号而言的。工程上有时不加区分地把这两种状态都称为锁定状态。

下面进一步讨论与环路跟踪过程有关的特性。

在环路的跟踪过程中，$\varphi_e(t)$值一般是很小的，可以近似用线性函数逼近鉴相器的鉴相特性，即

$$v_d(t) = A_d \sin \varphi_e(t) \approx A_d \varphi_e(t) \tag{7.3.20}$$

因此，环路基本方程（7.3.16）可简化为线性微分方程

$$p\varphi_e(t) + A_d A_0 A_F(p)\varphi_e(t) = p\varphi_i(t) \tag{7.3.21}$$

这样，研究环路的跟踪特性时，可以将环路近似看成线性系统，就可以采用较熟悉的传递函数分析方法。不过，这里所谓的传递函数是指输出信号与输入信号的瞬时相位的拉普拉斯变换之比。为此，在式（7.3.21）中可用复频率s取代p，用对应的拉普拉斯变换$\varphi_i(s)$、$\varphi_o(s)$和$\varphi_e(s)$取代$\varphi_i(t)$、$\varphi_o(t)$和$\varphi_e(t)$，并且考虑到$\varphi_e(s) = \varphi_i(s) - \varphi_o(s)$，即可导出环路的闭环传递函数为

$$H(s) = \frac{\varphi_o(s)}{\varphi_i(s)} = \frac{A_d A_0 A_F(s)}{s + A_d A_0 A_F(s)} = \frac{H_o(s)}{1 + H_o(s)} \tag{7.3.22}$$

式中

$$H_o(s) = \frac{\varphi_o(s)}{\varphi_e(s)} = \frac{A_d A_0 A_F(s)}{s} \tag{7.3.23}$$

称为环路的开环传递函数。

误差传递函数为

$$H_e(s) = \frac{\varphi_e(s)}{\varphi_i(s)} = 1 - H(s) = \frac{1}{1 + H_o(s)} = \frac{s}{s + A_d A_0 A_F(s)} \qquad (7.3.24)$$

采用不同形式的滤波器时，上述传递函数的形式不同。当采用一阶滤波器时，环路方程为二阶线性微分方程，可以类比RLC串联阻尼振荡电路来进行分析。表7.3.1为环路采用前面介绍的几种常用滤波器时所对应的上述3种传递函数及 ξ、ω_n 的计算公式，其中 ξ 为等效阻尼系数，ω_n 为当 $\xi = 0$ 时环路的等效自然谐振角频率。

表7.3.1 采用不同形式环路低通滤波器的传递函数

滤波器类型	开环传递函数 $H_o(s)$	闭环传递函数 $H(s)$	误差传递函数 $H_e(s)$	ω_n, ξ
简单RC滤波器	$\dfrac{\omega_n^2}{s^2 + 2\xi\omega_n s}$	$\dfrac{\omega_n^2}{s^2 + 2\xi\omega_n s + \omega_n^2}$	$\dfrac{s^2 + 2\xi\omega_n s}{s^2 + 2\xi\omega_n s + \omega_n^2}$	$\omega_n^2 = \dfrac{A_d A_0}{\tau}$ $2\xi\omega_n = \dfrac{1}{\tau}$
无源比例积分滤波器	$\dfrac{s\omega_n\left(2\xi - \dfrac{\omega_n}{A_d A_0}\right) + \omega_n^2}{s\left(s + \dfrac{\omega_n}{A_d A_0}\right)}$	$\dfrac{s\omega_n\left(2\xi - \dfrac{\omega_n}{A_d A_0}\right) + \omega_n^2}{s^2 + 2\xi\omega_n s + \omega_n^2}$	$\dfrac{s\left(s + \dfrac{\omega_n^2}{A_d A_0}\right)}{s^2 + 2\xi\omega_n s + \omega_n^2}$	$\omega_n^2 = \dfrac{A_d A_0}{\tau_1 + \tau_2}$ $2\xi\omega_n = \dfrac{1 + A_d A_0 \tau_2}{\tau_1 + \tau_2}$
有源比例积分滤波器（运放特性理想）	$\dfrac{2\xi\omega_n s + \omega_n^2}{s^2}$	$\dfrac{2\xi\omega_n s + \omega_n^2}{s^2 + 2\xi\omega_n s + \omega_n^2}$	$\dfrac{s^2}{s^2 + 2\xi\omega_n s + \omega_n^2}$	$\omega_n^2 = \dfrac{A_d A_0}{\tau_1}$ $2\xi\omega_n = \dfrac{A_d A_0 \tau_2}{\tau_1}$

下面简单讨论一下环路的瞬态响应和正弦稳态响应。

① 瞬态响应和稳态相位误差。当输入信号的频率发生变化时，环路调整到锁定状态的整个过程就是相位差 $\varphi_e(t)$ 所经历的瞬变过程，并最后趋于锁定时的稳态值 $\varphi_{e\infty}$。

根据线性系统理论，$\varphi_e(t)$ 就是 $\varphi_e(s)$ 的拉普拉斯逆变换，即

$$\varphi_e(t) = L^{-1}\varphi_e(s) = L^{-1}[H_e(s)\varphi_i(s)] \qquad (7.3.25)$$

而 $\varphi_{e\infty}$ 则可由拉普拉斯变换的终值定理求得，即

$$\varphi_{e\infty} = \lim_{t\to\infty}\varphi_e(t) = \lim_{s\to 0}s\varphi_e(s) = \lim_{s\to 0}sH_e(s)\varphi_i(s) \qquad (7.3.26)$$

例如，若 $t = 0$ 时，输入信号的角频率由 ω_r 突变到 $(\omega_r + \Delta\omega_i)$，则

$$\varphi_i(t) = \int_0^t \Delta\omega_i \mathrm{d}t = \Delta\omega_i t, t \geqslant 0$$

其拉普拉斯变换为

$$\varphi_i(s) = \frac{\Delta\omega_i}{s^2}$$

当采用简单RC滤波器时，其 $A_F(s) = \dfrac{1}{1 + s\tau}$，由表7.3.1可知环路的误差传递函数 $H_e(s)$，根据式（7.3.25）即可求出环路的相位差 $\varphi_e(t)$。

根据式（7.3.26）可求出环路的稳态相位误差为

$$\varphi_{e\infty} = \lim_{s\to 0}sH_e(s)\varphi_i(s) = \frac{2\xi}{\omega_n}\Delta\omega_i = \frac{\Delta\omega_i}{A_d A_0} \qquad (7.3.27)$$

当$A_d A_0$一定时，可画出ξ取不同值时环路的相位差$\varphi_e(t)$的曲线，如图7.3.12所示。

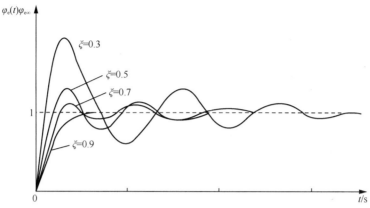

图 7.3.12 相位差信号的瞬态响应

由式（7.3.27）可见，提高环路直流总增益$A_d A_0$可减小$\varphi_{e\infty}$，但由于相应的ξ也减小，环路调整到锁定状态所需时间拉长，且出现过冲。也就是说，要使环路快速调整到锁定状态，$\varphi_{e\infty}$就要增大。为克服此矛盾，可改用理想积分滤波器。这时，由于$A_F(0) \to \infty$，环路的稳态相位误差趋于零，即

$$\varphi_{e\infty} = \lim_{s \to 0} s H_e(s) \varphi_i(s) = \lim_{s \to 0} s \frac{s}{s + A_d A_0 A_F(s)} \frac{\Delta \omega_i}{s^2} = 0$$

在这种情况下，改变ξ可以控制$\varphi_e(t)$的瞬态特性，而$\varphi_{e\infty}$始终为零。

环路采用理想积分滤波器时，由于滤波器是理想积分环节，自输入信号频率发生突变瞬间开始的整个跟踪过程中，鉴相器的输出误差电压在滤波器中将逐步累积起来。因此，达到稳态时，尽管鉴相器输出的误差电压为零（因$\varphi_{e\infty} \to 0$），但实际加到压控振荡器上的控制电压不为零。

② 正弦稳态响应。正弦稳态响应是指输入为正弦信号时系统的输出响应。在锁相环中，输入相位为正弦波（即$\varphi_i(t) = \Phi_{im} \sin \Omega t$）的信号实际上就是单音调制的调角信号，即

$$v_i(t) = V_{im} \sin[\omega_r t + \varphi_i(t)] = V_{im} \sin(\omega_r t + \Phi_{im} \sin \Omega t)$$

式中，Ω为调制信号的角频率。

因此，它的正弦稳态响应是指环路在上述$v_i(t)$作用下输出调角波

$$v_o(t) = V_{om} \sin[\omega_r t + \varphi_o(t)]$$

中的附加相位值$\varphi_o(t)$。

若令Φ_{im}和Φ_{om}分别为输入和输出相位的振幅相量，则它们之间的关系为

$$\Phi_{om} = H(j\Omega) \Phi_{im} \tag{7.3.28}$$

式中，$H(j\Omega)$就是锁相环路的频率特性，表示环路对不同角频率的输入正弦相位具有不同的传输能力；j为虚数单位。

据此可作出环路的波特图，求出上限频率，并判断环路的稳定性。

例如，采用理想积分滤波器时，环路的闭环传递函数为

$$H(s) = \frac{2\xi \omega_n s + \omega_n^2}{s^2 + 2\xi \omega_n s + \omega_n^2} \tag{7.3.29}$$

其闭环频率特性为

$$H(\mathrm{j}\Omega) = \frac{2\xi\omega_{\mathrm{n}}(\mathrm{j}\Omega) + \omega_{\mathrm{n}}^2}{(\mathrm{j}\Omega)^2 + 2\xi\omega_{\mathrm{n}}(\mathrm{j}\Omega) + \omega_{\mathrm{n}}^2} = \frac{1 + \mathrm{j}2\xi\dfrac{\Omega}{\omega_{\mathrm{n}}}}{1 - \left(\dfrac{\Omega}{\omega_{\mathrm{n}}}\right)^2 + \mathrm{j}2\xi\dfrac{\Omega}{\omega_{\mathrm{n}}}} \quad (7.3.30)$$

对 $H(\mathrm{j}\Omega)$ 取模，可得其幅频特性为

$$|H(\mathrm{j}\Omega)| = \sqrt{\frac{1 + \left(2\xi\dfrac{\Omega}{\omega_{\mathrm{n}}}\right)^2}{\left[1 - \left(\dfrac{\Omega}{\omega_{\mathrm{n}}}\right)^2\right]^2 + \left(2\xi\dfrac{\Omega}{\omega_{\mathrm{n}}}\right)^2}} \quad (7.3.31)$$

根据式（7.3.31），给定不同的阻尼系数 ξ 时可作出环路的幅频特性，如图 7.3.13 所示。由图可见，对于输入相位为正弦波的信号来说，环路具有低通特性，其低通响应的截止频率即环路的带宽，可令 $|H(\mathrm{j}\Omega)| = \dfrac{1}{\sqrt{2}}|H(\mathrm{j}0)|$，求得

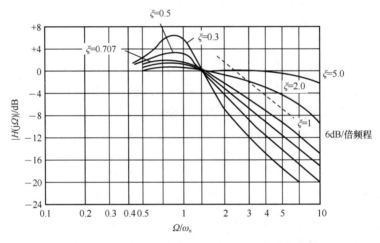

图 7.3.13 采用理想积分滤波器时环路的幅频特性

$$\mathrm{BW} = \omega_{\mathrm{n}}\left[2\xi^2 + 1 + \sqrt{1 + (2\xi^2 + 1)^2}\right]^{1/2} (\mathrm{rad/s}) \quad (7.3.32)$$

由式（7.3.32）可见，环路带宽容易通过改变 ω_{n} 和 ξ 的方式进行调整。选取环路带宽时，除了考虑信号特性外，还应考虑噪声对环路性能的影响。如果仅考虑抑制从输入端进入环路的噪声，则选择较窄的环路带宽较为有利。但是，这对抑制从压控振荡器输入端窜入的高频噪声不利。因为从压控振荡器输入端窜入的噪声会使其输出相位发生变化，经鉴相器加到环路低通滤波器的输入端。由于环路低通滤波器对高频噪声的抑制作用较强，因而通过环路低通滤波器的分量很少，不能有效地抵消压控振荡器输入端的干扰噪声。所以，环路带宽的选取应折中考虑，使总的输出相位噪声最小。

7.3.3 集成锁相环路

集成锁相环路的广泛应用使其发展十分迅速，目前已形成不同用途、性能优越的系列产品。

集成锁相环路按其内部电路结构，可分为模拟锁相环路和数字锁相环路两大类；按用途的不同，可分为通用型锁相环路和专用型锁相环路两种。通用型锁相环路是一种适用于多种用途的锁相环路，其内部电路主要由鉴相器、压控振荡器组成，有的还附加有放大器和其他辅助电路。这些电路有些内部互不连接，根据需要从外部接入必要的元件，如定时电容器、环路低通滤波器等；也有的部分电路在内部连接。专用型锁相环路是一种专为某一功能设计的锁相环路，多用于调频立体声设备、电视设备和频率合成器中。

在集成锁相环路中，其压控振荡器一般都采用射极耦合多谐振荡器或积分-施密特触发型多谐振荡器，它们的振荡频率均受电流控制，其中射极耦合多谐振荡器的振荡频率较高，采用 ECL（Emitter Coupled Logic，发射极耦合逻辑）电路时，最高振荡频率可达 150MHz。而积分-施密特触发型多谐振荡器的振荡频率一般在 1MHz 以下。鉴相器有模拟型和数字型两种，模拟型一般采用双差分对模拟乘法器电路；数字型鉴相器的电路形式较多，如门鉴相器、RS-触发器鉴相器、鉴频鉴相器等，但它们都由门、触发器等数字电路组成，也可由可编程逻辑器件实现。

1. L562 单片集成锁相环路

L562 是集成在一块基片上、部分电路已在内部连接好的单片集成锁相环路，基本组成方框图如图 7.3.14 所示。这种锁相环路主要用于鉴频、同步检波和频率合成，它的最高频率可达 30MHz。

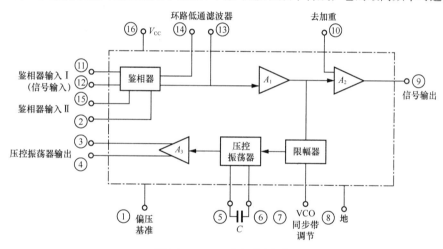

图 7.3.14　L562 的组成方框图

L562 含有鉴相器和压控振荡器两个主要部件，环路低通滤波器采用外接电路。除此之外，为了扩大环路功能，改善环路性能，还增加了若干放大器、限幅器和稳压电路等辅助部件。为了达到多用性，反馈环路没在内部预先接好，而是在压控振荡器的输出端 3、4 和鉴相器的输入端 2、15 之间断开，以便把分频或混频等电路插入环路，作倍频器或变频器之用。

（1）鉴相器

L562 锁相环路的鉴相器是双差分对模拟乘法器。压控振荡器的输出电压 $v_o(t)$ 从 2、15 端加到鉴相器，$v_o(t)$ 是大信号；输入信号 $v_i(t)$ 从 11、12 端加到鉴相器，$v_i(t)$ 一般是小信号。在这种条件下，鉴相器为正弦形鉴相特性，即输出误差电压为

$$v_d(t) = A_d \sin \varphi_e(t)$$

（2）压控振荡器

L562 锁相环路的压控振荡器是射极耦合多谐振荡器。定时电容 C 接在 5、6 端之间，改变 C 的值可使其振荡频率在较大范围内变化。

（3）辅助部件

① 放大器。L562有3个放大器。A_1是差分输入的缓冲放大器，并兼作电平移动电路。A_1的输出通过限幅器加到压控振荡器的电压控制端，同时接到射极输出器A_2。A_2的输出端9是频率解调器的输出端。10端是接去加重电容的，该电容对调制的高频分量有一定旁路作用，使调频解调输出信号恢复到发送端加重前的情况，并可滤除高频分量。

A_3是双端输入、双端输出的差分放大器，它由发射极输出，一方面可以提高输出电压，另一方面还可起缓冲放大作用，既可以保证压控振荡器的频率稳定度，又可以提高其输出电压振幅。

② 限幅器。限幅器可以限制馈给压控振荡器的控制电压的最大值，这样也就相应地实现了压控振荡器跟踪范围的调整。如果向7端注入的电流增大，跟踪范围将变窄。当注入电流增大到0.7mA时，跟踪范围将减到零，利用这点可截断环路。由7端接入外加偏压时，可调整注入电流和限幅电压。

③ 参考偏压电源。L562还设计了比较复杂的稳压偏置和温度补偿电路，减小了环路参数和压控振荡器频率的温度漂移，降低了环路输出的相位漂移。电压源的典型值是16V，接到16端上。片内的稳压电路可提供各种稳定的偏压，其中由1端输出的稳定电压可作为外用参考偏压源。

2．4046单片集成锁相环路

若对各种4046单片集成锁相环路进行分类，除了原4000系列以外，还有74HC、74VHC、74HCT9046系列这3种类型。其内部构成与引脚配置稍有不同，如图7.3.15所示，不同的引脚是1和15。74HC4046的逻辑输入/输出电平与74HC00等HCMOS（High-density Complementary Metal Oxide Semiconductor，高密度互补金属氧化物半导体）相同。74HCT9046是输入电平与TTL（Transisor-Transistor Logic，晶体管晶体管逻辑电路）相同的器件，VHC（Very High Speed CMOS，超高速（MOS））是74HC系列的响应速率改善型器件。

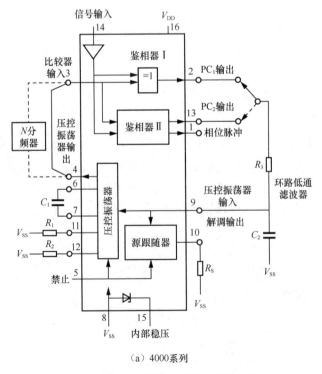

（a）4000系列

图 7.3.15 各种 4046 单片集成锁相环路的内部构成

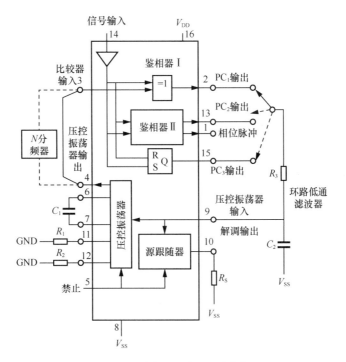

（b）74HC和74VHC系列

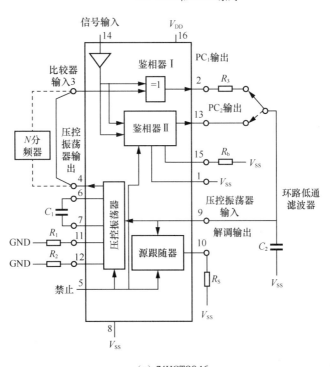

（c）74HCT9046

图 7.3.15　各种 4046 单片集成锁相环路的内部构成（续）

　　4000 系列内有用于电源稳压的稳压二极管，而 74HC/74VHC 系列内没有稳压二极管，但有鉴相器 PC_3。74HCT9046 中的鉴相器 Ⅱ（PC_2）为电流输出型，为此，在其 15 脚接有用于电流控制的电阻 R_b。

需特别指出的是，在74HCT9046中，为了避免压控振荡器与鉴相器之间的干扰，将GND(V_{SS})各自分为8脚和1脚。另外，4046系列中5脚的INHIBIT（禁止功能）只是对压控振荡器进行控制；而在74HCT9046中，这种功能对PC_2与压控振荡器同时有效。因此，禁止功能有效时，不只是PC_2不动作，压控振荡器也不动作。

（1）鉴相器

74HC4046如图7.3.15（b）所示，它由一个压控振荡和3个鉴相器构成。3个鉴相器的工作原理如图7.3.16所示，其工作原理各不相同，增益也不同。这3种鉴相器不能同时使用，要根据应用不同选用其中一种。图7.3.16所示的各鉴相器输入/输出特性的直流输出电压，是用低通滤波器（环路滤波器）对鉴相器的输出脉冲进行足够的平滑处理后得到的。

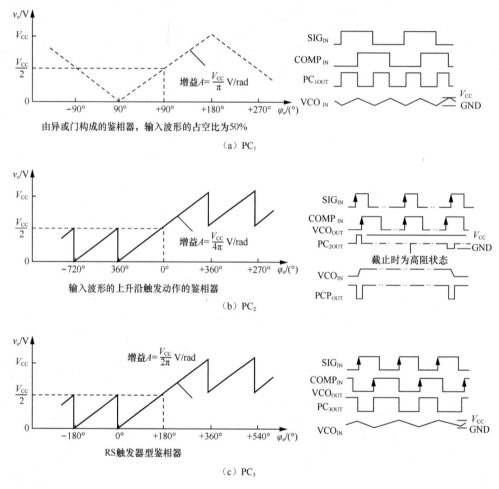

图 7.3.16　74HC4046 片内鉴相器的基本工作原理

PC_1为CMOS异或门鉴相器，因此，输入波形的占空比不是50%时，其增益不同。原则上使用占空比为50%的波形。

PC_2和PC_3是输入波形上升沿触发工作的鉴相器。因此，若输入波形中叠加有噪声，则工作有可能不稳定。而PC_1是电平触发工作的鉴相器，输入波形中即使叠加有噪声，对锁相环路工作不稳定的影响也较小。因此可以说它是一种抗噪声能力较强的鉴相器。

在3个鉴相器中，最常用的是PC_2。PC_1和PC_3鉴相器不能进行频率比较，锁相范围较窄。而

PC₂为CMOS数字型鉴频鉴相器，在环路失锁情况下呈现鉴频功能。根据压控振荡器的振荡频率高于或低于外来输入信号频率，它可以输出不同极性的恒定电压，以便控制压控振荡器使其向输入信号频率靠近，有利于捕捉。当两个比较信号达到同频率后，它就转换为鉴相方式工作，其线性鉴相区域可达 ±2π。但是，实际工作中，在相位差较小时，4046系列中的鉴相器PC₂无响应，与理想响应特性相比，在相位差0附近出现死区，如图7.3.17（a）所示。

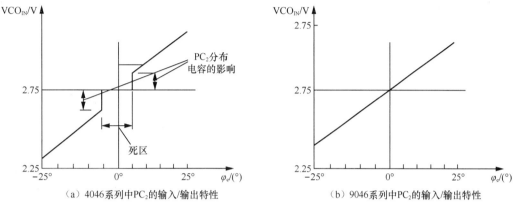

图 7.3.17　PC₂ 的输入 / 输出特性

若出现这种死区，则锁相环路增益在死区附近有较大变化，控制不稳定，在进出相位差为0区域时，环路产生寄生振荡，导致输出频率产生周期性漂移。可克服此缺点（即无死区）的是电流输出型鉴相器，74HCT9046中的PC₂就是这种鉴相器，它可以构成高精度的锁相环路。

（2）压控振荡器

压控振荡器是一种恒流源充、放电式多谐振荡器，外接电容C_1是其定时电容，R_1、R_2是其定时电阻。这种多谐振荡器的振荡频率范围宽，但它与LC振荡器相比，相位噪声较大。

4046系列的最高振荡频率根据厂家不同也有所不同，4000系列中4046的最高振荡频率约为1MHz，74HC系列中74HC4046的最高振荡频率约为10MHz。

压控振荡器的输出端4与鉴相器的比较输入端3在电路上预先没有连接，以便在3、4端插入分频器等部件，适应环路多功能的需要。环路低通滤波器也是通过外接部件来实现的。

7.3.4　锁相环路的应用

由前面的讨论可知，锁相环路具有以下重要特性。

（1）锁定状态无剩余频差

锁相环路是利用相位比较来产生误差电压的。环路处于锁定状态时，只有剩余相差，没有剩余频差。所以，锁相环路是一个理想的频率控制系统。

（2）良好的跟踪特性

环路锁定后，当输入信号频率稍有变化时，其输出信号频率可以跟踪输入信号的变化，这种特性称为锁相环路的跟踪特性。

（3）良好的窄带滤波特性

当压控振荡器的输出频率锁定在输入信号的频率上时，位于信号频率附近的干扰成分通过鉴相器后会变成低频信号而平移到零频率附近，其绝大部分会受到环路低通滤波器低通特性的抑制，从而减小对压控振荡器的干扰作用。因此，环路低通滤波器的低通作用对输入信号而言就相当于一个窄带的高频带通滤波器，其通频带可以做得很窄，且中心频率可跟踪输入信号频率。例如，可以在几十兆赫兹的频率上做到几赫兹甚至更小的带宽。另外，还可以通过改变环路低通滤波器的参数和环路增益来改变带宽。锁相环路作为性能优良的窄带跟踪滤波器，常用来接收信噪比低、载频漂移大的空间信号。

（4）良好的门限特性

由于普通鉴频器是非线性元器件，信号与噪声通过非线性电路时因相互作用，对输出信噪比会产生影响。当输入信噪比降低到某个数值时，由于非线性作用噪声会对信号产生较大的抑制，使输出信噪比急剧下降，即出现了门限效应。锁相环路也是一个非线性元器件，在较强噪声的作用下，用作鉴频器时同样存在着门限效应。但是，在调制指数相同的条件下，锁相环路的门限比普通鉴频器的门限低。这是因为当锁相环路处于调制跟踪状态时，环路有反馈控制作用，跟踪相位差小，限制了跟踪的变化范围，减小了鉴频特性的非线性影响，改善了门限特性。

基于上述优良特性，锁相环路的用途非常广泛。下面介绍几种主要应用。

1．锁相环路的调频与鉴频

（1）锁相环路的调频

锁相环路的调频
与鉴频

对调频波的基本要求是中心频率足够稳定，而频偏要足够宽。前面介绍的调频振荡器，多数中心频率不够稳定；石英晶体振荡器有很高的频率稳定性，但难以获得足够宽的频偏。引入锁相环路实现调频即可解决上述矛盾。图7.3.18所示为锁相直接调频电路的方框图。

图 7.3.18　锁相直接调频电路的方框图

图7.3.18中，压控振荡器的振荡频率同时受输入调制信号和反映压控振荡器中心频率漂移的$v_c(t)$控制，鉴相器的输出也就同时反映这两种电压产生的频偏。但中心频率的漂移为慢变化，而调制信号频率较高，适当设计低通滤波器，使调制信号的频谱处于其通带之外，这样压控振荡器随调制信号产生的频偏不受影响，而其中心频率就锁定在了晶振频率上。

（2）锁相环路的鉴频

图7.3.19所示为锁相鉴频电路的方框图。当输入信号为调频波时，只要环路带宽设计得足够宽，则环路锁定时，压控振荡器就能跟踪输入调频波中反映调制规律变化的瞬时频率。此时压控振荡器输入端的控制电压$v_c(t)$必然和输入调频波频率的变化规律相同，故从环路低通滤波器输出端即可得到解调信号。

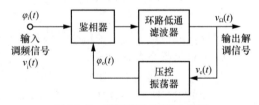

图 7.3.19　锁相鉴频电路的方框图

若输入调频信号为

$$v_i(t) = V_{im}\sin\left[\omega_r t + A_f\int v_\Omega(t)\mathrm{d}t\right] = V_{im}\sin[\omega_r t + \varphi_i(t)]$$

式中，$\varphi_i(t) = A_f\int v_\Omega(t)\mathrm{d}t$，$A_f$为调频系数，$v_\Omega(t)$为调制信号电压。

因$\Phi_o(s) = H(s)\Phi_i(s)$，而$\Phi_o(s) = \dfrac{A_0 V_c(s)}{s}$，故有

$$V_c(s) = \frac{s}{A_0}\Phi_o(s) = s\Phi_i(s)\frac{H(s)}{A_0} \qquad (7.3.33)$$

由拉普拉斯变换可知

$$v_c(t) \propto \frac{A_f}{A_0}v_\Omega(t)H(j\Omega) \qquad (7.3.34)$$

由式（7.3.34）可见，若$H(j\Omega)$在调制信号的有效频谱范围内有平坦的幅频特性和线性相频特性，则环路低通滤波器的输出电压$v_c(t)$就正比于原来的调制信号$v_\Omega(t)$。可见，锁相鉴频电路是个调制跟踪型锁相环路。

为使电路能实现不失真解调，压控振荡器的可控振荡频率范围必须大于输入调频波的频率变化范围，而环路低通滤波器的上截止频率必须大于调制信号的最高频率。图7.3.20所示为采用L562组成的调频波锁相解调电路的外接电路。

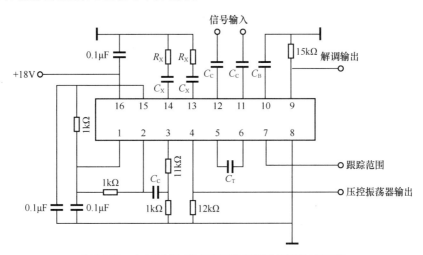

图 7.3.20　由 L562 组成的调频波锁相解调电路的外接电路

2．同步检波电路

我们已经知道，欲对调幅信号（带导频）进行同步检波，必须从已调波信号中恢复出与载波同频同相的同步信号。显然，用载波跟踪型锁相环路就可得到所需的同步信号，如图7.3.21所示。不过，在采用乘积型鉴相器时，压控振荡器输出电压与输入已调波信号的载波之间有$\pi/2$的固定相移，必须经过$\pi/2$移相器才能得到与已调波信号中载波分量同相的信号。

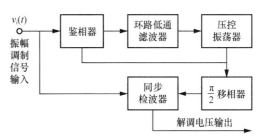

图 7.3.21　锁相同步检波电路的方框图

3．窄带跟踪滤波器

前面提到，锁相环路具有良好的窄带滤波特性。当窄带滤波器的中心频率跟随输入载波频率变化时，就构成了窄带跟踪滤波器。载波频率的变化范围可以超过等效窄带滤波器的通频带，但限制在压控振荡器的可控振荡频率范围内。其工作条件是载波频率为慢变化。

窄带跟踪滤波器的一个重要应用场合是空间通信。当地面接收机接收卫星发送来的无线电信号时，由于多普勒效应，地面接收机收到的信号频率将偏离卫星发射的信号频率，且偏离量值的变化范围较大。对于中心频率在较大范围内变化的微弱信号，若采用传统的接收方法，势必要求接收机（中频放大器）有足够的带宽，宽频带会引起大的噪声功率，导致接收机的输出信噪比严重下降，无法接收有用信号。若采用锁相环路，就可以使接收机在放大器频带很窄的情况下，有效地接收产生多普勒频移的信号。在这种接收机中，构成窄带跟踪滤波器的原理方框图如图7.3.22所示。

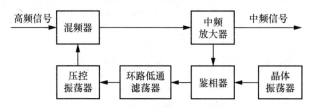

图 7.3.22　窄带跟踪滤波器方框图

图7.3.22中，混频器输出的中频信号经中频放大器放大后，与本地晶体振荡器产生的中频标准参考信号同时加到鉴相器上。如果两者的频率有偏差，鉴相器的输出电压就去调整压控振荡器的振荡频率，使混频器输出的中频被锁定在本地标准中频上。环路低通滤波器的带宽很窄，调制信号分量不能进入环路，只对缓慢变化的频移进行调整。因此，中频放大器的通带就可以做得很窄，接收机的灵敏度就高，接收微弱信号的能力就强。

4．频率变换电路

利用锁相环路的频率跟踪特性可以实现分频、倍频和混频等功能，构成频率变换电路。这些对频率进行加、减、乘、除的功能是构成频率合成器的基础。

（1）倍频器

图7.3.23所示为锁相倍频器的方框图，它是在压控振荡器和鉴相器之间插入一个分频比为N的分频器。在锁定状态下，$\omega_i = \omega_o / N$，则

$$\omega_o = N\omega_i \qquad\qquad (7.3.35)$$

因此，它是一个N倍频器。

锁相倍频器的优点是频谱很纯，而且倍频次数高，可达数万次以上。

（2）分频器

图7.3.24所示为锁相分频器的方框图，它是在压控振荡器和鉴相器之间插入一个倍频系数为N的倍频器。在锁定状态下，$\omega_i = N\omega_o$，则

$$\omega_o = \omega_i / N \qquad\qquad (7.3.36)$$

因此，它是一个N分频器。

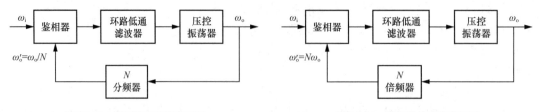

图 7.3.23　锁相倍频器的方框图　　　　图 7.3.24　锁相分频器的方框图

（3）混频器

若在压控振荡器和鉴相器之间插入一个混频器，如图7.3.25所示，就构成了混频器。图中ω_i为输入信号的角频率，ω_L为本振角频率，ω_o为压控振荡器的输出角频率。混频器的输出取下边

频$|\omega_\text{o} - \omega_\text{L}|$。

若$\omega_\text{o} > \omega_\text{L}$，在锁定情况下，$\omega_\text{i} = \omega_\text{o} - \omega_\text{L}$，故

$$\omega_\text{o} = \omega_\text{L} + \omega_\text{i} \qquad (7.3.37)$$

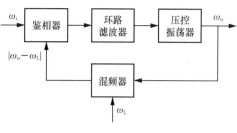

图 7.3.25　锁相混频器的方框图

式（7.3.37）表明，环路的输出角频率ω_o是ω_L和ω_i之和。

若$\omega_\text{o} < \omega_\text{L}$，在锁定情况下，$\omega_\text{i} = \omega_\text{L} - \omega_\text{o}$，故

$$\omega_\text{o} = \omega_\text{L} - \omega_\text{i} \qquad (7.3.38)$$

式（7.3.38）表明，环路的输出角频率ω_o是ω_L和ω_i之差。

需要指出的是，当$\omega_\text{L} \gg \omega_\text{i}$时，若采用普通混频器进行混频，由于$\omega_\text{L} \pm \omega_\text{i}$很靠近$\omega_\text{L}$，要取出$\omega_\text{L} \pm \omega_\text{i}$中的任一分量并滤除另一分量，对普通混频器的要求就十分苛刻，尤其是需要ω_i和ω_L在一定的范围内变化时更是难以实现。利用锁相混频器就可十分方便地达到目的。

7.4　频率合成器

现代通信、雷达、导航、遥控、遥测等技术的快速发展，使得实际应用中对频率源的要求越来越高，不仅要求其频率稳定度和准确度高，还要求能更方便灵活地改换频率。石英晶体振荡器虽具有很高的频率稳定度和准确度，但它的频率值是单一的，最多只能在很小频段内进行微调。当前工程上大量使用的频率合成器利用一个（或多个）石英晶体标准振荡源，能产生大量与标准源有相同频率稳定度和准确度的频率。它是通过对参考频率在频域内进行加、减、乘、除运算，用混频、倍频和分频等电路来实现的。频率合成技术能够综合晶体振荡器频率稳定度好、准确度高和变换频率方便的优点，用途非常广泛。

频率合成器有几种不同的实现原理，不同实现原理或不同用途的频率合成器的具体性能会有很大差异，但作为频率合成器，其主要的性能指标有以下几点。

（1）频率范围

频率范围是指频率合成器输出的最低频率f_omin和最高频率f_omax之间的变化范围，也可以用覆盖系数$k = f_\text{omax} / f_\text{omin}$表示（$k$又称为波段系数）。覆盖系数一般取决于压控振荡器的特性。$k > 2 \sim 3$时，整个频段可以划分为数个分波段，有短波、超短波、微波等。通常要求频率合成器在指定的频率范围和离散频率点上均能正常工作，并且满足质量指标的要求。

（2）频率间隔（频率分辨率）

频率合成器的输出频谱是不连续的，两个相邻频率之间的最小间隔就是频率间隔。不同用途的频率合成器对频率间隔的要求是不同的。对短波单边带通信来说，频率间隔多取为100Hz，有的甚至为10Hz、1Hz；对超短波通信来说，频率间隔多取50kHz、25kHz等。

（3）频率转换时间

从一个工作频率转换到另一个工作频率并达到稳定工作所需要的时间称为频率转换时间。这个时间包括电路的延迟时间和锁相环路的捕捉时间，其数值与频率合成器的电路形式有关。

此外，性能指标还包括频率稳定度和频谱纯度。频率稳定度是指在规定的观测时间内频率合成器的输出频率偏离标称值的程度，一般用偏离值与输出频率的相对值来表示。而频谱纯度是指输出

信号接近正弦波的程度，可用输出端的有用信号电平与各寄生频率分量总电平之比的分贝数表示。

简单锁相频率
合成器

7.4.1 简单锁相频率合成器

在基本锁相环路的反馈支路中接入具有高分频比的可变分频器，只要控制可变分频器的分频比，就可以得到若干个标准频率输出。为了得到所需的频率间隔，电路中往往还需要接入前置分频器。频率合成器的电路构成和锁相倍频器的电路是一样的，只不过频率合成器中的分频器使用的是可变分频器。因此，频率合成器也可以看作锁相倍频器，其原理方框图如图 7.4.1 所示。

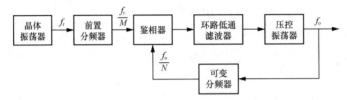

图 7.4.1 简单锁相频率合成器的原理方框图

如何设计频率合成器才能满足上述要求呢？关键是确定前置分频器和可变分频器的分频比。在选定了 f_r 后通常分两步进行，第一步由给定的频率间隔求出前置分频器的分频比 M，第二步由输出频率范围确定可变分频器的分频比 N。

① 确定前置分频器的分频比 M。由 $f_r / M = f_o / N$ 得

$$f_o = \frac{N}{M} f_r \qquad (7.4.1)$$

故

$$\Delta f = f_{o(N+1)} - f_{o(N)} = \frac{N+1}{M} f_r - \frac{N}{M} f_r = \frac{1}{M} f_r \qquad (7.4.2)$$

式中，Δf 为频率间隔。

② 确定可变分频器的分频比 N。由 $f_r / M = f_o / N$ 得

$$N = \frac{f_o}{f_r} M \qquad (7.4.3)$$

如果 f_o 的变化范围为 $f_{omin} \sim f_{omax}$，则对应有 $N_{min} \sim N_{max}$。

上述讨论的频率合成器比较简单，构成比较方便，因为它只含有一个锁相环路，故称为单环式频率合成器。单环式频率合成器在实际使用中存在以下一些问题：输出频率的间隔等于输入鉴相器的参考频率 $\frac{f_r}{M}$。要减小输出频率间隔，就必须减小输入参考频率。但是降低 $\frac{f_r}{M}$ 后，环路低通滤波器的带宽也要压缩（因环路低通滤波器的带宽必须小于参考频率），以便滤除鉴相器输出中的参考频率及其谐波分量。这样，当由一个输出频率转换到另一个频率时，环路的捕捉时间或跟踪时间就要加长，即频率合成器的频率转换时间增长。可见，对于单环式频率合成器来说，减小输出频率间隔和减小频率转换时间是矛盾的。可编程分频器是锁相频率合成器的重要部件，其分频比的数目决定了合成器输出信道的数目。但可编程分频器的工作频率比较低，无法满足大多数通信系统对工作频率高的要求。

7.4.2　多环锁相频率合成器

为了减小频率间隔而又不降低参考频率 f_r，可采用多环构成的频率合成器。图7.4.2所示为三环频率合成器的组成方框图。它由3个锁相环路组成，环路A和B为单环频率合成器，参考频率 f_r 均为100kHz。C环内含有取差频输出的混频器，称为混频环。输出信号频率 f_o 与B环输出的信号频率经过混频器和带通滤波器后，其差频信号 $f_o - f_B$ 输入至C环鉴相器，由A环输出的 f_A 加到鉴相器的另一输入端。当环路锁定时，$f_A = f_o - f_B$，C环输出的信号频率等于

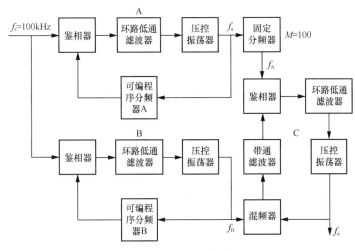

图 7.4.2　三环频率合成器

$$f_o = f_A + f_B \tag{7.4.4}$$

由A环和B环可得

$$f_A = \frac{N_A}{100} f_r \tag{7.4.5a}$$

$$f_B = N_B f_r \tag{7.4.5b}$$

因此，由式（7.4.4）可得频率合成器的输出频率 f_o 为

$$f_o = \left(\frac{N_A}{100} + N_B \right) f_r \tag{7.4.6}$$

所以，当 $200 \leqslant N_A \leqslant 290$、$251 \leqslant N_B \leqslant 280$ 时，输出频率 f_o 的覆盖范围为25.3～28.29MHz，频率间隔为1kHz。

由上述讨论可知，锁相环路C对 f_A 和 f_B 来说就像混频器和滤波器，故称为混频环。如果将 f_A 和 f_B 直接加到混频器上，则和频与差频将非常接近。图7.4.2所示电路中，$0.2\text{MHz} \leqslant f_A \leqslant 0.29\text{MHz}$，$25.1\text{MHz} \leqslant f_B \leqslant 28\text{MHz}$，可见，$f_B + f_A$ 与 $f_B - f_A$ 相差很小，故若用普通带通滤波器来将它们彻底分离是比较困难的。现在采用锁相环路就能很好地解决此难题。A环路的输出接入固定分频器，可以使A合成器在高参考频率下得到小的频率间隔。由式（7.4.3）可得 $f_A = N_A f_r / M$，可见，加了固定分频器后，输出频率间隔缩小至原来的 $1/M$，即A环输出频率 f_a 以100kHz增量变化，但 f_A 却只以1kHz增量变化。显然，这里A环用于产生整个频率合成器输出频率1kHz和10kHz的增量，而B环则用来产生0.1MHz和1MHz的变化。

7.4.3 双模前置分频锁相频率合成器

为了解决高的压控振荡器输出频率和低速的可编程分频器之间的矛盾，并保证合适的信道间隔，可采用双模前置分频锁相频率合成器，又称为吞脉冲锁相频率合成器。

双模前置分频锁相频率合成器中的分频器由高速的双模前置分频器（分频比为P和$(P+1)$两种计数模式的固定分频器）、吞脉冲计数器、可编程计数器、模式控制逻辑电路4大部分组成，如图7.4.3所示。由于固定分频器的速率远比程序分频器高，所以在频率合成器中采用由固定分频器与可编程分频器组成的双模前置分频锁相频率合成器，可在不加大频率间隔的条件下显著提高输出频率。

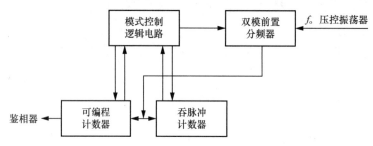

图 7.4.3 双模前置分频锁相频率合成器的原理图

当模式控制逻辑电路输出为高电平1时，双模前置分频器的分频比为$(P+1)$；模式控制逻辑电路输出为低电平0时，双模前置分频器的分频比为P。N与A分别为可编程计数器和吞脉冲计数器的最大计数量，并规定$N > A$。

双模前置分频锁相频率合成器工作过程如下：计数开始时，设模式控制逻辑电路的输出为高电平1，吞脉冲计数器被预置为A，可编程计数器被预置为N，要求$N > A$。双模前置分频器受到换模信号的控制，开始时以分频比$(P+1)$工作。此时每输入$(P+1)$个压控振荡器脉冲，双模前置分频器输出一个脉冲，该输出脉冲同时送到吞脉冲计数器和可编程计数器中作为时钟脉冲CP去计数，这两个计数器都是减法计数器。当双模前置分频器输出A个脉冲时，吞脉冲计数器减到0，由控制逻辑检出，产生一个换模信号，使双模前置分频器变为以分频比P工作。此后，吞脉冲计数器停止工作，而可编程计数器继续从$(N-A)$处作减法计数。当再送入$(N-A)\times P$个压控振荡器脉冲后，可编程计数器到0。这时，一方面可编程计数器产生一个输出脉冲给鉴相器，去与参考信号比较相位；另一方面由模式控制逻辑电路产生换模信号，双模前置分频器的分频比又变为$(P+1)$，同时也使吞脉冲计数器、可编程计数器重新被置数，从而开始一个新的工作周期。可见，在每一个工作周期中，输入$M = A(P+1)+(N-A)P = NP+A$个压控振荡器脉冲，才产生一个输出脉冲给鉴相器，所以总的分频比是$M = NP+A$。

双模前置分频锁相频率合成器达到了两个目的，一是只有双模前置分频器工作在高速状态，而吞脉冲计数器、可编程计数器的工作速率是双模前置分频器的$1/P$或$1/(P+1)$；二是由于$f_o = (NP+A)f_r$，当A变化时信道间隔仍为f_r。

7.4.4 直接数字合成器

直接数字合成器（Direct Digital Synthesizer，DDS）采用全数字技术，是近年来发展非常迅速的一种器件。它不仅能实现频率高稳定度、高精度和高分辨率的要求，而且具有转换时间短、体积小、价格便宜等优点。DDS的原理是：按一定的时钟节拍从存放有正弦函数表的只读存储器（Read Only Memory，ROM）中读出这些代表正弦振幅的离散二进制数，经过数模转换并滤波后得到一个模拟的正弦波。改变读数的节拍频率或取点的个数，就可以改变正弦波的频率。DDS的原理方框图如图7.4.4所示。

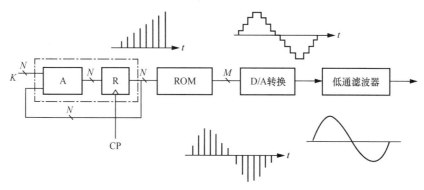

图 7.4.4　DDS 的原理方框图

相位累加器A和寄存器R组成ROM的地址计数器。相位累加器由一个N位数字全加器和一个N位相位寄存器组成，相位累加器的N位输入称为频率控制字K。每到达一个时钟脉冲CP，寄存器R就增加了频率控制字K所代表的相位值$\Delta\varphi$。当累加器溢出时，下一周正弦取样又重新开始。ROM主要完成从信号的相位序列到振幅序列之间的转换，通过查ROM表可得到对应此相位值$\Delta\varphi$的正弦波振幅值。由ROM输出的振幅码经过数模转换器得到对应的阶梯波，再经过低通滤波器，就可得到连续变化的所需频率的模拟信号。

例如，当K取最小值$K=1$时，由于K为N位，则一个正弦周期的2π相角被分成2^N等份，即$\Delta\varphi=\dfrac{2\pi}{2^N}$。当取样周期为$T_c$时，输出信号的周期为

$$T_o = T_c \frac{2\pi}{\Delta\varphi} = T_c 2^N \tag{7.4.7}$$

对应的输出频率为

$$f_o = f_{min} = \frac{f_c}{2^N} \tag{7.4.8}$$

这是DDS输出的最低频率。

而对应任意一个频率控制字K，每到达一个CP，寄存器增加的相角是

$$\Delta\varphi' = \frac{2\pi}{2^N}K \tag{7.4.9}$$

因此对应的输出频率是

$$f_o = \frac{f_c}{2^N}K \tag{7.4.10}$$

式（7.4.10）表明，改变时钟频率f_c和频率控制字K均可以改变输出信号频率。当时钟频率不变时，改变频率控制字K意味着在正弦波一周内取点的间隔$\Delta\varphi$改变，从而DDS输出信号的频率也改变。DDS两个输出频率的最小间隔称为分辨率，它等于DDS的最小输出频率，由相位累加

器的位数决定。只要相位累加器的位数N足够大，DDS的频率分辨率就足够准确。

由式（7.4.10）还可看出，频率控制字与输出信号频率成正比。但根据取样定理，所产生的信号频率不能超过时钟频率的一半；而在实际应用中，为了保证信号的输出质量，输出频率f_0不要高于时钟频率的33%，以避免混叠或谐波落入有用输出频带内。

与锁相频率合成器相比，DDS技术有以下几项优点。

① 由于压控振荡器是锁相频率合成器相位噪声的主要来源，DDS中没有压控振荡器，因此DDS的相位噪声减小许多。

② DDS只需改变频率控制字K，就可以提供精确的频率间隔。

③ DDS提供了极快的频率转换速率，不必像锁相频率合成器那样通过负反馈来稳定频率。

④ DDS可以在数字域对输出信号进行各种调制，如数字调幅、调频和调相等，只需把相关的数据写在ROM中即可。

但是，DDS的杂散信号较多，这与其工作原理有关，具体产生原因及抑制方式可参考相关文献。

DDS技术的实现依赖于高速数字电路，其工作速率主要受数模转换器的限制。图7.4.5所示为实际的DDS产品AD9830的结构图。AD9830是将一个相位累加器、正弦波ROM和一个10位数模转换器集成在一个CMOS芯片上的数字控制振荡器。其主要特征如下：+5V供电电源，50MHz的时钟频率，正弦函数查询表，10位D/A转换器，串行接口装载，低功耗选择模式，72dB SFDR（Spurious Free Dynamic Range，无杂散动态范围），250mW的消耗功率。

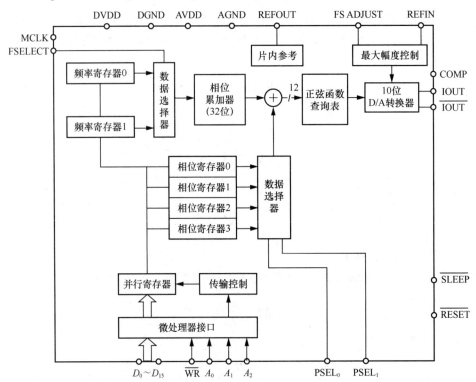

图 7.4.5　DDS 产品 AD9830 的结构图

AD9830芯片具有相位和频率调制性能，时钟频率为50MHz，它可以通过低功耗模式控制引脚从外部控制低功耗模式。通过串行接口装载到控制字寄存器的控制字可以实现调制。由于它可实现多种调制功能，因此在通信电路中得到了广泛应用。

综上所述，锁相频率合成器是基于锁相环路的同步原理，利用锁相环路的窄带跟踪特性得到不同的频率，具有输出频率高、频率稳定度高、频谱纯、寄生杂波少等优点，但频率分辨率和转换速率均不够高。DDS的优点主要是分辨率高，控制灵活，容易做到比较低的频率，但是由于受器件速率的限制，其输出频率上限不能太高。

DDS和锁相环路的频率合成方式不同，各有其独有的特点，不能相互代替，但可以相互补充。将这两种技术相结合构成的组合式频率合成器，是克服DDS杂散分量多和带宽受限的较好方案，同时也可解决锁相频率合成器分辨率和转换速率不高的问题，可以满足带宽、高速的需要，还具有成本低、结构简单等特点，是高性能频率合成器的发展方向。

图7.4.6所示为用DDS激励锁相环路的频率合成器方框图，它是DDS和锁相环路最基本的组合方案。锁相环路锁定时，频率合成器的输出频率及频率分辨率分别为

$$f_o = Mf_D = \frac{MK}{2^N} \cdot f_c = K\Delta f_{min} \qquad (7.4.11)$$

$$\Delta f_{min} = \frac{M}{2^N} \cdot f_c \qquad (7.4.12)$$

式中，f_c为DDS的时钟频率，K为DDS的频率控制字，N为DDS的相位累加器字长，$f_c/2^N$为DDS的频率分辨率，Δf_{min}为频率合成器输出信号的频率分辨率。

频率合成器输出信号的频率分辨率是DDS输出的频率分辨率的M倍，由于以DDS为激励源，当相位累加器的字长N较大时，合成器仍可得到较高的频率分辨率。

图7.4.6方案对于远离载频的杂散信号，借助于锁相环路对参考频率的窄带跟踪特性，可以较好地抑制杂散分量；对于DDS输出的杂散分量，在锁相环路带宽之外的能有一定的衰减，而在环路带宽之内的杂散分量则有倍增效应。因而，要改善频率合成器输出信号的频谱性能应尽量提高DDS的工作频率，降低锁相环路的分频比M。

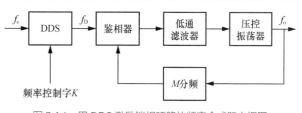

图 7.4.6 用 DDS 激励锁相环路的频率合成器方框图

7.5 本章小结

本章要点如下。

① 反馈控制电路是一种自动调节系统，其作用是通过环路自身的调节，使输入与输出间保持某种预定的关系。它一般由比较器、控制信号发生器、可控器件及反馈网络组成。

② 根据需要比较和调节变量的不同，反馈控制电路可分为AGC电路、AFC电路和APC电路。它们的被控参量分别是信号的电平、频率、相位，在电路组成上分别采用电压比较器、鉴频器、鉴相器来取出误差信号，然后控制放大器的增益、压控振荡器的频率，使输出信号的电平、频率、相位稳定在预先规定的值上，或跟踪参考信号的变化。这3种电路分别存在电平、频率和相位误差，常称为稳态误差。

③ AGC电路主要用在收发系统中，以维持整机输出电平稳定。如果输入信号很强，则控制信号使放大器增益下降；如果输入信号较弱，则控制信号使放大器增益提高，从而达到自动控制

增益进而维持输出电压（或功率）稳定的目的。

④ AFC电路利用输入与输出信号的频率差，通过鉴频器得到控制电压，经滤波去除干扰后控制压控振荡器的频率，主要用来维持电子设备中振荡器振荡频率的稳定。

⑤ APC电路的典型应用是锁相环路，它利用输入与输出信号的相位差，通过鉴相器得到控制电压，经滤波去除干扰后控制压控振荡器的频率，使环路达到锁定。环路锁定后存在剩余相差，而没有剩余频差，输出信号能在一定范围内跟踪输入信号的频率变化。由于锁相环路的良好性能，其应用非常广泛，可用于调制与解调、分频、倍频、频率合成等。

⑥ 锁相频率合成器主要由基准频率产生器、锁相环路及分频器组成，它属于闭环系统。其主要特点是系统简单，输出频率频谱纯度高，能得到大量离散频率，且有多种大规模集成锁相频率合成器的成品可供选择。但其频率分辨率不会很高。

⑦ DDS主要由相位累加器、ROM、数模转换器、低通滤波器和参考时钟等组成，它是一种全数字开环系统。其主要特点是频率分辨率极高，频率转换时间极短，能实现正交输出、任意波形输出及数字调频和调相，但其杂波信号较多。

📝 7.6 习题

7.1.1 反馈控制电路通常有哪几类？每一类反馈控制电路比较和控制的参量是什么？要达到的目的是什么？

7.1.2 设某接收机中频部分的输入信号功率范围为$-75 \sim -30$dBm，输出信号功率范围为$0 \sim +10$dBm，试计算接收机的AGC范围。

7.1.3 图7.6.1所示为一RC振荡器自动稳幅电路，试分析其工作原理。

7.1.4 图7.6.2所示为接收机AGC电路的组成方框图。已知$A_r = 1$，$\eta_d = 1$，可控增益放大器的增益特性为：当$v_e = 0$时，$A = A_{\max}$；当$v_e \neq 0$时，$A(v_e) = \dfrac{12}{1 + 2v_e}$。当可控增益放大器的输入电压振幅$(V_{im})_{\min} = 250\mu$V时，输出电压振幅$(V_{om})_{\min} = 0.3$V。若当$\dfrac{(V_{im})_{\max}}{(V_{im})_{\min}} = 1\,000$时，要求$\dfrac{(V_{om})_{\max}}{(V_{om})_{\min}} \leqslant 2$，试求直流放大器的增益$A_1$及基准电压$v_r$的最小允许值。

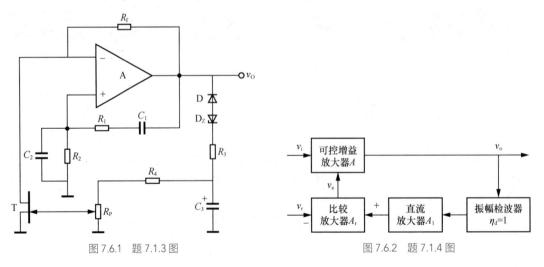

图 7.6.1 题 7.1.3 图　　　　　　图 7.6.2 题 7.1.4 图

7.1.5 接收机AGC环路中的低通滤波器可滤除调制信号，从而避免反调制现象，其带宽是否越窄越好，为什么？

7.3.1 请画出锁相环路的基本组成方框图，并说明各部件的作用。

7.3.2 为什么锁相环路的稳频性能优于AFC电路的稳频性能？

7.3.3 某一阶锁相环路，设开环时 $v_i(t) = 0.2\sin(2\pi \times 10^3 t + \varphi_i)$V，$v_o(t) = \cos(2\pi \times 10^4 t + \varphi_o)$V，其中 φ_i、φ_o 均为常数，设鉴相器的鉴相特性为 $v_d(t) = \sin\varphi_e(t)$V，压控振荡器的控制灵敏度 $A_0 = 2\pi \times 10^3$ rad/(s·V)，假设压控振荡器的控制范围足够大。

（1）环路能否进入锁定状态？为什么？

（2）环路最大和最小瞬时频率差各是多少？

（3）为了使环路进入锁定状态，在鉴相器和压控振荡器之间加入直流放大器，则其放大倍数 A 需大于多少？

7.3.4 设一阶锁相环路中正弦鉴相器的鉴相灵敏度 $A_d = 3$V/rad，压控振荡器的压控灵敏度和自由振荡角频率分别为 $A_0 = 2\pi \times 2 \times 10^4$ rad/(s·V)、$\omega_r = 2\pi \times 1.5 \times 10^6$ rad/s，且设压控振荡器的控制范围足够大。

（1）当输入信号的频率 $\omega_r = 2\pi \times 1.53 \times 10^6$ rad/s时，环路能否进入锁定状态？

（2）若能锁定，稳态相位误差是多少？此时控制电压多大？

（3）环路的同步带 $2\Delta\omega_H$ 是多大？

7.3.5 电路如图7.6.3所示，假设鉴相器的鉴相特性是线性的。

（1）此方框图能完成什么功能？

（2）对滤波器有什么要求？

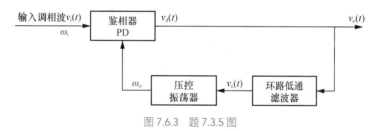

图 7.6.3　题 7.3.5 图

7.4.1 若图7.6.4所示频率合成器中可变分配器的分频比 $N = 760 \sim 860$，试求输出频率 f_o 的频率范围及频率分辨率。

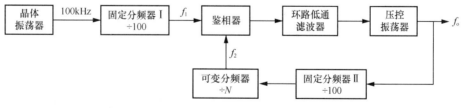

图 7.6.4　题 7.4.1 图

7.4.2 图7.6.5所示电路为双环频率合成器，由两个锁相环路和一个混频滤波电路组成，其中两个分频比为 N_2 的分频器是完全同步的，两个参考频率为 $f_{r1} = 1$kHz，$f_{r2} = 100$kHz。试列出输出频率 f_o 与参考频率 f_{r1}、f_{r2} 的关系式，并计算该频率合成器的信道间隔、图中各点的频率范围及输出频率范围。

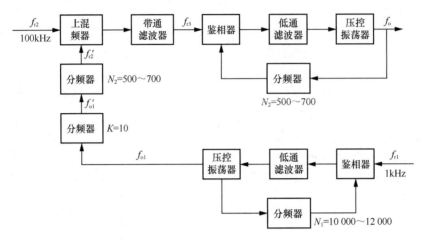

图 7.6.5　题 7.4.2 图

7.4.3　采用双模前置分频锁相频率合成器的某移动电台方框图如图7.6.6所示。双模前置分频器的分频比为64/65，环路参考频率 f_r = 10.24MHz/2 048 = 5kHz，若要求压控振荡器的输出频率 f_o = 150 ～ 175MHz，试计算 N 和 A 的取值范围。

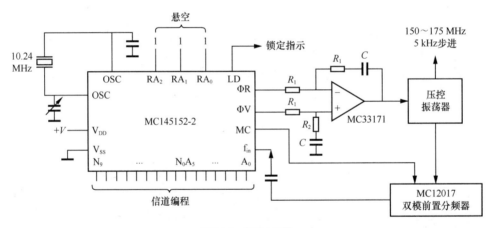

图 7.6.6　题 7.4.3 图

7.4.4　图7.6.7所示是由DDS产生可变参考频率的锁相环路频率合成器的方框图。若要求输出频率 f_o 的范围为 60 ～ 80MHz，频率间隔为 10kHz。已知DDS的时钟频率为 f_c = 50MHz，相位累加器的位数为 $N = 32$，锁相环路的固定分频比 $M = 10$。试求：

（1）DDS的频率分辨率 f_{Dmin}；

（2）DDS的输出频率 f_D 和频率控制字 K 的范围。

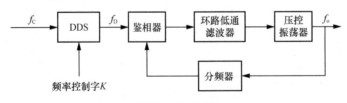

图 7.6.7　题 7.4.4 图

第**8**章

射频收发信机设计基础

前面的章节介绍了通信电子电路中关键部件的原理、结构、分析方法及关键参数等，但并没有提及如何将这些关键部件组成实际的射频收发信机。

射频收发信机主要包括射频接收机和射频发射机，它们由于具有不同的功能和性能要求，因此在结构及性能参数上具有各自的侧重点。本章8.1节将介绍射频电路与低频电路的异同；8.2节和8.3节将分别介绍射频发射机和射频接收机的基本功能、参数和一些不同的结构，以及在设计中的基本注意事项；8.4节将简单介绍构成无线通信设备所需的一些关键部件，包括天线、馈线和双工器等，并在此基础上简单介绍射频收发信机的结构；8.5节将给出射频接收机的设计案例。

需要注意的是，本章所指的射频频段为微波/毫米波的频率范围，即300MHz～300GHz（波长为100cm～1mm）。当前大部分民用移动通信系统，如第2代移动通信系统GSM（Global System for Mobile Communications，全球移动通信系统）、CDMA（Code Division Multiple Access，码分多址），第3代移动通信系统TD-SCDMA（Time Division-Synchronous Code Division Multiple Access，时分同步码分多址）、WCDMA（Wideband Code Division Multiple Access，宽带码分多址）、CDMA2000、无线城域网802.16(WiMAX)，第4代和第5代移动通信系统，无线局域网802.11(Wi-Fi)，以及卫星通信和广播系统等所占用的频段都属于这一频率范围。

此外，由于时间及内容限制，本章主要侧重介绍的仍然是射频电路的原理性设计，并不对其中的具体内容进行深入论述，也不对射频电路设计中的电路板设计、调试及干扰等方面的内容进行深入论述。

本章学习目标

① 了解射频电路与低频电路的异同。

② 掌握射频发射机和射频接收机的基本功能、参数、结构以及在设计中的基本注意事项。

③ 掌握无线通信设备的基本结构和关键部件。

④ 熟悉射频接收机设计的基本思路和性能指标。

8.1 射频电路与低频电路的异同

构成射频电路的器件仍然包含电容、电阻、电感、二极管等无源元件以及晶体管、场效应管等有源元件，这些内容已经在前面的章节中有所论述。

与之前课程中学习的低频电路相比，射频电路使用频率、带宽和场景的变化使得射频电路设计具有新的特征。

第一，频率的急剧变化使得器件幅频特性的重要性被明显加强。随着频率的增加，电路中电感和电容所起的作用也急剧变化，各有源元件、无源元件和连接线等所具有的分布参数的影响成为不能忽略的重要因素。在电路板设计中需要使用特定型号的器件和板材，以满足使用频率的要求。在设计流程中也更加注重带有器件模型和电路板参数的设计仿真，以尽可能事先发现设计中可能存在的瑕疵。

第二，波长的急剧下降要求电路以更高的精度进行设计和生产。在射频电路中，信号波长在 $1\text{mm} \sim 100\text{cm}$ 之间，传输线的长度与波长之比，相对于低频电路场景来说急剧变大，多路传输时传输线长度的差异将导致信号在接收端相位的变化。

第三，信号以电磁波的形式进行传输时，需要从信号能量的角度去思考设计中存在的问题。电磁波在不均匀的介质中传输时会产生反射，造成传输效率下降，严重时将导致器件损伤。为了衡量能量的传输效率和失真情况，需要关注阻抗匹配、反射系数、S 参数等概念。尤其值得关注的是，上述参数都是频率的函数。频率特性的恶化可能会造成传输信号失真。

第四，带通信号在空中传输时会导致电路设计的复杂性明显提升。信号在特定频带内传输时需要稳定的中心频点，电路中需要使用精确的本地振荡器。同时电路中基带、射频和中频频率的转换导致电路需要使用混频器，为电路带来各种混频干扰，进而需要增加带通滤波器等器件。信号在空中传输时需要天线作为电磁波的收发部件。而收发天线之间电磁波功率会产生明显衰落，需要在发射机侧添加高功率放大器，在接收机侧添加低噪声放大器。放大器会导致信号自身的失真和信号间的互调、交调和阻塞等问题，进而需要增加相应的滤波器等。

第五，带通系统承载的信号可能是复杂的数字调制信号。一般来说，无线信号可以通过正弦波的幅度、相位、频率的变化来传递信息，也可以通过特殊的信号波形来传递信息。前者包含模拟通信中的调幅和调频信号，数字通信中的 2ASK（2 Amplitude Shift Keying，二进制振幅键控）、2FSK（2 Frequency Shift Keying，二进制频移键控）、2PSK（2 Phase Shift Keying，二进制相移键控）、QPSK（Quadrature Phase Shift Keying，四相相移键控）、QAM（Quadrature Amplitude Modulation，正交幅度调制）和 APSK（Amplitude Phase Shift Keying，振幅相移键控）等信号；后者包含扩频信号和线性调频信号等。

8.2 射频发射机简介

8.2.1 射频发射机的基本功能与参数

通常来说，射频发射机的任务是完成基带信号对高频载波信号的调制，即将其变为带通信号并搬移到所需的频段上，然后通过功率放大器将信号放大至足够的功率，最后通过天线发射出去，其结构如图8.2.1（a）所示。为了不对其他射频收发信机产生过大干扰，射频发射机发射的信号应是位于某一频带或信道内的高频大功率信号，如图8.2.1（b）所示。射频发射机的主要指标是频谱、功率和效率。事实上，各国的无线电管理机构都对不同频率下射频发射机的应用范围以及频率特性做出了规定。

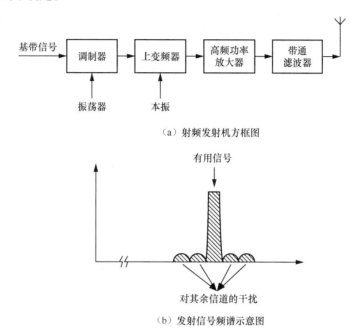

（a）射频发射机方框图

（b）发射信号频谱示意图

图 8.2.1 射频发射机的方框图及发射信号频谱示意图

根据通信制式、应用场景、覆盖范围、所需要传递信号的不同，可以设计出多种多样的射频发射机。在设计射频发射机时，需要了解其所需的技术指标，一般包括如下方面。

① 需要传送的基带信号的性质及其所占的频带宽度。例如，基带信号是语音信号还是图像信号，是模拟信号还是数字信号。

② 发射机的中心频率及带宽。即经过调制及功率放大之后，最终送给天线的信号所占据的频点及其带宽大小。

③ 发射机的输出功率大小。发射机的输出功率大小会对功率放大器的复杂性造成影响。在大功率基站等系统中，功率放大器占据了很大一部分成本。而发射机的最大输出功率和频率也决定了发射机的覆盖范围。

④ 发射信号的频谱纯度、杂散及谐波要求。发射机在其所占据频带外所辐射的功率对于其他收发信机而言即噪声，而由于电子器件的非线性特征，这些额外的信号是必然存在的。对于发射机来说，应尽可能减少这些信号的大小，从而减少对其他收发信机的干扰。在第三代合作伙伴计划（3rd Generation Partnership Project，3GPP）[①] 的协议中，相关的参数为临道泄漏比（Adjacent Channel Leakage Ratio，ACLR），定义了在主信道正常工作时，主信道和相邻信道之间的功率关

---

① 3GPP 成立于 1998 年，是一个行业协会，成员包括世界各地的通信企业、研究机构和标准化组织。3GPP 的工作职责为第 3 代（含）以后移动通信技术的研究和标准制定，其制定的技术规范在全球范围内得到了普遍认同和应用，并确保了不同厂商生产的设备能够无缝互操作。

系。这反映了主信道功率对相邻信道的干扰情况。

⑤ 发射机的动态范围（dynamic range）。一些收发信机，如射频测量系统、民用基站和终端，要求发射机能够严格按照指定的功率进行发射，此时需要采用一级或多级AGC来稳定系统的发射功率。我们将发射机在某种通信制式条件下的最大发送功率与最小发送功率之差称为发射机的动态范围。

⑥ 其他要求。如发射机的线性度要求、双音输入时的三阶互调大小、信号的动态范围等。

虽然对发射机的要求是多方面的，不同的无线通信系统对发射机的细节技术指标也存在很大差异，但大部分都可以分解为功率和频率这两个方面来进行描述。其中载波信号的频率和发射机的输出功率大小是决定射频发射机结构和物理实现方案的两个最主要的因素。

8.2.2 射频发射机的几种不同结构

在模拟通信系统的发射机中，可以直接改变射频信号的功率和频率，也可以先改变基带信号的幅度和频率，然后通过上变频器将基带信号调制到射频，最终通过功率放大器输出。前者需要直接利用电路的特性实现特定的发送波形，电路结构简单，但是电路的性能不佳，通用性较差。

在现代数字通信系统中，较为基础的射频发射机结构如图8.2.2所示。信源是数字化的基带信号，可通过数字调制和成型滤波等数字信号处理算法形成复数字信号，经过DAC进行数/模转换，最后通过上变频器将信号调制到射频并进行功率放大。复数字信号由同向分量（in-phase）和正交分量（quadrature）两个实信号组成，习惯上也称I、Q信号。所以在图8.2.2中使用了两个DAC，以同时实现信号的数/模转换功能。与此同时，也习惯性地将承载I路信号和Q信号的路径称之为I、Q分支。

图8.2.2（a）、图8.2.2（b）中分别展示了直接变频和中频两种上变频实现形式。直接变频电

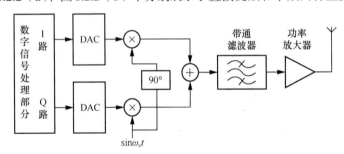

（a）采用直接变频的数字调制发射机

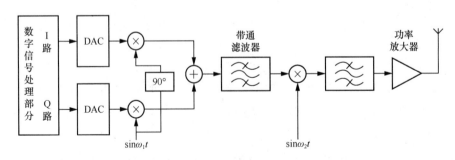

（b）采用中频的数字调制发射机

图8.2.2 射频发射机的结构方框图

路将调制和变频合二为一，在同一个电路中完成，然后再进行功率放大并送至天线进行输出。采用直接变频的电路较为简单，需要的器件也较少，更容易满足电路面积、器件数目等方面的要求。但这种方法会存在本振泄漏现象，并可能影响本振的频率稳定度，直接降低发射机的各项性能指标。在某些应用系统（例如移动终端）中，为了节省能源，以延长电池的使用寿命，需要频繁地接通和断开功率放大器，此时可能会产生更大的干扰。

中频电路则将调制与上变频分开，先在较低的频率（该频率也被称为中频）上进行调制，然后再将已调波信号通过上变频器搬移到最终发射的载频上。易知采用这种方法可以改正直接变频法的缺点，且由于调制是在较低的中频上进行的，I、Q 两支路的特性（如模/数转换器、乘法器等）容易达到一致。但是其所需要的器件数目和电路面积将要大于直接变频法；而且为了达到发射机的性能要求，在第二次上变频后必须采用滤波器滤除另一个不要的边带，对这个滤波器具有较高的要求。

当然，在射频发射机的设计中也可以使用数字中频技术，在数字信号处理芯片中完成 I、Q 信号合并，通过单个 DAC 芯片变换后再进行变频和功率放大处理。甚至某些实现方案已经能够直接合成数字射频信号，经过模/数转换后直接进行功率放大处理。随着微电子技术的不断发展及应用场景的变化，射频发射机的结构将越来越多样化。但是不论实现方法如何改变，其功能都是等价的。

8.2.3　射频发射机设计中的基本注意事项

在进行射频发射机的设计前，应先明确发射机的指标需求，并结合发射功率、发射信号载频、带外抑制、基带信号特点等不同方面的要求进行设计。在设计射频发射机时，需要考虑变频方式，选择中频频点和本振频率，进行各级的功率、增益分配和器件选择，并考虑阻抗匹配等因素。

此外，在射频发射机的设计中，由于功率放大器通常工作在高功率下，还应考虑已调波信号的包络对功率放大器的影响和所谓的频谱再生效应。

1. 恒包络调制和变包络调制及其对功率放大器的不同要求

一般来说，已调波信号都可以表示为

$$x(t) = A(t)\cos[\omega_c t + \varphi(t)] \qquad (8.2.1)$$

若 $|A(t)|$ 不随时间变化，则此种调制方式被称为恒包络调制，否则称为变包络调制。在通过非线性系统时，恒包络信号与变包络信号将获得不同的结果。推导可知，对于恒包络信号来说，在通过三阶无记忆非线性系统并滤除 3 次谐波之后，输出信号的有效频谱仍然在 ω_c 附近，且频谱形状与 $x(t)$ 的频谱形状一样。

但对于变包络调制信号来说，在进行同样的处理之后，信号的频谱将会展宽，这表明出现了失真。所以对于变包络调制，一般要求进行线性放大。现代发射机中广泛使用数字高阶调制技术、多载波技术、多用户技术，其已调波信号为变包络信号。因此在设计发射机（特别是基站的发射机部分）中功率放大器的电路和选择器件时，应使得功率放大器的输入信号平均功率比其 1dB 压缩点低 6 ～ 10dB，具体的数值需要根据已调波信号的性质来确定，这种做法又被称为功率回退。功率回退会降低输出功率，同时也降低了功率放大器的效率。在 4.6 节中已经指出，除了功率回退以外，还可以采用预失真、前馈等方法来实现射频功率放大器的线性化，或者采用

Doherty功率放大器。

2. 频谱再生

在设计射频发射机时，对相邻信道的干扰有严格的要求，因此应特别注意发射信号的频谱范围，将其局限在本信道内。解决这个问题的理想办法是在功率放大器之后增加一级幅频特性更为陡峭的带通滤波器，从而限制已调波信号的频谱。但这种方法在实际中无法采用，原因在于。

① 功率放大器输出信号的载波频率要远高于已调波信号的带宽，这就要求滤波器的Q值非常高，这种滤波器难以实现。

② 高Q值滤波器的幅频特性和相频特性都非常陡峭，容易引起发射信号的失真。

③ 移动收发信机通常需要处理多个信道，因此必须把滤波器设计成可调谐的，以选择不同的信道，在实际中几乎不可能实现满足这种要求的滤波器。

因此，为了抑制频谱泄漏到相邻的信道，一般在调制之前使用低通滤波器，对基带信号先进行滤波整形，以缩小其频带宽度。但应注意，低通滤波器会改变已调波信号的包络，使得原有的恒包络信号变成变包络信号。若功率放大器具有明显的非线性，则将会引起频谱的扩展，这种现象称为频谱再生。

为了抑制频谱再生，可以在调制方式上加以改进。这已经超出了本书的范围，感兴趣的读者可在通信原理课程中学习到数字调制方面的内容后自行阅读相关文献。

8.3 射频接收机简介

8.3.1 射频接收机的基本功能与参数

射频接收机用于处理天线从空间中所接收的电磁波信号，从中取出用户希望接收的有用信号并经过放大、变频、解调之后还原为基带信号，其基本结构如图8.3.1（a）所示。

需要注意的是，一般来说，天线接收到的信号具有很宽的频率范围，即除用户希望接收的有用信号之外还包括许多干扰。这些干扰可能位于与有用信号相同的频段，也可能在其他频段上。干扰的强度往往远大于有用信号，其统计特性可能符合高斯特性，也可能和有用信号具有较大的相关性。这些干扰有些是合法使用该频段的用户发出的信号，有些是非法用户发出的信号。但是对于本接收机来说，都会产生干扰作用。

如图8.3.1（b）所示，射频接收机要首先从天线所接收到的众多电波中选出本接收机频带之内的信号。此信号可能包含有用信号，也可能包含同频干扰。此外，电磁波在空间传播过程中具有较大的损耗，通常具有多条传播路径，而且移动收发信机中的通信双方至少有一方在运动中，因此接收机接收的信号是微弱而不断变化的，其功率的变化范围非常大，这就对接收机中的放大器设计提出了较高的要求。

一般来说，射频接收机的主要指标是灵敏度和选择性，此外还包括动态范围、频率稳定度、相位噪声、噪声系数等特性指标。在标准化的射频收发信机中，这些参数均会在相应的标准中给出，设计者可以根据这些要求来进行后续的设计工作。

以下对灵敏度、动态范围、选择性和阻塞特性进行简单介绍。

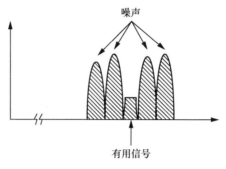

（a）射频接收机的方框图

（b）天线接收到的信号示意图

图 8.3.1 射频接收机的方框图与天线接收到的信号示意图

1. 接收机的参考灵敏度

噪声系数与
灵敏度

参考灵敏度（Reference Sensitivity Level）可用于衡量接收机接收微弱信号的能力，它代表在保证某一通信可靠性指标的前提下，接收机所能处理的最小接收功率。在模拟接收机中可用信号噪声功率比（即S/N或者SNR）来表示可靠性指标；现代数字收发信机以数据块为单位进行数据传输，以循环冗余校验（Cyclic Redundancy Check，CRC）指示数据块的正误。在满足最低误块率（BLock Error Rate，BLER）前提下，以接收机的接收信号电平来表示接收机灵敏度。在接收机与天线的连接端口，接收机不仅会收到有用信号，也会收到天线传递过来的热噪声。一般情况下，在进行参考灵敏度测试时，会假设测试环境满足有用信号足够微弱、噪声为热噪声、不存在其他干扰这3个条件。有用信号穿过接收机各个模块时会被逐级放大（也可能是削弱），而噪声在被逐级放大的过程中还会增加新的噪声，所以信号的信噪比从射频接收机的输入端口到输出端口会逐渐恶化。

2.4.1小节已经给出电阻的额定噪声功率，将其表示式重写如下

$$P_{ni} = KT\Delta f_{RF} \tag{8.3.1}$$

式中，P_{ni}为热噪声功率；$K = 1.38 \times 10^{-23}$ W/(Hz · K)为玻尔兹曼常数；T为开尔文温度，在室温下可取290K；Δf_{RF}为等效噪声带宽，其单位为Hz，可根据射频接收机的滤波器带宽确定。

易知在室温下，可将额定噪声功率表示为等效噪声带宽的函数，即

$$P_{ni}(dBm) = -174(dBm/Hz) + 10 \lg \Delta f_{RF} \tag{8.3.2}$$

例如，在室温下，对于5G移动通信系统来说，若接收机滤波器的等效噪声带宽为100MHz，则可得到接收机输入端的热噪声功率为

$$P_{ni}(dBm) = -174(dBm / Hz) + 10 \times \lg 100 \times 10^6 = -94dBm$$

需要注意的是，式（8.3.2）通常仅在参考灵敏度门限附近有效。随着输入信号功率的增加，其他噪声的功率将超过接收机的热噪声功率，此时接收机的信号质量不再受限于热噪声功率，而是由其他因素决定（如发射机所产生的噪声）的。

现代数字接收机会通过使用各种数字解调、速率匹配和信道译码器来获得预期的处理增益。

如图8.3.2所示，射频输入端口输入的信号包含信号和噪声两部分，其功率为P_{si}(dBm)和P_{ni}(dBm)。根据数字接收机的BLER要求，可推算出所需Eb/No[①]。根据测试规范的设定，可计算数字信号处理增益G_p，进而得到射频接收机输出端口的信噪比SNR_{omin}(dB)。

图 8.3.2　数字接收机等效框图

确定了接收机的参考灵敏度指标后，可计算得出射频接收机的噪声系数要求，即

$$NF = P_{simin}(dBm) - P_{ni}(dBm) - SNR_{omin}(dB) \qquad (8.3.3)$$

反之，如果确定了接收机的噪声系数，也可算出接收机的参考灵敏度，即

$$P_{simin}(dBm) = NF + P_{ni}(dBm) + SNR_{omin}(dB) \qquad (8.3.4)$$

表8.3.1所示为5G系统规范中不同规模基站接收机的灵敏度要求，各个设备厂家会根据规范要求设计和制造符合规范的射频接收机。

表 8.3.1　不同规模基站接收机的灵敏度要求

基站类型	子帧比特数 /bit	参考灵敏度 /dBm	可靠性要求
大范围覆盖的基站	1728	106.8	BLER ≤ 0.05
中等范围覆盖的基站	1728	−101.8	BLER ≤ 0.05
小范围覆盖的基站	1728	−98.8	BLER ≤ 0.05
家庭基站	1728	−98.8	BLER ≤ 0.05

2．接收机的动态范围

在3GPP协议中，接收机的动态范围定义为当环境中同时出现有效信号和干扰信号时，接收机正常工作的能力。此参数也是入网测试参数，其测试方法与接收机参考灵敏度类似。协议中规定了详细的测试场景，并随着通信协议的演进而不断更新。为完成此测试，长期演进（Long Term Evolution，LTE）系统中规定了参考测量信道的参数配置，如参考测量信道可规定为资源块为6，每子帧12个符号，调制方式为QPSK，信道编码速率为1/3，测试包数据长度为600bit，CRC长度为24bit。在测试时，对于大范围覆盖的基站，带宽为1.4MHz时，如果接收信号的平均功率为−76.3dBm，但接收机接收到−88.7dBm的加性高斯白噪声。按照此参考测量信道的配置，要求系统吞吐量应大于或等于参考测量信道最大吞吐量的95%。

3．接收机的相邻信道选择性和阻塞特性

在天线所接收到的信号中，除了有用信号以外，还可能在邻近的信道内有其他大功率的干扰信号。相邻信道选择性（Adjacent Channel Selectivity，ACS）用来衡量在存在这些干扰的情况下，接收机保证某一可靠性指标的能力。为了达到相邻信道选择性的指标要求，在射频接收机中需要通过多种方式来衰减所接收到的邻道信号，通常可以使用带通滤波器。

与接收机灵敏度类似，在确定了ACS指标、系统所采用的编解码方式、系统的噪声系数等参数

---

① 这是数字通信中用来表征系统性能的参量，可在相关专业课中学到。

以后，也可以据此计算出为保证达到这一指标所需的相邻信道衰减度，并选择相应的滤波器或器件。

阻塞特性（Blocking Characteristics）是用来衡量当在比相邻信道更远的频段上出现了大功率干扰信号时（在2.3.3小节已经解释了阻塞的产生原因），接收机保证某一可靠性指标的能力。

8.3.2　射频接收机的几种不同结构

由射频接收机的基本功能可以看出，下变频和解调为其中两个重要功能。

如果信号通过相位的变化承载信息，一般情况下需要先对射频信号进行下变频，再进行解调。射频信号波长较短，收发信机之间可能会产生距离变化，将会导致接收到的射频信号相对本地正弦波振荡器的相位不断变化。如果发送的射频信号通过相位变化承载信息，那么接收机直接针对射频信号进行处理就比较困难。常用的方法是将接收到的射频信号下变频到基带，相对本地中心频点的正弦波形成I、Q信号。这个I、Q信号是发送I、Q信号在信道中的卷积，包含发送信号在幅度、相位、频率和波形方面的调制，也包含信道在幅度、相位和频率方面对发送信号造成的实时影响。然后，对这个信号进行数字解调。

在接收机中，如果信号只通过幅度或者频率的变化来承载信息，则可以直接对射频信号进行处理，也就是下变频和解调操作同时完成。对于调幅信号，可以通过大信号包络检波器实现射频信号的直接解调。对于调频信号，可以通过锁相环路实现对信号频率的追踪。在接收机中，直接对射频信号进行处理是利用电路和信号的特点。射频电路结构简单，但与发送机情况类似，会导致各种电路的个性鲜明，部件通用性明显不足。在有些场景下，大量使用模拟器件会导致电路的性能偏差较大。所以，也可以通过下变频器将射频信号转化为基带信号再进行解调。

所以，当前主流的射频接收机是先对信号进行下变频，在模/数转换之后再进行信号解调。

① 下变频器将所需信号从天线接收到的信号中取出，进行适当的放大后将其载频变换至更适合于解调器工作的频率。为了满足下变频器所需的性能要求，通常使用模拟电路来实现其功能。

② 解调器通常工作在较低的频率上。解调算法需要使用DSP（Digital Signal Processor，数字信号处理器）、FPGA（Field-Programmable Gate Array，现场可编程门阵列）或者专用集成电路完成，所以在电路中需要添加ADC。

本小节重点讨论下变频器的不同结构与特点，并简要介绍其设计思路；对解调器的设计和特点则不作讨论。

在收发信机中，通常有两类主要的接收机，即外差式接收机（heterodyne receiver）和零拍式接收机（homodyne receiver）。这两者的区别在于是否使用了中频，因此外差式接收机又被称为中频接收机（IF Receiver），而零拍式接收机又被称为零中频接收机（Zero-IF Receiver）或直接变频接收机。

1. 中频接收机

中频接收机的结构示意图如图8.3.3所示。

图8.3.3中，从天线接收到的信号首先经过带通滤波器BPF_1，从而滤出所需的频带，然后经过一个低噪声放大器进行放大。一般来说，在高频段使用的滤波器都是根据滤波器设计方法设计出来的无源滤波器（或者一些特殊的集成滤波器，如声表面波滤波器），这些滤波器都会对信号产生一定的损耗。通常混频器的噪声系数都比较大，根据级联电路的噪声系数计算公式可知，若没有低噪声放大器的话，整个系统的噪声系数将会很大。而加入低噪声放大器之后，可以降低混频器和后级中频放大器的噪声对整机的影响，从而提高灵敏度。需要注意的是，低噪声放大器的增益不能太高，否则进入混频器的输入信号过大，会产生许多非线性失真。也可以考虑交换带

通滤波器与低噪声放大器的位置，但此时进入低噪声放大器的信号将包括信号和噪声在内，且由于滤波器的损耗，将会损失低噪声放大器的一部分放大能力。

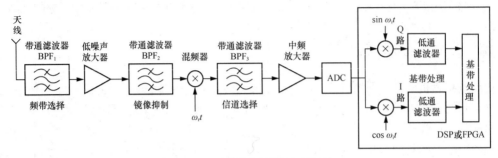

图 8.3.3　中频接收机的结构示意图

在经过低噪声放大器之后，即可使用本振信号与输入信号进行混频，从而将所需信号从其原始载波变换至中频。但之前章节中已经提到过，在变频时会出现镜像干扰。为了抑制镜像干扰，需要在进行混频前使用带通滤波器 BPF_2 将其过滤掉。BPF_2 应具有高 Q 值和良好的带外抑制能力（对镜像干扰的抑制至少为 60dB）。也可使用由其他电路结构组成的镜像抑制接收机来抑制镜像干扰，读者可自行查阅相关资料。

BPF_1 和 BPF_2 两个滤波器的中心频点和带宽等工作参数和接收机当前的工作状态有直接关系。3GPP 规范中为第 2～5 代移动通信系统分别规定了大量的频带，其频率范围在 600MHz～71GHz 之间。根据实际需求，各种移动通信网络需要长期共存。所以，相同的频带可能运行着不同的移动通信系统。在这些频带之内，还可以根据实际情况分配信道。例如，下行频带（基站发，移动台收）的频率为 2110～2170 MHz，上行频带（移动台发，基站收）的频率为 1920～1980MHz，两者在第 3、4、5 代移动通信场景下有不同的频带名称。在第 3 代移动通信系统中，每个信道的间隔为 5MHz，即在每个频带内都有 12 个信道；在第 4 代移动通信系统中，子载波带宽为 15kHz，信道带宽分为 1.4MHz、3MHz、5MHz、10Mz、15MHz 和 20MHz 等类型；在第 5 代移动通信系统中，子载波带宽分为 15kHz、30kHz、60kHz、120kHz、240kHz、480kHz、960kHz 等类型，信道带宽分为 5MHz、10MHz、15MHz、20MHz、25MHz、30MHz、35MHz、40MHz、45MHz、50MHz、60MHz、70MHz、80MHz、90MHz、100MHz 等多种类型。射频接收机工作时需要根据当前的使用场景，实时配置接收机中 BPF_1 和 BPF_2 的参数。

在将信号下混频至中频后，还需要进一步滤波，从而抑制混频器所产生的非线性分量，即包括三阶互调在内的各种干扰。此外，还可以使用该滤波器来选择信道，这些任务由 BPF_3 来完成。同样，BPF_3 应具有较高的 Q 值和良好的带外抑制能力。

在完成中频滤波之后，可通过 ADC 将模拟信号转换为数字信号，并由数字器件来完成后续的下混频、解调等操作。这种方式被称为数字中频，它可以极大地增加电路的灵活性并提高电路的集成度。在中频取样之后，可以采用数字正弦信号和数字滤波器来完成下混频和滤波的功能，最终将信号分解为 I、Q 信号。由于数字处理方法可以达到非常高的精度，因此可以避免 I、Q 两路的不平衡。

在数字中频的方案中，对于 ADC 及其时钟具有较高的要求。

① 通常需要使用较高的取样频率时钟来驱动 ADC 电路，从而要求 ADC 具有较高的、与当前通信协议相匹配的工作速率。同时，为了提高模/数转换时的信噪比，对工作时钟的要求较高。

② ADC 应具有较高的分辨率（即量化位数）和较小的噪声。

③ 若前级滤波器无法很好地滤除镜频干扰和其他频率的干扰信号，则为了防止由互调失真

等原因引起的对有用信号的影响，要求 ADC 具有很高的线性度。

④ 由于无线传播路径上的衰落和多径效应的影响，接收到的有用信号电平可能会不断变化，从而要求 ADC 具有较大的动态范围。此外，在某些接收机中也可以考虑使用 AGC 来尽量减小输入至 ADC 的信号功率变化范围。

⑤ ADC 的带宽应满足中频信号采样的需求。

根据设计方案的不同，也可以在将模拟中频信号变换至模拟基带信号的同时分解为 I、Q 两路，然后再进行模/数转换，此时对 ADC 和取样时钟的部分要求将会降低。

2．零中频接收机

零中频接收机的结构示意图如图 8.3.4 所示。

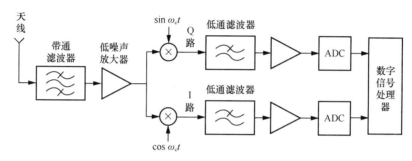

图 8.3.4　零中频接收机的结构示意图

在零中频接收机中，所需的信号被直接下变频至基带，也可以说是中频的频率被选择为零。此时镜像频率处的信号为其本身，但这种情况并不会消除镜像频率所带来的问题。事实上，在混频以后会在基带处将信号的上边带与下边带重叠在一起而无法分割。通过使用图 8.3.4 所示的结构，可以在数字信号处理算法的配合下，较好地抑制镜像频率的影响。

使用零中频接收机之后，仍然需要使用具有高 Q 值的带通滤波器，而低通滤波器可以很容易地作为模拟集成滤波器而实现。同时，由于接收机的射频部分只包含了高频低噪声放大器和混频器，增益不高，易于满足线性动态范围的要求；而且由于没有镜频抑制滤波器，也无须考虑放大器和滤波器的匹配问题。因此，零中频接收机的优势在于可以获得很高的集成度，从而减少设计电路时的芯片面积、芯片数目等，并进而降低设计成本。

需要注意的是，在零中频接收机中，I、Q 两路解调通路在传输特性上（如增益、相位差等）的匹配程度决定了对镜像信号的抑制程度。此外，在零中频接收机中，本振频率与信号频率相同，若混频器的本振端口与射频端口之间的隔离性能不够，本振信号就很容易从变频器的射频口输出，再通过低噪声放大器泄漏到天线，最终形成对邻道的干扰，这种现象又被称为本振泄漏。

若该信号从天线端口再次反射回来，则会导致在混频器中存在本振与自身的混频，这将会带来直流（或近似直流的）信号，如图 8.3.5（a）所示。同样，进入低噪声放大器的强干扰信号也会由于混频器的各端口隔离性能不好而泄漏至本振端口，反过来又和射频端口来的强干扰进行混频，输出直流信号，如图 8.3.5（b）所示。这种现象被称为直流偏移（DC-offset），其产生的原因是同源信号分别从混频的两个输入端进入混频器，在混频器的输出端产生直流输出，所以这种现象也被称为自混频。这些直流信号将会叠加在基带信号上，且往往比射频电路的噪声要大，从而降低了信噪比，并且可能使得混频器后的各级放大器饱和而无法放大有用信号。使用模拟手段很难较好地抑制直流偏移，这使得零中频接收机在实践中的应用较少。近年来，随着数字信号处理技术的发展，使用数字信号处理器来完成基带信号的解调可以较好地承受零中频所带来的性能下降。因此，在许多数字收发信机中使用了零中频接收机，以利用其容易集成的优点，在终端接收机中（如GSM、Wi-Fi等）更是如此。

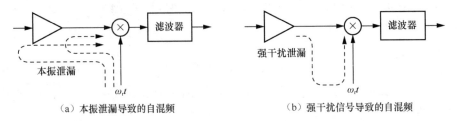

（a）本振泄漏导致的自混频　　　　　　　　　（b）强干扰信号导致的自混频

图 8.3.5　本振泄漏和强干扰信号导致的自混频现象

3．低中频接收机

低中频接收机（Low-IF Receiver）能够组合中频接收机和零中频接收机的优点，即同时具有高集成度以及高性能。但在其实现过程中需要较多的信号处理知识，已经超出了本书范围，感兴趣的读者可自行阅读相关材料。

8.3.3　射频接收机设计中的基本注意事项

在进行射频接收机的设计时，应首先明确系统的指标需求，如载频、信号带宽、灵敏度、动态范围、相邻信道的选择性等。在进行GSM、WCDMA、CDMA2000、TD-SCDMA、LTE和5G等系统的接收机设计时，通常可直接从系统规范中获得相应指标要求。在进行特殊的射频系统设计时，则应根据系统全局指标要求进行分析，并逐步分解得出接收机的指标要求。这一过程比较复杂，此处不再赘述。

此外，虽然前述各章依次介绍了射频电路中一些关键器件的原理与分析方法，但在实际设计过程中，各大芯片公司都已经提供了相当多的单元电路，如锁相环路、功率放大器、ADC、混频器、调制电路等，因此在设计时通常不需要完全从分立元件开始，只需逐步将设计指标分解至一定程度之后选择合适的芯片即可。但读者不可因此而忽视前面章节的学习，原因如下。

① 要想理解并正确选择合适的芯片，需要了解其基本工作原理和指标，而在实际电路中进行电路的调试、调整和优化时，也需要了解各模块的基本原理。

② 对于某些特殊的系统，并没有专用芯片能够满足其要求，此时需要自行选择基本的分立元件，并依次实现各单元电路。

在射频接收机设计过程中，应对如下方面进行分析与确认。

1．变频方式

首先需要确认采用何种变频方式，即明确采用中频接收机还是零中频接收机。若使用中频接收机，还可以考虑使用多次变频或数字中频。不同的变频方式将会决定系统的结构，同时对各个模块的指标要求也会有所不同，并直接影响到所需电路的面积及成本。

2．中频频点及滤波器带宽的选择

若确认采用中频接收机，则需要考虑中频的频率选择，这将影响中频放大器本身和整机的性能。首先应根据基带信号的带宽来选择中频或第二中频，使中频远大于基带信号的最高频率，从而减小镜像噪声和本振噪声的影响，并在解调时更易于滤除中频分量，提高中频输出时的信噪比和整机灵敏度。但也应注意，高中频将使得具有相同Q值的滤波器的带宽增大，必然会降低其对相邻信道的抑制能力，从而降低接收机的选择性。因此在选择中频时，应考虑"灵敏度"和"选择性"这一对矛盾的折中。为了解决这一矛盾，也可以采用二次混频方案，即采用两个不同的中频来分别完成抑制镜像频率和提高选择性的目的。

同时，需要考虑各种组合干扰是否落在中频频带内。我们已经知道，在变频过程中，由于变频器的非线性作用，变频电路中存在着无数信号 f_S 和本振 f_L 的组合频率分量

$$\pm pf_S \pm qf_L, \quad p, q = 0, 1, 2, \cdots \qquad (8.3.5)$$

其中只有 $p=1$、$q=-1$ 或 $p=-1$、$q=1$ 的二阶产物为有用信号，而其他的则为无用分量。为减少无用分量的干扰，需要在变频之后使用带通滤波器来滤除这些分量。根据这一要求，即可计算出每次变频时中频的频点范围。与此类似，在选择中频时还要考虑镜像频率和中频的抑制问题。

在选择滤波器时，应注意滤波器的带宽大小。一般来说，滤波器的带宽越大，所能选择的有用信号功率也就越大，但噪声的功率也随之增大，因此需要合理选择各级滤波器的带宽。在现代射频收发信机中，通常各信道的带宽已经确定，设计时根据系统规范选择滤波器带宽即可。

3．本振频率的选择

在射频收发信机中，为了提高系统的性能，通常在系统中设置一个高性能、高稳定度的时钟（例如带有辅助电路的晶体振荡器电路甚至是使用放射性材料构成的时钟），并在这一时钟的基础上采用各种时钟合成技术来得到各级所需的其他时钟信号。因此，射频接收机的频率稳定性主要取决于本振信号的性能。

此外，与中频频点的选择类似，在确定本振的频点时，也需要考虑到其高次谐波可能会对有用信号造成干扰的情况。例如，若中频信号的带宽为 10MHz，而频率合成电路的时钟基准频率也为 10MHz，则必然会有本振的一个高次谐波位于滤波器的通带内，从而造成不良影响。此时可以考虑选择本振频率高于 10MHz，如设置本振频率为 15MHz。

4．各级的指标分解及器件选择

在确认变频方式、选择好中频频点之后，射频接收机的结构即已初步确定，此时需要对系统的指标（例如各级的输入功率大小、增益、噪声系数）进行分解。其中，接收机模拟链路部分的总增益 A_v 可由接收机的灵敏度 P_{simin} 及终端设备所要求的电压（对于数字收发信机来说，可使用 ADC 所要求的输入信号功率大小）共同确定。噪声系数可由天线输入端的信噪比、基带处理时所需的信噪比等数据共同确定。

在进行指标分解的同时，也可进行相应器件的选择。此时应注意所分解出来的指标是否有对应的物理器件来满足，例如查看器件的增益大小、1dB 压缩点、三阶互调截点等参数是否能够满足输入信号的要求；根据所选择器件的不同，可能需要根据其实际的参数而对系统的参数进行分配甚至对结构进行调整。

需要注意的是，由于射频接收机天线端口的输入功率会不断变化，因此为了保证性能，在接收机中通常会加入 AGC 部分，根据输入信号的功率大小而调整其中部分模块的增益。

5．阻抗匹配及其他

在完成主要器件的选择之后，便需要考虑在原理图设计和印制电路板（Printed Circuit Board，PCB）设计中将这些器件连接起来。如前所述，通常使用传输线来进行器件/网络之间的连接，因此需要考虑阻抗匹配是否符合要求，否则将会引起各种不良影响，如信号反射所造成的失真、不能使功率放大电路获得最佳负载等。传输线的特性阻抗通常与设计 PCB 时的参数选择有关，此处不再赘述。而器件的输入阻抗则通常在选择完器件时即已确定，此时可以考虑使用 LC 阻抗变换网络或根据史密斯圆图和传输线等理论来进行阻抗匹配，感兴趣的读者可自行查阅相关书籍。

另外，在高频电路中，仍然可以按照先直流、后交流的方法进行分析，因此还需要注意的一点是直流工作点或直流电平的配合问题，此时可以采用电容耦合以及配合上、下拉电阻的方式来进行配合。当然，需要注意采用上、下拉电阻之后的阻抗是否能够匹配。

在完成以上设计之后，应注意对全链路进行检查和验算。为了满足系统要求，还应对各级的噪声系数进行计算和分配，查看其是否满足预定的要求。

6．级联电路的增益、噪声系数计算示例

图8.3.6所示为一个外差式接收机的部分结构，其中各级的输入、输出阻抗均为50Ω，且均已完成了阻抗匹配工作。下面对该电路进行级联后的增益和噪声系数计算。

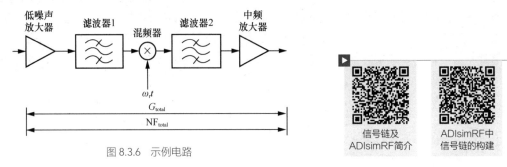

图 8.3.6　示例电路

设图8.3.6中各器件的增益和噪声系数如表8.3.2所示。

表 8.3.2　各器件的增益和噪声系数

参数名称	低噪声放大器	滤波器1	混频器	滤波器2	中频放大器
噪声系数 NF/dB	2	3.0	12	3.0	3
增益 G/dB	24	−3.0	5	−5	23

① 链路增益的计算。链路增益的计算比较简单，只需将各级的增益分贝数相加即可。通过计算可知全链路的增益为 G_{total} = 44dB。

② 噪声系数的计算。在计算噪声系数时，应使用级联系统的噪声系数计算公式，即

$$F = F_1 + \frac{F_2 - 1}{G_{P1}} + \frac{F_3 - 1}{G_{P1} G_{P2}} + \cdots \quad (8.3.6)$$

在使用该公式时，注意表8.3.2中给出的噪声系数和增益均使用分贝表示，应先将其换算为实数后再行计算。通过计算可知全链路的噪声系数为 NF_{total} = 2.35dB，可以看出链路噪声系数主要受到第一、二级的影响，第三级的噪声系数为12dB，但对全链路噪声系数的影响已经不大了。

在实际的链路设计过程中，可能需要根据所能选择的器件及其参数对全链路指标进行不断计算。这个过程比较复杂，目前已有一些相关的软件能够完成相应计算工作，从而减少设计者的计算工作量。例如，亚德诺半导体公司的免费仿真软件ADIsimRF除了能进行链路增益、噪声系数的计算以外，还能同时完成三阶互调点、各器件输入/输出功率、灵敏度等的计算，并分析各器件参数变化对链路参数的影响，是一个有用的辅助设计工具。感兴趣的读者可以去该公司的网站下载该软件。

8.4　无线通信设备的结构

8.2节和8.3节分别简单介绍了射频发射机和射频接收机的功能、结构和设计时的要求，本节

将在此基础上进一步介绍构成无线通信设备时所需用到的其他若干关键部件，并给出一个示意性的无线通信射频收发信机构成方框图。

8.4.1 天线及馈线

此前已经多次讲过，在射频接收机和射频发射机中都存在着天线。在射频收发信机中，天线主要起到能量转换作用，它能够有效地辐射和接收电磁波。从发射信号的角度来说，在把发射机所产生的高频振荡电流送入天线后，天线可以把高频电流转换为空间高频电磁波，并将其向周围空间辐射；而从接收信号的角度来说，也是由接收天线把所获得的高频电磁波的能量转换成高频电流后再送给接收机。因此天线是发射和接收电磁波的一个重要设备，可以说没有天线就没有无线通信。天线选用得当，可以取得较远的通信距离和良好的通信效果。天线的形式和种类繁多，由于篇幅原因，本书不对其原理和参数作进一步介绍。

需要注意的是，作为能量变换器，天线具有可逆性，即发信天线可以用作收信天线，收信天线可以用作发信天线。而且当频率相同时，天线用作发信天线时的参数与用作收信天线时的参数是一样的，这就是天线的互易原理。很多情况下，接收机与发射机会共用天线。

所谓馈线，在无线通信设备中，是指将天线、射频接收机、射频发射机（后两者通常合在一起被称为收发信机，即 Transceiver）连起来的一段传输线。馈线可以将射频能量从发射机传送给天线，同时将能量从天线传送给接收机。如果操作与使用正确的话，馈线对信号能量损耗很低、畸变很小。可见，馈线的质量将直接影响天线端口和收发信机端口的有效功率和质量。

在射频收发信机中，经常使用的馈线有3类，分别为同轴电缆（coaxial line）、平行线 [parallel-wire line，又被称为双线线路（twin lead）] 和波导（wave guide），这些馈线均有其适用的频率和功率范围，此处不再赘述。

8.4.2 双工方式与双工器

在收发信机中，根据参与通信的双方信息传送方向和时间的不同，通常情况下可将通信方式分为单工通信、半双工通信及双工通信方式3种。这3种通信方式的简单示意图如图8.4.1所示。

所谓单工通信，是指信息只能沿一个方向传输，如图8.4.1（a）所示，广播、遥控、常用无线通信系统中的广播信道即此种工作方式。易知在这种通信方式下，通信系统中只需有一个发射机或接收机即可。

在半双工通信方式下，通信双方均可收发信息，但收和发不能同时进行，如图8.4.1（b）所示。例如，使用同一载频工作的普通无线电收、发报机，当一方占用载频发送信息时，另一方只能接收信息。在这种通信方式下，通信设备中需要同时有接收机和发射机存在。

在双工通信方式下，通信双方在通信业务层面可被认为是同时接收和发送信息，如图8.4.1（c）所示。这是目前使用最为广泛的通信方式，如普通电话、移动电话等。在这种通信方式下，通信设备中需要同时有接收机和发射机存在。常用的两种双工通信方式为时分双工（Time Division Duplex，TDD）和频分双工（Frequency Division Duplex，FDD）。所谓时分双工，是指通过分时复用来区分接收与发射信号，类似于半双工通信，WCDMA TDD模式、我国所提出的第3代移动通信标准TD-SCDMA、TD-LTE都采用这种双工方式，在5G NR中也有TDD方式。而频分双工则是通过不同的频率来区分接收信号和发射信号，WCDMA FDD模式和FDD-LTE就采用这种双工方式。

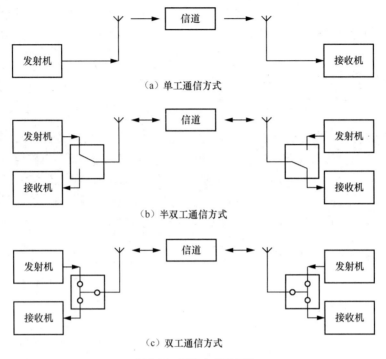

图 8.4.1 通信方式示意图

在介绍天线时已经提到过，在无线通信设备中，通常单通道接收机与发射机共用一根天线。但接收机与发射机均有各自的射频端口。若直接用电缆、馈线等设备将天线、接收机、发射机连接起来，会将发射机的信号直接输给接收机，这会降低系统性能，严重时甚至可能损坏接收机。双工器可以在接收机与发射机之间进行隔离，同时允许它们使用同一根天线。TDD 模式中接收机与发射机占据了相同的频率，此时的双工器可以是一个转换开关，在不同的时间段内分别将天线与接收机或发射机相连；而对于 FDD 模式来说，接收机与发射机占据了不同的频率，此时的双工器可以是一些不同频率的滤波器的组合。

8.4.3 射频收发信机结构简介

1. 无线通信设备的基本结构

一个简单的无线通信设备的结构示意如图 8.4.2 所示。

图 8.4.2 中采用了数字中频处理，所有信号在中频段即完成了数字化，由数字处理部分完成将中频信号进一步变换成基带信号并进行后续处理的工作（或相反的流程）。系统的基准时钟由一个高性能时钟源提供，该基准时钟经过各种时钟合成和缓冲电路处理之后得到所需的各个模拟和数字时钟。为了适应移动无线环境中的信号变化，在进行时钟合成时添加了 AFC 模块，该模块可由数字处理部分进行分析和驱动。

在接收通路中，天线接收到的信号通过馈线送给双工器，双工器将相应信号送给低噪声放大器进行放大，之后由射频的带通滤波器进行镜像滤波等操作之后进行下混频。混频后由中频带通滤波器滤除相应的非线性产物，再经过中频放大后送给 ADC，从而变换成数字信号，该数字信号将由数字处理部分完成后续处理。考虑到接收信号的功率变化范围极大，在接收通路中还添加了 AGC 功能，由数字处理部分根据接收到的信号大小实时调整接收通路中的增益。

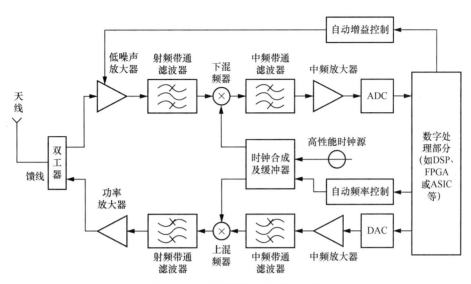

图 8.4.2　无线通信设备的结构示意图

在发射通路中，数字处理部分将中频的数字信号送给DAC转换成模拟信号。该模拟信号在经过中频放大后进行滤波，然后经过上混频搬移到射频段。射频信号首先经过射频带通滤波器滤除非线性产物，然后经过功率放大之后送给双工器。双工器将发射信号经由馈线送给天线，并传递至空间中。

需要注意的是，图8.4.2仅对无线通信设备的基本信号处理流程进行了说明，在实际使用中还需要添加其他辅助电路，读者可在涉及实际电路时自行研究。此外，根据系统的不同，射频收发信机的结构也有所不同，甚至可以说是千变万化。一般来说，目前各大芯片公司均能够提供相应的处理芯片完成图8.4.2中的部分甚至除天线、双工器和数字处理部分之外的全部功能，在设计时可以根据需求和成本的约束进行选用。

综上所述，当前主流收发信机的系统结构是：在发射机侧，先使用DSP、FPGA或者专用集成电路进行基带数字信号生成，使用DAC形成模拟信号，然后再进行上变频和放大；在接收机侧，先进行信号的下变频，模数转换之后再进行数字信号处理。在这种结构中，数字处理部分由DSP、FPGA或者专用集成电路组成，根据具体使用场景可以进行数字编程；本振、模拟滤波器、放大器、衰减器、ADC和DAC等部件的参数都可以进行数字控制，使得设备能够在非常宽的频段范围之内处理可变带宽的射频信号；收发信机使用标准的外部接口，根据使用场景适配滤波器、功率放大器、低噪声放大器、变频器等部件，就能够灵活地适应各种不同的应用场景。这种主流的收发信机系统结构被称为软件定义无线电（Software Defined Radio，SDR），简称软件无线电。由于标准性、灵活性以及全生命周期的低成本特征，软件无线电在军事通信、民用通信、雷达系统、仪器仪表等多个领域获得了越来越广泛的应用。

2．有源天线单元

目前全球已经历了5代移动通信技术的发展，基站和终端的形态也产生了极大的变化。从射频收发信机的角度来看，最大的外部变化是收发信机中天线数量的急剧增加，这导致收发信机的内部结构向多通道发展。

图8.4.3是第5代移动通信系统中某有源天线单元（Active Antenna Unit，AAU）的结构方框图。有源天线是软件无线电和传统天线的混合体。由于承载了软件无线电部件，它能够完成简单

的基带处理功能，如下行信号调制、上行信号均衡、FFT（Fast Fourier Transform，快速傅里叶变换）、IFFT（Inverse Fast Fourier Transform，快速傅里叶逆变换）、数字上下变频和数字预失真等；由于在单一实体中集成了多根天线，在软件无线电的配合下系统能够完成波束赋形。射频单元和基带处理单元的紧密连接极大地降低了各种类型传输线对信号的损耗，优化了接收机灵敏度，极大降低了发射机的功率损耗。

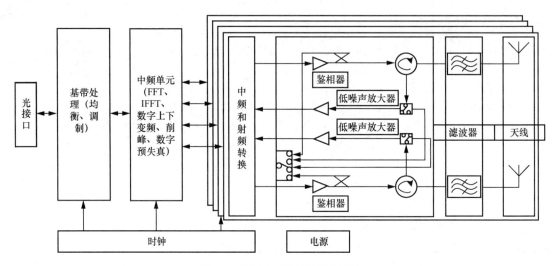

图 8.4.3 某有源天线的结构方框图

如图 8.4.3 所示，有源天线大量使用了多通道技术、数字中频技术和数字预失真技术，且其中频和射频转换模块、功率放大器和低噪声放大器、滤波器、天线等器件都是多通道布放的。

有源天线的中频单元完成了数字中频信号和模拟中频信号之间的转换，同时使用数字上下变频技术完成了数字中频和数字基带信号之间的转换，并完成了 FFT、IFFT 功能，为基带数字信号处理分担了计算量。同时中频单元还完成了信号的削峰和数字预失真工作。

当功率放大器的输入功率增加到 1dB 压缩点附近时，输入和输出之间不再是线性关系。此时再增加输入信号的功率，虽然可以增大输出功率，但输出功率与输入功率的比值已经开始降低。更重要的是，在非线性区，输出信号与输入信号不再是线性放大的关系，导致信号失真。

解决此问题的方式主要有两种：一种是功率回退法，也就是限制放大器的输入功率范围，输入功率小于 1dB 压缩点 6～10dB。这种处理方式最为简单，但是使用相同的放大器，输出功率却明显减少；另一种方式是数字预失真技术，在非线性区增加输入信号的功率，通过牺牲一部分能量换取信号不失真。图 8.4.4 所示为数字预失真技术的示意图。

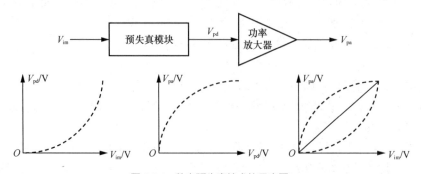

图 8.4.4 数字预失真技术的示意图

8.5 射频接收机设计案例

8.5.1 射频主芯片简介

ADRV9009是亚德诺半导体公司设计的一款高度集成的射频收发芯片，提供了双发射器和接收器、本振合成、时钟频率合成器和简单的数字信号处理功能。该集成电路提供了3G、4G和5G宏小区TDD基站应用所需的高性能和低功耗的多功能组合。接收路径由两个独立的、宽带的、具有先进动态范围的直接转换接收器组成，该设备还支持用于TDD应用的宽带、时间共享观测路径接收器（Time-shared Observation Path Receiver，ORx）。完整的接收子系统包括自动和手动衰减控制、直流偏置校正、正交误差校正（Orthogonal Error Correction，QEC）和数字滤波，从而消除了在数字基带中对这些功能的需求。它还集成了一些辅助功能，如ADC、DAC、功率放大器和射频电路控制的通用输入/输出端口（General-Purpose Input/Output ports，GPIO）。

图8.5.1为ADRV9009射频收发信机的功能框图。从图中可知，此芯片包含上下变频的混频器、本振、模拟滤波器、AD量化器和DA转换器等核心功能模块。从功能的角度进行推理，芯片中还必然包含收发信机中的链路放大器和数字滤波器。

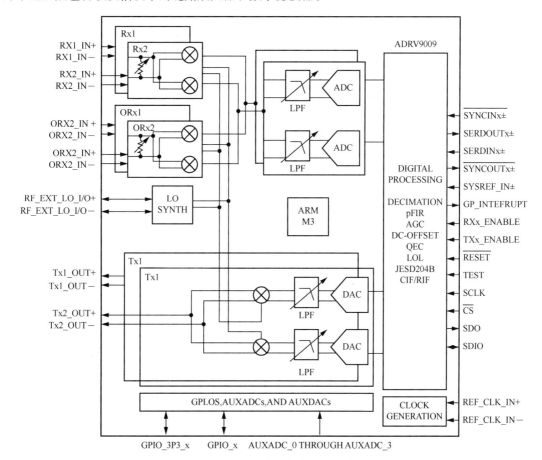

图 8.5.1　ADRV9009 射频收发信机的功能框图

从图中还可知，此芯片能够同时接收和发送两路射频信号，其管脚为RX1、RX2、TX1、TX2；同时还提供两路信号监控功能，其管脚为ORX1、ORX2，此监控通道可以供数字预失真模块使用。为了抑制共模干扰，上述收发射频信号的管脚都使用双路模拟差分设计。

接收到的模拟射频信号通过混频器和低通滤波器进入到ADC进行数字化；反之，数字信号通过DAC之后进入混频器，经过放大后，输出到射频管脚。芯片通过JESD204B接口可以和FPGA相连，完成数字中频信号的高速数据交换。在模拟部分，芯片的上下变频器需要适应不同的频段，本振输入端需要使用不同频率的模拟正弦信号。在芯片中，使用本振合成（LO SYNTH）模块，以输入参考时钟（RF_EXT_LO）为基准生成多路内部时钟。实际上此本振合成模块的核心就是以锁相环路为基础的频率合成器。

表8.5.1所示为ADRV9009的关键参数列表。

表 8.5.1 ADRV9009 的关键参数列表

	参数	最小	标准	最大
发送机	中心频点 /MHz	75		6000
	带宽 /MHz			200
	衰减功率控制范围 /dB	0		32
	最大输出功率 /dBm			9@75 < f ≤ 3600 MHz
接收机	中心频点 /MHz	75		6000
	最大输入电平 /dBmV			−11@75 < f ≤ 3000 MHz
	噪声系数 /dB			12@600 < f ≤ 3000 MHz
本振	频率步长 /Hz			2.3
	外部时钟频率 /MHz	150		8000
	外部时钟输入功率 /dBm	0	3	12

8.5.2 接收机设计样例

现有如下场景：某低轨卫星，其轨道为高度为550km的类正圆轨道；发射机射频端口的发送功率为46dBm，天线增益为30dB，频率为10.7 ～ 12.75GHz，带宽为250MHz；而地面终端的天线增益为15dB，输入给ADC进行量化时的信噪比要求为10dB。下面以ADRV9009为主芯片设计地面终端的射频链路。

星地之间存在极大的路径损耗，其计算公式为

$$\text{Loss} = 32.5 + 20\lg f + 20\lg d \tag{8.5.1}$$

式中，Loss代表路径损耗，单位是dB；f代表频率，单位是MHz；d代表收发信机之间的距离，单位是km。

假设工作频率为11GHz，轨道高度为550km，则路径损耗为168dB。

接收机天线端口处的接收信号功率为

$$P_r = P_t + G_r - \text{Loss} + G_t \tag{8.5.2}$$

式中，P_r为终端接收功率，单位为dBm；P_t为卫星发送功率，单位为dBm；G_t为卫星发送天线增益；Loss为星地之间的路径损耗，单位为dB；G_r为地面终端接收机天线的接收增益。

经过计算可知，地面终端接收到的信号功率为 –77dBm。

使用公式（8.3.2）计算地面终端接收机天线端口的热噪声功率为

$$P_{\text{ni}}(\text{dBm}) = -174(\text{dBm/Hz}) + 10\lg \Delta f = -174 + 10\lg(250*10\text{\textasciicircum}6) = -90\text{dBm}$$

输入信号的频率为 10.7 ~ 12.75GHz，而 ADRV9009 的输入信号频率为 75MHz ~ 6GHz，所以在接收机天线接口和 ADRV9009 之间需要添加一个混频器。一般来说，混频器的输出信号功率会低于输入信号功率，噪声系数数值也比较高，即噪声系数性能较差。

为了提高整机的噪声性能，需要在接收机天线接口与混频器之间添加一个放大倍数很高、噪声系数很低的低噪声放大器，原因如下。

① 首先，在接收机天线端口处，信噪比为 13dB，接收机量化数据的信噪比要求为 10dB，所以模拟链路的噪声系数不能大于 3dB。而 ADRV9009 的噪声系数为 12dB，如果不添加低噪声放大器，ADRV9009 输入信号的信噪比将严重恶化。

② 其次，接收机天线端口的信号功率与 ADRV9009 之间的最大输入功率之间的功率差为 66dB。为降低 ADRV9009 的量化噪声，ADRV9009 的输入信号功率要接近其最大输入功率。

但是，ADRV9009 的输入功率不宜等于其最大输入功率。一方面，前级放大器和混频器的输出功率较大时，会体现出明显的非线性因素。另一方面，在有些多载波的场景下，信号可能会出现峰均比较低的情况，要为 AD 量化器预留出一定的性能冗余空间。在本场景中，可以假设预留 6dB 冗余，即 ADRV9009 的输入功率为 –17dBm。

经过各方面参数（如性能、价格、可靠性等）比对，选择混频器的功率增益为 –6dB、噪声系数为 10dB，低噪声放大器的功率增益为 66dB、噪声系数为 3dB，则当地面接收机天线端口处的信号功率为 –77dBm 时，ADRV9009 输入端口的功率为 –17dBm，满足要求。

在本例中，低噪声放大器和混频器可以有两种不同的排列方式，如图 8.5.2 所示。可以使用级联电路的噪声系数计算公式，计算得到这两种方式下的总噪声系数，如表 8.5.2 所示。

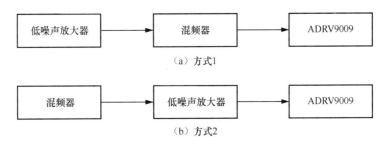

（a）方式1

（b）方式2

图 8.5.2　低噪声放大器和混频器的两种不同排列方式

表 8.5.2 中包含了低噪声放大器和混频器两种排列方式下接收机整体噪声系数的计算结果。在本例中，低噪声放大器的功率增益为 66dB，噪声系数为 3dB，混频器的放大倍数为 0.25，噪声系数为 10dB。

表 8.5.2　两种排列方式下接收机的噪声系数

接收天线端口的信号功率/dBm	第一级电路的噪声系数/dB	第一级放大倍数/dB	第二级电路的噪声系数/dB	第二级放大倍数/dB	第三级电路的噪声系数/dB	ADRV9009 的输入信号功率/dBm	接收机噪声系数/dB
–77	3	66	10	–6	12	–17	3
–77	10	–6	3	66	12	–17	11.5

由表 8.5.2 可知，级联放大器的噪声系数主要由第一级电路的噪声系数决定，尤其是在第一

级放大器的放大倍数极高的情况下。所以本例中，需要将低噪声放大器放在第一级，此时接收机的噪声系数和低噪放的噪声系数基本相同，满足系统要求。

在本例中，低轨卫星的轨道高度为550km。在终端对卫星信号进行解调时，接收信号将会叠加多普勒频移。由图8.5.3可知，低轨卫星接收信号的多普勒频移的范围为±250kHz。考虑到信号带宽为250MHz，多普勒频移对接收机滤波器的参数影响极小，可以忽略不计。但如果混频器的本振频率不进行调整，这个强烈的多普勒频移会导致其输出的中频信号的中心频率产生±250kHz的频率偏移，为基带数字信号处理带来一定的计算量。所以，最为简单的做法是根据卫星轨道参数和终端位置之间的关系，实时计算卫星的多普勒频移，并使用此参数实时控制ADRV9009的本振，使得混频器的输出信号中心频点保持稳定。

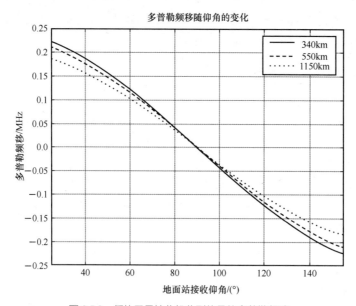

图 8.5.3　低轨卫星接收机收到信号的多普勒频移

同时，卫星信号的中心频点较高时，混频器的本振输入端和ADRV9009的本振合成器的输出信号如果产生频差，同样会导致基带信号叠加一个很大的频差。根据前面章节知识可知，使用普通的晶体振荡器无法满足系统要求，所以二者都可以使用以北斗卫星导航系统为基准的高精度频率参考源。

综上可知，如图8.5.4所示，卫星终端接收机由天线、低噪声放大器、混频器、ADRV9009、数字信号处理模块和高精度频率参考源组成。

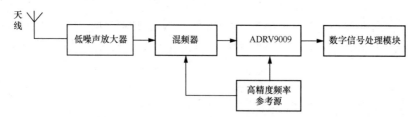

图 8.5.4　卫星终端接收机的系统框图

无线通信收发信机模拟部分的设计是一个较为复杂的过程，牵涉诸多不同的学科，需要设计者有一定的设计经验。对于初学者来说，在学习本章内容时可能存在着一定的困难。但在完成了通信原理、数字通信、工程电磁学等课程的学习之后再重读本章，将会有一个更加完整而深刻的认识。

8.6 本章小结

本章首先对比了射频电路与低频电路，并分别简单介绍了射频接收机、射频发射机以及无线通信设备的结构。概括起来，要点如下。

① 射频发射机的基本功能为调制、上变频和功率放大。在结构上，射频发射机可以有直接变频和中频两种方式。

② 射频接收机的基本功能包括选频放大、下变频以及解调。在现代数字射频收发信机中，通常使用数字部分来完成解调功能，因此本章主要介绍选频放大和下变频部分的结构。下变频部分的两种基本结构为中频接收机和零中频接收机。使用零中频接收机可以减小所需芯片数目，从而减少电路面积，降低开发成本，但其所存在的问题为直流偏移，这导致其以往的应用不多。随着电路技术以及数字信号处理技术的发展，近年来零中频接收机的应用逐渐增多，特别是在终端接收机中更是如此。此外，近年来还出现了低中频接收机，它可以结合中频接收机与零中频接收机的优点。

③ 作为软件无线电的关键技术之一，数字中频在近年来得到了广泛的应用，但这种技术对ADC/DAC以及数字时钟的质量提出了更高的要求。

④ 不论是进行接收机还是发射机的设计，都需要首先明确设计需求。标准化的收发信机都已经有规格化的参数要求，设计时可以以此为出发点。特殊的收发信机则需要根据整体的系统需求分解至接收机和/或发射机。此外，在设计接收机和发射机时，也是一个指标不断分解并重新确认的过程，在设计系统时应考虑不同模块之间的关系及参数间的影响，尽量在各个参数与成本要求之间进行折中。

⑤ 要想构建一个无线通信设备，除了无线接收链路、无线发射链路以外，还需要有天/馈线以及双工器等设备。根据实际的系统需求与成本约束、能够找到的器件等条件，系统结构将千变万化。

8.7 习题

8.2.1 我国对第5代移动通信系统的标准制定做出了巨大的贡献。请尝试访问3GPP网站，下载38.104的rel-18版本协议，列出基站发射机部分的射频参数要求。

8.3.1 试自行构造一个射频接收机链路，并给出其各级的参数（包括增益、噪声系数、1dB压缩点、IP3等），使用ADIsimRF（或其他信号链计算软件）计算出级联链路的各参数。尝试改变各参数，以观察单级参数改变对整体参数的影响。

8.5.1 根据8.5.2小节列出示例中卫星功率放大器的发送功率、卫星天线的发送功率、终端接收功率、终端接收机与天线端口处的功率、低噪声放大器的输出功率、混频器的输出功率。

8.5.2 根据8.5.2小节，给出低噪声放大器和混频器输出端的热噪声功率。

8.5.3 根据8.5.2小节，如果基带数字信号处理能够容忍的频差为10Hz，试分析系统输入时钟的技术参数，并查找文献选择合适类型的时钟源。

参 考 文 献

[1] 刘宝玲，胡春静. 通信电子线路 [M]. 北京：北京邮电大学出版社，2005.

[2] 刘宝玲，张晓莹，邓钢. 通信电子电路 [M]. 北京：高等教育出版社，2008.

[3] 陈邦媛. 射频通信电路 [M]. 3版. 北京：科学出版社，2019.

[4] 曾兴雯，刘乃安，陈健，等. 高频电子线路 [M]. 3版. 北京：高等教育出版社，
2016.

[5] 王卫东，陈冬梅，胡煜. 高频电子电路 [M]. 4版. 北京：电子工业出版社，2020.

[6] 刘长军，黄卡玛，朱铧丞. 射频通信电路设计 [M]. 2版. 北京：科学出版社，
2017.

[7] 牛凯，吴伟陵. 移动通信原理 [M]. 3版. 北京：电子工业出版社，2021.

[8] 雷振亚，王青，刘家州，等. 射频/微波电路导论 [M]. 2版. 西安：西安电子科技
大学出版社，2017.

[9] 葛海波，刘智芳. 高频电子通信电路 [M]. 西安：西安电子科技大学出版社，
2020.

[10] 叶建芳，仇润鹤，叶建威. 通信电子电路原理及仿真设计 [M]. 2版. 北京：电子
工业出版社，2019.

[11] 韩东升，李然，余萍，等. 通信电子电路案例 [M]. 北京：清华大学出版社，
2022.

[12] 李智群，王志功. 射频集成电路与系统 [M]. 北京：科学出版社，2008.

[13] ROHDE U L, RUDOLPH M. 无线应用射频与微波电路设计 [M]. 2版. 张玉兴，
文继国，译. 北京：电子工业出版社，2014.

[14] 顾其铮. 无线通信中的射频收发系统设计 [M]. 杨国敏，译. 北京：清华大学出
版社，2016.

[15] 李缉熙. 射频电路工程设计 [M]. 鲍景富，唐宗熙，张彪，译. 北京：电子工业
出版社，2011.

[16] GREBENNIKOV A, KUMAR N, YARMAN B S. Broadband RF and Microwave
Amplifiers[M]. Calabasas: CRC Press, 2017.

[17] 3GPP TS 36.104 V18.5.0 (2024-03)[S/OL]. [2024-05-11]. https://www.3gpp.org/
ftp/ Specs /archive/36_series/36.104/.